DEUTSCHE

HELDENSAGEN

ERSTER BAND.

DEUTSCHE

HELDENSAGEN.

VON

OTTO LUITPOLD JIRICZEK
PRIVATDOCENT DER GERMANISCHEN PHILOLOGIE
A. D. UNIVERSITÄT BRESLAU.

ERSTER BAND.

STRASSBURG
VERLAG VON KARL J. TRÜBNER
1898.

Vorwort.

Das Werk, dessen ersten Band ich hiermit vorlege, ist weder ein Grundriss noch ein Handbuch der deutschen Heldensage; das Bedürfnis nach einer Stoffbehandlung ersterer Art ist durch Sijmons' bekannte Darstellung in Pauls Grundriss der germanischen Philologie vollkommen befriedigt, und für ein bloss zusammenfassendes und vortragendes wissenschaftliches Lehr- oder Handbuch ist die Zeit, noch nicht da. Mein Buch behandelt nur eine Reihe von deutschen Heldensagen in monographischer Form unter Hauptbetonung der entwicklungsgeschichtlichen Detailprobleme. Es will vor allem dem Wachstum und den Umformungen des traditionellen Sagenstoffes durch die poetische Ausgestaltung der von der Geschichte oder dem Heroenmythus gegebenen Elemente, durch Motivbereicherung und durch Contamination nachgehen, mit einem Worte die Entwicklungsgeschichte der Stoffe verfolgen. Es geht, ohne den Einfluss der Geschichte und des Mythus zu ignorieren, von keinen allgemeinen historisierenden oder mythologischen Theorien aus und sucht nicht die Thatsachen nach den Gesichtspunkten oder zu Gunsten solcher Theorien zu gruppieren, sondern macht sich das Wort Wilhelm Grimms zur Richtschnur, dass man bei einer entwicklungsgeschichtlichen Betrachtung der epischen Stoffe die mythische Bedeutung so gut auf der einen Seite wegschieben kann, wie auf der anderen den historischen Inhalt.

Mit der Betonung des monographischen Charakters in Auswahl und Behandlung der Sagenstoffe wahre ich dem Buche, dem ich Jahre der Vorbereitung gewidmet habe, die Bewegungsfreiheit wissenschaftlicher Einzelforschung, die den Verfasser nicht zum Vortrage der elementaren Voraussetzungen oder des ganzen Systems der Wissenschaft verpflichtet, sondern ihm einen Spielraum offen lässt, dort einzusetzen, wo er zur Förderung der Probleme beitragen zu können glaubt.

Dazu schien mir jedoch Vollständigkeit in der Verfolgung der entwicklungsgeschichtlichen Hauptlinien geboten. Der Stoff selbst erfordert vielfach erst Beleuchtung und Commentierung, ehe er zum Untergrund der Forschung dienen kann; eine kritische Reproduction des Gehaltes der Quellen und Zeugnisse war daher nicht zu umgehen. Die Lückenhaftigkeit dieses Materials lässt verschiedenen Auffassungen weiten Spielraum; diese mussten daher abgewogen und der Stand der Forschung dargelegt werden. Endlich ist die Beurteilung jeder Einzelheit von der Prüfung, ob sie sich in den Rahmen der Gesamtentwicklung fügt, abhängig; damit ist die Notwendigkeit gegeben, die ganze Entwicklungsgeschichte des Sagenstoffes zu berücksichtigen. In diesem Sinne ist das Buch nicht nur für die engsten Kreise specieller Fachgenossen auf dem Gebiete der Sagenforschung bestimmt, sondern kommt auch den Bedürfnissen von Benutzern entgegen, denen an ernstlicher und eingehender Orientierung über die hier behandelten Probleme gelegen ist. Wenn es somit gewissermassen Darstellung und Untersuchung verbindet, so beruht dies nicht auf Willkür, sondern entspricht, wie ich glaube, dem Stande der Forschung auf diesem Gebiete.

Dass auf diesem weiten Felde nicht überall neue Beobachtungen möglich waren, ist selbstverständlich, und ich habe es auch nicht für meine Aufgabe gehalten, den behandelten Problemen um jeden Preis eine neue Seite abzugewinnen; vielfach schien es nur nötig, vorhandene Erkenntnisse anders zu begründen, aus dem Beweisgange unbrauchbare Glieder auszuschalten und neue einzufügen. Unbesehen und ungeprüft ist aber nichts aufgenommen.

Kritische Auseinandersetzungen sind bei einer so vielfach auf Wahrscheinlichkeitsschlüsse angewiesenen Wissenschaft unvermeidbar; ich habe sie in den Schranken rein akademischer sachlicher Abwägung gehalten und jeden polemischen Ton vermieden. Eingehende Berücksichtigung konnten nur diejenigen Ansichten und Hypothesen finden, denen ein lebenskräftiger Kern innewohnt oder die doch im Irrtume Erkenntniskeime enhalten; bei anderen genügte ein Hinweis oder ein Citat; ausdrückliche Anführung aller jemals ausgesprochenen Ansichten über jeden Punkt wäre für eine Darstellung, die nicht die Geschichte der Wissenschaft darlegen, sondern den Stoff bearbeiten will, ein zweckloser Ballast.

Ähnliche Grundsätze sind für die Literaturangaben massgebend gewesen; citiert ist grundsätzlich nur, was in irgend einer Weise, sei es auch negativ, auf Beachtung noch heute Anspruch erheben kann; gänzlich veraltetes auch nur citatweise mitzuschleppen wäre ein Unrecht gegen den Leser. Wo ältere Abhandlungen durch neuere Darstellungen überholt sind, die das brauchbare Material jener sichten und vermehren, habe ich mich mit einem Hinweise auf letztere begnügt. Ebenso bin ich bei den Hinweisen auf Motivverbreitung verfahren; citiert sind nicht einzelne Belege, sondern in der Regel nur die Orte, wo sich Zusammenstellungen derselben finden.

Was wir an Erkenntnissen im Einzelnen der Forschung dreier Generationen verdanken, ist überall durch Hinweise und Citate ausgedrückt; was die Wissenschaft der germanischen Sagenforschung der Thätigkeit Wilhelm Grimms, Ludwig Uhlands, Karl Müllenhoffs verdankt, lässt sich jedoch nicht auf das Einzelne beschränken. Mit jedem Schritte betritt man Boden, den erst ihre Forschung zugänglich gemacht hat; ohne ihre grundlegenden Arbeiten wäre überhaupt eine umfassende Behandlung dieser Stoffe unmöglich: ihrem Andenken ist dieses Buch zugeeignet.

* * *

Schliesslich habe ich den Herren zu danken, welche den Druck dieses Bandes mit ihrem Interesse begleitet haben: Herr Professor Sijmons in Groningen hat die besondere Güte gehabt, eine Correctur zu lesen, mich auf unterlaufene kleine Versehen aufmerksam zu machen und mir eine Anzahl wertvoller Bemerkungen zur Verfügung zu stellen, und in gleicher Weise haben die Herren Professor Vogt und Professor Kölbing mich bei der Correctur gütigst unterstützt. Soweit es mir möglich war, von ihren Bemerkungen noch Gebrauch zu machen, habe ich dies unter Hinzufügung ihres Namens gethan, und bitte sie, auch an dieser Stelle meinen aufrichtigsten Dank entgegenzunehmen.

Breslau, am 18. October 1897.

Der Verfasser.

Abkürzungen.

Aarb. Aarböger for nordisk Oldkyndighed og Historie. — *ADB.* Allgemeine deutsche Biographie. — *Anh. z. HB.* Anhang zum Heldenbuch. — *Anz.* Anzeiger für deutsches Altertum und deutsche Literatur. — *Ark. (f. n. Fil.)* Arkiv for nordisk Filologi. — *Beitr.* oder *PBB.* Beiträge zur Geschichte der deutschen Sprache und Literatur, hrsg. von Paul und Braune, seit Bd. 16 von Sievers. — *Bit.* Biterolf. — *DAK.* Müllenhoff, Deutsche Altertumskunde. — *DFl.* Dietrichs Flucht. — *DgF.* Svend Grundtvig, Danmarks gamle Folkeviser. — *DHB.* Deutsches Heldenbuch (Berlin). — *Dr.HB.* Dresdner Heldenbuch. — *Germ.* Germania. — *Grdr.* Grundriss der germanischen Philologie hrsg. von Paul (die Bandbezeichnung ist meist fortgelassen, da der Name der Verfasser der betreffenden Abschnitte genügend orientiert; durchgängig ist die erste Auflage gemeint, da zur Zeit noch kein citierter Abschnitt in zweiter Auflage erschienen ist). — *H.* hinter Citaten aus Saxo bezeichnet die Ausgabe von Holder. — *HS.* (mit Nr. oder S.) Wilhelm Grimm, Die deutsche Heldensage, citiert nach der dritten Ausgabe, besorgt von R. Steig. — *Jónsson, Lth.* Den oldnorske og oldislanske Literaturs Historie, Kopenhagen, Bd. I 1894, Bd. II 1895 f. (noch nicht abgeschlossen); wo keine Bandzahl angegeben wird, ist immer der erste Band gemeint. — *K* (cursiv, S. 20. 46) bedeutet, dass das Citat von Kölbing beigesteuert ist. — *Kl.* Die Klage. — *Kögel, Ltg.* Geschichte der deutschen Literatur bis zum Ausgange des Mittelalters, I. Band 1. Teil. Strassburg 1894. Bisweilen ist die Band- und Teilzahl nicht angegeben; sämtliche Citate beziehen sich auf diesen Teil, da der zweite Teil erst für die Nachträge verwertet werden konnte. — *M.* Deutsche Mythologie von Jacob Grimm, vierte Ausgabe von E. H. Meyer (nach dieser wird immer citiert, auch wo die Auflage nicht angegeben ist; der III. Bd. wird ab und zu auch durch *N.* bezeichnet). — *MHS.* W. Müller, Mythologie der deutschen Heldensage. — *MSD.* Müllenhoff-Scherer's Denkmäler deutscher Poesie und Prosa, 3. Auflage von Steinmeyer. — *N.*, *NL.*, *Nib.*, Nibelungenlied. — *Olrik, Sakse,* Kilderne til Sakses Oldhistorie, Kopenhagen I 1892. II. 1894. — *PBB.* s. *Beitr.* — *QF.* Quellen und Forschungen. — *Rab.* oder *Rb.* Rabenschlacht. — *Rg.* Die Gedichte vom Rosengarten (hrsg. von Holz). — *Rassmann,* Die deutsche Heldensage. Zweite Ausgabe. — *Sijmons* ohne weitere Titelangabe: Heldensage, in Pauls Grdr. (erste Auflage). — *Storm, Sagnkreds.* Sagnkredsene om Karl den Store og Didrik af Bern, Kristiania 1874. — *ThS.* Thidrekssaga. — *WZ.* Zeitschrift des Vereins für Volkskunde, hrsg. von K. Weinhold.

— *ZE.* Zeugnisse und Excurse zur deutschen Heldensage von Müllenhoff bzw. Jänicke in ZfdA. XII. XV. — *ZfdA.* oder *ZA.* Zeitschrift für deutsches Altertum. — *ZfdM.* (oder *Wolfs Ztschr.*) Zeitschrift für deutsche Mythologie und Sittenkunde von J. W. Wolf (und später Mannhardt), I. II. 1853. 55. III. IV. 1855. 59. — *ZMgdHS.* W. Müller, Zur Mythologie der griechischen und deutschen Heldensage 1889. — *ZPh.* oder *ZfdPh.* Zeitschrift für deutsche Philologie. — Die Strofenzahlen der Eddalieder sind, wo nicht anders bemerkt, die der Hildebrand'schen Ausgabe. Andere Abkürzungen sind ohne Erklärung verständlich oder im Texte erklärt. — [Nachtrag zu S. IX, Z. 3. v. u. (*Sijmons*): eine umgearbeitete zweite Ausgabe ist in Vorbereitung.]

Inhalt.

Ausführliche Inhaltsübersichten sind den einzelnem Abschnitten Seite 1. 55. 119. 150. 182. 271. vorangestellt.

Die Wielandsage.

Allgemeiner prähistorischer und mythischer Charakter. — 1. Die Sagenelemente. Sagentypus von dämonischen Schmieden. — Der Name Wieland. — Der Raub der Schwanjungfrau. — Wielands Gefangenschaft und Rache. — Der Ring in der Vǫlundarkviða. — Das Motiv von der Fertigung des Vogelhemdes und seine Stellung innerhalb der Sagenvorstellungen. — Die Sage auf dem angelsächsischen Runenkästchen. — 2. Heimat, Wanderungen und epische Entwicklung der Sage. Altfranzösische Gruppe. — Oberdeutsche Zeugnisse. — Verhältnis des Herzog Friedrich von Schwaben zur Wielandsage. — Das altnorwegische Wielandlied — Angelsächsische Zeugnisse. — Sächsische Heimat und Fortleben in Niederdeutschland. — Die Wielandsage bei den Rugiern. — Genealogische Synthese der Sagenzeugnisse. — Cyklische Verbindung mit Witege. — Zeugnisse in den dänischen Kæmpeviser und bei Saxo. — 3. Jüngere Sagengestalt (Thidrekssaga). — a) Fortschreitende cyklische Verbindung (Wade). — b) Verbindung mit westfälischen Zwergensagen und Beeinflussung durch die Siegfriedsage. — Das Schwert Mimung. — Schwertprobe und Schmiedeanekdoten. — c) Erweiterungen des Stoffes. — Die Ameliasepisode. — Wielands Verbannung. — Die Reginepisode in ihrem Verhältnis zur plastischen Kunst des 11./12. Jhds. in Niederdeutschland. — Märchenmotive. — d) Wielands Rache. — Junge Sagenauffassung. — Einmischung Egils. — Einfluss der skandinavischen Sagengestalt auf den Bericht der ThS. — Junge skandinavische (schwedische) Sagenlocalisierungen. — Ausklingen der Sage in Niederdeutschland.

Weit vor allen historischen Überlieferungen, in einer Zeit, wohin keine schriftlichen Quellen reichen, begann sich, vermutlich von Asien ausgehend und wellenförmig durch Kulturmitteilung sich nach und nach verbreitend, ein Kulturwechsel zu vollziehen, der die nachmals als Germanen in die Weltgeschichte eintretenden Stämme im nördlichen Europa bereits in den letzten Jahrhunderten des zweiten Jahrtausends vor Chr. erreichte: der Übergang von primitiven Urzuständen, wie sie sich in friedlicher und kriegerischer Arbeit mit Werkzeugen und Waffen aus Stein, Thierknochen und Horn begründen und entwickeln liessen, zu der Metallkultur. Ein solcher Übergang, der alle realen Lebensverhältnisse auf das tiefste berührt, muss auch auf die poetisch-mythische Vorstellungswelt der Völker, die ihn mitgemacht haben, seine Einflüsse äussern, die bei der Gleichartigkeit der wirkenden Ursachen und bei der Gleichartigkeit der menschlichen Phantasiethätigkeit selbst bei den verschiedensten Völkern analog auftreten: einerseits umgibt die Phantasie die überwundene Kultur mit einem Schimmer des Ehrwürdig-Zauberhaften, die alten Steingeräte werden zu Amuletten und Zaubermitteln, Kulthandlungen von besonderer Heiligkeit werden mit Steinmessern vorgenommen u. s. w.[1], anderseits erscheint gerade die neue Kunst des Metallgiessens und Schmiedens als etwas wunderbares, übermenschliches; die Erfindung des Schmiedens wird in die fernste Vorzeit hinaufgerückt und überirdischen Wesen zugeschrieben, und auch bei Ausübung durch Menschen spielt nach dem Volksglauben Zauber noch lange mit[2]. Beide Vorstellungsschichten können nicht zu gleicher Zeit sich gebildet haben, wenn auch die auf ihrem Boden entsprungenen mythischen Typen nachmals friedlich neben einander herlaufen; die erste setzt ein Vergessen der alten Zustände[3], die letztere ein naives Staunen über die neuen voraus[4], das in seiner Wurzel eben auf die Zeit des ersten Bekanntwerdens mit den Metallen zurückgeht, und darum im Ursprunge älter ist als jene. Damit ist natürlich nur die relative Chronologie dieser Vorstellungsschichten gegeben, nicht die

---

[1] Vergl. Emil Cartailhac, *L'âge de pierre dans les souvenirs et superstitions populaires.* Paris 1878.

[2] O. Schrader, Sprachvergleichung und Urgeschichte², S. 225 ff.: „Der Schmied in Sage und Sprache". Da hier nur Belege aus dem arischen und finnischen Völkerkreise vorgeführt sind, sei noch auf die ganz analogen Erscheinungen auf afrikanischem Gebiete hingewiesen (M. Hoernes, Urgeschichte des Menschen, Wien 1892, S. 312).

[3] Dass dies übrigens in verhältnismässig sehr früher Zeit erfolgte, beweisen die Kulthandlungen des klassischen Altertums mit Steinwerkzeugen; schon in der nordischen Bronzezeit finden sich in Gräbern Steinamulette s. Soph. Müller, Nordische Altertumskunde I, 315.

[4] Eine sprechende Illustration dazu bieten die Jagdlieder der Wogulen, in denen der Bär, „der Wälder grossmächtiges heiliges Thier" mit Entsetzen von den Metallwaffen in der Hand des Menschen spricht, das stierschulterblattgrosse Beil, den Köcher mit schwarzeisernen Pfeilen, die Lanze, das Eisenmesser mit Grauen betrachtend (Munkácsi, Ethnologische Mitteilungen aus Ungarn IV (1895), 41 ff.); der ganze naive Stolz eines Naturvolkes über die neuen besseren und stärkeren Waffen findet darin seinen treffenden Ausdruck. — Die Wirksamkeit derselben völkerpsychologischen Kräfte, nur auf höherer Stufe, und im Grossen, zeigt bekanntlich das finnische Nationalepos, das der obengenannte Autor a. a. O. mit Recht „ein Heldengedicht zur Verherrlichung der Metallindustrie" nennt.

der einzelnen Gestaltungen in Mythos und Sage, die einerseits auch in jüngeren Zeiten aus den alten Vorstellungen hervorgehen, anderseits auch wesentlich älteren Ursprungs sein und sich nur jenen neuen Kulturerscheinungsformen angepasst haben können[1].

In dem Kreise der mythischen Vorstellungen, die sich in ihrer ersten Entstehung an diesen prähistorischen Kulturwechsel bei fast allen Völkern, die ihn mitgemacht haben, knüpfen, hat auch die germanische Wielandsage ihre Grundlage, auf dieser mythischen Schicht beruht die Sagenbildung; wie alt die einzelnen Motive derselben sind, wie alt der Aufbau der persönlich-concreten Sagengeschichte aus den Motiven ist, ist damit nach keiner Richtung hin angedeutet, und alle Mutmassungen darüber wären zwecklos, da auf der einmal vorhandenen mythischen Schicht Analogie- und Neubildungen jederzeit vor sich gehen konnten. Der psychologische grosse Zusammenhang, in dem unsere Sage mit einer ganzen Welt von Vorstellungen mythischen Charakters bei arischen und nichtarischen Völkern steht, ist kein genealogischer, für die Entwicklungsgeschichte der einzelnen Sagenphasen chronologisch verwertbarer; aber er ermöglicht das Erfassen des prähistorischen Charakters der Sage, und gibt von vornherein eine breite Basis zur Beurteilung der einzelnen Sagenmotive und der Parallelen in den Sagen verschiedener Völker. Solche sind besonders reich in der griechischen und indischen Mythologie nachweisbar (M.[4] 313. Altd. Bl. 1, 47. Sagabibl. II 157. 171. 174. Depping, Véland le forgeron Kap. 6. J. G. v. Hahn, Sagwissenschaftliche Studien passim [s. Reg. s. v. Wieland]. Schrader, Sprachvergleichung und Urgeschichte 225 ff.)[2]. Die Untersuchungen Kuhns (Ztschr. f. vrgl. Sprachforschung 4, 81), E. H. Meyers (Anzeiger 13, 23 ff. und Idg. Mythen passim, ferner in seiner Germ. Myth. § 384) und Leopold v. Schröders (Griech. Götter und Heroen I 31 ff. 56 ff. 79 ff. 93 ff. 109 ff. 113 ff.) haben gezeigt, dass in der reichen Fülle alt-mythischer Parallelen zugleich

[1] So z. B. wird in den germanischen Überlieferungen den Zwergen fast immer die Kunst des Schmiedens zugeschrieben; trotzdem darf man die Bildung der mythischen Zwergvorstellung selbstverständlich nicht erst in die Zeit der Metallkultur setzen, die sie nur in diese neue Verbindung brachte.

[2] Völundarhús als Übersetzung von Labyrinth darf aber nicht zu den Parallelen gerechnet werden, da es nachgewiesenermassen eine späte gelehrte Übersetzung aus dem 14. Jhd. ist (Germ. 33, 470).

schon eine gewisse Gemeinsamkeit individuellerer Mythenbildung liegt, doch so, dass jede ethnische Sonderform für sich mythische Züge enthält, die der anderen abgehen, und in ihrem epischen Aufbau durchaus Selbständigkeit zeigt.

Wie weit diese Analogien aus einer gemeinsamen primitiven Form des Mythus stammen, wie weit sie das Resultat unabhängiger einzelnethnischer Mythenbildung sind, die, auf demselben Boden mythischer Vorstellungen stehend, naturgemäss analog ausfallen musste, ob und wie weit endlich alte Wanderung einzelner Motive vorliegt, ist ein Problem, das nicht nur für diese Sage, sondern die Gesamtheit der Mythen-, Sagen- und Märchenwelt aller Völker gilt und darum auf dem Boden einer Einzelsage unentscheidbar ist. Für die Erkenntnis der Entwicklungsgeschichte einer einzelnen Sage auf einem ethnisch und zeitlich begrenzten Gebiete ist seine Lösung kein Erfordernis. Man wird sich mit dem Ausblick auf einen altmythischen Hintergrund, den diese Forschungen enthüllen, begnügen müssen, ohne gleich Entwicklungskonstruktionen darauf zu bauen[1], die bei dem Mangel an Mittelgliedern scheitern müssen. Die Parallelen und Analogien bestärken, was eine Untersuchung der germanischen Form allein schon ergibt, dass ein Feuermythus zu Grunde liegt, dessen ursprüngliche Bedeutung ich in der Dienstbarmachung des Feuers (Feuerdämons) zu menschlichen Zwecken und in der verheerenden Selbstbefreiung des tückischen Elements, das seine Bändiger versehrt und durch das Dach der Esse brechend sich lodernd in die Lüfte schwingt, erkenne; aber hieran haben sich andere mythische Vorstellungen geschlossen und die germanische Form der Überlieferung ist schon stark episiert und steht unter dem Einfluss menschlich-ethischer Auffassung und Beurteilung; sie ist zur Sage geworden, deren epische Entwicklungsgeschichte in den Sagendenkmälern hier zu verfolgen ist, während ihre Verwertung für die Mythologie und die vergleichende Behandlung des mythischen Problems über das Gebiet der Sagenforschung hinausfallen.

---

[1] Wie z. B. Rydberg, *Undersökningar i germanisk Mythologi* I 657 ff., II 125 ff. thut. Golther (Germ. 33, 449 ff.) und Schück (Arkiv f. nord. Fil. 9, 103 ff.) machen freilich einen unbekannten Franken des 6. Jhds. zum Schöpfer der Wielandsage, ersterer als genialen Compositeur antiker Motive, letzterer als einfachen Übersetzer einer von Schück componierten antiken Sage, die es nie gegeben hat.

1. Die Sagenelemente.

So zahlreich auch die Zeugnisse für die Kenntnis der Wielandsage bei verschiedenen germanischen Stämmen sind, so würden sie uns ohne die zwei vollständigen Berichte der Edda und der Thidrekssaga doch über den epischen Verlauf der Sage im Dunkel lassen; eines aber ist allen Zeugnissen (soweit sie nicht überhaupt auf dürftige Anspielungen oder blosse Namensnennung sich beschränken) gemeinsam, die Vorstellung von der ausserordentlichen Schmiedekunst Wielands; er erscheint darnach in allen als hervorragend berühmter Schmied, in einigen auch in Verbindung mit dämonischen Wesen oder mit dämonischen Attributen als zauberhafter Schmied (Sagentypus I). Dieser Kern seiner Erscheinung tritt uns, merkwürdig treu erhalten, noch in einer jung aufgezeichneten Volkssage entgegen. In Berkshire erzählte sich das Volk, dass in einem alten Steindenkmal bei Ashdown einmal ein unsichtbarer Schmied gehaust habe; hatte eines Reisenden Pferd ein Hufeisen verloren, so brauchte man es bloss dorthin zu bringen, ein Stück Geld auf den Stein zu legen und sich zu entfernen. Kam man nach kurzer Zeit zurück, so war das Pferd neubeschlagen und das Geld verschwunden. Der Unsichtbare hiess Wayland-Smith [HS Nr. 170.][1]. Die Aufzeichnung rührt aus dem Anf. d. 18. Jhd. her; die Localsage wird aber durch Kembles Nachweis, dass der Ort, der noch heute *Wayland-Smith* (für '*smithy*', Schmiede) heisst, bereits in einer Urkunde vom J. 955

[1] So darf man sich mit Grimm ausdrücken, denn natürlich ist dies eigentlich der Name des Schmiedes, nicht der des Ortes (* Waylands smithy); nur der formellen Genauigkeit halber sei bemerkt, dass die älteste Aufzeichnung Wayland-Smith als Ortsbezeichnung gibt; der englische Text lautet (nach P. E. Müller, Sagabibl. 2, 162, Note 1 — der Originaldruck ist mir unzugänglich): *all the account which the country people are able to give of it* (sc. von dem Steinmonument) *is; at this place lived formerly an invisible Smith, and if a travellers horse had left a shoe upon the road, he had no more to do, than to bring the horse to this place with a piece of money and leaving both there for some little time, he might come again, and find the money gone but the horse new shoed. The stones standing upon the Rudgeway, as it is called, I suppose, gave occasion to the whole being called Wayland-Smith; which is the name it was always known by to the country people.* — Dass übrigens der Platz in populärer Überlieferung den Namen Wayland smith führt, sagt auch Kemble, The Saxons I 431.

Welandes smiđđe, Wielands Schmiede, genannt wird [ZE, VI], bis in die angelsächsische Zeit zurück verfolgbar[1].

Das Steindenkmal, in dem dieser unsichtbare Schmied gehaust haben soll, ist nach P. E. Müllers (Sagabibl. II 161) Beschreibung ein prähistorisches Steingrab, bestehend aus einer kleinen Kammer von drei auf der Kante stehenden Blöcken mit einem Deckstein, und umgeben von einem Steinkreis. Solche prähistorische Monumente, Grabhügel etc. haben seit jeher für die Volksphantasie Anlass zur Localisierung von Sagen von unterirdischen und ähnlichen mythischen Wesen gegeben, und nichts anderes kann es gewesen sein, was in angelsächsischer Zeit die Bewohner der Gegend veranlasst hat, den Aufenthaltsort Welands hieher zu verlegen[2]. Dass Angelsachsen es waren, die diese Sage hier localisierten und dass sie aus heimischer Sagenkenntnis schöpften, geht hinreichend aus der Namensform *Wéland* hervor; in einer Gegend, wo sich Skandinavier und Angelsachsen mischten, könnte noch immerhin an skandinavische Vermittlung und Entrundung des *œ*-Lautes zu *e* gedacht werden, aber Berkshire fällt ganz ausserhalb des Bereiches skandinavischer Einflüsse, die nicht über die Themse herabgiengen. Ob man zur Zeit der Localisation von dem Schmiede Weland mehr zu erzählen wusste, als der Volksmund erhalten hat, ist natürlich unentscheidbar, doch ist es keineswegs notwendig, dies anzunehmen. Das Wissen von einem dämonischen Schmiede Wieland, das sich in der Überlieferung zeigt, genügt an sich vollkommen zu der Existenzmöglichkeit der Sage. Was hier von Wieland erzählt wird, ist nämlich ein primitiver niederer Mythus. Zu den weit verbreiteten gleichartigen Niederschlägen der prähistorischen Vorstellungsschicht von der Zauberhaftigkeit des Schmiedens gehört auch der Mythus von Stein- oder Höhlen-bewohnenden dämonischen Schmieden, die gegen einen

---

[1] Eine Ortsbezeichnung *Welandes stocc* aus dem J. 903 weist Binz Beitr. XX 189 nach.

[2] Nur Ausfluss euhemeristischer Vorstellungen von Sagenbildung ist es, wenn P. E. Müller a. a. O. ein künstliches Gebäude von Hypothesen aufbaut, wonach die Lokalisation erfolgt wäre, weil in der Nähe zu Älfreds des Grossen Zeit im J. 871 ein Kampf zwischen Angelsachsen und Dänen stattgefunden hatte, im J. 863 aber ein normannischer Heerführer Weland in Frankreich gefallen ist; durch Verwechslung sei der Fall desselben nachmals auf die Schlacht bei Ashdown bezogen, und wieder durch Verwechslung dieser historische Weland mit dem mythischen identificiert worden.

hingelegten Entgelt unsichtbar Schmiedearbeiten, die man von ihnen haben will, verrichteten. Zeugnisse für die Verbreitung dieses Mythus sind bereits mehrfach gesammelt worden, s. Grimm, M. 390[4]. F. Wolf, Altd. Blätter 1, 47. Kuhn, Sagen, Märchen und Gebräuche aus Westfalen, I, Nr. 36. 37. 40. 52. 53. 55. 56. 76. 77. 78. 83. 84. 152; Anmerkung zu 36 mit weiterer Literatur. E. H. Meyer, Idg. Mythen 2, 679, Anz. 13, 29; sie gehen, wie E. H. Meyer sagt, „über die halbe Erde", reichen zeitlich von Aufzeichnungen unserer Tage bis auf Pytheas zurück, der von Lipara und Strongyle dieselbe Sage berichtete, und umfassen auch einen nichtindogermanischen Stamm, die Veddahs auf Ceylon[1].

Diese Parallelen zeigen den dämonischen Charakter Wielands deutlich, deutlicher noch als die epischen höher ausgebildeten Sagen, und weisen der Berkshirer Überlieferung ihren Platz als Rest primitiver, unepischer Mythenvorstellung an; sie führen im Vereine mit ihr auf eine Sagenstufe zurück, die vor der epischen individualisierten Ausformung der Sage liegt, und lassen als ersten Akt der Sagenbildung die Individualisierung der allgemein schwebenden Vorstellungen von dämonischen schmiedenden Wesen zu einer bestimmten benannten Persönlichkeit erkennen. Nach derselben Richtung weist die Bedeutung des Namens Wieland. Nur als Curiosa zu erwähnen sind die Ableitungen aus dem Keltischen (worüber Litteratur bei Schrader, 235, Anm.), die indischen (K. Meyer, Germ. 14, 289) und finnischen (C. Hofmann, Germ. 8, 10, dem sich W. Müller, MHS 138 anschliesst) Etymologien und die Anlehnungen an Valentinian I (Schrader a. a. O.) oder Vulcanus. Der schon von Grimm (Gramm. 1, 462, M. 313[4]) erkannte Zusammenhang mit (altnord.) *vél*, Kunst, List, Kunstwerk, ist nicht zu bezweifeln, und die Bedeutung des Namens „kunstfertiger Schmied, Künstler" damit gegeben, und erfährt keine Änderung, ob man den Namen mit Grimm als Participialbildung oder mit Kögel (Ltg. I 1, 100 f.) als Kompositum (*wêlwund* 'geschickt in der Anfertigung von Kunstwerken') ansieht. Auf *wêl* führen nicht

---

[1] Es ist übrigens kaum zu bezweifeln, dass die scheinbare ethnische Begrenzung auf die arischen Stämme (das Vorkommen der Sage auf Ceylon sucht man als Übertragung von den arischen Indern zu deuten) nicht im Wesen der Mythe selbst begründet ist, sondern auf dem Zufall der Aufzeichnungen beruht; Kenner des Folklore der wilden Stämme dürften wol auch weitere nicht-idg. Zeugnisse beibringen können.

nur die sächs.-ags. Formen des Namens (Wêland) und die oberdeutsche gesetzmässig daraus erwachsene Form Wielant zurück, sondern auch die schwierigere nordische Form, als deren Ausgangspunkt die Metrik *Vǫlundr* ergibt, das sich nach nordischen Lautgesetzen als Übernahme von Wêland erklären lässt[1]; eine Stütze für eine ehemalige Doppelheit des Namens in der Sage, Wêland und Waland[2], wie sie Golther (Germ. 33, 465) annimmt, um mit letzterem an Vulcanus anzuknüpfen (s. auch Bugge, Stud. 1, 136), bietet das Nordische ebensowenig wie das altfranz. Galans, das aus der nordischen Form lautgesetzlich sich ergeben kann (vrgl. E. H. Meyer a. a. O.). Das charakteristisch-passende des Namens macht es sehr wahrscheinlich, dass er mit der Sage und für sie geprägt worden ist, und dass sein Gebrauch als Personenname erst der Verbreitung der Sage entsprang[3]. Bei den überlieferten urkundlichen Personennamen Wieland ist freilich unentscheidbar, ob in jedem einzelnen Falle, namentlich in späteren Zeiten, der Namengebung Kenntnis der Sage zu Grunde lag, immerhin aber doch sehr wahrscheinlich; viel schwieriger ist die Entscheidung bei den mit diesem Namen zusammengesetzten Ortsbezeichnungen (Grimm M[4] 313. Binz,

---

[1] Sijmons, Grundr. II, 1, S. 61; Noreen, Altisl. Gramm. § 71, Anm. 3; Urgerm. Lautlehre S. 31; Kögel a. a. O. Dass die Schreibung des Cod. Reg. auf *ǫ* deute, wie F. Jónsson, Arkiv 9, 377 bemerkt, spricht nur für das 13. Jhd., wo ja die Form *Vǫlundr*, bzw. *Völundr* (mit Kürze) niemand bezweifelt, nicht aber für die Abfassungszeit des Gedichtes. Wäre die Sage über England nach Skandinavien gekommen, so böte der northumbrische Dialekt mit seinem Übergang von *we, wê* > *wœ, wǣ* eine Handhabe zur Erklärung der nordischen Form aus einem north. dial. **Wǣland*; doch ist auch für das Nordische ein solcher Übergang nichts unerhörtes, und die Entwicklungsgeschichte der Sage weist auf directe Wanderung aus Sachsen über Dänemark nach Norwegen.

[2] Ob der ahd. Name Waland etymologisch mit Wêland unverwandt (Golther a. a. O.), oder nur eine Entstellung aus letzterem ist (Kögel), bleibt in diesem Zusammenhange gleichgiltig.

[3] Im Isl. wird das Wort *völundr* als „*artifex*“ ganz appellativ gebraucht zur Bezeichnung eines geschickten Mannes (Sagabibl. II, 170; Egilsson, s. v. Vigfusson s. v.); dies kann aber keineswegs als Beweis dafür dienen, dass das Wort älter als die Sagenfigur ist, wie verschiedene Gelehrte angenommen haben, weder für das nordische, geschweige denn für das germanische Gebiet, da schon die Lautgestalt es deutlich als den Namen Vǫlundr, nicht als unmittelbare rein-nordische Ableitung aus *vêla* kennzeichnet. Der Name ist eben sprichwörtlich geworden, wozu es ja an Analogien nicht mangelt; so ist Amlóđi zur Bezeichnung eines Dummkopfes in den nordischen Sprachen gebraucht worden (ZfdA. 36, 6), so Bögu-Bósi im Isländischen für einen verschrobenen Kopf (s. meine Ausgabe d. Bósa-Saga, LXXVI), beides aus den Sagen geschöpft.

Beitr. XX, 189), da sich hier die Möglichkeit der Benennung nach einem historischen Träger des Namens — wofür ZE. VI ein Beleg — von vornherein nicht ausschliessen lässt. Die von Grimm M[4] 313. 1010 angeführten nordischen und deutschen Pflanzennamen, deren Composition den Namen Wieland enthält, sind als Zeugnisse für die Volkstümlichkeit und Verbreitung der Sage sehr wertvoll, aber für die Entwicklungsgeschichte der Sage nicht verwertbar, da jeder Anhalt zu ihrer chronologischen Einreihung mangelt.

Während der besprochene Sagentypus, Wieland als Schmied, zu dem festen Bestande aller Überlieferungen gehört, ist die Verbindung eines anderen Sagenelements, des Raubes einer Schwanjungfrau (Typus II) mit Wieland auf wenige Zeugnisse beschränkt. Dass ein Mensch eine mythische (dämonische) Jungfrau durch Wegnahme eines Gewandstückes oder Gegenstandes, woran ihre übermenschliche Natur geknüpft ist, zum Verharren in rein menschlichen Lebensbedingungen zwingt, sie zur Frau nimmt, aber nach einer gewissen Zeit wieder verliert, indem sie durch Zufall wieder in den Besitz jenes geraubten Gegenstandes kommt und mit dessen Hilfe dem menschlichen Zwange wieder entflieht — oder indem der Mann eine Bedingung verletzt, von der sie ihr Bleiben abhängig gemacht hat, — ist eine in zahlreichen Varianten bei den verschiedensten, auch nicht-indogermanischen Völkern auftretende niedere Mythe, die eine Unterabteilung des reichverzweigten Mythenstammes vom Verkehre von Alben (Dämonen) mit Menschen bildet. Nachweise für die Verbreitung (z. T. mit weiteren Literaturangaben) s. Grimm, M. I 354[4], III 121. HS[3], 113[b], Anm. 3. Uhland Schriften I 489. Benfey, Pantschatantra I 263. Liebrecht, Zur Volkskunde S. 56; 244. Laistner, Rätsel, der Sphinx 1, 103. E. H. Meyer, Idg. Myth. I, 187, II, 483, 630, Germ. M. § 165. Cosquin, Contes de Lorraine, Nr. XXXII [besonders reich an Nachweisen]. W. W. Newell, Lady Featherflight (The second international Folk-lore Congress 1891, Papers and Transactions, London 1892, S. 40 ff.) [mit wertvollen Noten]. Als Held dieser Mythe erscheint Wieland direkt nur in der Vǫlundarkviđa [verknüpft mit Typ. 3], und 'Herzog Friedr. v. Schwaben' weist ebenfalls auf die Existenz dieser Sagengestalt hin [ohne Verbindung mit Typ. 1 und 3]. Nach Stephens, Aarböger for nordisk Oldkyndighed 1884, S. 46 Anm. soll auf dem Leedskreuze in Yorkshire die Scene abgebildet sein, wie

Wieland die gefangene Schwanjungfrau, deren erbeutete Schwanenflügel ihm am Gurte hängen, nach Hause trägt; eine Bestätigung dieser Auslegung, für die sich Stephens auf einen englischen Gewährsmann beruft, durch eine archäologische Autorität bleibt abzuwarten, ehe man diese Nachricht als Zeugnis verwerten darf[1].

Viel zahlreicher und zum Teil unter einander abweichend sind die Überlieferungen von Wielands Gefangenschaft und Rache (Sagentypus 3): Vǫlundarkviđa (I), Thidrekssaga (II), Deors Klage (III), das Bild auf dem angelsächsischen Runenkästchen (IV), Anhang zum Heldenbuch (V) und die Sage aus dem Sachsenwald (VI). Als Kern ergibt sich: a) Der Schmied Wieland wird von einem feindlichen König gefangen [I. II. III. VI.] — b) der ihn verstümmelt [I. II. VI.] — c) er rächt sich an ihm durch die Ermordung seiner Söhne [I. II. III. IV.] — d) und Entehrung seiner Tochter [I—V] — e) und fliegt davon [I. II.]. Dass die 6 Quellen nicht zu allen Gliedern Belege gewähren, ist an sich kein Beweis dafür, dass die Sagengestalt, die sie repräsentieren, dieselben nicht gehabt hätte, denn bei III und IV bringt es der Charakter der Überlieferung — Anspielungen, bzw. Bildwerk —, bei V und VI die Dürftigkeit der Überlieferungen, die nur einen Nachhall ehemals reicheren Wissens enthalten, mit sich, dass wir nur fragmentarische Kunde erhalten.

Die Hauptabweichung der Überlieferungen betrifft die Art, wie Wieland entkommt (Punkt e).

Die Vǫlundarkviđa des 9. Jhds. erzählt von Wieland: Mit zwei Brüdern haust W. im Wolfsthal; sie haben sich drei Schwanjungfrauen zu Frauen gewonnen, doch entfliehen diese nach 8 Jahren; die beiden andern Brüder ziehen aus, um ihre Frauen zu suchen, W. allein bleibt zurück. König Níđuđr, der Niarenfürst, hört, dass er allein im Wolfsthal sitzt, und bemächtigt sich seiner und seiner Brüder Schätze, durchschneidet ihm auf den Rat der Königin die Sehnen, und setzt ihn in eine Schmiedewerkstätte auf einer Insel, wo er ihm schmieden muss. Der Schmied tötet erst die zwei jungen Söhne des Königs, die

[1] Wenn Kögels Annahme richtig wäre (Ltg. I 1, 102), dass in 'Deors Klage' die Sehnsucht (*longađ*), die Wéland nach dem Ausdrucke des Dichters zum Gefährten hatte, sich auf die entflohene Geliebte bezieht, so würde auch dieses Gedicht hier anzuführen sein; aber jeder Anhalt für diese Auslegung fehlt; dass ein gefangener Mann von Sehnsucht gequält wird, ist ohne weiteres verständlich.

der Zufall in seine Werkstatt geführt, entehrt dann Bödvild, die Tochter Níduds, und fliegt nach gelungener Rache davon. Von den Details der Darstellung ist vor allem die Rolle, die ein Ring spielt, ebenso wichtig als unklar und nötigt zu genauerem Eingehen. Nach Str. 8 ff. (zusammengehalten mit Str. 14) kommt Níudr mit einer Schar von Kriegern zur Nachtzeit zu Wielands Hof, der leer steht, da W. auf einem Jagdzuge abwesend ist. Im Hause erblicken die Krieger 700 von Wieland geschmiedete Ringe an einer Bastschnur; sie nehmen sie ab und reihen sie wieder auf, bis auf einen, den sie behalten (Str. 9). W. kehrt heim, zählt die Ringe, bemerkt dass einer fehlt, und hofft, die entflohene Gattin habe ihn und sei heimgekehrt. — Die Prosa nach Str. 16 berichtet, Níudr habe diesen Ring seiner Tochter Bödvildr gegeben, und die Strophen 17 und 19 bestätigten dies: in Str. 17 rät die Königin, W. durch Verstümmelung unschädlich zu machen, denn er blicke voll Grimm, wenn er an Bödvilds Arm den blitzenden Ring sehe, und Str. 19 sagt Wieland: Nun trägt Bödvild meines Weibes roten Ring[1]. Str. 26 ff. rühmt sich Bödvild des Ringes, er zerbricht ihn, sie bringt ihn heimlich zu Wieland, der die Gelegenheit zur Rache ersieht, sie mit einem Tranke betäubt und schändet. Unmittelbar nach dieser That hebt er sich in die Luft, während Bödvild weinend von der Insel geht. — Zweierlei geht aus der Handlung, wie sie von der Vkv. berichtet wird, hervor: 1) dass es mit dem Ringe eine besondere Bewandtnis haben muss, sonst würde nicht das erste Streben der Krieger sein, W. seiner — und **nur** seiner — zu berauben, ehe sie sich an ihn selbst wagen; 2) dass W. unmittelbar, nachdem er den Ring wieder in seine Gewalt bekommen (und rasch wieder zusammengefügt hat, wie man

[1] So, mit dem Singular, ist die Stelle unbedingt zu übersetzen; der Plural des Originals „rote Ringe" (*bauga rauða*) ist auffällig, aber nicht unerklärlich; gemeint ist doch nur éin Ring. Über den Gebrauch des Plurals, wo doch nur ein einzelnes Individuum bzw. ein einzelner Gegenstand gemeint ist, bzw. eines generellen Ausdrucks für ein specielles Object, besonders in der Edda s. Bugges Ausgabe, Anm. zu Sig. III, Str. 14; Sijmons, ZfdPh. 24, 13 Anm. Der Plural könnte sich im vorliegenden Falle auch daraus erklären, dass dem Dichter nicht ein einfacher Reif, sondern ein Armring vorgeschwebt hat, der aus zahlreichen eng aneinander geschlossenen Spiralwindungen bestand, die für das Auge den Eindruck von mit einander verbundenen Ringen machen (wie z. B. der bei Montelius, Kultur Schwedens Fig. 64 abgebildete). Man braucht also weder zur Conjectur zu greifen (*baug hinn rauða*, Detter, Ark. f. n. F. 3, 314, vrgl. auch Simrock zu der Str.), noch dem Dichter Unklarheit zuzuschreiben (Kögel Ltg. 103, Anm. 1).

annehmen muss), sich in die Lüfte schwingt, also jedenfalls eine zeitliche Folge; ist diese zugleich auch ein causaler Zusammenhang? Weder das erste noch das zweite Verhältnis wird vom Dichter aufgeklärt, und man muss daher zwischen den Zeilen lesen, was er in der Voraussetzung vollständiger Sagenkenntnis bei seinen Zuhörern verschwiegen, oder infolge mangelhafter Tradition nicht mehr gewusst hat. Der Grund, weshalb Níđuđs Krieger gerade den einen Ring wegnehmen, ist verschieden erklärt worden. K. Meyer (Germ. 14, 295) erklärt den Ring als einen elbischen Zaubergegenstand, wie etwa den Andvaranaut, der die Gabe hatte, Schätze zu erzeugen oder zu vermehren — ein Einfall, der keine Stütze in der Überlieferung hat[1]; Niedner (ZfdA. 33, 27 f.) sieht in dem Ring nur ein besonders kostbares Stück, das Wieland als Verlobungsring teuer war[2]; Detter (Arkiv III 319) sieht es nach verschiedenen Erwägungen für das wahrscheinlichste an, dass die Wegnahme nur ein Akt teuflischer Bosheit sei; Wieland solle glauben, seine lang ersehnte Gattin, für die er die Ringe schmiedet, sei zurückgekommen und habe einen davon (sie sind nach D.'s Meinung alle gleichartig und gleichwertig[3]) an sich genommen. Aber diese Interpretation erklärt nicht die Rolle des Ringes in der Handlung[4]. Die einzig mögliche Erklärung liegt, wie

[1] Unabhängig ist Rydberg, Undersökningar I 475 durch seine mythologischen Combinationen auf denselben Gedanken gekommen.

[2] Dass er vorher weggenommen wird, erklärt Niedner aus einer ungeschickten Interpolation; ein Interpolator habe den Plural in Str. 19 nicht verstanden, und darum den Wert des éinen Rings durch diese Handlung Níđuđs (gegenüber der Pluralität in Str. 19) kräftig hervorheben wollen. Aber der Weg, den der Interpolator gewählt hätte, wäre sonderbar; nahm er an dem Plural Anstoss, so lag die Änderung in den Singular ganz nahe; warum er sich davor gescheut haben sollte, ist nicht einzusehen — philologische Ehrfurcht vor dem überlieferten Texte kann man doch Interpolatoren nicht zutrauen — und seine Erfindung wäre ein grösseres Rätsel als der von ihm vermeintlich empfundene Widerspruch.

[3] Und zwar alle Flugringe, und alle 700 für die Gattin Wielands bestimmt im Hinblick auf ihre Freude am Fliegen — ein Gedanke, der in seinen Konsequenzen mit den mythischen Vorstellungen von der Ehe solcher Jungfrauen mit Menschen ganz unvereinbar ist, da nach dem durchaus festen Sagentypus gerade die Entziehung dieser Ringe (Flughemden etc.) das wesentliche ist, und die Ehe nur so lange andauert, als die mythische Jungfrau nicht in den Besitz dieses Objectes gelangen kann.

[4] Nach Str. 11 spricht allerdings W. diese Hoffnung aus; aber wie kann er das aus dem Fehlen schliessen? Und wie kann es N. bekannt sein, dass W. auf diesen Gedanken verfallen werde, wenn alle Ringe ganz gleich sind? Die

Kögel, Ltg. I 1, 103, richtig hervorhebt, darin, dass der Ring zur Festnahme Wielands in einer Beziehung stehen muss; nicht um die Schätze ist es in diesem Augenblick Níđuđ zu thun, — er hätte ja alle sofort wegnehmen können, oder aber mit der Wegnahme aller warten können, bis Wieland überwältigt war, sondern offenbar darum, durch die Wegnahme des einen Ringes sich die Bewältigung Wielands zu sichern; dem Ringe muss also eine Kraft innewohnen, in deren Besitz Wieland unfassbar ist; welches diese Kraft war, ergibt sich aus dem zweiten Verhältnis: in dem Augenblick, wo Wieland ihn wieder erlangt hat, schwingt er sich in die Lüfte. Der Ring muss somit ein Flug(Schwan-)ring gewesen sein, der Verwandlung in Vogelgestalt oder Flugkraft verlieh; damit wird beides, vorherige Wegnahme durch Níđuđ und Entkommen Wielands nach Erlangung des Ringes zugleich erklärt, und diese Erklärung geht aus der Verkettung der Thatsachen hervor, ist also ein Element, das zum festen Bestande der Tradition gehört, welche der Dichter der Vkv. bearbeitet hat. Der Zusammenhang dieser Thatsachen ist aber dem Dichter selbst nicht mehr klar gewesen, bzw. durch den Einfluss anderer Ideen, die er hineinlegte, gestört worden und daher verdunkelt. Wie sich der Dichter — nicht die Sage — die Beziehung des Ringes zu Hervör, der entflohenen Gattin Wielands dachte, bleibt dunkel. Nach Str. 19 gehörte der Ring Hervör, und mit ihrer elbischen Natur wäre das wol zu vereinen, denn gerade an Ringe knüpft sich oft die Fähigkeit des Gestaltentausches (bzw. des Fliegens) s. M. 354, 355 vrgl. 916—18; ist es aber der Flugring, den W. ihr geraubt hat, so müsste, entsprechend dem allgemeinen Sagentypus, Hervör ihn wiedergefunden haben und mit seiner Hilfe entflohen sein; er könnte also nicht in Wielands Besitz verblieben sein. Die Prosa spricht von abgelegten Schwanen-(Flug-)hemden, hat also ein anderes analoges Motiv im Auge, das z. B. in Helreiđ Brynhildar erscheint; die Liedstrophen geben überhaupt keinen Anhalt dafür, ob der Dichter an Ringe oder Hemden gedacht hat, sei es dass er Kenntnis der Sage bei seinen Zuhörern voraussetzte, sei es dass er sich die Sage überhaupt anders zurechtlegte; nach der schönen Schilderung

---

Meinung des Dichters ist höchst unklar, und jedenfalls entspricht die Motivation, die er der Handlung gibt — vielleicht mag er wirklich im Auge gehabt haben, was D. daraus herausliest —, durchaus nicht dem Gange der Handlung (s. unten).

in Str. 3 — sieben Winter sassen die Schwanjungfrauen ruhig im Hause, doch den ganzen achten verzehrte sie Sehnsucht und im neunten trennte sie der (innere) Zwang (von ihren Gatten), es trieb sie hinaus, ihr Handwerk zu üben — scheint er überhaupt das mythologische Motiv vom Wiederauffinden der Schwanenhemden oder Ringe absichtlich fallen gelassen zu haben und lässt nur die Psychologie des Mythos zu dem Hörer sprechen; und ähnlich übergeht oder verschleiert er in Str. 1 den Raub der Hemden oder Ringe. Dem genialen Dichter, dessen Kunst Niedner a. a. O. mit Recht preist, wäre eine solche psychologische Vertiefung ganz wohl zuzutrauen. Wie er freilich dazu kam, dann von einem Ringe Hervörs zu reden, ist rätselhaft; dachte er, wie man auch angenommen hat, an einen von ihr zurückgelassenen Ring? Die Angaben des Liedes sind jedenfalls — das zeigen die zalreichen Erklärungsversuche, die alle an den entgegenstehenden Schwierigkeiten scheitern — mit einander nicht in klaren widerspruchslosen Zusammenhang zu bringen, auch durch Ausscheidung wirklicher oder vermeintlicher Interpolationen nicht. Man ist genötigt, die Widersprüche als Reste unvollkommener Verschmelzung verschiedener Tradition aufzufassen; die Berechtigung hiezu ergibt sich von zwei Seiten: einerseits zeigen die zahlreichen Parallelen, dass der Schwanjungfraumythus infolge seiner allgemeinen Verbreitung nicht ursächlich mit der Wielandsage in Zusammenhang steht, also einmal von der Sage an Wielands Person geknüpft worden ist, dass somit die Sage oder die Dichtung diese Episode ohne Zusammenhang mit der Sage von Wielands Gefangenschaft und Rache ausgebildet haben kann. Dass dies wirklich geschehen ist, zeigen die erhaltenen Denkmäler, die mit Ausnahme der Vkv. wirklich die Rache ohne Zusammenhang mit dieser Episode berichten, die anderseits durch einen Reflex in 'Friedr. v. Schwaben' in selbständiger Existenz bezeugt ist. Mit andern Worten, wir müssen selbständige Lieder bzw. Sagen voraussetzen, welche von Wieland und der Schwanjungfrau ohne episch-cyklische Verbindung mit den sonst von W. umlaufenden Sagen erzählten. Anderseits ergibt — als schönste Bestätigung dieses aus sagenhistorischen Indicien folgenden Schlusses — die höhere Kritik des Liedes, wie Niedner, Zfd. A. 33, 24 ff. neuerdings überzeugend dargetan hat[1], dass der

[1] Vgl. auch Niedner, Zur Liederedda, Berl. Progr. 1896, 17 ff.; ich konnte die Abh. nicht mehr verwerten. [*Corr.-Note.*]

Dichter der Vkv. zwei ältere Lieder, von denen eines nur die Schwanjungfrau-Episode, das andere nur Wielands Gefangenschaft und Rache behandelte, benutzt und geschickt compiliert hat[1]. Von den zweifelhaften Einzelheiten der kritischen Textscheidung kann hier abgesehen werden; für die Geschichte der Sage genügt der Gewinn der Berechtigung, die Sage von den Unvereinbarkeiten der Angaben des nordischen Liedes über den Ring zu entlasten. In beiden alten Liedern bzw. Sagen spielte ein Ring eine Rolle, im ersten der Flugring der Schwanjungfrau, der ihr geraubt wird und bei dessen Wiedererlangung — was die Analogien des Sagentypus ergeben — sie entflieht, im zweiten als Flugring des albischen Schmiedes — bricht doch gerade in Vkv. diese albische Natur Wielands noch in der Bezeichnung „Albenfürst" durch —, den ihm ein schatzgieriger König raubt, um sich seiner Person und seiner Schätze bemächtigen zu können, und mit dessen Hilfe Wieland, dem das Glück Gelegenheit zur Rache und den Ring in die Hände spielt, der Gefangenschaft wieder entrinnt. Den Kreis der möglichen Vermutungen über die Art und Weise, wie der Dichter der Vkv. beide Ringe combinierte und sich den Zusammenhang dachte, hier zu durchmessen, wäre gegenstandslos; jedenfalls dürfen wir mit guten Gründen die Identifikation lösen und als Resultat festhalten, dass in dem 2. Liede von Wieland, das dem Verfasser der Vkv. vorlag, wie auch nach des Verfassers Meinung, Wieland seine Flucht mit Hilfe des wiedererlangten Flugringes bewerkstelligt[2].

---

[1] Die Unzusammengehörigkeit beider Teile ist übrigens schon lange erkannt worden, so namentlich von Rieger, Germ. 3, 176 und K. Meyer, Germ. 14, 286; beide irren nur, wenn sie annehmen, dass der Wieland der Schwanjungfrau eine ganz andere Person sei als der gleichnamige Held des zweiten Teiles. Die Übertragung des Motivs vom Raube der Schwanjungfrau auf W. braucht darum nicht jung zu sein, nur die Verschmelzung zu einer pragmatischen Handlung ist offenbar ein später und in seinem Verbreitungsgebiete beschränkter Vorgang der Sagendichtung.

[2] Dass die Verwandlung in Vogelgestalt [durch den Ring] auch im Texte angedeutet ist (*verða ek á fitjom*), hebt Niedner a. a. O. hervor; seine Meinung aber, Wieland habe sich durch eigene elbische Kraft in einen Vogel verwandelt (a. a. O. 33) — also blosses Motiv des Gestaltentausches ohne ein sinnliches Symbol — stösst zwar an sich auf keine Schwierigkeit, vrgl. M, N 317, lässt aber die Angaben des Gedichtes über den Ring unerklärt und bringt ein noch viel grösseres Rätsel in die Handlung; denn konnte sich W. nach der Vorstellung der Sage jeden Augenblick durch ihm innewohnende Kraft in einen Vogel verwandeln — warum machte er von dieser Kraft nicht schon früher Gebrauch? Die Erklärung, die man dem entgegenhalten könnte, er habe die Gelegenheit zur Rache abgewartet, zerfällt

Eine andere Erklärung von Wielands Flucht, wobei einer der Brüder Wielands eine Rolle spielt, enthält die Thidrekssaga. Nach der ThS. kommt der Bruder Wielands, der Meisterschütze Egil, an den Hof Nidungs und hält sich dort auf; W. lässt sich von ihm Vogelfedern bringen und fertigt daraus ein Flughemd, mit dessen Hilfe er entflieht; der Ring Böðvilds ist ein gewöhnlicher Reif, nicht ein Wieland geraubtes Geschmeide; er wird ihr denn auch von W. ausgebessert wieder zurückgestellt und spielt bei der Flucht keine Rolle. Dieselbe Sagengestalt soll auch die Elfenbeinschnitzerei eines angelsächsischen Runenkästchens voraussetzen: man sieht auf ihr Wieland, den Böðvild in Begleitung einer Dienerin [so auch in der ThS.] besucht, unten liegt die Leiche eines Knaben, und rechts fängt eine männliche Figur Vögel — wie S. Bugge (bei Stephens, Old Northern Runic Monuments I, LXIX f.) zuerst, später auch, doch unabhängig, C. Hofmann, gedeutet haben, Wielands Bruder, der die Vögel jagt, damit Wieland aus den Federn sein Flughemd verfertigen könne. Als späteste Altersgrenze des Runenkästchens wird neuerdings aus sprachlichen Gründen von Binz (Beitr. XX S. 186, unter Hinweis auf den aus anderen Indicien gezogenen gleichen Schluss bei Brooke, Early Engl. Lit. 1, 84) das Ende des 7. oder der Anfang des 8. Jhds. angenommen, was mit der Datierung von Stephens (8. Jhd. mit Fragezeichen) stimmt[1]. Mag diese Bestimmung das richtige treffen, oder um ein par Decennien zu weit zurückgreifen, jedenfalls wäre damit die Sagenform der ThS. in diesem Punkte einige hundert Jahre vor der Niederschrift der letzteren und vor, mindestens aber gleichzeitig mit der vermutlichen Abfassungszeit der Vkv. bezeugt; man hätte es mit einer sehr alten Sagenvariante zu thun, wenngleich natürlich über die Priorität der Varianten selbst das chronologische Datum der zufällig erhaltenen Denkmäler nichts entscheidet, und ebensowenig berechtigt, diese Sagenform in die Vølundarkviða hineinzuinterpretieren, indem man annimmt, der Bericht, wie Egil

---

von selbst; denn — die Berechtigung derartigen Raisonnements zugegeben — was würde ihn gehindert haben, diese Gelegenheit nach der Flucht bequemer und besser abzuwarten, ja als Freier ungehinderter selbst herbeizuführen?

[1] Abbildung bei Stephens a. a. O. I 476, Bibl. der ags. Poesie von Grein-Wülker Bd. I, neuerdings auch in Wülkers Engl. Litgesch. und in meiner kleinen Heldensage (Stuttgart 1897, 2. Auflage). Über die Entdeckung des Kästchens und die ältere Literatur darüber s. Wülkers Grundr. zur Gesch. d. ags. Lit. S. 357 ff.

Vögel fieng etc., sei in der Überlieferung ausgefallen; die Angaben des Gedichtes sind in sich vollkommen geschlossen und geben für solche Annahmen keinen Raum. Beide Sagenformen, Flucht mittelst Ring und Flucht mittelst Federhemd, wären darnach alte Sagenvarianten der Überlieferung. Dass in der Heimat der Sage, Sachsen, wohin sowol Vkv. als die ags. Versionen zurückweisen (s. u.), in so früher Zeit zwei Versionen gleichzeitig nebeneinander existiert haben sollen, wäre an sich nichts sonderbares. Nur die Spärlichkeit der alten Überlieferungen, die uns gewöhnlich aus einer bestimmten Gegend und Zeit bloss éine Version der Sage erhalten hat, kann den Anschein erwecken, dass Sagenvarianten immer der Behandlung der Sage bei verschiedenen Stämmen oder in verschiedenen Zeiten zuzuschreiben sind. Die Beobachtung lebender mündlicher traditioneller Poesie, z. B. der Märchen, hat allenthalben gelehrt, dass kaum zwei Individuen dasselbe Märchen o. ä. ganz gleich erzählen[1], und dass Varianten aus der Natur wirklich lebender Tradition entspringen und auf engem geographischen Raume dicht nebeneinander zu treffen sind. An der gleichzeitigen Existenz zweier Sagenvarianten von Wielands Flucht bei den Sachsen des siebenten Jahrhunderts Anstoss zu nehmen, läge soweit theoretisch kein Grund vor.

Viel auffälliger ist die Art dieser Variante, da hierdurch der alte Mythus im Kerne verletzt wird. Dass Wieland ohne fremde Hilfe sich befreit, — wie die Vkv. berichtet — kann das einzige der echten Sage gemässe sein, und die Bedeutungslosigkeit, zu der im Berichte der ThS. der Ring Bǫðvilds, den wir oben als altes Element der Sage erkannt haben, älter als die Vkv., herabgesunken ist, zeigt deutlich, dass dies die Folge der Verdrängung durch eine jüngere Motivation ist. Die Ursachen, welche zur Entstehung der abweichenden Sagenvariante führten, lassen sich auch noch mit ziemlicher Wahrscheinlichkeit erkennen. Schon in der Vkv. ist von drei Brüdern die Rede, Vølundr, Egill und Slagfiðr, von denen die beiden letzteren keine Rolle spielen; dass dieses Verhältnis nicht vom nordischen Dichter erfunden, sondern aus der Tradition geschöpft ist, be-

[1] Sievers verweist Beitr. XVI, 146 Note, auf die wichtigen und interessanten Ausführungen Radloffs (Proben der Volksliteratur der nördl. Türkstämme 5. Band), wo aus Beobachtung lebenden epischen Volksgesanges hervorgehoben wird, dass verschiedene Sänger dieselbe Sage mit verschiedenen Einzelheiten vortragen, sogar derselbe Sänger sich bei Wiederholungen in Angaben nicht gleich bleibt.

zeugen die deutschen Namen (s. u.). Die Parallele mit den drei ribhus (= Elben) der indischen Mythologie, welche E. H. Meyer, einem Gedanken Kuhns folgend, begründet hat (Anz. XIII, a. a. O.), scheint zu beweisen, dass die Dreiheit der kunstfertigen schmiedenden Alben ein altmythisches Erbe ist. Eine active Rolle in der Sage aber spielen die beiden Brüder von Anfang an nicht, wie jene Parallelen und die Vkv. beweisen. Es musste daher bei fortschreitender Ausbildung und Episierung der Sage das Bedürfnis entstehen, einerseits die zwei anderen durch Beilegung besonderer Fertigkeiten zu individualisieren — was aber immer ein späterer Vorgang der Sagenbildung ist, vgl. Müllenhoff, ZfdA. VI, 67 — und anderseits sie in die Handlung eingreifen zu lassen. Dass sie dies nicht von Anfang an thaten, beweist die Unvollkommenheit der jüngeren Erfindung, da nur für den einen Bruder eine Handlung ersonnen ist, der zweite aber leer ausgeht und infolge dessen von der jüngeren Überlieferung (ThS.) ganz vergessen wird. Die Schaffung einer Rolle für den einen Bruder, der als Schütze gefeiert wurde, liess sich ermöglichen, wenn der Flugring durch das parallele Motiv des Fluggewandes, das den Germanen vollkommen geläufig war[1]), ersetzt wurde. Die in der ThS. verbundene Vorstellung von der künstlichen Fertigung eines Federhemdes ist eine Herabziehung des alten Mythus in eine euhemeristische Betrachtungssphäre — die in der Ths. sich unverkennbar äussert, wie weiter unten näher berührt werden soll — welche für eine so frühe Zeit sehr auffallend wäre. Ohne das Zeugnis des Runenkästchens würde man den Bericht der ThS. für die Erfindung einer bedeutend jüngeren rationalistischen Periode halten müssen; zur Not könnte die Erwägung herhalten, dass bei Motivvergröberungen nicht immer der Unterschied zwischen älterer und jüngerer Zeit mitspielt, sondern vor allem der Unterschied der Vorstellungswelt und des poetischen Vermögens verschiedener gleichzeitiger Gesellschaftsschichten desselben Volkes, deren jede eine Sage in anderer Weise aufnimmt und fortpflanzt, bzw. sich zurechtlegt. Aber dass schon im siebenten Jahrhundert bei den heidnischen Sachsen eine so grob rationalistische Erfindung möglich war, ist doch schwer zu begreifen.

---

[1] Auch den Sachsen! Hêliand 5801 faran an feđarhamon — wenn es eines Beweises bedürfte. Aber wir haben überhaupt gar nicht auf so alte Zeit zu recurrieren, da hier weder alte Sage noch überhaupt Sage in echtem Wortsinne vorliegt (s. S. 53).

Die Ähnlichkeit der Wielandsage mit den antiken Überlieferungen von Dädalos, der mit Hilfe eines selbstgefertigten Federgewandes der Gefangenschaft des Minos entflieht, könnte den Gedanken nahe legen, in der Einsetzung des Flughemdes für den Flugring Einfluss der Kenntnis der Dädalossage anzunehmen (vgl. Niedner a. a. O. 33, Anm.). Ist die Interpretierung des Runenkästchens richtig, dann geht diese Sagengestalt mindestens in das siebente Jahrhundert bei den Sachsen zurück, einem damals ganz heidnischen und von fremder Kultur abgeschlossenen Volksstamme; woher diese Kenntnis von der Dädalosmythe hätten bekommen sollen, ist schwer einzusehen[1], und die Änderung — wenn sie alt wäre — erklärte sich auf dem oben angedeuteten Wege ungezwungen aus der heimischen Sage selbst durch die gewöhnlichsten Vorgänge der Sagenbildung: Ersetzung eines Motivs durch ein paralleles, Suchen einer Motivation für eine vorhandene, aber unactive Sagenperson, und vermenschlichende Umdeutung eines übernatürlichen Vorganges. Diese Vorgänge sind um so begreiflicher, je jünger die Zeit ist, in welche diese euhemeristische Umgestaltung fällt. In der That ist die Sagengestalt der ThS., also des 12./13. Jhds. mit ihren zahlreichen grobrationalistischen Elementen der Boden, auf dem diese Umformung erwachsen ist. Denn die Ausdeutung des Vogelfängers auf dem Runenkästchen auf Egil scheint mir sehr problematisch. Die vogelfangende Figur ist rechts vom eigentlichen Bilde und kehrt der dort sich abspielenden Scene den Rücken, hat also mit ihr nichts direkt zu thun und braucht auch keineswegs etwas gleichzeitiges auszudrücken; ich vermute, dass sie nichts anderes als einen Königssohn darstellen soll, der auf der Jagd nach Vögeln begriffen ist, und dass der Darsteller damit habe ausdrücken wollen, dass die Königssöhne auf der Jagd nach Vögeln in die Behausung Wielands gekommen sind. So kann die Sage leicht erzählt haben; denn Vogeljagd ist gerade eine Beschäftigung von Knaben[2], und auch nach der ThS. waren

[1] Auch an sich liegt in der Übereinstimmung keine Spur einer Entlehnung. Einen Einfluss der Dädalossage auf die Wielandsage würde das Fluggewand Wielands nur dann beweisen, wenn sonst die Vorstellung eines Fluggewandes den Germanen unbekannt gewesen wäre und sich nur in der Wielandsage fände — was nicht der Fall ist. So bliebe nur die Fertigung desselben als Übereinstimmung — aber das ist ein Zug, der bei euhemeristischer Auffassung mythischer Vorstellungen überall auftreten kann.

[2] Vgl. die Harlungen in der ThS. c. 281, den jungen Konr in Rígsmál

die Knaben eifrige Jäger auf Vögel und Tiere, sie kommen zu Wieland, um sich Pfeile schmieden zu lassen, und man erklärt sich am Hofe ihres Vaters ihr Ausbleiben mit einem Jagdunglücke. Ausserdem ist die Figur entschieden die eines Knaben, nicht eines Erwachsenen, da sie nur halb so gross ist wie die weiblichen Figuren oder Wieland[1]. Der Einwand, dass man dann zwei vogeljagende Figuren erwarten sollte, trifft nicht zu, denn auch in der Hauptscene ist nur ein Leichnam (gegen die in Vkv. und ThS. bezeugte Doppelheit der gemordeten Brüder) zu sehen; entweder kannte der Darsteller die Sage in diesem Punkte anders, oder es waren in beiden Fällen wahrscheinlich nur Rücksichten auf den Raum, die ihn bewogen, bloss je eine Figur (als Repräsentanten des Bruderpaares) zu schnitzen. Und ebenso erledigt sich ein zweiter Einwand, den man erheben könnte, dass der Bildner hier zeitlich verschiedene Ereignisse nebeneinander darstelle — er träfe übrigens gleichermassen die bisher giltige Auslegung — aus der Technik der Darstellung. „Um so viel als möglich von der Sage anzubringen, hat der Künstler verschiedene Begebenheiten, die sich nicht gleichzeitig ereigneten, neben einander auf derselben Fläche dargestellt“ wie Bugge bei Stephens I, LXX richtig bemerkt; diese naive Technik der älteren Kunst ist ja übrigens

Str. 47; vrgl. ferner W. Müller ZMgdHS. S. 142, Note, wo in anderem Zusammenhange auf Parz. 33, 3 und das Volkslied von den Königskindern verwiesen wird, wo (Pflücken von Blumen und) Erschiessen der Vögel als die Beschäftigung von Knaben genannt wird. Vgl. ferner ZfdA. 30, 222. [Biterolf 2225 ff. 2263. *S.* Karlam. S. 66. *K*].

1) Ein Umstand, den C. Hofmann hervorhebt und den er als Grund bezeichnet, warum er nicht gleich an Egil gedacht habe (Sitzungsberichte der Münchener Akademie 1872, 461 ff.); in seinem ersten Aufsatz ebd. 1871 streift er nämlich diese Figur nur beiläufig, ohne sie zu erklären, wobei er unbewusst die richtige Erklärung, es könne ein Königssohn sein, vermutend ausspricht, aber von ihr wieder abgerät und sie nicht weiter berührt *. Dass das betreffende Feld in der Höhe durch das Hinabgehen des Randornaments wegen des oberhalb angebrachten Schlosses verkürzt ist, sei bemerkt, da damit die Verkürzung der Figur erklärt werden könnte; aber auch der Körperbau und die ganze Ausführung bezeichnen bestimmt einen Knaben: man vergleiche den Leichnam des getöteten Knaben in der linken Ecke und die gleiche Behandlung des Gesichtes und der Haare an dem vogelfangenden Knaben und an dem Knabenhaupte, das Wieland zwischen der Zange hält, und im Gegensatze hierzu die Behandlung des Kopfes an Wieland. [Sijmons erinnert mich bei der Correctur daran, dass das rückwärts gewendete Knabenbild vielleicht eine Andeutung des Rückwärtsgehens der Knaben (wie in Ths.) enthalte.]

* Im Interesse der Sache sei bemerkt, dass meine Auffassung von der vogelfangenden Figur feststand, ehe ich die antiquierten Aufsätze C. Hofmanns über das Clermonter Kästchen nachschlug und darin jenen beiläufigen Einfall fand.

allgemein bekannt. Nun ist allerdings auf dem Runenkästchen der Name *Æʒili* in Runen zu lesen, aber — nicht auf dem Wielandbilde, sondern auf einer anderen Seite des Kästchens, und zwar über einem im Kampfe mit zalreichen Angreifern befindlichen Bogenschützen; die Scene ist noch nicht gedeutet (Stephens' Bemerkungen in den Aarböger 1883, S. 375 Anm. 1 führen kaum auf einen festen Punkt), hängt aber jedenfalls gar nicht mit der Wielandsage zusammen. An einen Zusammenhang der Darstellungen auf dem Kästchen hat der Fertiger, der neben einander auf derselben Seite links Wieland und Bathilde, rechts die Anbetung der drei Könige vor dem Christkinde darstellte, nicht gedacht. Der Æʒil des ungedeuteten Bildes braucht also von diesem Gesichtspunkte aus gar nicht der aus der Wielandsage bekannte Egil zu sein, und selbst wenn er mit ihm identisch wäre, so würde dies nicht beweisen, dass er in der Sage von Wielands Gefangenschaft und Rache eine Rolle gespielt hat[1]; er hatte seine eigene Sage, und aus dieser wählte der Darsteller seinen Vorwurf.

Aus inneren und äusseren Gründen scheint mir daher die Annahme, dass die ihrem ganzen Wesen nach euhemeristische und jüngere Sagengestalt der ThS. auf dem Bildwerke des 7. oder 8. Jhds. erscheine und demnach in Sachsen schon im 7. Jhd. neben der älteren und ächteren Version, die der Dichter der Vkv. benutzte, umgelaufen sein sollte, ebenso bedenklich als unerwiesen, und die Sagengeschichte kann nur mit den zwei Untertypen: a) Flucht mittelst wiedererlangten elbischen Flugringes, vertreten durch Vkv. und b) Flucht mit Hilfe Egils, vertreten bloss durch die ThS., rechnen. Weiter unten (S.53) wird sich zeigen, dass die Variante des ThS. überhaupt nicht auf sächsische Sage zurückgeht, sondern nur eine literarische Erfindung ist.

---

2. Heimat, Wanderungen und epische Entwicklung der Sage.

Die Quellen und Zeugnisse für unsere Sage zerfallen geographisch in fünf Gruppen: oberdeutsche, niederdeutsche[2], angelsächsische, skandinavische und altfranzösische; nicht alle dieser

[1] Hofmanns Versuch a. a. O., die Aegil-Scene derart zu deuten, ist ganz verfehlt.

[2] Auch in einem niederländischen Gedichte werden Wilant, Wedege und Mimminc erwähnt. Grimm M 312.

Gruppen sind zugleich Zeugnisse für eine besondere Gestalt der Wielandsage in ihrem geographischen Gebiete[1].

Die altfranzösischen Anspielungen (Depping et Michel, Véland le forgeron, Kap. 5 und Anmerkungen dazu S. 80—95; Altdeutsche Blätter 1, 34—47, HS. Nr. 28. 29. 30. Rassmann II S. 271. ZE. LXX) zeigen nur, dass in Frankreich Galand (Galans) als hervorragender, ausgezeichneter (Waffen)-Schmied bekannt war, auf den man berühmte Schwerter zurückführte. Was man sonst aus den spärlichen Angaben an Beziehungen zur Sage von Wieland hat herauslesen wollen, hält nicht Stand[2]. Höchstens in der Dreiheit der Brüder HS. Nr. 30, 3, Altd. Bl. I 36, 2 könnte eine alte Erinnerung vermutet werden, wenn nicht der Verdacht zu nahe läge, dass hier nichts anders vorliegt als ein junger Ausschlag der Vorliebe für die formelhafte Dreizahl, also eine müssige Erfindung. Von einer altfranzösischen Sagenform kann nicht die Rede sein; weder ergeben die Zeugnisse eine solche, noch geben sie die Berechtigung, sie für Trümmer ehemals reicherer Tradition zu halten. Die ganz willkürliche, farblose Art, mit der bald dieses bald jenes fictive oder historische Schwert als Galands Arbeit bezeichnet wird, beweist, dass den Trägern altfranzösischer Epik nicht mehr als der berühmte Name geläufig war, mit dem sie willkürlich schalteten. Die Kenntnis dieses Namens wird nach Frankreich durch die Normannen gekommen sein[3]; die

[1] Auch zu den Langobarden ist mindestens der Name Wêland gedrungen: s. die Nachweise bei Bruckner, Sprache der Langobarden sv. Guêlandus, S. 320; über ein rugisches Zeugnis s. u. S. 30.

[2] In der Prosaauflösung des Doolin de Maience (Altd. Bl. 1, 43) ist die Mutter Galands eine Fee, was auf Wielands elbische Natur (!) oder auf die Ahnfrau seines Geschlechtes nach später cyklischer Verbindung, eine Meerfrau, deuten soll. Ebd. eine Schwertprobe, die an ThS. c. 67 erinnern soll, obwol nicht mehr oder weniger Ähnlichkeit vorhanden ist, als dass man sämtliche Schwertproben der Dichtung und Wirklichkeit mit gleichem Rechte heranziehen könnte. In der *Historia pontificum et comitum Engolismensium* (HS. Nr. 28) — beziehungsweise in Ademars Historia, aus der die H. pont. etc. abschreibt [ZE. LXX], wird von einem Schwerte des Herzogs Wilhelm von Angoulême erzählt, es sei ein Werk des Schmiedes Walander, und der Herzog habe damit seinen gepanzerten Gegner, den Normannenführer Storin, mitten durchgespalten und daher den Namen Sectorferri erhalten, wobei man an den Bericht der ThS. erinnert hat, dass Wieland den gepanzerten Amelias von oben bis unten mit seinem Schwerte zerschneidet; aber solche Krafthiebe, bzw. gute Schwerter werden oft erwähnt und zwar ganz typisch (vgl. z. B. ThS. c. 3. 86. 382. 384), und nähere Beziehungen fehlen.

[3] Als Erbe aus der germanisch-fränkischen Zeit erklären diese Kenntnis Rajna, Origini dell' epopea francese 445 und in anderem Sinne Golther, Germ. 33.

Namensform wenigstens ist kein Hindernis, da sie sich aus Völundr lautgesetzlich ableiten lässt, und das älteste Zeugnis [ZE. LXX][1] aus der ersten Hälfte des 11. Jhds. führt uns mit Willelmus Sectorferri gerade mitten in die Normannenkämpfe der zweiten Hälfte des 10. Jhds. zurück, was mehr als Zufall sein wird (vgl. E. H. Meyer, Anz. 13, 34). Gerade diese älteste Form *Walander*, die m. W. nur hier vorkommt, und schon in der abschreibenden Historia etc. vom Ende des 12. Jhds. zu Walandus geändert ist, beweist die Herkunft des Namens aus dem Munde von Skandinaviern (Vølund-r).

Auch die oberdeutschen Zeugnisse verraten keine wirkliche, tiefer gehende Sagenkenntnis; eine solche lässt sich weder daraus, dass im Waltharius Walthers Panzer als Werk Wielands bezeichnet wird (HS. Nr. 15), noch aus Biterolf, worin Wieland, der Vater Witeges, als Verfertiger des Schwertes Mimminc und des Helmes Limme neben zwei anderen Meisterschmieden, Mime und Hertrich, doch als ihnen nachstehend erwähnt wird (HS. Nr. 45, 4 h., S. 160), oder aus Dietrichs Ausfahrt (ed. Stark Str. 402), wo *Wilant der alte* in der Türkei als Verfertiger eines Schwertes genannt wird (ähnlich nennt das Dresdn. HB im Eckenliede *Willant* als Verfertiger eines Schwertes (HS. S. 249) erschliessen; ebensowenig aus dem Vorkommen des Namens in den obd. Volksepen [Biterolf, Alphart, Laurin, Virginal, Rosengarten A], die ihn im wesentlichen nur als Witeges Vater, also in unursprünglicher cyklischer Verbindung kennen, ohne etwas näheres als seine Schmiedekunst von ihm zu wissen;

[1] Da in der (3.) Neuauflage der Heldensage nur citatweise auf diese wichtige Berichtigung verwiesen wird, sei hier zur Bequemlichkeit der Benutzer Jänickes Notiz Z. E. LXX abgedruckt: „Die Nachricht über den Herzog Wilhelm von Angoulême, die HS. Nr. 28 aus dem 12. Jhd. mitgeteilt wird, ist entlehnt aus Ademars historia 3, 28 (M.G. 4, 127), die in der ersten Hälfte des 11. Jhds. verfasst ist. Hier heisst die Stelle: *Willelmus denique Sector ferri, qui hoc cognomen indeptus est, quia commisso praelio cum Normannis et neutro cedenti postera die pacti causa cum rege eorum Storin solito conflictu deluctans ense corto* nomine *durissimo* quem Walander faber cuserat, *per media pectoris secuit simul cum torace una.* Die gesperrt gedruckten Worte stehen nur in einer Pariser Handschrift die interpoliert, sie gehören aber sicher in den Text: der Verf. der hist. pont. e. com. E. hatte sie schon vor sich. Für *nomine* der Par. Hs. steht in der Histor. pont. *vel scorto.* Da *corto* schwerlich der Name des Schwertes war, so vermute ich, dass dieser Name ausgefallen ist. Die beiden Worte *vel scorto* sind nur eine Glosse zu *corto* und man hat in ihnen nicht eine Corruptel des Schwertnamens zu suchen."

Virg. Str. 652 wird erwähnt, dass Witege sein Wappen Hammer und Zange nach seinem Vater Wielant im Schilde führt, was mit ThS. übereinstimmt, aber doch keine weitere umfassendere Sagenkenntnis voraussetzt. Als isolierten Namen greift der Dichter des Walberan Wieland auf und macht ihn zu einem Mann Dietrichs (Vers. 684. 691). Mehr ergibt das Gedicht Herzog Friedrich von Schwaben und der Anhang zum Heldenbuch; doch ist, was wir hier erfahren, wenig fördernd.

Das abenteuerliche, wol aus verschiedenen Quellen schöpfende Gedicht des 14. Jhds. 'Herzog Friedrich von Schwaben' [Ausgabe leider noch immer fehlend[1]; Auszug in v. d. Hagens Germ. 7, 95 ff., vgl. auch Uhland, Schriften I 481, HS. Nr. 113 [b] und dazu Anhang S. 473, Rassmann II 265] erzählt von einem Herzog Friedrich, der in einer einsamen Waldburg mit drei verzauberten Prinzessinnen zusammentrifft und bei ihnen unter der Bedingung der Enthaltsamkeit weilen darf. Einmal kann er aber sein Verlangen nicht zügeln und betritt mit einem Lichte das Schlafgemach, verliert zur Strafe dafür ein Auge, und muss das Schloss verlassen. Erst nach langen Irrfahrten und Leiden findet er die Geliebte mit ihren Gefährtinnen wieder und darf sich ihres dauernden Besitzes erfreuen. Dieser Stoff, den der Dichter, soweit man ersehen kann, ziemlich willkürlich behandelt hat, fällt vollständig in den grossen Kreis von Märchen, den man nach seiner bekanntesten Variante gewöhnlich als Amor und Psychetypus bezeichnet, s. Liebrecht, Zur Volkskunde S. 239 ff., und zwar in die Branche, welche die Wiedervereinigung der Liebenden enthält[2]; der Sagentypus von der

---

[[1] Durch die eben erschienene Februarnummer des Literaturblattes (1897) werde ich darauf aufmerksam, dass L. Voss in einer Dissertation: Überlieferung und Verfasserschaft des mhd. Ritterromanes Friedrich von Schwaben, Münster 1895, eine solche plant. Aus dieser Dissertation trage ich hier nach, dass der Name Wielant, den sich Friedrich gibt, zum ältestesten Bestande der hs. Überlieferung gehört (S. 47); über das Schwanken in seiner Anwendung s. S. 17. 23. Auf deutsche Märchen des Schwanjungfrautypus wird S. 46 hingewiesen. Die Auffassung von Voss deckt sich mit der oben ausgesprochenen darin, dass auch Voss jede literarische Quelle für die Wielandanspielung abweist. Aber dass der Name aus Laurin-Walberan genommen sei und nur zufällig mit einem Schwanjungfraumärchen vom Dichter verbunden sei, wie Voss S. 47 vermutet, ist unrichtig und erklärt nichts.]

[2] Im Gegensatze zu der anderen, wohl älteren Branche, wo die Strafe für die Übertretung des Tabus dauernder Verlust der Geliebten ist, wie z. B. in dem ältesten literarischen Zeugnis, der altindischen Mythe von Pururavas und der Apsaras Urvaçi, die den Typus der Schwanjungfrausage zeigt, zu deren Träger einmal auch

Schwanjungfrau, der ebenfalls in diesen Märchenkreis gehört, steht durch diesen anderen Ausgang der Form dieses Stoffes ferner, und specielle Beziehung zur Wielandsage wäre, bloss auf Grund gemeinsamer Zugehörigkeit zu dem in zahllosen Varianten erscheinenden Ideenkreise, weder erweisbar noch wahrscheinlich. Nähere Verwandtschaft zeigt sich nur in der Art und Weise, wie Friedrich schliesslich in den Besitz der Geliebten kommt, indem er den drei in Tauben verwandelten Jungfrauen ihre abgelegten Gewänder wegnimmt, während sie in einem Brunnen baden — aber auch dies würde bei der Verbreitung des Motives nicht speciell auf die Wielandsage deuten, würde nicht im Gedichte der umherirrende Friedrich auch Wieland genannt. Daraus geht unzweifelhaft hervor, dass der Dichter Kenntnis der Wielandsage gehabt haben muss. Doch das späte Auftreten dieses Namens für Friedrich, das Fehlen jeder Beziehung auf das von der Sage sonst constant festgehaltene Wesen Wielands als Schmied, der Umstand, dass die Episode vom Gewandraube, die in der Wielandsage den natürlichen Anfang des Verhältnisses zwischen dem Helden und der Elbin bildet, hier den Roman abschliesst, und endlich die aus dem Vergleiche der Varianten sich ergebende Wahrnehmung, dass zu dem festen Bestande der Märchengruppe, in die 'Herzog Friedrich' fällt, nur die Wiedervereinigung der Geliebten gehört, nicht aber die Art, wie sie erfolgt, alles das zeigt, dass der Dichter in seinem Gesamtstoff nicht eine Tradition von Wieland bearbeitet hat, sondern für sein Werk aus ziemlich entfernter Kenntnis der Sage von Wieland und den Schwanmädchen Züge entnahm, die ihm eben passten.

Aus welcher Quelle der Dichter die Sage kannte, ist schwer zu entscheiden. Dass es nicht mündliche Tradition, sondern ein geschriebenes Lied war, schliesst Niedner a. a. O. S. 43 aus dem unvermittelten Auftreten des Namens Wieland, das auf flüchtiges Ausschreiben einer Vorlage deute. Nun begegnet aber der Name Wieland nicht — was allein entscheidend wäre — unvermittelt und plötzlich in epischer Erzählung für Friedrich

Wieland gemacht worden ist; uralten Zusammenhang dieser altindischen Urvaçimythe mit der Wielandsage nehmen neuerdings Rydberg U. II 41 und Leopold v. Schröder, Griechische Heroen I, S. 98 an; auch wenn er wirklich existiert, was bei der Verbreitung dieses Typus zweifelhaft ist, beweist er natürlich nichts für die Frage nach dem Verhältnis der Wielandsage zu dem Gedichte.

angewandt, sondern schon lange vor der Schwanmädchenepisode und zwar — soweit der Auszug von Hermes a. a. O. schliessen lässt — zuerst in direkter Aussage Friedrichs, der sich bei seinen Irrfahrten nach der Geliebten nicht zu erkennen geben will und darum angibt, er heisse Wieland. Auf das Ausschreiben einer Vorlage deutet also diese planmässige und motivierte Anwendung nicht. Es ergäbe sich auch die äussere Schwierigkeit, dass ein geschriebenes Gedicht von Wieland nach allgemeinen literarhistorischen Gründen kaum anders als oberdeutsch gewesen sein könnte, oberdeutsche Lieder von Wieland aber überhaupt und speciell im 14. Jhd. unbezeugt und bei dem Mangel aller weitergehenden Sagenkenntnisse, der in den obd. Zeugnissen zu Tage tritt, auch ganz unwahrscheinlich sind. Demnach scheint mir immer noch am wahrscheinlichsten, dass der Dichter aus mündlicher Tradition schöpfte, die aber nach dem oben bemerkten nicht in Oberdeutschland zu finden oder doch nicht dort seit alters her zu Hause war, sondern nur dorther ihren Ursprung haben kann, wo wir ein Jahrhundert früher eingehende Kenntnis der Wielandsage so reich bezeugt haben, aus Niederdeutschland. Ebensowenig beweist wirkliche Sagenverbreitung in Oberdeutschland der Passus im Anhang zum Heldenbuch (HS Nr. 134, 4)[1]; Niedner hebt mit Recht hervor, dass das z. T. ganz confuse Notizen sind, die auf alles andere eher deuten als auf wirkliche Sagenkenntnis, zum Teile Nachrichten, die auf Wielands Jugendabenteuer, wie sie die Ths. erzählt, also auf niederdeutsche Sagen und Lieder zurückweisen. Als Nachklang solcher sind sie denn auch aufzufassen. Grimms Vermutung (HS. 326 [3]), dass ein Lied zu Grunde liege, und seine weitere (S. 311), dass die Quelle von Herzog Friedrich, falls sie nicht mündliche Tradition war, mit diesem Gedichte identisch sei, ist unhaltbar. Von einer oberdeutschen Wielandsage kann also nur sehr bedingt, für die jüngste Zeit und nicht im Sinne ursprünglicher Sagenformation gesprochen werden.

[1] Der Text lautet nach A. v. Kellers Ausgabe des deutschen Heldenbuches nach dem mutmasslich ältesten Drucke (Lit. Ver. Bd. 87): *Wittich ein held, Wittich owe sein brůder, Wielant was der zweier wittich vatter. Ein herczog, ward fertriben von zweien risen, die gewanen jm sein lant ab. Da kam er zů armůt. Vnd darnach kam er zů künig Elberich vnd ward sein gesöll. Vnd ward auch eyn schmid in dem Berg zů gloggen sachsen. Darnach kam er czů künig hertwich. Vnd von des tochter macht er zwen sün.* Der Strassburger cod. D. liest *hertniht* d. h. Hertnît (HS. S. 326).

Die skandinavische Sagengestalt der Vkv. (die jüngeren Zeugnisse s. weiter unten) ist nach den Angaben der Prosa im Norden localisiert. Die drei Brüder Slagfiðr, Egill, Vølundr werden als Söhne eines Finnenkönigs, also Finnen bezeichnet, der Gegner Wielands, Níðuðr, ist ein König in Schweden; auf den hohen Norden deutet auch die Angabe, dass die drei Brüder auf Schneeschuhen zu laufen und so wilde Thiere zu jagen pflegten. Die weiteren geographischen Angaben der Prosa (und des Liedes), dass die Brüder in den Wolfsthälern (*Úlfdalir*) am Wolfssee (*Úlfsjár*) ihr Haus errichteten und dass Wieland vom König Níðuðr auf den Holm Sævarstað (Seestätte) gesetzt wird, sind nur poetisch fiktive Namen. Das Lied selbst weiss nichts davon, dass Wieland ein Finne gewesen sein soll, nennt ihn vielmehr einen Elben, und ebenso unbekannt ist ihm die Localisation Níðuðs in Schweden. Die Versuche C. Hofmanns (Germ. 8, 10) und W. Müllers (MHS. 138 ff. sowie ZMgdHS. 95 ff.), die Wielandsage für finnisch zu erklären und die weitere Hypothese des letzteren, dass die Gegnerschaft des „schwedischen“ Níðuð und des „finnischen“ Wieland die Rassenkämpfe zwischen Scandinaviern und Finnen abspiegele, haben im Liede gar keine Stütze; der späte Prosaverfasser hält W. nur seines zauberhaften Wesens halber für einen Finnen, d. h. Angehörigen eines Volkes, dem man in Skandinavien zauberhafte Kenntnisse beimass (s. Fritzner, Norsk Hist. Tidskr. IV. 160; EHMeyer, Anz. 13, 24; Gering, Edda 141, N. 3). Vielmehr weist die skv. Sagengestalt auf Deutschland als Ursprungsort hin: nicht bloss verrät sich der Name Vǫlundr als Entstellung aus Wêland — was an sich auch auf die ags. Form zurückgehen könnte — sondern die Vkv. enthält auch für beide zugrunde liegenden Lieder deutliche Spuren deutscher Heimat: die drei Schwanjungfrauen werden Mädchen aus dem Süden genannt, sie kommen von Süden über den Myrkviðr, den saltus Hercynius (Müllenhoff, ZfdA. 23, 168) geflogen; Nîðuðr [Nîdhad, der Neider, Hasser], Slagfiðr [*slagifedhera*, Schwungfeder], Þakkráðr [Thankrâd] sind alles deutsche, unnordische Namen (s. Kögel Ltg. 1, 1, 100)[1]. Auch das Volk

[1] Vgl. auch dessen Bemerkung über Egill, a. a. O. Was die Namen der drei Schwanjungfrauen betrifft, so liegt bekanntlich eine teilweise doppelte Überlieferung vor: einerseits nennt sie Prosa: Hlaðguðr svanhvít (die schwanenweisse), Hervör alvitr (die wissensreiche) und Ölrún, bedient sich aber auch der epitheta als Eigennamen, und ebenso kennt das Lied beide Bezeichnungen in gleicher Verwendung. Die Namen Hervör (Heerschützerin) und Hlaðguð (die mit dem Stirnband geschmückte

Níđuđs, die Niaren, die man ohne jeden Grund auf Bewohner von Nerike gedeutet hat, dürften, da sie mit Nidhad durch Alliteration verbunden sind, aus Deutschland stammen (vgl. Jónsson, Lith. I, 211); das etymologische Rätsel des Namens harrt freilich noch der Lösung.

Mit diesen offenkundigen Beziehungen der Vkv. auf Deutschland ist auch für die angelsächsische Gruppe[1] ein ent-

Kämpferin), sind rein nordische Walkürennamen; *svanhvît* und *al-vitr* werden jetzt gewöhnlich nur als epitheta gefasst; da sie aber zu Slagfiđr und Völund [?] alliterieren, werden sie von Niedner (S. 26) und Kögel (a. a. O.), mit Wahrscheinlichkeit für das Lied in Anspruch genommen. Doch vgl. auch Beitr. 12, 488; ZfdPh. 24, 16. Die beiden ersten werden als Töchter eines Königs Hlöđvér bezeichnet, Ölrûn [die der Trankrunen kundige] als Tochter Kjárs aus Walland; sie sind also als Königstöchter (wie in Herz. Frdr. v. Schw.) und zwar, wie Hlöđvér = Chlodovech beweist, als südgermanische-(fränkische) bzw. Ölrûn als keltisch-bretonische gedacht (Müllenhoff a. a. O.). Dass in der genealogischen Beziehung zweier von den Schwanjungfrauen zu einem fränkischen Königsnamen ein positiver Beweis dafür liegt, dass der Dichter die Sage noch als fremde anerkannte, ist sicher; aber ob diese Beziehung auf Hlödvér bereits in dem alten sächsischen Liede vorlag, wie Kögel annimmt, scheint mir trotzdem zweifelhaft. In Guđrkv. II 26 erscheint *Hlǫđvés salir* im Sinne von südlichen (fränkischen) Ländern oder Königshallen, die im Besitze der rheinischen Fürsten sind, synonym mit *salir suđrœnir* (Str. 14) gebraucht, also eine typische Bezeichnung, die offenbar von den vielen fränkischen Ludwigen hergenommen ist (s. Müllenhoff a. a. O. 167). Weder in Vkv. noch in Guđrkv. kann somit eine wirkliche concrete Sagenperson gemeint sein — unabhängig von einander, aber gewiss auch ebenso unabhängig von der deutschen Sagentradition ist hier ein typischer nordischer Ausdruck gebraucht. War in der poetischen Sprache *salir suđrœnir* mit *salir Hlǫđvés* identisch, dann konnte ein Dichter umso eher die „südlichen" Jungfrauen als Töchter Hlöđvérs bezeichnen; dass sich hierin ein Rest altsächsischer Auffassung bergen sollte ist umso unwahrscheinlicher, als die Verbindung der dritten Jungfrau mit dem keltischen Kjárr offenbar nur der Ausschlag willkürlicher nordischer Genealogie ist. Eine Verwertung von Hlöđvér zu Gunsten der Hypothese einer fränkischen Heimat der Wielandsage (Germ. 33, 472) ist somit unstatthaft.

[1] HS. Nr. 6. Nr. 8, 1. Nr. 14. ZE. VII. Das Runenkästchen (und das Leedskreuz [?] s. oben). Spätere Zeugnisse HS. Nr. 26. ZE. LXVIII. HS. No. 106. 126[b] (= ZfdA. 19, 129), Nr. 170 (dazu ZE. VI). Über Namen aus der Wielandsage in England s. Binz a. a. O. Aus den Anspielungen in Deôrs Klage, einem Gedichte des 8. Jhds., worin sich ein Sänger Deor über die Ungnade seines Herren mit der Betrachtung des Leidens Anderer tröstet, erfahren wir, dass Wéland von Niđhad gefesselt wurde und Elend duldete, dass er sich aber rächte, indem er Beadohild, deren Brüder er erschlagen hatte, überwältigte. Dass von dem Gedichte ein vorheriges Verhältnis Wielands zu einer Frau (Alvitr-Hervör) nicht vorausgesetzt wird, ist schon oben (gegen Kögel a. a. O.) bemerkt worden. Ausser dem Runenkästchen (und dem Leedskreuze) ist Deôrs Klage das einzige ausführliche Sagendenkmal; alle anderen Zeugnisse sind fast nur Namensnennungen.

scheidender Fingerzeig gegeben. Von vornherein ist die Mitnahme oder Einwanderung der Sage aus Deutschland nach allem, was wir von der ags. Sagenepik wissen (vgl. neuerdings Binz a. a. O. 222: „für die Aufnahme von Stoffen aus dem engeren Kreise der Ost- und Nordsee in die epische Überlieferung bildet die Mitte des 6. Jhds. den Endpunkt"), das Wahrscheinlichste; dazu kommt aber noch, dass Deôrs Klage in mehreren Wendungen so genau und wörtlich zu Ausdrücken der Vkv. stimmt, dass auch ein formaler Zusammenhang vorhanden sein muss, der, da gegenseitige Beeinflussung durch innere und äussere Gründe ausgeschlossen ist, auf der Gemeinsamkeit einer poetischen Quelle, eines niederdeutschen Liedes beruhen muss (Niedner, S. 36. Jónsson Lit.hist. I, S. 210. 211. Kögel, S. 101)[1]; auch die Form des Namens Nîdhad weist auf Deutschland hin s. Binz a. a. O. 189[2]. Die fortdauernde lebendige Verbreitung der Sage in Niederdeutschland, die uns die ThS. nicht bloss im allgemeinen als Wiedergabe sächsischer Lieder und Erzählungen, sondern auch durch die überlieferte Lokalisation (Weser, Balve in Westfalen: Holthausen Beitr. 9, 451) im 13. Jhd. bezeugt, das zähe Fortleben der Sage im Sachsenwalde (Wedde, Jahrbuch des Vereins für niederdeutsche Sprachforschung I 1875 [Druckjahr 1876] S. 104 f.)[3], das Festhaften der Schmiedesagen, die oben als primitives Element der

[1] Auf einen Anklang der altsächs. Genesisfragmente an eine Stelle der Vkv. [?] weist Kögel Ltg. 1, 1. s. 288 *f.* Anm. hin.

[2] Wenn bei Gottfrid v. Monmouth im 12. Jhd. Wieland in Siegen localisiert ist (HS. Nr. 26), so kann das nicht als Zeugnis für die alte Einwanderung angesehen werden, da diese Verbindung der alten Sage nicht zugetraut werden kann, und Gottfrieds Kenntnis ist wol mit Binz aus einem erneuten jüngeren Zufluss der Sage aus Niederdeuschland nach England zu erklären.

[3] „Am Bache Aue [im Sachsenwalde] ..... lag vor vierzig Jahren die Stangenmühle, deren Mühlendamm noch heute steht. Dort hauste in alter Zeit der Schmied Mêland oder Ammêland. Er schmiedete die besten aller Waffen: Gewährsmann, — Holzvogt Brant, — hat noch ein dreikantiges, armdickes, 10' langes, an beiden Enden zugespitztes Schmiedeeisen in der Erde gefunden, das er auf Mêland zurückführt. Einst wollte Mêland das Land verlassen; aber der König, der ihn nicht entbehren wollte, liess ihm die Augen ausstechen. So schmiedete er mit Zwang weiter. Des alten Brant Berichterstatter, ein Knecht, der zu Anfang des Jhds. schon ein Greis war, hat noch eine lange Geschichte davon gewusst, die Brant, als ich ihn kennen lernte, schon vergessen hatte. Auch wollte Brant wissen, dass schon vor Mêland ein anderer Schmied dort im Walde und zwar in derselben Schmiede sein Handwerk betrieben habe. Der sei aber bankerott geworden und nach Hamburg gezogen." Vgl. hiezu E. H. Meyer Anz. 13, 30; HS[3], S. 492.

Wielandsage besprochen wurden, an zahlreichen Orten des westfälischen Kohlen-, Steinbruch- und Bergwerkgebietes bis auf unsere Tage (E. H. Meyer, Anz. XIII 28 f.) zeugt nicht nur für die Continuität, sondern im Vereine mit dem Mangel einer obd. Sagengestalt und dem Zurückgehen der Vkv. und Deôrs Klage auf ein deutsches gemeinsames Original auch für die ursprüngliche Ausbildung der Wielandsage auf niederdeutschem (sächsischen) Boden, wie schon lange erkannt worden ist.

Einer merkwürdigen Stelle in der Lebensbeschreibung des hl. Severinus, von Eugippius (verfasst um 511) muss hier noch gedacht werden, auf die zuerst Müllenhoff aufmerksam gemacht hat (HS.[3] 454). Es wird hier (Mon. Germ. Hist. Auct. antiquissimi I 2, cap. VIII, S. 11) erzählt, dass Giso, die Gemahlin des rugischen Königs Feletheus (im mittleren Donauthale), eine grausame und harte Frau, die ihren weicheren Gatten vom Guten abhielt *(hunc coniux feralis et noxia nomine Giso semper a clementiae remediis retenebat)*, barbarische — also nicht-römische — Goldschmiede in engem Gewahrsam hielt, damit sie für sie königlichen Schmuck schmiedeten. Zu diesen kam eines Tages aus kindlichem Antrieb [d. h. wol von Neugier getrieben] der ganz junge Sohn des Königs, Friedrich. Da setzten sie ihm das Schwert auf die Brust und drohten, wenn ihnen nicht ein Sicherheitseid geleistet würde, ihn zu morden und dann sich selbst zu töten, denn sie seien durch die Gefangenschaft und Frohnarbeit so erschöpft, dass sie die Hoffnung auf längeres Leben aufgegeben hätten. Auf Vermittlung des hl. Severin, den die verzweifelte Mutter um Hilfe anruft, lassen sie den Knaben frei und werden in Freiheit gesetzt. Liegt hier ein Nachklang der Wielandsage vor? In der Form, dass Eugippius — er verliess die Donauländer 488 — bzw. der Kreis seiner römischen Gewährsmänner, der katholischen Provinzialen die unter den Rugiern lebten, die Wielandsage vernommen und auf Giso angewendet hätte, gewiss nicht. Eugippius bezw. seine Gewährsmänner wussten es sicher nicht besser, als dass dies eine wahre Begebenheit aus dem Leben der Giso sei. Aber an eine rein historische Begebenheit ist schwerlich zu denken. Vermutlich liegt hier eine partielle Übertragung der Wielandsage auf Giso vor, die im Kreise der Rugier selbst vor sich gegangen war, und von den römischen Provinzialen nur aufgegriffen und durch das Eingreifen des hl. Severin bereichert wurde. Das hochmütige harte Wesen Gisos dürfte der Anlass gewesen sein, dass sie im Volke mit der bösen Königin der Sage verglichen wurde, die an Wielands grausamer Behandlung Schuld trägt, und dass man den von ihr geplagten und gefangen gehaltenen Schmieden [Kriegsgefangenen?], deren Lage der Wielands gleich schien, als letzten Verzweiflungsschritt die Rachethat Wielands zuschrieb, natürlich mit verändertem Ausgange, da man den historischen Prinzen (der als Erwachsener nachmals im Heere Theodorichs erscheint) hiebei nicht den Tod finden lassen konnte; also eine Anekdote, die der Wielandsage Farben entlehnt hat.

Kannten demnach die Rugier die Wielandsage in der zweiten Hälfte des fünften Jahrhunderts, so gienge daraus für die Existenz der Wielandsage in ihrer Heimat unter Berücksichtigung einer noch so kurzen Wanderzeit doch mindestens ca. 400 als ältestes quellenmässig rückverfolgbares Datum hervor. Doch ist die hier versuchte Deutung freilich unsicher.

Nach dieser analytischen Betrachtung der Denkmäler in Bezug auf ihre Verwertbarkeit für die Sagengeschichte empfiehlt sich der Entwurf einer Synthese dieser Ergebnisse zu einer kurz zusammenfassenden und ergänzenden Übersicht dessen, was wir über die ältere Entwicklungs- und Verzweigungsgeschichte der Sage wissen oder erschliessen können.

In Sachsen waren drei Typen der Sage verbreitet: I primitiver Schmiedemythus, auf Wieland bezogen; II die Schwanjungfraumythe mit Wieland (und 2 Brüdern) als Held derselben; III Wielands Gefangenschaft und Rache. Diese drei Typen scheinen keine nähere epische Verbindung gefunden zu haben: I blieb wol immer in der Sphäre des Volksglaubens auf mündlich-prosaische Tradition beschränkt und ist als solche spätestens im 9. Jhd., vermutlich aber wohl mit den Besiedlern, nach England gekommen und in Berkshire localisiert worden; II und III waren mit einander nicht in einem Liede oder in biographisch-pragmatischem Sagenzusammenhange verbunden, denn dasselbe Lied Typ. III, das nach Norwegen spätestens vor dem 9. Jhd. gelangte[1], und dort in Vkv. mit einem Liede Typ. II verbunden ist, kam ohne diese Verbindung spätestens im 7. Jhd. nach England [Deôr; Runenkästchen] und zeigt sich vielleicht

[1] Aller Wahrscheinlichkeit nach über Dänemark; denn die Eroberer der Normandie, welche die Kunde von Wieland nach Frankreich brachten, waren Dänen, s. Steenstrup, Normannerne I 163.

schon im 5. Jhd. in einem Reflex in rugischer Anekdote, und die höhere Kritik von Vkv. bestätigt die Existenz eines selbständigen deutschen Liedes von Typ. II. Wann diese beiden Lieder nach Norwegen kamen, ist natürlich unentscheidbar; aber der Mangel jeder cyklischen Verbindung, die schon vor dem 8. Jhd. in Sachsen eingetreten sein muss (s. u.), deutet auf hohes Alter der Einwanderung. Auch in jüngeren Zeiten hat Typ. II noch selbständig existiert, denn als der ganze gut erhaltene Stock von Wielandssagen des 12./13. Jhds. im 13. Jhd. nach Norwegen kam (ThS.), war diese Episode offenbar nicht damit verbunden gewesen, da sie in der ThS. fehlt, existierte aber selbständig in Sachsen, da noch im 14. Jhd. der Verfasser von Herzog Friedrich v. Schwaben den Typ. II ohne Verbindung mit Typ. III kannte und seine Kenntnis in letzter Linie auf die niederdeutsche Sage (pros. oder poet. Tradition) zurückgeht. Nach England geht vor dem 12. Jhd. ein erneuter Zufluss der Sage mit junger Localisation in Siegen, der aus Gottfried von Monmouth (12. Jhd.) zu erschliessen ist.

Cyklische Verbindung Wielands mit anderen Helden, speciell die Auffassung Witeges als Wielands Sohn muss schon frühzeitig in der Heimat der Sage eingetreten sein, da sie sowohl vom oberdeutschen Volksepos als vom angelsächsischen 'Waldere' (9. Jhd.) vorausgesetzt wird. Liesse sich erweisen, dass die Kenntnis der Verbindung Wélent-Widia in England sich auf das Waldereepos beschränkt hat oder doch daraus hervorgegangen ist — thatsächlich liegt in Waldere das einzige Zeugnis dafür vor — so würde daraus folgern, dass dieses Verhältnis nicht direkt aus Niederdeutschland nach England kam, wie jener ältere Sagenimport im oder vor dem 7. Jhd., von dem das Runenkästchen zeugt, sondern nur im Gefolge der Walthersage — bzw. der von Walthariliedern ausgehenden Tradition — aus Oberdeutschland einwanderte; denn die ags. Walderefragmente gehen anerkanntermassen auf die alemannische Sagenform zurück — wenn auch aus dem Texte selbst kaum auf ein ahd. Gedicht (Kögel a. a. O.) als unmittelbare Vorlage geschlossen werden darf — und die Form Widia gegenüber Wudga (Wídsíđ) zeigt deutschen Ursprung (Binz a. a. O. 187). Für primären Ursprung dieser Verbindung in Oberdeutschland (und Wanderung nach Niederdeutschland) würde das aber nichts beweisen, denn die Verknüpfung Witeges ist in Niederdeutschland, wo Wieland ein berühmter, heimischer Sagenheld war und sein Verhältnis zu der Königstochter die Fortspinnung der Sage durch einen Sohn aus dieser Verbindung nahe legte, leicht begreiflich, während in Oberdeutschland, wo von Wieland nicht viel mehr als der Name bekannt war, kein Interesse dazu verleiten konnte. Da nun jedenfalls durch 'Waldere' für das obd. Lied von Walthari, mit dem es indirekt und durch Zwischenstufen zusammenhängt, die Kenntnis dieser Verbindung in Oberdeutschland für das 8. Jhd. bezeugt wird, und sie in Niederdeutschland doch bereits gefestigt gewesen sein musste, ehe sie bis nach Alemannien Verbreitung gewinnen konnte, so kann diese cyklische Verbindung nicht später als zu Ende des 7. Jhds. in Niederdeutschland zustande gekommen sein. Das wenige, was die obd. Sage von Wieland weiss, Namen und Ruhm seiner Schmiedekunst, deutet darauf hin, dass nicht die eigentliche Wielandsage nach Oberdeutschland gewandert ist; alle Zeugnisse des oberdeutschen Volksepos (ausser Waltharius — und ähnlich Dietrichs Ausfahrt sowie Eckenlied in der Redaction des Dresdn. HB. —, wo kein Anlass vorlag, bei Erwähnung des Factums, dass ein Waffenstück Wielands Arbeit war, Witege zu erwähnen und wo gerade Waldere für die ahd. Sage Kenntnis der Verbindung Wieland-Witege bezeugt) zeigen Wieland nur in Verbindung mit dem Namen Witege (Wielant allein in Walberan ist bei der Willkür des Dichters kein Beweis für eine selbständige Wielandsage); und so wird denn die obd. Sage (zunächst in einem Grenzgebiet, wo die sächsische Umformung der Witegesage mit der älteren unverbundenen obd. in Berührung trat) den Namen Wieland und die Kenntnis von seiner Schmiedekunst nur als Accedentien der niederdeutschen Genealogie übernommen haben, die willig aufgenommen wurde, weil sie die Kenntnisse von dem Sagenhelden, von dessen Herkunft man in Oberdeutschland nichts wusste, erweiterte und eine Lücke scheinbar ausfüllte. Das früheste Zeugnis ist der Reflex des ags. Waldere auf die alemannische Heimat der Sage; jünger ist das Zeugnis aus Namen einer S. Gallner Urkunde a. 864 (s. Müllenhoff ZE. XIV). Ganz so steht es auch mit der Kunde der dänischen Folkeviser, dass Witege der Sohn des Schmiedes Wieland und der Königstochter Bathilde ('*Buodell*') war (DgF. Nr. 7, B, Str. 15)[1]; sie weist nicht auf Kenntnis der Wieland-

[1] Aus deutschen Einflüssen leitet den Namen mit Recht ab Grundtvig DgF. I 70; später (IV 592) neigte er wieder dazu mit P.E.Müller, Bugge (DgF. II 636)

sage[1] sondern ist mit den niederdeutschen Liedern von Dietrich und Witege nach Dänemark gedrungen — vor dem 13. Jhd.[2], denn die ndd. Lieder und Erzählungen, die der Verf. der ThS. wiedererzählt, kennen den Namen nicht mehr (die Hs. A bietet den unerklärlichen und wol verderbten Namen Heren). Jedenfalls wird er also durch die Folkeviser für Sachsen bezeugt. — Die Gestalt, welche die Wielandsage im 12./13. Jhd. in Sachsen hatte, lernen wir durch das Medium der ThS. kennen.

3. Jüngere Sagengestalt (Thidrekssaga).

Wie die altsächsische Gestalt der Wielandsage nur aus dem altnorwegischen Lied und den zwei alten angelsächsischen Zeugnissen erschliessbar ist, so ist uns auch die Form, welche die Sage im 12—13 Jhd. auf heimischem Boden angenommen hatte, nur durch die in Norwegen niedergeschriebene Thidrekssaga (Kap. 57—74) erhalten. Einzelheiten sind freilich auf Rechnung des Sagaschreibers zu setzen, der eine Partie (Egils Apfelschuss) ganz aus der nordischen Sagenwelt eingeflochten

und Storm (Sagnkredsene S. 85) eine altdänische Erinnerung an die nordische Wielandsage darin zu erblicken.

[1] Wie weit die Wielandsage auf ihrer alten Wanderung in den Norden durch Dänemark (S. 31, Note) hier Wurzeln geschlagen hat, ist unentscheidbar.

[2] Für das 12. Jhd. könnte vielleicht eine Stelle bei Saxo indirect Zeugnis für die Kenntnis der Wielandsage geben. Im sechsten Buche (Holder p. 190) berichtet Saxo unter den Thaten, durch welche Starkad das von sächsischer Demoralisation ergriffene dänische Königshaus und Volk regenerieren will, auch die moralische Rettung der Schwester König Ingelds, Helga, welche mit einem niedriggeborenen Goldschmied ein Liebesverhältnis hatte; Starkad fügt ihm eine schmähliche Wunde bei und öffnet der Prinzessin durch eine donnernde Strafrede die Augen über die Unwürdigkeit ihres Verhältnisses, so dass sie in sich geht und sich bessert. Diese tendenziöse Geschichte, die rein dänische Erfindung ist und aristokratisches Standesgefühl verherrlicht [s. Olrik, Sakses Kilder II 224], könnte in dem Verhältnis einer Königstochter zu einem Schmied erfunden sein nach dem Modell der Wielandsage, vielleicht sogar in der direkten Tendenz, gegen die in Dänemark sich einbürgernden sächsichen Heldenlieder Front zu machen, indem sie dem Vertreter des dänischen National- und Standesgefühls Gelegenheit gab, das bei den „Sachsen“ vorkommende Verhältnis, dass ein Held als Sohn eines Schmiedes und einer Königstochter galt, von seinem Standpunkte zu beleuchten. Dass die Geschichte um der Tendenz willen und zur Anbringung der Morallehre erfunden ist, scheint klar zu sein, und dass gerade ein Schmied als illegitimer Liebhaber gewählt wurde, spricht immerhin dafür, dass die Erfindung gerade die Wielandsage im Auge gehabt haben könnte. Doch ist das natürlich nur eine unsichere Vermutung, der ich kein Gewicht beimessen will.

hat, während eine andere Partie deutlich Beeinflussung durch die nordische Gestalt der Wielandsage und freie Erfindung zeigt. Dass aber der grösste Teil des Berichtes auf sächsische Tradition zurückgeht, daran zu zweifeln ist kein stichhaltiger Grund vorhanden, wie schon die Localisation der Wielanderzählung in Niederdeutschland zeigt. Durch diesen Bericht sind wir in Stand gesetzt, die Veränderungen, welche die Sage auf heimischem Boden in dem Zeitraum von etwa einem halben Jahrtausend erfahren hat, im Einzelnen zu verfolgen.

Die Wielandpartie der ThS. ist uns in doppelter Redaction erhalten: 1) in der Membrane und zwar in dem Teile derselben, welcher dem Redaktor M[2], der ursprünglichern kürzeren Fassung, angehört; und 2) in den Hs. AB und der schwed. Übersetzung S, welche zusammen zu der erweiterten Gruppe gehören. Den Stammbaum der Überlieferungen hat neuestens R. C. Boer (Arkiv f. nord. Fil. VII 205 ff. vgl. auch ZfdPh. 25, 433) folgendermassen aufgestellt (a. erst a. O. S. 225).

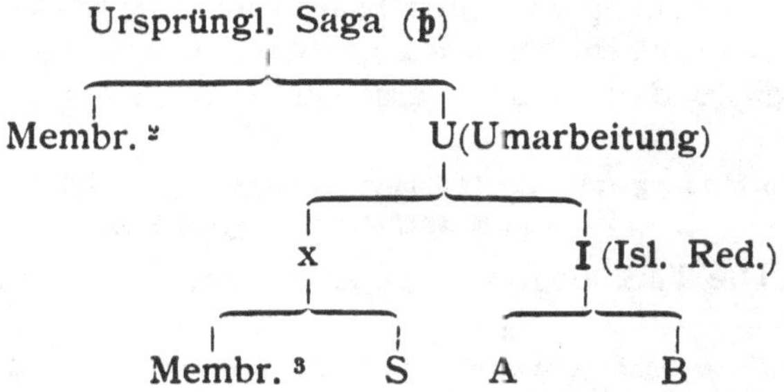

Dieser scharfsinnig erschlossene Stammbaum, dem ich mich anschliesse, ergibt somit eine Handhabe für die Beurteilung der stofflichen Varianten.

a) Fortschreitende cyklische Verbindung.

Wie schon früh — doch nach der Zeit der ersten Wanderung nach Norwegen — Witege zum Sohne Wielands gemacht wurde[1]), so erscheint jetzt auch ein Vater Wielands in der

[1] Es ist durchaus unzulässig, zu behaupten, schon das Eddalied setze Witege voraus; da die Verbindung des ursprünglich gotischen Helden mit dem Schmiede der sächsischen Sage absolut nicht ursprünglich ist, darf sie einer alten Sagenquelle, die ganz von Witege schweigt, nicht zugemutet werden, will man nicht alle Methodik über Bord werfen. Die Auffassung des Eides, den künftig geborenen Sohn zu schonen, den Wieland Niđuđ abnimmt, als Beweis für eine Sagenform,

Sage. Dass Wieland ein Albe war, wie ihn noch das alte Lied direkt nannte, ist vergessen; aber das Bewusstsein seiner übernatürlichen Herkunft war nicht erloschen, und fand seinen Ausdruck darin, dass man ihn von dem Riesen Wade abstammen liess. Diese Verbindung trägt das Zeugnis sächsischen Ursprungs in sich selbst, denn Wade ist, wie Müllenhoff ZfdA. VI. 62 ff. nachgewiesen hat, ein norddeutscher (sächsischer) Meerriese[1]. Wann diese Verbindung erfolgte, ist unbestimmbar, da die ThS. das einzige direkte Zeugnis dafür ist[2], vermutlich aber später als die Angliederung Witeges an die Sage, da Wieland zwar als Witeges Vater, nicht aber als Wates Sohn der obd. Volksepik bekannt ist; wenn am Schlusse des 13. Jhds. ein österreichischer Fahrender (bzw. dessen Quelle) von Witege zu erzählen weiss, dass seine Ahnfrau ein Meerweib war, und wenn schon eine Quelle des 12. Jhds eine dunkle Anspielung auf diese Sage enthält, so setzt diese Nachricht allerdings Wate, den Sohn einer Meerfrau als Wielands Vater voraus (s. unten bei Besprechung der Dietrichsage), aber die (lückenhafte) Kenntnis dieses Verhältnisses wird damit doch erst für spätere Zeit erwiesen, und wird auch erst später nach Obd. gekommen sein.

b) Verbindung mit westfälischen Zwergensagen und Beeinflussung durch die sächsische Siegfriedsage.

Die ThS. beginnt ihre Erzählung von Wieland damit, dass

---

in der dieser Sohn noch habe eine Rolle spielen müssen, verkennt vollständig den herben Sinn der alten Sage. Zunächst ist die Vorsorge für das eigene Blut bei Wieland an sich ganz begreiflich; vor allem aber ist mit diesem Eide die dämonische Rache Wielands erst vollkommen; der König soll durch den ständigen Anblick des Sohnes des verhassten Gegners immer wieder an die Rachethat Wielands gemahnt werden, und es liegt eine furchtbare Sühne darin, dass er, der eigenen Söhne beraubt, den Sohn des Rächers, den Spross der Notzucht, durch seinen Eid gebunden nun aufziehen soll. Darum wird das künftige Kind vom Dichter als ein Sohn gedacht; eine Tochter in dieser Rolle läge ganz ausserhalb des Anschauungskreises dieses primitiv-barbarischen jus talionis — wenn man schon auf die platte Frage eingehen will, weshalb der Dichter das ungeborene Kind als Sohn bezeichnet.

[1] Ob Seeland, der Wohnort Wades in der ThS., und der Groenasund, durch den Wade watet, um von Seeland zum Berge Ballova nach Westfalen zu kommen, ursprünglich friesische Locale sind, wie Müllenhoff a. a. O. will, ist zweifelhaft.

[2] Aus Chaucers Anspielung auf Wade und sein Boot Guingelot M. 312[4] ist auf Kenntnis dieser Verbindung in England nicht zu schliessen; denn die angenommene Identität mit dem Boote Wielands ist nur imaginär, vgl. ZfdA. 6, 66. 67. Über Wade in mittelengl. Zeugnissen s. Binz a. a. O. 196 ff.

sie berichtet, Wade, der auf der dänischen Insel Seeland[1] wohnte, habe seinen Sohn Wieland zu dem berühmten Schmiede Mimir in Hûnaland (Niedersachsen) gebracht, damit er dort schmieden lerne. Um diese Zeit war der junge Siegfried bei Mimir und that dessen Gesellen viel übles an und prügelte sie. Als Wade das hörte, holte er seinen Sohn nach drei Jahren (S unterdrückt diese Zeitangabe) wieder ab und behielt ihn ein Jahr bei sich. Dann brachte er ihn über den Groenasund zu zwei Zwergen im Berge Ballofa[2], und zahlte ihnen dafür, dass sie ihn 12 Monate lang in die Lehre nähmen, eine Mark Goldes. Wieland lernte von ihnen alle Schmiedearbeit, die sie machten. Da er den Zwergen so gut dient, bitten sie nach Ablauf des Jahres Wade, ihnen seinen Sohn noch für ein Jahr zu lassen, und geben ihm die Mark Goldes zurück, nur damit er einwillige; das gereut sie doch sofort und sie knüpfen daran die Bedingung, dass Wielands Leben ihnen verfallen sein soll, wenn Wade nicht nach Jahresfrist am bestimmten Tage ihn abholen komme. Wade willigt ein, lässt jedoch ohne Wissen der Zwerge sein Schwert an einem Wieland bekannt gegebenen Orte verborgen zurück, damit sich dieser seines Lebens wehren könne, wenn Wade die Frist versäume. Wade kommt drei Tage vor Ablauf der Frist zurück, findet den Berg noch verschlossen und legt sich schlafen. Infolge starken Regens löst sich aber oben aus dem Berge eine Klippe und stürzt herab; der Felssturz tötet ihn. Wie nun am bestimmten Tage die Zwerge den Berg öffnen und vergeblich nach Wade Ausschau halten, da ahnt Wieland beim Anblick des frischen Felssturzes das Geschehene, nimmt heimlich das Schwert und tötet die zwei Zwerge. Ihre Schätze und Werkzeuge nimmt er mit sich, ladet sie auf ein Ross und zieht nordwärts. Nach drei Tagen (M) kommt er zur Weser unweit ihrer

---

[1] Nur die HS. A. hat c. 75 fälschlich Saxland, aber später doch wieder Sioland.

[2] Kallava M und S (Kallaffua), Ballofa AB; die Übereinstimmung von S mit M spricht dafür, dass Ballofa in AB eine Änderung von I ist; der Redactor von I müsste darnach aus Kenntnis des Ortsnamens gebessert haben (s. Boer, Arkiv 7, 241), da thatsächlich Balve, urkundlich Ballova (Holthausen, Beitr. IX 490) gemeint ist. Dass Kallava die ursprünglichere Form sein soll und Ballofa vielleicht nur ein Schreibfehler sei, wie Boer a. a. O. annimmt, kann ich nicht glauben; Kallova ist m. E. ein Schreibfehler von þ, den der Redactor von I aus lebender Kenntnis der Tradition ins richtige corrigiert hat. — Jedenfalls ist ein Berg in Sachsen gemeint, da Wade südwärts reist, und die Nachricht *or Hunalandi*, aus Deutschland, erfährt (M hat hier falsch *or Siolande*, S hat gekürzt).

Mündung (so MS.; A setzt dafür die Etsch ein: Etissa; B hat die Corruptel Edilla). Dort fällt er einen starken Baum, spaltet den Stamm der Länge nach auf, hölt ihn aus und richtet ihn so kunstvoll her, dass beide Teile sich wasserdicht verbinden lassen; vor die Löcher aber setzt er Glas. In diesem Baumstamm vertraut er sich mit seinen Schätzen und Mundvorrat den Wellen an. Der Baum wird vom Strome in das Meer geführt und treibt dort lange herum. Fischer des Königs Nidung, der im Thylande [S unterdrückt diese Specialisierung] in Jütland herrscht, fangen den Stamm in ihren Netzen und ziehen ihn ans Land.

Der ganze Complex dieser Jugendabenteuer Wielands trägt den Stempel junger Sagenbildung. Wielands albische Natur, der die Schmiedekunst eigen war, musste vollständig vergessen sein, wenn man den kunstvollen Alben erst bei Meistern in die Schule gehen liess (K. Meyer, Germ. 14, 292; Niedner, 39). Auffällig ist die Doppelheit des Motivs: erst lernt W. bei Mimir, dann bei den Zwergen. Hier sind offenbar zwei Parallelberichte verschmolzen, von denen sich der erstere schon durch seine Zwecklosigkeit und die Erwähnung Siegfrieds als Erfindung zur äusserlichen Anknüpfung an die Siegfriedsage erweist.

Mit der Zwergensage ist die Wielandsage schon in Westfalen — einem auch heute noch an Sagen von schmiedenden Zwergen sehr reichen Boden, s. Kuhn, Sagen aus Westfalen Nr. 51 ff. — verbunden worden; das beweist die Localisation der Zwerge in Ballova (beim heutigen Städtchen Balve); sehr schön macht E. H. Meyer (Anz. 13, 29) darauf aufmerksam, dass auch die Erzählung vom Tode Wades durch einen Bergsturz bei Balve das echteste westfälische Lokalgepräge hat, und erinnert an das Sundwicher Loch und Felsenmeer, die über einander gestürzten Steinmassen der Balver Höhle und den Namen Balve („überhängende Felsmassen"). Zweifelhafter ist es, ob man den Aufenthalt Wielands bei Mimir der sächsischen Sage zuschreiben soll; der Bericht der ThS. sieht ganz so aus, als ob erst der norwegische Sagaschreiber überhaupt diese Notiz angebracht hätte, die Siegfried mit Wieland wenigstens vorübergehend in Berührung brachte und damit der Tendenz des Verfassers, die unzusammenhängenden sächsischen Sagen durch fortlaufende Fäden zu verknüpfen, entspricht. Die sonst in Wielands Leben ganz zwecklose Episode deutet jedenfalls nicht auf wirklichen Sagengehalt, und gibt nicht die Berechtigung, hierin den Rest einer anderen Version, wonach Wieland nur bei Mimir seine Kunst erworben hätte, zu vermuten. An sich wäre das nicht undenkbar, denn natürlich konnte man in Sachsen leicht darauf verfallen, Wieland bei dem berühmten Schmiede Mime seine Kunst lernen zu lassen. Aber innere Nötigung zu dieser Annahme fehlt; jedenfalls darf man sie nicht in dem Namen von Wittichs Schwert, Mimung[1], dessen Verfertigung Wieland zugeschrieben wird, erblicken. Wenn wahr wäre — was man z. B. bei Rassmann II 233 liest — dass Wieland dem Schwerte den Namen in Erinnerung an seinen Lehrmeister gegeben habe, so müsste allerdings die Sage schon im 8. Jhd. dieses Verhältnis vorausgesetzt haben, da schon im ags. Waldere (9. Jhd.) Mimming als Wielands Werk genannt wird. Aber m. W. ist eine Benennung von Schwertern in Erinnerung an den Lehrmeister des Schmiedes nicht bezeugbar und auch recht unwahrscheinlich (Mimung müsste eher als Werk, Arbeit Mimes verstanden werden), und der Name Mimung der Witegesage wird mit Mimir überhaupt kaum etwas zu thun haben, zum mindesten nicht im Sinne eines Sagenzusammenhanges — denn Mimmung begegnet auch in der Snorra-Edda als poetische Schwertbezeichnung (Ed. AM I 566)[2] — im Norden also und zu einer Zeit, in welcher von Witege und seinem Schwerte Mimung noch nichts bekannt war (vgl. Sagabibl. II 177). Dies spricht für eine weitere allgemeinere Bedeutung des Namens, vielleicht in dem Sinne, das der Schwertname zwar mit einer alten Tradition von einem Schmiede Mime zusammenhängt (vgl. Müller MHS S. 135), wovon jedoch die Sage zur Zeit unserer Überlieferungen nichts mehr weiss; der Name steht jedenfalls isoliert da. Eine allgemeine Bedeutung würde erklären, dass die Sage dazu kommen konnte, Witege ein Schwert dieses Namens beizulegen. Es lässt sich überhaupt fragen, ob dieser Name nicht älter ist als die Verbindung Wielands mit Witege und ob Witeges Schwert nicht schon so hiess, ehe Wieland für seinen Vater angesehen wurde, dem natürlich dann die Verfertigung dieses Schwertes beigemessen wurde. Dass Wieland Schwerter geschmiedet hat und selbst besitzt, liegt natürlich schon in der Vorstellung von seiner Schmiedekunst

[1] S. die Belege in HS., Index s. v. Miming; Rassmann II 233.

[2] [Vgl. auch *mimmung* als Schwertname in einer Strophe der Hjalmters ok Ölvers Saga FAS III 475. Sijmons]. Wenn aber bei Neidhart Mimminc für Schwert gebraucht wird, so liegt hierin gewiss eine Erinnerung an das berühmte Schwert Witeges vor (HS. Nr. 50b).

begründet; aber in seiner alten Sage spielt nirgends ein Schwert eine Rolle (— denn der Grimm Wielands in der Vkv., dass Níđuđr sein Schwert trage, ist ohne jede besondere Sage von diesem Schwerte vollkommen verständlich —), so dass für die Sagenbildung ein Zwang oder ein Anlass zu besonderer Namengebung für ein Schwert Wielands nicht vorhanden war, zumal er überhaupt gar nicht als Krieger auftritt, wogegen bei Witege als Kriegshelden von vornherein eine solche epische Waffenindividualisierung zu erwarten ist. Wie dem auch sei, Mimir wird als Figur der Wielandsage durch den Namen des Schwertes jedenfalls nicht erwiesen, und seine Verknüpfung mit der Sage, mag sie nun in Sachsen oder erst durch den Norweger erfolgt sein, ist ein junger Akt äusserlicher Verkettung zweier Sagen.

Auf minder tendenziöse Weise, durch Umformung der Sage nach dem Modell anderer bekannter Sagen und Einmischung anderweitig vorkommender Motive im mündlichen Umlaufe könnten gewisse Züge aus der sächsischen Siegfriedsage übernommen sein. Dass W. in einem mit Glasfenstern versehenen Baumstamm von den Wellen ans Land getrieben wird, könnte (mit Rieger, Germ. 3, 186) der Idee nach aus dem eigentümlichen Zuge der sächsischen Siegfriedsage stammen, dass der neugeborene Siegfried in einem Glasgefässe in den Strom rollt und das Gefäss von den Wellen bis in die See getragen wird, die es zur Ebbezeit am Strande absetzt (ThS. c. 162). Liegt aber in diesem Zuge der Siegfriedsage, wie Rieger mit Recht vermutet, ein Rest von Erinnerungen an den alten inguäonischen Mythus von einem vom Meere an das Land getragenen Heros vor, so können solche Erinnerungen direkt die Idee bezw. das Modell zu Wielands Wasserfahrt gegeben haben. Auf speciellen Zusammenhang mit der abgeleiteten Form (Siegfriedsage) deutet nichts hin. Das sonderbare Fahrzeug Wielands erinnert übrigens merkwürdig an die prähistorischen Särge aus Baumstämmen, welche gerade auf der jütischen Halbinsel in Holstein, Schleswig und weiter nördlich besonders häufig sind (Soph. Müller, Nord. Altertumskunde S. 346). Schwebte dem sächsischen Sagenerzähler vielleicht ein solcher Totenbaum vor, der zufällig zu Tage gekommen war? Selbständige Erfindung ist aber nicht ausgeschlossen. — Dass die Wasserfahrt Wielands ein junger Anwuchs der Sage ist, beweist auch die gestörte Oekonomie der Handlung, indem Wieland ein Ross der Zwerge mitnimmt, das später wieder erscheint, was durch die Wasserfahrt unmöglich gemacht würde (s. unten). Ganz unsicher ist es auch, ob in der Tötung der Zwerge durch ihren Lehrling Wieland eine Nachbildung der Tötung Mimirs durch Siegfried vorliegt, wie K. Meyer S. 293 mit weitgehenden Schlüssen behauptet. Ein weiterer Einfluss der Siegfriedsage ist darin gesucht worden, dass von Wieland dieselbe Schwertprobe berichtet wird, die anderwärts von Sigurds Schwert erzählt wird: Wieland taucht das Schwert, das er für Nidung schmieden soll, in einen Fluss mit der Schneide gegen die Strömung, und lässt eine Wollflocke antreiben, die vom Schwerte zerteilt wird. Ganz dasselbe berichten nordische Quellen von Regin [Reginsmál, Prosa nach Str. 14. Skáldskaparmál c. 40. Völsungasaga c. 16. Nornagests þáttr. c. 4]. Aber weder die ThS. noch die sonstigen deutschen Quellen wissen davon. Läge nun bei Wieland wirklich eine Übertragung aus der Siegfriedsage vor, so könnte diese nach dem uns vorliegenden Material zu schliessen nur eine literarische, durch den norwegischen Sagaschreiber bewirkte sein, denn sie setzt Kenntnis der nordischen Sage[1] voraus; dann aber steht man vor der Schwierigkeit, zu erklären, warum der Sagaschreiber, der von einer Schwertprobe der Sigurdsage wusste, sie nicht in seine Darstellung der sächsischen Sigurdsage verflocht, sondern aus ihrem Zusammenhange herausriss und Wieland zuteilte. Das allein genügt zum Erweise, das dieses Motiv nicht vom Sagaschreiber eingefügt, sondern in der sächsischen Sage vorgefunden worden ist. Dazu kommt noch eines. Die dreimal wiederholte und jedesmal gesteigerte Schwertprobe Wielands ist in der ThS. eng mit der eigentümlichen Erzählung verbunden, dass W. zweimal das Schwert zerfeilt und die Eisenspäne mit Mehl gemischt Vögeln zu fressen gibt, deren Excremente er auschmilzt, wodurch das Material zum dritten Schwerte seine grösste Vollkommenheit erlangt. Nun hat Depping auf das gleiche Ver-

[1] Das war sie in dem hier in Betracht kommenden Zeitraume jedenfalls. Dass der Zug schon der altfränkischen Sigurd-Sage angehört haben kann und aus dieser erst nach dem Norden drang, hat mit dieser Sache nichts zu thun, denn das vollständige Schweigen sämtlicher deutscher Sagendenkmäler (auch der ThS.) beweist, dass er vollständig vergessen war; und die Schwertprobe der Wielandsage steht in Zusammenhang mit einer so jungen Episode der Sage, dass sich der Gedanke an eine Beeinflussung in der Periode der altfränkischen Siegfriedlieder von selbst verbietet.

fahren der Schwertfeger zu Bagdad aufmerksam gemacht, und es ist nicht unwahrscheinlich, dass durch die Verbindung des Abendlandes mit dem Orient seit den Kreuzzügen orientalische Schmiedekunstgriffe (oder Sagen von solchen) in Europa bekannt, vielleicht ausgeübt worden sind. Diese Kenntnis ist aber gewiss in Mitteleuropa (vgl. F. Wolf, Altd. Bl. 1, 45, HS Nr. 30), ihre Verflechtung in die Wielandsage in Westfalen, wo Bergbau und Schmiedekunst schon im frühen Mittelalter blühte (E. H. Meyer a. a. O. S. 28) und Wieland im Mittelpunkte der Schmiedesagen steht, durch Kursieren der Sage in Handwerkskreisen weit eher begreiflich und vorauszusetzen als bei dem norwegischen Sagaschreiber. Stammt aber dieser Zug aus Sachsen, so wol auch die auf das engste mit ihm verbundene Schwertprobe, und in Sachsen wusste man damals nichts von der Schwertprobe der Sigurdsage. Die Ableitung aus dieser ist also unmöglich, und die Verwendung desselben Motivs — das vielleicht seit alten Zeiten mit dem Ideenkreis des Schmiedehandwerks (als übertreibendes sagenhaftes Erzählungsmotiv) verbunden war — in beiden Sagen selbständig erfolgt.

c) Erweiterungen des Stoffes.

α) Die Ameliasepisode. Wieland wird — so fährt die Erzählung der ThS. fort — vom König Nidung wohl aufgenommen und erhält einen Dienst als Knappe an seinem Hofe. Seine Werkzeuge und Schätze hat er vergraben und niemand weiss von seiner Schmiedekunst. Einmal verliert er ein Messer des Königs und schmiedet dafür heimlich mit den Werkzeugen des königlichen Schmiedes Amelias ein weit besseres. Dies führt zur Offenbarung seiner Schmiedekunst und zu einer Wette mit Amelias[1], der sich anheischig macht, eine so feste Rüstung zu schmieden, dass ein von Wieland zu fertigendes Schwert sie nicht zu zerschneiden im Stande sein solle. Der König lässt für W. eine Schmiede bauen; W. entdeckt nun, dass ihm seine Werkzeuge und Schätze gestohlen sind. Er erinnert sich, dass ein Mann gesehen hatte, wie er sie vergrub, und schliesst, dass jener der Dieb sein müsse. Der König, dem W. sein Leid klagt, beruft alle Mannen zum Thing (lässt überall nachforschen S), aber keiner davon ist der Mann, dessen sich Wieland entsinnt; da macht W. eine Bildsäule des Thäters, und stellt sie vor die

[1] M schwankt zwischen Amilias und Amelias; S schreibt Amelias (Melias); AB haben Amilias.

Kammer des Königs. Dieser glaubt seinen Ritter Regin (Riggen, Rygger S), der in seinem Auftrage in Schweden weilt, thatsächlich vor sich zu sehen und redet die Bildsäule mit dem Namen an. So kommt Regins Streich ans Licht und nach seiner Rückkehr wird er zur Rückgabe des Raubes verhalten. Wieland schmiedet nun das Schwert Mimung (hierbei wird die dreifache Schwertprobe berichtet) und zerschneidet den mit seiner Rüstung angethanen Amelias vom Helme abwärts, so dass der zerschnittene Rumpf in zwei Teile zerfällt. Dem Könige, der das Schwert verlangt, gibt er ein untergeschobenes und verbirgt Mimung in seiner Schmiede.

β) Wielands Verbannung. Nach einiger Zeit zieht Nidung gegen einen einbrechenden Feind zu Felde und vergisst seinen Siegstein zu Hause; er verspricht dem, der ihm denselben vor dem nächsten Sonnenaufgang bringe, das halbe Reich und die Hand seiner Tochter. Wieland reitet den fünf (MS; 3 AB) Tagereisen langen Weg auf seinem Rosse Skemming (Skimling S) [nach MS stammt es aus der Stuterei des Studar; in AB fehlt sowohl der Name als diese Notiz] in [einem Tage und AB] einer Nacht hin und zurück; der Truchsess [Mundschenk AB] des Königs will ihm erst durch Überredung, dann mit Gewalt den Stein abnehmen, um sich den Preis zuzuwenden, wird aber von Wieland, den er mit seinen Begleitern anfällt, erschlagen. Der König verbannt darum Wieland. Dieser will sich rächen und schleicht sich verkleidet als Koch an den Hof Nidungs. Er thut Trug (Liebeszauber) in die Speise der Prinzessin, diese erkennt es aber an dem Klange ihres Messers, das alles unreine anzeigt (so MS; nach AB hat Wieland ihr Messer entwendet und durch ein ähnliches ersetzt, aber die Prinzessin schöpft Verdacht und merkt den Betrug am Ausbleiben des Klanges[1]). Wieland wird

[1] Dass W. Liebeszauber in der Speise beimengt, wird in M nicht ausdrücklich gesagt, es heisst nur, die Prinzessin habe gemerkt, dass Trug in die Speise gethan worden sei (*nu fidr jungfru, at svik ero gor i matinn*); wenn AB diese Handlung Wielands ausdrücklich erwähnen und den Trug als Liebeszauber näher bestimmen, so kann ich Boer nicht beistimmen, wenn er die Bezeichnung des Truges als Liebeszauber für eine Entstellung ansieht (Ark. 7, 239); was soll denn die Scene überhaupt für einen Sinn haben, wenn nicht diesen? AB verdeutlichen hier nur durch ausführliche Erklärung, was implicite schon in MS (dh. þ) liegt (wie W. Müller ZMgdHS. S. 113 richtig bemerkt). Die Vertauschung der Messer in AB ist natürlich thörichte Entstellung (Boer a. a. O.). Ein Zusatz von AB (I) ist die Bemerkung, dass das Zaubermesser von Zwergen geschmiedet war.

gefangen und auf Befehl des Königs durch Zerschneiden der Sehnen gelähmt; er haust nun in seiner Schmiede und fertigt dem König allerhand Geschmeide.

Von diesen (c. 62—72 berichteten) Ereignissen, welche der alten Sage (Vkv.) ganz fremd sind, wird (mit Niedner) der Wettstreit mit Amelias als relativ ältester Kern anzusehen sein, wie denn auch im Namen „Mêland oder Ammêland“ der Sachsenwaldsage sich noch eine Spur der Existenz dieses Rivalen (in der Verwechslung der Namen) zeigt[1]; vielleicht fällt der andere Schmied, der vor Mêland (Wieland) dort gehaust haben soll, hieher. Die Beziehung dieses Wettkampfes zu den mythischen Arbeitswettkämpfen zwischen Tvashtar und den Ribhu in der indischen, Loki und den Ivaldisöhnen in der nordischen Mythologie, die E. H. Meyer S. 33 annimmt, würde ein hohes Alter der Ameliasepisode voraussetzen, deren alte Existenz in einem eigenen Liede ohne nähere epische Verbindung mit den übrigen Sagen von Wieland durch das späte Auftauchen im grossen epischen Zusammenhang (und in dadurch bedingter veränderter Gestalt) ja nicht ausgeschlossen wird, aber doch geringe Wahrscheinlichkeit für sich hat[2]. Der Gedanke, Wielands Schmiedekunst einmal durch einen Wettstreit mit einem andern Schmiede hervortreten zu lassen, liegt doch für die Sagenbildung recht nahe. Dem Zuge von der Messerverfertigung begegnen wir sowol in der Ameliasepisode (*α*) als bei dem Versuch, die Prinzessin zu überlisten (*β*). Da er in Scene *α* eine sehr natürliche Motivierung zu dem Wettstreit zwischen Wieland und Amelias gibt, in *β* aber gar nichts zur Entwicklung der Handlung beiträgt, (die in MS wie in AB, also ohne das Motiv wie mit demselben ihren gleichen Gang nimmt), und sehr geschraubter Erklärungen bedarf, um seinen Platz in der Sage zu finden, ist er in Scene *β* schon aus inneren Gründen als Nachahmung von *α* anzunehmen (gegen Niedner, der das umgekehrte erklärt); zudem bezeugt das hs. Verhältnis, da S

---

[1] E. H. Meyer a. a. O. S. 30 sieht darin einen Wink zur Erklärung der Entstehung dieses Doppelgängers in der Sage. Mêland ist offenbar Compromissform aus Wêland und Amêlias (bzw. aus des letzteren unentstellter Form).

[2] Niedners Meinung, Wieland und Amelias seien ursprünglich dieselbe Person und ihr Wettstreit nur der mythische Ausdruck des Gedankens, dass Wieland in einigen seiner Werke„ sich selbst übertroffen habe“ (a. a. O. S. 39 Anm. 2) ist unerweisbar.

mit M gegen AB übereinstimmt, dass der Zug erst in der Umarbeitung I eingedrungen ist (s. oben).

Als Beweis für die späte Entstehung der Reginepisode hat schon K. Meyer, Germ. 14, 296 die plastische Figur geltend gemacht. Die Erzählung setzt eine Zeit voraus, in der plastische Kunstübung und Kunstdenkmäler in Sachsen nichts ungewöhnliches mehr waren und verrät sich dadurch als spätes Produkt, dessen Datum nicht viel vor das zeitliche Stadium der ThS. fallen wird. Es ist eine Künstleranekdote, so recht in der Sphäre plastischer Kunstübung zu Hause. Aus dem klassischen Altertum sind uns mehrere Anekdoten, deren einziger Zweck die Exemplifikation der Lebenswahrheit künstlerischer Darstellung ist, überliefert. Besonders ähnlich ist die bekannte Anekdote von Apelles, der bei dem ihm nicht gewogenen König Ptolemäos erschien und auf die Frage, wer ihn eingeladen, das Bild des nicht Anwesenden mit Kohle an die Wand malte, so dass der König ihn sofort erkannte, noch ehe die Zeichnung fertig war; es stellt sich heraus, dass es ein Rivale war, der Apelles mit der Einladung mystificiert hat, um ihm bei dem König Ungelegenheiten zu bereiten[1]. Dass diese Anekdote irgendwie, dem Strome antiken Kunsteinflusses folgend, durch modernisierende Zwischenglieder auch nach Sachsen gedrungen und dort auf den sagenhaften heimischen Meister der Schmiedekunst übertragen worden sein könnte, ist wohl möglich. Aber die Ähnlichkeit liegt nicht in den näheren Umständen[2], sondern nur in der Idee, einen Künstler durch seine Kunst eine Personidentifikation herbeiführen zu lassen, und diese konnte überall eine solche Exemplifikation erfahren, wo es malerische oder plastische figürliche Darstellungen gab. Dass eine Statue so lebenswahr ist, dass

[1] Schück hat (Arkiv f. nord. Fil. 9, 103 ff.) neuerdings wieder diese Anekdote hervorgehoben, und verwebt sie in seine Construction einer antiken Dädalussage, welche ein Franke des 6. Jhd. in seine Muttersprache übertragen haben soll, der damit der Schöpfer der Wielandsage geworden sei. Die Episode der ThS. gehört also nach seiner Meinung zu dem ältesten Bestande der Wielandsage, mit allen ihren Einzelheiten (dass Wieland in seinem Baumstamm an König Nidungs Land schwimmt, entstammt nach Schück der Erzählung, dass Apelles vom Sturme nach Alexandria verschlagen worden ist; dass Regin auf einer Botschaftsreise abwesend ist, stellt sich zu der falschen Botschaft, die der Rivale Apelles überbringt u. s. w.). Eine Polemik gegen diesen vollständig verfehlten Aufsatz des auf anderen Gebieten verdienstvollen schwedischen Literarhistorikers erübrigt sich von selbst.

[2] Denn dass es beidemal ein Abwesender ist, der abgebildet wird, ist die natürliche Voraussetzung der Idee.

sie für ein lebendes Wesen angesehen wird, ist ein Motiv, das sich ebenfalls aus dem Wesen der Sache ergibt[1]. Wollte man einwenden, ein solches Motiv könne nur unter einem Volke entstehen, dessen Kunst thatsächlich eine solche Höhe erreicht habe, so läge darin eine Verkennung der dichterischen Phantasie, die das von der Wirklichkeit nur angestrebte Ideal der Vollkommenheit in ihren Schöpfungen bereits anticipieren kann (s. R. M. Meyer, die Altgerm. Poesie S. 214 unter Hinweis auf eine treffliche Bemerkung Gustav Freytags). Ausserdem blüht ja gerade in Sachsen (Niederdeutschland) seit Anfang des 11 Jhs. besonders unter dem Einflusse des Bischofs Bernward von Hildesheim die Bronzegiesserei: es sei hier nur an die Bronzethüren des Hildesheimer Doms von 1015 mit Relieffiguren, sowie an die Bernwardsäule daselbst, an den Krodoaltar zu Goslar vom Ende des 11 Jhs., sowie an den berühmten bewunderungswürdigen Braunschweiger Bronzelöwen a. d. 12. Jhd. erinnert. Einem zauberhaften Meister der Schmiedekunst eine lebenswahre Statue zuzuschreiben, dazu brauchte es somit im Saxland des 11.—12. Jhds. keines Phantasiesprunges; man schrieb ihm nur eine Kunst zu, deren Werke man vor Augen sehen konnte[2]. Jedenfalls setzt die Ausbildung dieser Episode der Wielandsage Pflege der Sage in einem Kreise voraus, der mit der Ideen-Sphäre der Kunst in Berührung war, ob man nun annimmt, dass die Erzählung sich selbständig gebildet hat oder dass sie die Umbildung eines Ausläufers jener antiken Anekdote in der Tradition ist. Die innige Verbindung von Kunst und Handwerk im Mittelalter (vrgl. z. B. Schultz, Grundr. II 2, 300) erklärt, wie eine solche Künstlergeschichte aus den Kunstkreisen mit Übertragung auf Wieland in die allgemeinere Volkstradition übergehen konnte, aus der sie der Verfasser der ThS. schöpfte. Genau so ist ja auch aus dem Kreise von Handwerksanekdoten der Schwertfeger eine ursprünglich orientalische Praktik oder Sage in die Wielandsage eingedrungen (s. S. 42). Durch diese beiden Vorgänge fällt in interessanter Weise Licht auf den sonst meist schattenhaften Begriff der sagentragenden Volks-

[1] Vgl. die Täuschung der Hera durch die Statue, welche als Braut des Zeus herumgeführt wird, in dem an das Dädalafest geknüpften griechischen Mythos, oder den Zug, dass Dietrich einen eisernen Ritter für einen lebenden Feind hält (Virginal 201 ff.) u. s. w. [Vgl. auch Tristrams S. c. 79 ff. 85 ff. *K.*]

[2] Über den Ruf der niedersächs. Giesshütten s. Bode, Gesch. d. deutsch. Plastik, Berlin 1887, S. 31.

schichten, und J. Grimms Äusserung, dass Wielands Andenken im Mittelalter (besonders unter den Schmieden) dauerte, erhält zu den von ihm angeführten äusseren Zeugnissen (M.[4] 313, ferner HS. 72[b]; W. Grimm, ZfdA. II 248; Wackernagel IX 541; ZE 26, 7; K. Meyer Germ. 14, 300) die treffendste innere Bestätigung.

Wie hier Kunst- und Handwerksanekdoten in die Sage eingekommen sind, so in der Truchsessepisode Märchenmotive. Der König, der um einer Hilfeleistung willen dem Helfer das halbe Reich und die Hand der Tochter verspricht, das zauberhaft schnelle Zurücklegen grosser Strecken auf einem besonderen Pferd[1], der neidische Truchsess (Ritter, Hofmann), der sich unehrlicher Weise den Preis zuwenden will, sind alles wol bekannte weitverbreitete Märchenzüge[2], die hier zu einem kleinen freierfundenen Roman zusammengestellt sind. Wodurch diese junge Wucherung veranlasst worden ist, lässt sich natürlich nicht strikt entscheiden. Doch wenigstens vermuten lässt sich, dass ein zweifelhafter Punkt der Sage den Anlass dazu geboten hat. Die jüngere Sage geht von einem freundschaftlichen Verhältnis Wielands und Nidungs aus; schloss sich nun daran die Lähmung Wielands, so musste die Nötigung sich fühlbar machen, einen Grund für die Ungnade des Königs und die darauf folgende schreckliche Strafe zu ersehen. In dem epischen Gewebe, das die ThS. überliefert, spielt die Episode jedenfalls diese Rolle und motiviert alles vorzüglich: W. wird wegen des Totschlages verbannt und will nun die ihm vorenthaltene Prinzessin durch Liebeszauber gewinnen. Er schleicht sich darum verkleidet wieder an den Hof, wird aber entdeckt und durch die Lähmung grausam bestraft[3].

---

[1] Die ThS. (MS; AB beseitigen den Namen) nennt als Wielands Ross Skemming. Das ist eine junge, wol erst literarische Übertragung von Witege; Rassmann macht mit Recht darauf aufmerksam, dass Wieland nach c. 61 sich eines Rosses der Zwerge bemächtigt. Daraus erklärt sich dessen märchenhafte Geschwindigkeit. Nach der Darstellung der Sage kann Wieland freilich dieses Pferd nicht mitgebracht haben; aber das Anspülen in dem Baumstamm ist oben als junger Zug aus einem anderen Motivkreise hervorgehoben worden, und die dadurch gestörte Ökonomie der Sage erweist es von neuem als jüngere Wucherung.

[2] Die, wie überall, so auch in finnischen Versionen der internationalen Märchen vorkommen; wenn W. Müller (ZMgdHS. S. 97 ff.) darauf Gewicht legt als einen Beweis, dass die Wielandsage finnischen Ursprungs sei, so ist das eine Verkennung des internationalen Charakters dieser Motive.

[3] Eine „Ungereimtheit" kann ich nicht mit Niedner, der sich auf K. Meyer a. a. O. S. 295 bezieht, darin erblicken, dass Wieland wegen des Totschlages bloss verbannt, wegen eines „geringen Unfuges" aber so schwer bestraft wird. Die Tötung

d) Wielands Gefangenschaft und Rache.

Diese Partie der ThS. (c. 73—79) entspricht in ihren Grundzügen vollkommen der altsächsischen durch Vkv., Deôrs Klage und Runenkästchen bezeugten Sagenform, zeigt aber in Einzelheiten Abweichungen und in einer Partie des Stoffes, Wielands Flucht, tiefgehende Änderungen und Zusätze. Eingeleitet wird die Sage in M und S durch den Satz, dass Nidung 4 Kinder hatte, 3 Söhne und eine Tochter; darauf folgt die Erzählung dass die „zwei jüngsten" Söhne [S spricht nur von „zwei" Söhnen] zu W. in die Schmiede kommen und ihn bitten, er möge ihnen Pfeile schmieden; er verspricht es zu thun, wenn sie

---

eines Ritters ist für den König natürlich weniger empfindlich als der ihm an seine persönliche Ehre gehende Versuch, seine Tochter durch Liebeszauber zu unehelichem Beischlaf zu verlocken — in den Augen eines so stolzen Königs, der seine Tochter den besten Geschlechtern im Lande nicht gönnte (c. 70), gewiss kein „geringer Unfug". Die Steigerung der Strafen ist vollkommen natürlich, umsomehr als der Totschlag dem König nur den willkommenen Vorwand gibt, die ihm unbequeme Erfüllung seines Versprechens zu verweigern. Die Äusserung Niedners hängt übrigens mit seinem Versuche zusammen, die Verbannung Wielands als uralten Bestandteil der Sage zu erweisen. Nach ihm ist die Nachstellung, die W. der Königstochter bereitet, der Grund der Verbannung, und er sucht diese Vorstellung auch in Vkv. und Deors Klage nachzuweisen; der Ring der Vkv. sei ein Liebesring (Liebeszauber), in den Worten der Königin (Str. 16): nicht geheuer ist, der aus dem Holze kommt [sc. der von den Kriegern Níđuđs aus dem Walde gebrachte gefesselte Wieland], liege eine Anspielung auf den Wald als gewöhnlichen Aufenthalt der Verbannten. In Deors Klage ergibt ihm eine unsichere alte Conjectur Greins und eine zu eng specialisierte Übersetzung den Satz: „Wieland musste um eines Weibes willen Verbannung dulden" [*Weland him bewurman wræces cunnade*]; für *bewurman*, womit nichts anzufangen ist, schlägt Grein *be wimman* vor, andere anderes; was hier gestanden haben mag, ist nicht zu entscheiden, am nächsten liegt Kögels (Ltg. 101) Conjectur *be wurnan* „mit Harm." *wræces cunnade* aber heisst ganz allgemein „lernte Verfolgung, Bedrängnis, Elend, kennen" und selbst in der engsten Bedeutung Verbannung ergäbe die Sage noch immer die Beziehung auf den Holm, wo Wieland im Frohndienst schmieden muss, als nächstgelegenen Sinn. W. Müller, der sich mit Recht gegen diese Übersetzung wendet, verweist auch darauf, wie verschieden sich der Dichter in den folgenden Versen ausdrückt, wo er von der Verbannung Dietrichs von Bern spricht, ZMgdHS. S. 108 f. Ein Vergleich mit dem Berichte der Saxo über Othinus, der die spröde Königstochter Rinda endlich in Verkleidung durch einen Zauber in seine Gewalt bringt, soll den vervollständigenden Hintergrund erbringen; das Lied, das Saxo zu Grunde lag, sei nur eine Umformung des Wielandmythus mit Übertragung auf Odin gewesen. Die Landesflucht Wielands im Anhange zum Heldenbuche wird auch hieher bezogen, obwol sie offenbar nur auf confuse Kenntnis der (in ThS. erzählten) spätsächsischen Sagenform (wie Niedner selbst S. 43 anzunehmen scheint) zurückgeht. Eine Stütze in den Quellen findet diese mit Scharfsinn verfochtene Hypothese nicht und stösst allenthalben auf Schwierigkeiten.

bei neugefallenem Schnee rückwärts gehend wiederkommen, was die Kinder schon am nächsten Morgen thun. W. erschlägt sie und fertigt aus ihren Gebeinen allerhand Schmuckgegenstände und Tischgerät. Die Königstochter zerbricht eines Tages ihren besten Goldring, kommt [nachdem W. ihre Jungfrau, die sie zu ihm sendet, abgewiesen hat (M und AB); S kürzt die Erzählung durch Streichung dieser Botschaft] zu Wieland und wird von ihm beschlafen, worauf er den Ring ausbessert und ihr zurückstellt. Darauf folgt die Erzählung von der Ankunft Egils, dem W. Botschaft gesandt hatte, am Hofe Nidungs und von seinem Apfelschuss[1]. In AB wird zuerst die Ankunft Egils und sein Apfelschuss erzählt — die Motivierung, dass W. ihn berufen hatte, fehlt —, und dann — in umgekehrter Reihenfolge[2] — die Schändung der Königstochter und der Mord der Knaben berichtet, ebenfalls eingeleitet mit dem genealogischen Satze über Nidungs Nachkommenschaft; doch wird hier nur von 2 Söhnen und einer Tochter gesprochen; A fügt hinzu, sie habe Heren geheissen. — Nun hat Wieland alles erlittene Unrecht gerächt, und da er weiss, dass der König ihn töten lassen wird, wenn seine Thaten zu Tage kommen[3], denkt er

---

[1] Egil ist berühmt als bester Bogenschütze. Der König will ihn erproben und lässt ihn einen Apfel vom Haupte seines dreijährigen Sohnes schiessen. Egil hat drei Pfeile aus dem Köcher genommen, und erwidert auf die Frage des Königs nach dem Zwecke, er habe, falls er den Knaben getroffen hätte, die zwei anderen dem Könige zugedacht. Der König nimmt die kühne Antwort gut auf. So MS; in M wird auch gesagt, dass Egil „Olrunar Egill“ heisse. Diese Bemerkung fehlt in S AB, dürfte aber doch wol dem Original angehören; der Grund zur Auslassung in Redaction U war wol die Unverständlichkeit dieser Anspielung. AB stimmt mit MS überein, nur fehlt die Altersangabe des Knaben; Egil nimmt nur zwei Pfeile aus dem Köcher; die Frage des Königs nach dem Zwecke und die Antwort Egils fehlt.

[2] Der Grund zu dieser jüngeren Umstellung war vielleicht der, dass der Redactor von I es für unwahrscheinlich halten mochte, dass die Prinzessin zu Wieland gekommen wäre, wenn das Verschwinden ihrer Brüder vorhergegangen war, mochte auch W. sich vom Verdachte gereinigt haben.

[3] *oc nv veit hann, ef þetta koemr vpp, at konongr lætr drepa hann.* S hat diesen Satz übergangen, den AB in anderer Fassung bewahrt, aber entstellt haben. A hat nämlich nach Erwähnung der Schwangerschaft der Prinzessin den sinnlosen Satz: *ok með ollu þessu veit Velent at þat er hans barn, ef þessa verðr var Niðungr konungr* — eine ganz unsinnige Bemerkung, die auf einem (merkwürdigerweise von Unger nicht bemerkten) Schreibfehler beruht; für *barn* ist offenbar *bani* zu lesen; der Schreibfehler muss schon in J gestanden haben, denn B ändert *með* in *af* und lässt den Satz *ef — konungr* weg, um dem Satze einen Sinn zu geben, der zwar auch dann noch platt ist, aber immerhin wenigstens verständlich wird.

an Flucht; zunächst lässt er durch Egil die Prinzessin zu einer Unterredung zu sich berufen, und verlobt sich förmlich mit ihr; beide geloben sich gegenseitig Treue. [Diese Verlobungsscene stellen AB hinter die Flugprobe.] Dann bittet W. seinen Bruder Egil, ihm Federn von allerhand Vögeln zu bringen, aus denen er sich ein Flughemd fertigt. Um es zu erproben, fordert er Egil auf, damit einen Flugversuch zu machen und sagt ihm, er solle gegen den Wind aufsteigen und mit dem Winde sich setzen. Der Aufflug gelingt, aber beim Abflug stürzt Egil jäh zur Erde, und meint, wenn das Flughemd so vollkommen zum Abflug wie zum Aufflug gewesen wäre, so würde er nicht wieder gekommen sein. W. wirft es nun um, fliegt auf, und belehrt E. (in AB erst nach der Verabredung), dass er aus Furcht vor dieser Treulosigkeit ihm falsch geraten habe [die flg. Belehrung in S mit etwas anderen Worten, doch dem Sinne nach gleich; AB deuten sie nur an], denn an den Vögeln sei zu ersehen, dass sie gegen den Wind steigen und gegen den Wind sich setzen. Darauf verabredet er mit Egil, dass dieser, wenn ihm der König befehle auf Wieland zu schiessen, unter den linken [rechten S] Arm schiessen solle, wo er eine Blase mit Blut (von Nidungs Söhnen [fehlt S]) festgebunden habe. [In S das ganze Gespräch mit Egil vor dem Aufflug.] Wieland enthüllt nun Nidud seine Rache und fliegt davon. Der König befiehlt Egil nach dem Bruder zu schiessen; das Blut, das aus der Blase herabfällt, gilt Nidung als Zeichen, dass Wieland tötlich verwundet sei, und so entkommt Wieland und fährt nach Seeland, wo sein Vater Wade gehaust hatte. Bald darauf stirbt Nidung. Sein Sohn und Nachfolger Otvin [Otwngh S; „der hiess (auch B) Nidung" AB] versöhnt sich mit Wieland, der die Prinzessin, die inzwischen Widga geboren hat, heiratet und mit sich heimführt.

Der junge Charakter der Sagenauffassung liegt klar zu Tage[1]: in der älteren Form ist Bathilde das Opfer eines dämonischen Racheaktes; hier wird von einem guten Einverständnis zwischen ihr und Wieland nach der Notzüchtigung gefabelt und durch nachträgliche Ehe und Versöhnung alles in das beste Geleise gebracht; die Auffassung Witeges als Sohn dieser Verbindung brachte es mit sich, dass die Sage diese

[1] Wie man hat behaupten können, die ThS. habe die Sage — speciell gerade diese Fluchtpartien — reiner und in älterer Gestalt erhalten als Vkv., ist einfach unbegreiflich. Doch das Unbegreifliche ward Ereignis: Germ. 33, 450.

Wendung nehmen musste, da man doch einen berühmten Helden nicht als Kind der Notzucht gelten lassen mochte; dazu kommt der allgemeine Zug jüngerer Zeit, tragische Motive zu mildern (vgl. Hilde, Hildebrand und Hadubrand). Mit dem Mangel an Verständnis für die dämonische Grösse der alten Sage geht der Verlust des Verständnisses für ihre mythische Natur Hand in Hand: Der Ring hat seine Bedeutung verloren — nichts ist charakteristischer als Rückgabe desselben und die längere Pause zwischen der Rachethat und der Flucht, während in der alten Sagengestalt Wieland unmittelbar nach Erlangung des Ringes entflieht, da seine Aufgabe nun vollbracht ist — und die Flucht des Alben sinkt zu dem Kunststück eines schlauen Vogelimitators herab, das mit komischen Zügen ausgestattet wird[1]. Über den jungen und euhemeristischen Charakter der activen Einmischung Egils, sowie über die mutmasslichen Motive dieser Entwicklung der Sage ist schon oben gesprochen und dargelegt worden, dass, auch wenn die altsächs. Sage die Dreiheit der Brüder und ihre Namen kannte (worauf manches deutet), nichts zu der Annahme berechtigt, dass Egil eine active Rolle in der alten Sage gespielt habe. Der Bericht der ThS. steht allein da, und es lässt sich daher die Frage aufwerfen, ob und wieweit der Sagaschreiber hier (jüngere) sächsische Überlieferung erzählt, und ob diese überhaupt noch etwas von Egil wusste; denn sichtlich sind in dieser Partie nordische Zuthaten vorhanden. Wenn der Sagaschreiber (M) Egil an einer Stelle als Ölrúnar-Egill bezeichnet, so muss er Kenntnis der nordischen Sagenform besessen haben, denn nur in Vkv. ist Egil der Gatte der mit echt nordischem Namen benannten Walküre Ölrún. Der Schuss Egils auf Wieland sieht ganz wie eine Erfindung zur Ausmalung der Str. 37 der Vkv. aus (Arkiv 3, a. a. O.; Grdr. II, 1, 60); doch musste Egils Anwesenheit an sich dazu führen, ihm diese

[1] Dass mit der Geschichte vom Falle Egils und der Täuschung des Königs durch die Blutblase eine komische Wirkung auf die Zuhörer beabsichtigt ist, liegt auf der Hand. Schon die frische lebendige Naturbeobachtung vom Vogelfluge hätte vor dem unglücklichen Einfall, die grobkörnige Scherzgeschichte mit dem Ikarusmythus zusammenzubringen, warnen können. Wer im Stande ist, daran zu glauben, wird auch nichts dagegen einwenden dürfen, wenn es jemandem beifiele, die Täuschung des reichen Camacho durch die mit Blut gefüllte Röhre, durch deren Anwendung sein Nebenbuhler den Anschein des aus einer tödlichen Wunde Blutenden erweckt und ihm die Braut ablistet, in Cervantes' Don Quijote, II Kap. 21, aus Kenntnis der Thidrekssaga abzuleiten.

Rolle zuzuteilen. Wenn Wieland nach der ThS. die zwei Kinder Nidungs nach ihrem ersten Besuche zurücksendet und sie bei frisch gefallenem Schnee wiederkommen heisst, doch rückwärtsgehend, so erweckt das den Eindruck, als ob der Sagaschreiber dieses Motiv[1] hier angebracht hätte, weil er den Grund, weshalb Wieland in der Vkv. die Rache aufschiebt, nicht mehr verstand[2]. Alles das weist auf Kenntnis der Vkv. beim Sagaschreiber, vermutlich in ungenauer mündlicher Überlieferung, s. Sijmons, Grdr. II 1, 60.

Die Apfelschussgeschichte endlich ist eine weitverbreitete, besonders in Skandinavien populäre Sage, die mit der Wielandsage gar nichts zu thun hat; die plötzliche unvermittelte Einführung Egils, von dem vorher gar nicht die Rede war, zeigt an, dass hier ein literarischer Einschub des Sagaverfassers beginnt; ein weiterer Beweis dafür ist, wie K. Meyer Germ. 14, 297 hervorhebt, dass auf die Antwort Egils der Conflikt mit dem König und die Bestrafung fehlt, die zum festen Bestande der Apfelschusssage gehört und die der Sagaverfasser weglassen musste, um Egils weiteren Aufenthalt bei dem König zu ermöglichen[3].

Ist nun die Apfelschussgeschichte zweifellos ein norwegischer Zusatz, und deutet der Name Ölrúnar Egill auf Kenntnis der Völundarkviđa, so wird die ganze Einmischung Egils verdächtig; alles was die ThS. von ihm berichtet, trägt so sehr

[1] Das an sich natürlich ebensogut der Volkstradition entstammen könnte; verkehrte Fusstapfen (Reiten mit verkehrt angenagelten Hufeisen in eine Höhle) um den Verdacht abzulenken, kommen sehr häufig vor, vgl. Kuhn, Sagen, Gebräuche und Märchen aus Westfalen I Nr. 67; in der Anmerkung weitere Literatur.

[2] Der Grund ist dort offenbar der, dass Wieland nicht wissen kann, ob das (erste) Kommen der Kinder nicht von Anderen beobachtet worden ist. Um sicher zu fahren, fordert er sie daher auf, allein (d. h. ohne Zeugen, Mitwisser, heimlich) zu kommen und von der jetzigen Begegnung (und selbstverständlich auch von der Einladung) gegen Jedermann zu schweigen. Die Kinder kommen denn auch zeitlich morgens, zu einer Zeit also, wo alles schläft, und Wieland ist dadurch vor jedem Verdachte geschützt, da selbst im Falle jemand ihren ersten Gang zu Wieland gesehen hätte, die Heimkehr aus seiner Hütte am vorigen Tage ihn entlastet. Bei der Lage von Wielands Schmiede (in Vkv.), die durch Wasser vom Lande getrennt ist, würde eine solche Massregel wie in ThS. doch nicht allein hingereicht haben. Wir sind daher nicht berechtigt, die Erzählung der ThS. in die Vkv. hineinzulegen. [Gab es aber vielleicht schon eine ältere Variante? s. S. 20, Anm.]

[3] Den vollkommenen Beweis dafür, dass die Apfelschusssage Egils in Norwegen eingeflochten worden ist und zwar als Umbildung der Hemingsage, hat soeben Klockhoff geliefert (Arkiv XII, 173 f.).

den Stempel der subjectivsten Willkür, dass man nicht umhin kann, alles, was sich auf Egil bezieht, für nordische Zuthat und Erfindung zu halten, somit auch die Flucht Wielands im Vogelgewande, die ja Egils Teilnahme voraussetzt. Dafür spricht der charakteristische Umstand, dass dort, wo der Sagaschreiber sächsischer Tradition folgt, bei der Erzählung von Ws. Abstammung und Jugend, ausdrücklich nur von diesem éinen Sohne Wades die Rede ist. Die Variante von der Flucht Wielands ist also nicht eigentlich eine Sagenvariante, sondern eine junge novellistisch-schwankhafte Erfindung; will man an Einfluss der Dädalussage glauben, so liesse sich ein solcher bei diesem Sachverhalt eher begreifen; aber Nötigung zu dieser Annahme oder Spuren solchen Zusammenhanges liegen nicht vor.

Damit wird aber weiter zweifelhaft, wie viel von dieser Partie der Saga auf niederdeutsche Tradition zurückgeht, wie viel auf Kenntnis der Vkv. beziehungsweise einer von dieser ausgehenden Tradition. Sijmons neigt a. a. O. dazu, letztere für die hauptsächliche Quelle des Abschnittes von c. 73 an zu halten. Aber der deutsche Name Otvin für den Sohn Nidungs spricht dagegen, und die Sachsenwaldsage und der Anhang zum HB beweisen, dass auf niederdeutschem Boden die Sage von Wielands Verstümmelung und Rache noch später bekannt war. Dass der Sagaschreiber auch für diesen Teil sächsische Überlieferung benutzt hat, scheint mir dadurch sicher gestellt zu sein; wie weit sich diese mit den Einzelheiten seines Berichtes gedeckt hat, entzieht sich der näheren Bestimmung, da zweifellos dieser Untergrund mit Farben nordischer Tradition und Erfindung übermalt ist, und da wir für alle Details bloss auf die ThS. angewiesen sind. Die schwedischen Lokalsagen von Wieland, die seit dem 16. Jhd. in antiquarischen Berichten auftauchen[1], ersetzen diesen Mangel nicht, da sie zwar zum Teile vielleicht auf mündlich eingewanderten (ursprünglich) sächsischen Sagen und Liedern, ähnlich den von ThS. benutzten, beruhen (DgF. I 424 ff., IV 591 ff.), anderseits aber auf die Berichterstatter vielfach Kenntnis der schwedischen Übersetzung der ThS. (15. Jhd.) eingewirkt hat, aus der die Wielandsage vielleicht auch sporadisch und local durch individuelle Vermittlung hie und da wieder zur Kenntnis sagenbildender Kreise

[1] HS. Nr. 169; Rassm. II 259 ff. Hyltén-Cavallius, Sagan om Didrik af Bern XXIV ff. Grundtvig DgF. I 70. 93 ff. 424 ff. II 636. 637 f. IV 591 ff. Storm, Sagnkr. 114 ff. Über e. angebliche dän. Trad. s. DgF. I 70.

gelangt und localisiert worden ist. Ehe nicht eine auf genauer Erforschung der betreffenden Local- und Personalverhältnisse beruhende Untersuchung die verschiedenen Elemente abgesondert hat — ob dies heute noch möglich ist, scheint zweifelhaft — muss man auf die Verwertung dieser Berichte verzichten[1].

Länger dagegen hält sich eine von Literaturdenkmälern unberührte Tradition in der alten Heimat der Sage. Auf die spätere niederdeutsche Tradition werfen 'Herzog Friedrich' im 14. und der Anhang zum HB im 15. Jhd., denen ihre Kenntnis aus ndd. Sagen und Liedern indirekt oder direkt zugekommen ist, einen Lichtstrahl. Mit dem Anbruch der Neuzeit schwinden auch solche Beziehungen auf die Tradition vollständig, nicht aber diese selbst, die unter dem „gemeinen" Volke weiter fortdauert. Zahlreiche Schmiedesagen zeigen das frische Fortleben der primitiven elementarmythischen Vorstellungsschicht, die einst bei der Bildung der Wielandsage mitwirkend war, (specielle Beziehung zur Wielandsage[2] haben übrigens die meisten wol nie gehabt, ein oder die andere vielleicht verloren); und noch um das J. 1875 konnte ein letzter, freilich schon erlöschender Rest der Sage von Wieland aus dem Volksmunde im Sachsenwalde aufgezeichnet werden — ein Beweis für die Zähigkeit der bodenständigen Tradition. Es könnte ein seltsames Spiel des Zufalls scheinen, dass gerade diese letzten dahinschwindenden Nachklänge der uralten sächsischen Sage das einzige Denkmal sind, das unmittelbar auf heimischem Boden aufgezeichnet worden ist, während wir sonst nur aus den Denkmälern ihrer Wanderung und Aufnahme in fremden Ländern Kunde von ihr haben; aber dieser Zufall ist doch nur der getreue Ausdruck des Looses, dem mit seltenen Ausnahmen die altnationalen Überlieferungen auf deutschem Boden überhaupt, zumal in Sachsen, von den fremden Einflüssen verfallenen literarischen Ständen preisgegeben worden sind.

[1] Die Vermutung Finn Magnussens, Lex. myth. 585, dass im schwed. Liede von Vallevan (Afzelius Nr. 52) die Wielandsage vorliege, kann ich trotz einem neueren scharfsinnigen Versuche sie besser zu begründen (ZfdA. 33, 41, Anm. 1) mit Grundtvig DgF. I 70 nicht wahrscheinlich finden.

[2] Die Beziehung der Wulweslöcher bei Iburg auf die Ulfdalir der Edda, die Kuhn Z. f. vgl. Sprachf. 4, 97 wittert, ist imaginär, ebenso die weiteren Localidentificationen a. a. O. Unverwertbar sind die schwäb. Wielandsteine (R. II 267, 9). Phantasterei sind die Bemerkungen in Wolfs Ztschr. 1, 307.

Die Ermanarichsage.

Historischer Ausgangspunkt. — 1. Ostgermanische Zeugnisse (Der Bericht des Jordanes). Text. — Feststellung des Sinnes dunkler Textstellen. — Die Rosomonen. — Unhistorischer Charakter der Sage. — Epische Namen. — Der Gatte Sônhilds. — Selbstmord in germanischer Sage. — Charakter Ermanarichs in der gotischen Sage und das Zeugnis Cassiodors. — 2. Die südgermanischen Zeugnisse. A. *Älteste deutsche Zeugnisse.* S. Gallner Urkunde v. J. 786. — Flodoard. — Eckehard von Aura. — Das Zeugnis der Quedlinburger und Würzburger Chronik. — Seine Heimat. — B. *Angelsächsische Zeugnisse.* — C. *Spätere epische deutsche Zeugnisse.* α) Der Tod Friedrichs. — β) Die Harlungen. — Die Rimstein-Episode der ThS. — γ) Ermanarichs Ermordung. — Niederdeutsche Sagenpflege. — 3. Die nordgermanischen Sagendenkmäler. Quellen. — Quellenverhältnis. — Synoptische Übersicht über den Inhalt der Quellen: 1. Personen der Sage. — 2. Die Svanhild-Randver-Episode. — 3. Die Aussendung der Rächer. — Motiv des schützenden Zaubers. — 4. Die Tötung Erps. — 5. Der Überfall. — Variantentabelle. — Saxos Bericht. — Gemeinsames der skandinavischen Quellen. — 4. Die Sage. Ethnische Gruppierung. — Die Sônhildsage. — Alemannische Heimat der Harlungensage. — Die Rolle Sibichs und seine sporadische Vertretung durch Odoacer. — Verschiebung der Ermanarich-Sônhildsage durch den Eintritt des Harlungenmythus. — Zurückbleiben der Harlungensage bei der Wanderung der Ermanarichsage nach Skandinavien. — Nordische Umformungen. — Der Eintritt Erps in die Sage. — Relatives Alter nordischer Sagenvarianten. — Spätere deutsche Sagenumformungen. — Motivierung der Rolle Sibichs. — Sibich als Rächer seiner häuslichen Ehre. — Sibich als Vollstrecker einer Blutrache. — Verhältnis der dänischen Volkssage bei Saxo zu den deutschen Sagen. — Associirung nordischer Sagenzüge (das Gudrunmotiv). — Beeinflussung der vom Verfasser der Völsungasaga benutzten volkstümlichen Tradition durch die dänische Sage.

Am Eingange der für die germanischen Stämme so bedeutungsvollen, an jähen Schicksalswendungen so reichen Völkerwanderungszeit, in der die heroische Sagendichtung der continentalen Germanen wurzelt, steht die tragische Gestalt eines sieg- und ruhmreichen greisen Königs, des Begründers eines mächtigen Ostgotenreiches, der sich selbst den Tod gibt, um den unvermeidlichen Zusammenbruch seiner Schöpfung nicht zu erleben — eine Katastrophe, die wie vorbildlich an den jähen Sturz des italischen Ostgotenreiches und den damit verbundenen Untergang des ostgotischen Volkes gemahnt. Der Fall Ermanarichs im J. 375, der den Hunnen die Thore Europas öffnet und für sein Volk den Verlust der nationalen Selbständigkeit und fester Wohnsitze auf die Dauer von fast drei Menschenaltern zur Folge hat, war wol geeignet, im Gedächtnis seines Volkes einen nachhaltigen Eindruck zu hinterlassen, umso mehr als die Tragik der weltgeschichtlichen Ereignisse erhöht wird durch ein ergreifendes persönliches Moment, den für einen Germanenkönig ungewöhnlichen Selbstmord und die noch eigentümlichere Psychologie dieser That: Selbstmord aus Verzweiflung über drohendes Unheil, noch e h e die eigentliche Entscheidung in einer Völkerschlacht gefallen ist[1], unter dem lähmenden Eindrucke der plötzlich eingebrochenen Gefahr.

Das psychologische Rätsel dieser That, das selbst den über das historische Ereignis so kurz berichtenden Ammianus bewogen hat, sich um die Erklärung der Gemütsvorgänge zu bemühen, ist es wol vor allem gewesen, was zur Sagenbildung Anlass gegeben hat; deutlich tritt das noch hervor in dem Berichte des Jordanes, wo alle Ereignisse, die er der Sage entnimmt, der Erklärung von Ermanarichs Tode dienen. Seine Erzählung, die bei äusserer Wahrung des historischen Gerüstes mit so viel anderen Elementen versetzt und durchdrungen ist, dass eine Mischung von Geschichte und Sage nicht zu verkennen ist, hat als einziges Zeugnis für die reingotische Sagenauffassung einen um so grösseren Wert erhalten, als die von den Goten ausgegangene Sage bei den anderen germanischen Stämmen, abgesehen von allen sonstigen Änderungen, sogar im Kerne soweit entstellt worden ist, dass der grosse Gotenkönig „der edelste der Amaler“ (nobilissimus Amalorum), wie ihn Jordanes nennt, in ihren Sagendenkmälern als „das Colossalbild eines grausamen und habsüchtigen Herrschers, der gegen sein eigenes Geschlecht wütet“ (Müllenhoff) erscheint. Leider ist der Bericht des Jordanes vielfach in seinem Sinne so dunkel,

[1] Das ist der klare unzweideutige Sinn des zuverlässigen zeitgenössischen Historikers Ammianus Marcellinus, wenn er sagt (31, 3, 1): *Igitur Hunni . . . . Ermenrichi late patentes et uberes pagos repentino impetu perruperunt . . . : qui vi subitae procellae perculsus quamvis manere fundatus et stabilis diu conatus est, inpendentium tamen diritatem augente vulgatius fama, magnorum discriminum metum voluntaria morte sedavit.*

dass er in wesentlichen Punkten verschiedene Auslegungen erfahren hat. Ehe die Sagenforschung einsetzen kann, gilt es also, den Sinn oder doch die verschiedenen Möglichkeiten der Textauslegung festzustellen.

---

1. Ostgermanische Zeugnisse (Der Bericht des Jordanes).

Jordanes berichtet, nachdem er (übertreibend) die ungeheure Ausdehnung der gotischen Herrschaft durch Ermanarich und die Anfänge der hunnischen Bewegung geschildert hat, folgendes (Monumenta Germaniae Historica, Auctores antiquissimi, Tom. V. pars 1. Jordanis Getica ed. Mommsen c. XXIV, 129, 130. pg. 91): *nam Hermanaricus*[1], *rex Gothorum, licet, ut superius retulimus, multarum gentium extiterat triumphator, de Hunnorum tamen adventu dum cogitat, Rosomonorum*[2] *gens infida, quæ tunc inter alias illi famulatum exhibebat, tali eum nanciscitur occasione decipere. dum enim quandam mulierem Sunilda*[3] *nomine ex gente memorata pro mariti fraudulento discessu rex furore commotus equis ferocibus inligatam incitatisque cursibus per diversa divelli præcipisset, fratres eius Sarus et Ammius*[4], *germanæ obitum vindicantes, Hermanarici latus ferro petierunt; quo vulnere saucius egram vitam corporis inbecillitate contraxit. quam adversam eius valitudinem captans Balamber rex Hunnorum in Ostrogotharum parte movit procinctum, a quorum societate iam Vesegothæ quadam inter se intentione seiuncti habebantur. inter hæc Hermanaricus*[5] *tam vulneris dolore quam etiam Hunnorum incursionibus non ferens grandevus et plenus dierum centesimo decimo anno vitæ suæ defunctus est.*

Zweifel und Unklarheit herrschen zunächst über die Auffassung der *Rosomonorum gens infida, quæ tunc inter alias illi famulatum exhibebat.* W. Grimm, dem sich Rassmann, Kögel u. A. anschliessen, erklärt das als „Geschlecht, das in seiner Nähe dient". Aber der Sprachgebrauch des Jordanes ist gegen eine solche Übersetzung, wie sich aus dem Index IV der Mommsen'schen Ausgabe ersehen lässt: unter dem Stich-

---

Abweichende Lesarten der Namen: [1] *ermanaricus.* [2] *rosomanorum, rosomorum, rosimanorum.* [3] *sunielh, sunihil.* [4] *ammus, aminus, iammius.* [5] *hermanericus, ermanaricus, armanaricus.*

wort *gens* sind weit über hundert Stellen angeführt, wo das Wort bei Jordanes „Völkerschaft“ bedeutet, ein einziges mal (123, 6) begegnet *gens Amala* im Sinne von *stirps*[1]. Bei dem Verhältnis beider Bedeutungen von über 100:1 ist es daher ein zwingender Wahrscheinlichkeitsschluss, dass der Autor unter *gens Rosomonorum* eine Völkerschaft versteht, gleich den anderen *gentes*, über die Ermanarich triumphiert hat; dass Jordanes hier in einer Zeile *gens* in zwei Bedeutungen gebrauchen sollte, ist doch auch an sich von vornherein kaum annehmbar. Ebenso zeigt der Index s. v. *famulus*, dass *famulatum exhibere* nichts anderes heissen kann als unterworfen sein, kriegerischen Dienst, Heergefolge leisten (= *de subditis, qui domino militarem operam præstant*)[2].

Eine weitere Schwierigkeit bietet die Stelle, Ermanarich habe die Sunilda *pro mariti fraudulento discessu* von Pferden zerreissen lassen. Die allgemeine sprachliche Möglichkeit *fraudulentus discessus* als heimliche Entfernung, Flucht, aufzufassen, ist von mehreren Sagenforschern angenommen worden, und hat dann als Grundlage für sehr verschiedenartige Versuche, aus den späteren Sagen nähere Aufschlüsse über den Vorgang zu gewinnen, gedient. W. Müller (MHS. S. 163) gieng so weit, die nordische Sagenfassung hinein zu interpretieren, indem er *mariti* als genitivus passivus erklärt[3]: Sunilda sei gestraft worden wegen trügerischer Entfernung von ihrem Gatten, d. h. Ermanarich, eine Auffassung, der sich neuerdings auch Kögel (Ltg. I 1, 147) angeschlossen hat[4].

Die unmittelbare Auffassung von *discessus* als Flucht erfährt jedoch an dem Sprachgebrauche des Autors ein Hindernis,

[1] Vgl. über den Gebrauch von *gens, natio, populus* und *stirps* bei Jordanes auch Dahn, Könige der Germanen II 243 ff.

[2] Vgl. z. B. c. 50, wo von *nationes* (vorher in gleichem Sinne *gentes*!) die Rede ist, welche der Herrschaft der Hunnen unterworfen sind: *qui Hunnorum regimini inviti famulabantur*; s. auch Dahn, Kön. d. Germ. II 254.

[3] Müller beruft sich auf den „mehrfachen“ Gebrauch des gen. pass. bei Jordanes. Aber in Ind. IV, S. 188b, finde ich nur 3 Beispiele belegt: *munus soceri* 42, 18 (= *socero datum*); *Vesegotharum bella* 106, 7 (= *contra V.*) und *egressus Scandzæ insulæ* 89, 8 (aus der Insel Sc.). Keines ist ganz analog, nur das letzte liesse sich allenfalls als Parallele anführen.

[4] Dagegen haben sich u. A. ausgesprochen Bugge, Ark. I 8, Heinzel, Ostg. HS. 2, Roediger WZ, I 243; wenn R. doch auf einem Umwege dazu kommt, Ermanarich als den Gatten der Sunilda zu erklären, so geschieht dies in anderem Zusammenhange und betrifft nicht die philologische Interpretation der Jordanesstelle.

oder wird zum wenigsten stark modificiert: die bereits von Bugge Ark. I 8 angezogene Parallele in Cap. 50 (125, 13) *discessio = seditio* (s. Mommsen, Index IV s. v.) zeigt, dass es auch hier als Abfall, Empörung zu verstehen ist[1]. Es kann daher, auch wenn der Abfall eine räumliche Entfernung, Flucht, in sich schliessen sollte, was ja sehr wohl möglich ist, doch wegen des Hauptsinnes „Empörung, Aufruhr“ von einem passiven Genitiv und von Sunilda als Gattin Ermanarichs keinesfalls die Rede sein.

Der Bericht des Jordanes besagt also folgendes: ein Volk der Rosomonen ist von Ermanarich unterworfen und kriegsdienstpflichtig gemacht worden. Ein Mann aus diesem Volke, (offenbar ein oder der Fürst), dessen Gattin Sunilda heisst, hat einen Aufruhr gewagt, und zwar, wie wir schliessen müssen, in ganz besonders hinterlistiger und verräterischer Weise seinen Treueid und den Frieden gebrochen und das Vertrauen Ermanarichs getäuscht, da von einem „trügerischen“ Abfall gesprochen wird, und nur dadurch Ermanarich in so wütenden unversöhnlichen Zorn geraten konnte, dass er die Gattin des Empörers, die in seine Hände gefallen war, von wilden Rossen zerreissen liess; der Empörer selbst muss entkommen sein, da ihn Ermanarich durch diese That strafen will; ob Sunilda selbst an den verräterischen Umtrieben ihres Gatten beteiligt war, bzw. schuldig schien, erfahren wir nicht. Jedenfalls aber wurde der Aufstand niedergeschlagen, denn noch später, zur Zeit des Hunneneinfalls, dem das Sunilda-Ereignis vorangeht, werden die Rosomonen als Tributärvolk Ermanarichs von J. genannt. Als nun Ermanarich von schweren Sorgen über die Bedrohung des Ostgotenreiches durch die Hunnen in Anspruch genommen ist (*de Hunnorum adventu dum cogitat*), da ergreifen die Rosomonen die günstige Gelegenheit, sich — vom Standpunkte des Erzählers in treuloser und tückischer Weise — zu rächen. Sarus und Ammius, die Brüder der Sunilda, fallen Ermanarich an und verwunden ihn (über ihr Schicksal erfahren wir nichts und können blos aus dem Zusammenhange vermuten, dass sie bei dem nicht ganz gelungenen Anfall ihren Tod gefunden haben wie in der späteren Sage).

[1] Für Entfernung gebraucht J. *decessus* (im Sinne von *obitus*) 72, 10; 87, 8; *decessio: decessione a Vesegothis diuisos* 121, 5 (von der Trennung der beiden Zweige des Gotenvolkes).

Während Ermanarich noch an den Wunden siech darniederliegt, fallen die Hunnen ein. Die Krankheit, sein hohes Alter (J. legt ihm 110 Jahre bei) und der Kummer über das einbrechende Unheil führen seinen Tod herbei[1].

Was Jordanes hier berichtet, hat er offenbar für Geschichte angesehen, und es scheint somit am nächsten zu liegen, für die sonst unbekannten Rosomonen eine historische Identifikation zu suchen. Die alte Identifikation mit den Roxolanen ist unbedingt zu verwerfen, da die Lesarten der alten Handschriften diese Form gar nicht kennen; aber auch an eine gotische Umbildung des Namens der Aroxolanen, die nach c. 12 östlich von Dacien sassen und von Ermanarich unterworfen worden waren (s. über sie Köpke, Entstehung des gotischen Königtums S. 107) ist nicht zu denken, ebensowenig darf man mit Grimm, G. d. d. Spr. 748 und A. die Russen (*Rhôs*, finnisch *Ruotsalainen*) heranziehen, da dieser Name um Jahrhunderte jünger als Jordanes und warscheinlich altschwedischen Ursprungs ist (s. Bugge Arkiv I 1 ff. mit weiteren Literaturangaben). Da jede ethnologisch-historische Identificierung bis jetzt sich als unmöglich erwiesen hat, liegt es nahe an einen sagenhaften germanischen Namen zu denken. Bugge (a. a. O.) nimmt eine gotische Form **Rusmunans* an[2], die er mit ahd. *rosamo* rubor, ærugo, nord. **rosmi* in *rosmhvalr* rötliche Walfischart etc.[3] zusammenstellt, und meint, jener Stammname müsse „die Rötlichen bedeuten, mit Bezug auf die Farbe der Haut oder Haare — vielleicht beides —, oder die Sommersprossigen", und sucht zu beweisen, dass „die Rothaarigen" ein epischer Name für „die Falschen" sein könne, also eine echte *gens infida*. Aber wenn es auch höchst warscheinlich ist, dass die volkstümliche Gleichung rothaarig-falsch, die schon für das klassische Altertum bezeugt ist, auch für die Zeiten des Jordanes Geltung gehabt haben wird — und wenn auch die Benennung des Intriguanten in späteren Märchen als Ridder Röd (Ritter Rot) einen interes-

---

[1] Einen natürlichen Tod; Munchs Meinung (s. Rassmann I 278), Jordanes deute den historischen Selbstmord vorsichtig an, ist nach dem Wortlaute unmöglich.

[2] Vgl. zur sprachlichen Möglichkeit im Index III der Mommsenschen Ausgabe s. v. „*o et u permutatæ*". Einwände gegen diese Reconstruction erhebt v. Grienberger ZfdA. 39, 159.

[3] Die Erklärung der *Rosmofjǫll* in Atlakviþa 17 als „rote Berge" ist sicher der als „Berge der Rosomonen" (die in die Akv. aus einem Gedicht über Hamðir und Sörli eingedrungen sein sollen) vorzuziehen.

santen Fall epischer Namengebung aus dieser Anschauung heraus bietet (Lit. s. bei Bugge a. a. O.), so ist doch kaum glaublich, dass ein ganzes Volk episch so genannt worden wäre, weder ein historisches noch ein episch-fictives. Ist die Etymologie Bugges richtig, so könnte der Name im übertragenen Sinne doch wol nur ein Geschlecht, bezeichnen, in realem aber sich nur auf ethnologische Kennzeichen eines ganzen Volkes beziehen, nicht auf ethische. Nun hat Heinzel (Über die Hervararsaga S. 102) die Ansicht ausgesprochen, dass mit den Rosomonen ein slavisches Volk bezeichnet werde. In diesem Falle läge es nahe, mit dem Namen Rosomonen im Sinne von „Die Rötlichen“ die Nachricht des Leo Diaconus[1] zu verbinden, der den Russen unter Swjatoslaw rote Haare und blaue Augen zuschreibt (IX, 8, Corp. Script. hist. byz. XI, S. 150: *ἡ πύρση κόμη, καὶ οἱ γλαυκιῶντες ὀφθαλμοί*). Aber das bezieht sich zweifellos auf die nordischen Warjagen, wie schon der Name des Anführers Icmor beweist (s. Kunik, Die Berufung der schwedischen Rodsen II S. 9. u. 185), und die Slavenhypothese Heinzels ist unhaltbar. Denn wenn auch mit Kunik (s. Bugge ZfdPh. VII 402) und Heinzel der Name des Vaters der rächenden Brüder in der skand. Sage, Jónakr, als Umbildung aus dem russischen *junaku* (junger Mann, Held) anzusehen ist (gegen J. Grimm, ZfdA. 3, 144. 156, der an ein ags. *Eánhere denkt vgl. ZA 10, 177), so ist doch eine Verwertung dieser Etymologie als Argument für die slavische Nationalität der Rosomonen nicht gut möglich; denn entweder müsste man dann den Namen bereits der gotischen Sage zuschreiben, oder annehmen, dass die gotische Sage auf ihrer langen Wanderung durch Deutschland nach Skandinavien noch so deutlich die slavische Nationalität der Gegner Ermanarichs festgehalten hätte, dass die Skandinavier einer bei ihnen entstandenen epischen Figur mit antiquarisch-historischem Sinne einen slavischen Namen verliehen hätten. Gegen das erstere spricht, dass der Name nur im Nordischen nachweisbar ist, wo auch andere Lehnwörter aus dem Russischen[2] vorkommen; und ob die skandinavische Sage mit dem Namen Jónakr eine ethnologische Beziehung ausdrücken wollte, kann mindestens als zweifelhaft bezeichnet werden; noch

---

[1] Auf die Heinzel (Über die Hervararsaga) S. 72 Note — aber in anderem Zusammenhange — verweist.

[2] Heinzel, Ostgot. HS. 82, Anm.

zweifelhafter aber sind Rückschlüsse aus diesem an sich hypothetischen Verhältnisse auf die Auffassung der gotischen Sage. Bei Saxo erscheint allerdings Ermanarich im Mittelpunkte von Kämpfen gegen Slaven, und wenn berichtet wird, er habe rebellische Slavenfürsten von Pferden zerreissen lassen, so erinnert das sehr an die Bestrafung Sunildas für den Aufruhr ihres Gatten (Heinzel a. a. O.). Aber beides, Kämpfe mit Slaven und grausame Racheakte, ist eine ganz junge romanhafte Ausschmückung, welche die rauhe Wirklichkeit der dänisch-wendischen Kämpfe des 12. Jhs. in die Sage von Ermanarich, der als dänischer Fürst gefasst wird, überträgt, wie jüngst Axel Olrik (Sakses Oldhistorie II 252 ff.) überzeugend nachgewiesen hat; damit verliert die Parallele ihre Beweiskraft. Auch von dieser Seite her sind somit die Rosomonen als historisches Volk nicht erweisbar.

Eine andere Etymologie aus dem Germanischen hat Kögel aufgestellt, der ein gotisches compositum *hrausamuni-*, fortis animo, also epische Namengebung [für ein Geschlecht] annimmt und den got. Namen Ῥανσιμοδος [vgl. Rosemud, Wrede, Sprache der Ostgoten in Italien S. 154] vergleicht (Ltg. I 1 148). Lautliche Schwierigkeiten ergeben sich kaum; zur Wiedergabe von *au* durch *o* bei Jordanes vgl. Müllenhoff im Index I pg. 43, und zur Wiedergabe von *hr* durch *r* vgl. *Valaravans* S. 77. Aber flexivisch sollte man wol *Rosomoni-orum* erwarten[1].

Was immer die Bedeutung des Namens sein mag, so ist er doch sicher episch und nicht historisch, und der eigentümliche Umstand, dass Jordanes zwar von einem Volke der Rosomonen spricht, aber der Anfall auf Ermanarich nur von den zwei Brüdern der Sunilda erfolgt, macht es sehr wahrscheinlich, dass er einen epischen Geschlechtsnamen der Sage euhemeristisch-historisierend zu einem Volksnamen macht, der nicht nur in Wirklichkeit nicht existiert hat, sondern auch in der Sage, welche in den Bericht des Jordanes verflochten ist, vielleicht nie ein Volk bezeichnet hat.

Die Bemerkung Heinzels (Ostgot. HS. 3), die Sage befinde sich bei Jordanes im Stadium der politischen Anekdote, kennzeichnet treffend den Bericht des Jordanes; aber sie ist es nicht

---

[1] Eine dritte Erklärung des Namens aus dem Germanischen versucht Grienberger, ZfdA. 39, 1895, S. 159, der ihn für mythologisch ansieht und als „Eismänner“, *Hrusa-mans* (zu ahd. (*h*)*roso*, (*h*)*rosa*, crusta, glacies, Treibeis in Flüssen) erklärt.

„noch“ (a. a. O.), sondern erst in der Hand des Geschichtsschreibers, der sie historisierte, geworden. Denn dass diese Erzählung auch nur ihrer Wurzel nach auf historischen Ereignissen beruhe, die anekdotenhaft ausgebildet worden wären, ist wenigstens bis jetzt nicht erwiesen worden[1]. Auf reine Sage aber deutet schon die ganze Namengebung, denn die Namen sind fictiv-episch, vielleicht sogar der Rolle entnommen, die die Personen in der Sage spielen, also zugleich mit ihr und durch sie entstanden bzw. für sie gewählt worden. Rein episch ist gewiss Rosomonen, wenn auch die Deutung als die „Rötlichen = Falschen“ immerhin als unsicher bei Seite bleiben mag. Sunilda — das nordische Svanhildr ist nur eine Umformung des Namens, nicht die originale Form — wird einem Sônhilt, got. *Sônahildi[2], (Kögel vergleicht Ltg. I 147 Sônihild, Förstemann 1116), entsprechen und lässt sich als die Hild, die Frau, die zur Sühne umkommt, deuten: s. Müllenhoff im Index zu Jord. s. v.; Sijmons, Grdr. II, 1, 41; Roediger, WZ. I 243.

[1] Heinzel scheint einen historischen Zusammenhang im Auge zu haben, wenn er a. a. O. bemerkt: „Bei den grossen Verschiedenheiten stimmt, abgesehen von dem Allgemeinen, der Einzelzug bei Ammianus wie Jordanes überein, dass hier wie dort der Abfall eines Volkes, das Ermanarich verbündet oder unterworfen war, im Zusammenhange mit der Katastrophe, dem Tode des Königs und dem Untergang des Reiches erzählt wird.“ Aber Ammianus erzählt nichts von einem „Abfall“ der mit Ermanarich „verbündeten“ Alanen (die allein bei Heinzel gemeint sein können): die Hunnen brechen in das Land der Alanen ein, morden und rauben bei ihnen, zwingen den Rest sich ihnen anzuschliessen und stürzen dann auf das gotische Reich. (*Igitur Hunni peruasis Halanorum regionibus ..... interfectisque multis et spoliatis, reliquos sibi concordandi fide pacta iunxerunt eisque adiunctis confidentius Ermenrichi ...... pagos repentino impetu perruperunt*). Weder in dem „tückischen Aufruhr“ des Gatten der Sunilda, der ja misslungen ist und vor das Auftreten der Hunnen fällt, noch in der That des Sarus und Ammius ist ein tertium comparationis mit der Besiegung der Alanen durch die Hunnen vorhanden. Zudem erzählt Jordanes den „Abfall“, d. h. die zwangsweise Unterwerfung der Alanen durch die Hunnen ebenfalls, c. XXIV, und zwar in dem Rückblick auf die Geschichte der Hunnen vor ihrem Einbruch in das Reich des Ermanarich. Der Abfall der Rosomonen, seine Bestrafung und ihre Rache vertritt also bei Jordanes nicht das von Ammianus erzählte Alanenereignis, sondern bildet neben diesem auch hier berichteten geschichtlichen Ereignisse eine eigene Erzählung, von der zur Geschichte keine Brücke führt. Liegt der Rosomonen-Sage ein geschichtlicher Kern zu Grunde, so können es doch keineswegs die Alanen sein.

[2] Vgl. einen Comes Sûna, Sôna, Hypocoristicon aus einem Compositum, Wrede, Spr. d. Ostg. S. 113. Zur Namenbildung dient das Wort auch im Langobardischen (Sôniprandus, Sônifrenus d. i. Sônifred, s. Bruckner, Sprache der Langobarden S. 95) und im Deutschen s. Förstemann, Altd. Namenbuch I, S. 1116; Piper, Libri confrat. S. Galli, S. 510. 511.

Sarus und Ammius, vermutlich gotische Simplicia *Sarws und *Hamjis — die deutschen Formen Sarulo, Sarilo und Hamadeo [nicht ganz klare Nebenformen Sarhilo und Hamadeoch] sind Weiterbildungen durch Diminutivbildung beziehungsweise durch Composition; aus den deutschen Formen entsprangen die nordischen Sǫrli und Hamþér, Hamdir — weisen auf got. sarwa, Rüstung und ahd. -hamo, got. *hama (gahamôn) (Kriegs)kleid zurück, bedeuten also die Gerüsteten, mit Brünnen Bekleideten (über die Etymologie, die Nebenformen und ihr Verhältnis zu einander s. J. Grimm, ZfdA. 3, 155. Bugge, ZfdPh. VII 399. Müllenhoff, Index zu Mommsens Jord.; ZE. XIII. Sijmons, Grdr. S. 41. Kögel, Grdr. 186. Ltg. 148. Roediger WZ. I 248), epische Namen, ob sie nun einfach gerüstete Krieger bedeuten oder, was ja nicht undenkbar wäre, ob bereits die got. Sage die Namen in speciellem Hinblick auf eine zauberhafte Undurchdringlichkeit ihrer Brünnen — wie in der nordischen Sage — gewählt haben möge. Notwendig ist dieser Schluss nicht, denn auch ein historischer Gotenführer trägt den Namen Sarus (*Σάρος*)[1].

Wie der Gatte der Sunilda geheissen, verschweigt Jordanes. Müllenhoff (ZE. XIII) hat aus dem Auftreten eines Heimo und seiner Tochter Suanailta in einer Sanct-Gallner Schenkungsurkunde vom J. 786 — und aus einer Beowulfstelle (1197—1201), welche vielleicht besagt, dass Hâma dem Eormanrîc das Brôsingamene geraubt hat, geschlossen, dass Heime einmal als Gemahl der Sunilda galt; die *fraus*, von der Jordanes nichts näheres sagt, sei ohne Zweifel die Beraubung des königlichen Hortes, die Ermanarich zum Widerstand gegen die Hunnen unfähig machte. Anderseits erinnert Bugge (Ark. I 8 f.) an die treulose Rolle Sibichs[2] in der späteren Sage und Sijmons (Grdr. S. 41) denkt an Bikki, dessen Rolle Sibich übernahm; wenn Sibich Ermanarich feindlich gesinnt ist, weil Ermanarich Sibichs Frau vergewaltigt hatte (ThS. Anh. zu HB), so könne darin ein Nachklang der Sage von Sunilda und ihrem Gatten liegen.

---

[1] Jordanis Romana 321. Olympiodorus vol. 4 p. 58. Muell. s. Müllenhoff im Index zu Jordanes und die Note zu Jord. Rom. 321 in Mommsens Ausgabe.

[2] Dass Sibich in der ThS. als rothaarig bezeichnet wird, ist natürlich ein junger Zug symbolischer Leibesschilderung und hat nicht (wie Bugge will) mit Rosomonen als „Rötlichen" irgend einen Zusammenhang.

Keine dieser beiden scharfsinnigen Hypothesen kann doch auf irgendwelche Sicherheit Anspruch erheben; bei Sibichs Rolle in der späteren Sage fehlt jede Andeutung eines „discessus“, Aufruhrs und Flucht vor Ermanarich, im Gegenteil bleibt er als Ermanarichs böser Dämon beständig um seine Person, und das Motiv der Rache für die geraubte Ehre der Hausfrau ist so weit verbreitet (s. d. Parallelen bei Heinzel Ostgot. HS. S. 8), und zugleich so allgemein menschlich, dass es zu beliebig jüngerer Zeit in die Sage eingedrungen sein kann, wie es denn auch nur in den spätesten Quellen erscheint (s. unten); über Müllenhoffs Combination s. unten.

Ob nun die Sage rein episch-heroischen oder mythischen Ursprungs sein mag — historische Begebenheiten sind ausgeschlossen, soweit unsere Kenntnis reicht —, den nächsten Anlass zu ihrer Bildung oder Einflechtung in die Schicksale Ermanarichs in gotischer erzählender Tradition oder Poesie bot wol, wie schon oben bemerkt, die ungewöhnliche Todesart Ermanarichs. Ermanarich war gefallen, ehe er sich mit den Hunnen in entscheidender Schlacht gemessen: das stand im Gedächtnisse der Nachwelt fest — die Motive des historischen Selbstmordes vor der Entscheidung aber waren viel zu kompliciert, man möchte sagen individuell, und wichen ebenso sehr wie die That selbst allzuweit von dem Gewöhnlichen und allgemein Verständlichen ab, um in der epischen Poesie und Sage, die einen ausgesprochenen Zug nach allgemeinen psychologischen Ideal-Typen hat, Aufnahme und Verständnis zu finden. Selbstmord von Helden ist der heroischen Dichtung der germ. Stämme fremd. Ein Beispiel bietet zwar Saxo in seiner Erzählung von Helge, der sich aus Verzweiflung in sein Schwert stürzt (Buch II, Holder p. 53); aber die ältere isländische Überlieferung lässt ihn auf einem Heerzug fallen. Wie Axel Olrik treffend ausgeführt hat, haben wir bei Saxo den Einfluss der Romantik des Mittelalters, in der isländischen Überlieferung den Geist des germanischen Altertums: entgegen den romantischen spätmittelalterlichen Folkeviser üben in den alten (skandinavischen) Gedichten nur Frauen Selbstmord aus und in den Sagas blos niedere Personen und eidgeschworene Blutsbrüder (also ein anderes Motiv); es ist geradezu schlagend, wie diese Anschauung sich noch in Agrip c. 29 geltend macht: König Herse von Numedal will sich aus Gram über den Verlust seiner Frau töten, und da er kein Vorbild dafür finden konnte, dass ein König sich das Leben genommen habe, resignierte er auf den Thron, ehe er die That ausübte (s. Axel Olrik, Sakses Kilder I 61, II 145)[1]. Bei diesem Punkte also setzte die Sage ein; das Resultat der Veränderung zeigt uns Jordanes: natürlicher Tod infolge Zusammenwirkens einer schweren Verwundung, hohen Alters und Grames um das Schicksal seines Reichs. Auf eine schöne Parallele zu diesem Motive aus germanischer Sage macht Heinzel (Ostg. HS. 2) aufmerksam: nach der ThS. stirbt der alte und kranke König Milias vor Gram über den Einbruch eines übermächtigen Feindes in sein Land.

Besonders hervorgehoben werden muss, dass Jordanes, der Ermanarich sichtlich feiert, und mit ihm gewiss auch die gotische Sage, den greisen König nicht als den grausamen Tyrannen, als der er in späteren Sagenüberlieferungen fremder Völker erscheint, auffassen. Die grausame Strafe an Sunilda wird den Zeitgenossen der Völkerwanderung schwerlich in demselben Lichte erschienen sein, wie uns, und Jordanes motiviert sie auch mit dem gerechten Zorne Ermanarichs über tückische Treulosigkeit der Rosomonen (s. Roediger a. a. O. S. 243). Müllenhoff machte allerdings eine abweichende Meinung geltend (ZE. I und Ausg. des Jord. Ind. I s. v. Hermenerig). An der Stelle des Cassiodor, Var. XI 1, wo von Amalasuintha gesagt wird, dass sie die Tugenden ihrer königlichen Vorfahren in sich vereinige, wird in der Aufzählung dieser und ihrer Eigenschaften Ermanarich nicht genannt. Diesem Stillschweigen misst Müllenhoff besonderes Gewicht bei: es beweise, dass sich von Ermanarich schon eine Vorstellung ausgebildet habe, die jeden Vergleich mit Amalasuintha unmöglich machte. Nach Mommsens Note (S. 76, Anm. 1) ist die Aufzählung überhaupt in der Überlieferung in Verwirrung geraten und Erma-

[1] In der jungen Amlóđasaga (ca. 1600 auf Island verfasst) sagt der Held, vor drohenden Gefahren gewarnt, abwehrend: *enginn deyr fyrir sinn tíma nema sig sjálfan svipti fjöri:* niemand stirbt vor der ihm bestimmten Zeit, ausser, wer sich selbst des Lebens beraubt (s. meinen Auszug in den Beitr. zur Volkskunde, Festschrift für Weinhold S. 94). Kommt hier die altnationale Weltanschauung oder die christliche religiöse Auffassung zu Worte? Die Äusserungen gegen Selbstmord in romantischen Sagas (s. Kölbing, Flóressaga, Noten zu Cap. 8) sind rein christlich gedacht, auch wenn sie sich in heidnisches Costüm hüllen, wie z. B. in der Flóressaga. Aber hier fehlt gerade ein Hinweis auf etwaige Strafen, und die Auffassung, dass der Selbstmord ein Eingreifen in die Schicksalsbestimmungen sei, könnte wol der Abneigung des germanischen Altertums zu Grunde liegen.

narich für Agatha zu substituieren; dadurch würde dann jede Erklärung überflüssig gemacht. Aber selbst bei einem ursprünglichen Übergehen Ermanarichs durch Cassiodor kann doch die Auswahl, die Cassiodor trifft — es sind auch abgesehen von Ermanarich nicht alle Amaler genannt — einen anderen Grund haben; wie Roediger a. a. O. hervorhebt, fehlt zwischen Amalasuintha und einem kriegerischen Eroberer jedes tertium comparationis. Man beachte, dass alle hervorgehobenen Tugenden solche sind *(felicitas, patientia, mansuetudo, aequitas, forma, castitas, fides, pietas, sapientia)*, in denen wie in einem Spiegel eine königliche Frau ihr Lob erblicken kann *(tamquam in speculum purissimum sua præconia mox videret)*. Für den Erobererkönig war da kein Platz. Wollte man einwenden, einem Schmeichler sei alles zuzutrauen, so gilt doch auch für den grössten Schmeichler — es sei denn, dass jedes sittliche Bewusstsein dem Schmeichler und Empfänger der Schmeicheleien so vollständig abhanden gekommen wäre, wie Venantius Fortunatus und Fredegunde (s. Dahn, Urgesch. d. germ. und rom. Völker III 162, 226) — die allgemein psychologisch richtige Bemerkung Snorris, der von den Hofskalden sagt, es sei zwar ihre Art, den am meisten zu loben, vor dem sie stünden, doch würde keiner wagen können, dem Fürsten Heldenthaten anzudichten, und sie vor ihm zu recitieren, deren Unwahrheit allen Anwesenden und dem Besungenen selbst bekannt wäre; das wäre dann Hohn, aber kein Lob[1]. Und endlich darf man wol daran erinnern, dass Amalasuintha, die sich ihrem Volke ganz entfremdet hatte und der römischen Bildung zuneigte, die ihren Sohn, wie ihr die Goten vorwerfen, Schulmeistern überlieferte und ihn in Wissenschaften statt im Gebrauche der Waffen zum Heldentum erzog (s. die Belege bei Dahn, Kön. d. Germ. II 184), bei ihrer Abneigung gegen Krieg und nationales kriegerisches Heldentum es kaum als Lob empfunden haben würde, mit einem grossen Eroberer verglichen zu werden, und dass Cassiodor auch aus diesem Grunde von einem solchen Vergleiche Abstand nehmen musste.

---

[1] En þat er háttr skálda, at lofa þann mest, er þá eru þeir fyrir, en engi myndi þat þora, at seggja sjálfum honum þau verk hans, er allir þeir, er heyrði, vissi, at hégómi væri ok skrǫk, ok svá sjálfr hann; þat væri þá háð, en eigi lof. Heimskringla, Prolog, p. 6 ed. Jónsson.

2. Südgermanische Zeugnisse.

A. Älteste deutsche Zeugnisse.

Das älteste und zugleich dürftigste Zeugnis bietet die schon oben erwähnte, von Müllenhoff ZE. XIII besprochene S. Gallner Urkunde vom J. 786 mit ihren Namen Heimo und dessen Tochter Suanailta[1], Eghiart und Saraleoz, also Personen der Ermanarichsage, wie wir sie teils aus Jordanes, teils aus späteren Sagendarstellungen kennen — ein Zeugnis für die Bekanntschaft mit der Sage und für ihre Beliebtheit in Alemannien im 8. Jhd. Über das formelle Verhältnis von Saraleoz zu Sarus s. Müllenhoff a. a. O. Eghiart weist auf Kenntnis des Harlungenmythus, aber die Urkunde an sich würde nicht genügen, zu erweisen, dass dieser bereits mit der Ermanarichsage verbunden war, wüssten wir es nicht aus den ihrem Inhalt nach in noch ältere Zeit zurückweisenden Anspielungen in Wídsíd und Beowulf. Sagengeschichtlich am wertvollsten ist die Erwähnung der Suanailta in Zusammenhang mit sonstigen Namen der Ermanarichsage, da die deutschen Denkmäler der Sage selbst sie und ihren Namen nicht erwähnen. Aus Heimo folgt zunächst nur, dass auch diese Sagenfigur — und gewiss, wie aus dem ältesten ags. Zeugnis hervorgeht, in Verbindung mit Ermanarich — bekannt war; ein näheres Verhältnis zur Sage von Suanailta lässt sich von hier aus nicht erweisen.

Auf die letzten Decennien des 9. Jhds., also etwa ein Jahrhundert später, weist ein Zeugnis in der Geschichte der Rheimser Kirche von Flodoard (894—966) zurück (HS. Nr. 17): der Rheimser Erzbischof Fulko habe König Arnulf († 899) in einem Schreiben zur Milde gegen seinen Verwandten Karl den Einfältigen ermahnt, und ihn gebeten, nicht so zu handeln wie der in deutschen Büchern — gemeint müssen nach allgemein literarhistorischen Gründen poetische Fassungen der Sage sein — genannte König Hermenricus, der seine ganze Familie (bzw. ganzes Geschlecht — *progeniem* —) dem Tode geweiht habe, verleitet durch die ruchlosen Ratschläge seines Ratgebers.

Ein späteres wichtiges Zeugnis bietet Ekkehard v. Aura († 1125) in seinem Chronicon universale (Mon. Germ. Hist. Scriptores T. VI, p. 130, 31 ff.). Nach Auszügen aus Jordanes,

[1] *Suana-* (aus *Sôna-*) oder *Swana-*? Dass auch der Name *Swanahilt* geläufig war, bezeugen z. B. Libr. confr. S. Galli, Index S. 511, Sp. 3.

den er als Gewährsmann nennt, polemisiert er gegen volkstümliche Tradition und Volksgesang *(vulgaris fabulatio et cantilenarum modulatio)*, deren Anachronismen sogar in gewisse Chroniken eingedrungen seien *(etiam in quibusdam cronicis)* — gemeint ist bestimmt die Würzburger Chronik s. Lorenz Germ. 31, 137 f. —: es werde nämlich erzählt, dass Ermanarich den Theodorich, seinen Neffen, wie man sage, den Sohn Dietmars, auf Antreiben des Odoacer, der ebenfalls als sein Neffe bezeichnet werde, aus Verona vertrieben und bei Attila als Flüchtling zu weilen gezwungen habe *(quod Ermenricus ..... Theodericum Dietmari filium, patruelem suum, ut dicunt, instimulante Odoacare, item, ut aiunt, patruele suo, de Verona pulsum apud Attilam Hunorum regem exulare coegerit)*, während doch der Historiker [Jordanes] erzähle, dass Ermanarich zur Zeit des Valentinian und Valens regiert habe, von zwei Brüdern Sarus und Ammius, wol denselben, welche das Volk Sarelo und Hamidiech nenne *(quos conicimus eos fuisse, qui vulgariter Sarelo et Hamidiech dicuntur)*, verwundet worden und infolge dieser Verwundung sowie aus Schmerz über den Einfall der Hunnen gestorben sei, Attila aber viel später gelebt habe; worauf noch weitere Polemik gegen die vulgaris opinio folgt (die Stelle ist ausgehoben HS. Nr. 23). Ekkehard kennt also die volkstümliche Tradition, nicht aus der Würzburger Chronik (deren Worte er polemisierend fast wörtlich anführt), sondern unmittelbar, wie seine allgemeinen Auslassungen über die Lieder und seine Bemerkung über Sarelo und Hamidiech beweisen. Beachtenswert ist, dass er im Gegensatze zu der Quedl. Chronik und den Würzb. Ann. nur von diesen beiden spricht, dagegen von einer Teilnahme Odoacers oder überhaupt eines dritten am Morde nichts weiss. Man könnte darin eine stillschweigende Korrektur der Dreiheit der Brüder in der Volkssage auf Grund von Jordanes vermuten (Heinzel, Ostgot. HS. S. 3), aber die Tendenz der Stelle schliesst ein solches Verfahren aus; Ekkehard legt es ja gerade darauf an, zu zeigen, wie unwahr die Volkssage sei, zusammengehalten mit den „wahren“ Berichten des Jordanes, und hätte sich die Gelegenheit zu weiterer Exemplification hier gewiss nicht entgehen lassen, wenn die volkstümliche Tradition, die er kannte, gegen Jordanes Angabe noch einen dritten Teilnehmer genannt hätte; der Volksgesang nannte also offenbar nur die beiden von ihm identificierten Brüder. Dass die Würzburger Chronik noch einen dritten nannte, liess er auf sich beruhen, da er eben aus eigener Kenntnis der Volkssage wusste, dass diese nichts von dem dritten Bruder berichtete; der Irrtum, die Erfindung oder als was sonst er die Angabe der Chronik angesehen haben mag, interessierte ihn dann weiter nicht, da er zu seiner Polemik gegen die lebende Volkssage keinen Stoff bot.

Als deutsche Zeugnisse haben bisher gegolten die Notizen zur Ermanarichsage in den Quedlinburger Annalen und in der Würzburger Chronik; nach der scharfsinnigen Untersuchung Edward Schroeders („Die Heldensage in den Jahrbüchern von Quedlinburg", ZfdA.41, S.24.) wären sie als angelsächsische Zeugnisse aufzufassen[1]. Beide enthalten folgende Nachrichten zur Ermanarichsage (Text nach Q. [Mon. Germ. Hist. Script. 3, S. 31] Abweichungen von W. [M. G. H. Scr. 6, S. 23] in Klammern): *Eo tempore Ermanricus* [*Ermenricus*] *super omnes Gothos regnavit, astutior* [add. *omnibus;* richtig!] *in dolo, largior in dono; qui post mortem Friderici unici filii sui* [*f. s. u.*], *sua perpetrata* [*perpetratam;* richtig] *voluntate, patrueles suos Embricam et Fritlam* [*Frithlam*] *patibulo suspendit. Theodoricum similiter patruelem suum instimulante Odoacro patruele suo de Verona pulsum apud Attilam exulare coegit.* — — *Ermanrici regis* [*Ermenricus rex*] *Gothorum a fratribus Hemido* [*Hamido*] *et Serila* [*Sarilo*] *et Adaccaro* [*Odoacro*], *quorum patrem interfecerat, amputatis manibus et pedibus turpiter, uti* [*ut*] *dignus erat, occisio* [*occisus est*]. Wir erfahren also daraus, dass Ermanarich nach dem Tode seines einzigen Sohnes Friedrich, der mit Willen des Vaters erfolgte, seine Neffen Embrica und Fritla aufhängen liess. Ebenso vertreibt er seinen Neffen Theodorich aus Verona, wozu ihn sein Neffe (oder besser Vetter? Der Chronist gebraucht *patruelis* hier ebenso wie bei Theodorich und den Harlungen, wo in beiden Fällen die Heldensage Ermanarich als Oheim auffasst) Odoacer anstachelt, und zwingt ihn, bei Attila als Flüchtling zu weilen. Von den Brüdern Hemidus, Serila und Adaccar, deren Vater er getötet hat, werden ihm Hände und Füsse abgehauen, was seinen Tod herbeiführt.

---

[1] Der Aufsatz erschien in dem ersten Hefte des 41. Bandes, das am 18. Nov. 1896 ausgegeben und Anfang December mir in die Hände gelangt ist. Ich habe darnach in meiner schon fertigen Reinschrift an den einschlägigen Stellen, soweit es notwendig schien, geändert.

Beide Stellen können nicht unabhängig von einander sein; nach Lorenz (Germ. 31, 137 ff.) schreibt W (aus der ersten Hälfte des 11. Jhds.) aus Q (dessen betreffende Partie aus den 90er Jahren des 10. Jhds. stammt) ab; nach Schroeder aber wäre von beiden die gleiche Quelle, ein interpolierter Text von Bedas Weltchronik, welcher diese Partie enthielt, ausgeschrieben worden; von einem Angelsachsen — vermutlich des 9. Jhds. — müssten die Glosseme und Interpolationen herrühren, wie die ags. Ausgänge auf *-a*, die Syncope in Fritla und vielleicht die Schreibung Adaccar beweisen (allerdings wären auch auf sächsisch-continentalem Sprachgebiet diese Erscheinungen nicht unerklärlich, wie Schr. selbst bemerkt)[1]. Die Ausnutzung dieser Bedahds. wird von Schroeder dem Verfasser der betreffenden Partie (994—1016) der Q. A., nicht dem spätern Copisten zugeschrieben, eine Datierung und Auffassung, die also chronologisch mit Lorenz übereinstimmt. Die Nachricht dagegen, dass Theodorich den besiegten Odoacer geschont und ihm als Aufenthaltsort die Gegend beim Zusammenfluss der Saale und Elbe angewiesen habe, kommt auf Rechnung des Quedl. Annalisten. So schwerwiegend die scharfsinnigen Argumente Schroeders sind, so kann ich gewisse Bedenken doch nicht ganz unterdrücken. Dass Odoacer in der Rolle als dritter der rächenden Brüder keiner Sage, sondern einer gelehrten Combination entspringt, scheint klar zu sein; er wird am Morde teilhaft gedacht, weil er zwischen Ermanarich und Theodorich in Italien geherrscht hat (Heinzel, Ostgot. HS S. 3. 4; vgl. auch Lorenz a. a. O.). An sich könnte diese Combination auch der ags. Interpolator vorgenommen haben. Aber während für Deutschland diese Einmischung leicht begreiflich ist, da Odoacer der deutschen Sage (Hildebrandslied) bekannt ist und da er auch in der Nähe Quedlinburgs von einer Localsage localisiert war (oder zum mindesten der Name des Dorfes Ôtiherslêf den Annalisten dazu führen konnte, dieses Motiv zu erfinden, wie Lorenz a. a. O. meint), fehlt jeder Anhalt zu dieser Sagenerfindung in England, wo Odoacer als Held der Dietrichsage allen Zeugnissen unbekannt ist. Bei einem Verfasser in Deutschland ist also diese Combination jedenfalls nur eine Ver-

[1] Die teilweise Latinisierung der Namen müsste darnach schon von diesem ags. Interpolator Bedas vorgenommen worden sein, da sie sonst nicht gleichmässig in Q und W eingeführt worden sein könnte.

bindung zweier Sagen; bei einem Angelsachsen in England wäre das die Einführung einer nur historisch bekannten Persönlichkeit in eine Sage, ein Sprung, zu dem der Anlass unerfindbar ist. Die Brüder Hamadeo und Sarilo sind den epischen Zeugnissen der Ags. ganz fremd, und auch der ags. Namenbestand ergibt (s. Binz, Beitr. XX 209), dass ersterer ganz fehlt, letzterer nur in der fränkischen Form vorkommt; für Deutschland dagegen bezeugt Ekkehart v. Aura die Kenntnis der Sage und der Namen. Embrica und Fritla sind zwar den Ags. gut bekannt, aber auch die deutschen Zeugnisse beweisen Kenntnis der Namen in der deutschen Sage. Wie kam endlich ein Angelsachse dazu, von Dietrich von Bern zu sprechen? Die ags. Zeugnisse wissen jedenfalls nichts von dieser Verbindung, und ihre Kenntnis von Dietrich ist in höchstem Grade dürftig; die ags. Namen schweigen davon völlig (Binz a. a. O. 214). Und anderseits sind die Formen auf *-a* und die Syncope auch auf continentalem Gebiete nichts unerhörtes, und die anglofriesische Endung auf *-a* kann der Quedl. Annalist gerade in der Nähe des Quedlinburger Klosters aus volkstümlicher continentaler Tradition übernommen haben, da die Merseburger Glossen noch im 10. Jhd. das Fortleben der anglischen Sprache an der Bode und Unstrut bezeugen (Bremer, Beitr. 9, 519 ff.). Die auf deutschem Boden erhaltenen Nachrichten stimmen auf das beste mit dem deutschen, auch anderwärts bezeugten Sagenbestande, während ihr angelsächsischer Ursprung uns ein Rätsel bieten würde, der Interpolator müsste denn aus deutscher Sage geschöpft haben, was dann stoffgeschichtlich den Wert der Zeugnisse für die deutsche Sagengestalt nicht verringert[1]. Endlich, wer sagt uns, dass diese Interpolation der Bedahandschrift in England vorgenommen worden ist? Die Formen dieser Stelle nicht, denn sie sind nicht exclusiv angelsächsisch, und wenn an andern Stellen *Bletla* und *Amulung Theoderic* auf das Angelsächsische weisen (und ebenso vielleicht der Satz *omnes Franci Hugones*, obwohl mir dies nicht sicher scheint), so wird man bei der Art der Überlieferung doch nicht unbedingt schliessen

---

[1] Schroeders Nachweis, dass der Würzburger Chronist den Bedatext unabhängig von den Quedl. Ann. benutzt habe, ist gewiss vollkommen zutreffend. Die theoretisch vorhandene Möglichkeit, dass daneben auch die Q. A. benutzt worden sind, muss darnach ausser Acht bleiben; jedenfalls bedürfte sie nunmehr nach Schroeders Aufsatz erst des Beweises durch eine quellenkritische Untersuchung der ganzen Texte von Seiten unserer deutschen Historiker.

dürfen, dass alle sagenhistorischen Stellen gleich zu beurteilen sind: jene mögen einer von einem Angelsachsen interpolierten Bedahandschrift (bzw. die Form *Bletla* Beda selbst) zuzuschreiben sein, aber dieselbe Recension kann jene weiteren Einschübe auch in Deutschland erfahren haben, wo ja (Schroeder S. 30) zahlreiche Handschriften verbreitet waren. Ob also ein deutscher Interpolator diese Einschübe in einen Bedatext, der schon jene andern ags. Interpolationen enthielt, gebracht hat, und aus diesem sowol Q als W unabhängig geschöpft haben — was nach Schroeders Nachweisen anzunehmen ist —, oder ob der Verfasser der Einschübe des Bedatextes ein in Deutschland lebender Angelsachse war, der für jene Stellen aus Erinnerung an heimische Volkssage, für die Ermanarich- (Odoacer- Dietrich- Hamidus- und Serila-) Stellen aus Kenntnis der in Deutschland vernommenen Volkssage schöpfte, — die stoffgeschichtliche Beurteilung der Stelle bleibt gleich. Sie ist nur aus deutscher Sage erklärlich und kann nur als Zeugnis für diese gelten[1].

B. Die angelsächsischen Zeugnisse sind sehr dürftig, genügen aber, Kenntnis einiger der wichtigsten Sagenfiguren bei den Angelsachsen zu erweisen. Im Wídsíđ sind, teils um die Person Eormanrîcs vereinigt, teils unter Helden anderer Sagenkreise verteilt, eine Reihe hervorragender Helden der Ermanarichsage genannt: Freoþerîc, gewiss sein Sohn Friedrich, die Herelingas Emerca und Frîdla; seine Gemahlin, nach den Angaben des Liedes die Schwester Alboins, heisst Ealhhild; sie vertritt offenbar (Heinzel, Hervararsaga S. 102 f.) die Svanhild der Sage, wenn auch nur in dem Sinne, dass das ags. Verhältnis Eormanrîc-Ealhhild einem älteren Eormanrîc-Svanhild[2] nachgebildet ist. Ferner erscheint ein Becca (identisch mit dem Bikki der nord. Zeugnisse, dem bösen Ratgeber, der obd. Sibich genannt wird); den ebenfalls angeführten Namen Sifeca[3], der bisher allgemein auf Sibich bezogen worden ist, deutet Binz in sehr ansprechender Weise als Sifka, die Geliebte Heiđreks, des Heaþorîc des Wídsíđ, also eine Figur eines anderen

---

[1] Dieses Zeugnis bezeichne ich im folgenden als QW, womit die gemeinsame Quelle von Q und W, also die aus deutscher Sage geschöpfte in Deutschland vorgenommene Interpolation der Ermanarich-Stellen in einen Bedatext gemeint ist, die übrigens vielleicht von zwei verschiedenen Individuen herrührt.

[2] Der Name *Swanhild* im Ags. erst spät bezeugt: s. Binz, a. a. O. 209.

[3] Dagegen ist *Seofeca* in einem Ortsnamen erhalten: s. Binz, a. a. O. 208.

Sagenkreises (Beitr. 20, 207). Auch Wudga und Hâma erscheinen als Helden Eormanrîcs in Wídsíđ, Dietrich dagegen wird nicht genannt. Dass der Dichter alle diese Personen als lebend anführt, ist natürlich kein Beweis, dass er die Sage von dem Ende der Harlungen nicht gekannt hätte; er wählte, um seinen Zweck, Katalogisierung der Helden nach dem Modell, dass der Sänger Wídsíđ sie kennen lernt, zu erreichen, seinen chronologischen Standpunkt so, dass der Besuch des Sängers vor die Ereignisse der Sage fällt. Wenn er Eormanrîc gleich zu Anfang als wrâđ wǣrloga, den bösen Treuebrecher bezeichnet, so setzt das notwendig Kenntnis der Sagen voraus, aus denen sich diese Bezeichnung ergibt. Wenn Bojunga, Beitr. 16, 548, meint, der Kern des Wídsíđ setze noch die ungetrübte gotische Auffassung Ermanarichs als eines kunstsinnigen und freigebigen, erhabenen Fürsten voraus, die Eingangsverse mit seiner Verurteilung aber seien eine aus dem Geiste der späteren Sage herausgesprochene Interpolation, so kann das — auch wenn die Interpolationstheorie richtig wäre — doch im Hinblick auf das oben erwähnte Princip des Dichters kaum gefolgert werden, zumal die Verdunkelung des Charakters Ermanarichs eben auf der Verbindung mit der Harlungensage beruht (s. u.), die von Wídsíđ bereits vorausgesetzt wird.

Auch Beowulf setzt die Verbindung der Sage von den Harlungen mit Ermanrich voraus, denn Eormanrîc erscheint als der Besitzer des Brôsingamene, des mythischen Harlungenschatzes, einerlei, ob die dunkle Stelle besagt, dass Heime ihm, oder für ihn den Schatz geraubt habe. Trotz aller interpretatorischen Schwierigkeiten scheint mir die letztere Auffassung aus sagenhistorischen Gründen die wahrscheinlichste: wie in D. Fl. Ribstein, in der sächs. Sage (s. unten) Widga der Helfer Ermanrichs gegen die Harlungen ist, so könnte vielleicht die ags. Sage Heime in dieser Rolle gekannt haben; aber dem Dichter scheint die Sage schon ganz unklar gewesen zu sein, und es ist jedenfalls nicht zu erweisen, dass seine Worte so gemeint sind[1].

[1] Fasst man *Eormenrîces* v. 1202 als nachgesetzten, von *byrhtan byriȝ* in poetischer Syntax versprengten abhängigen Genitiv, *searonîđas fleâh* als selbständigen Satz — er entging der [bei dem Unternehmen] drohenden Gefahr — so wäre der Sinn der Worte im Einklang mit der vermuteten Sagenform. Doch ist bei der Vieldeutigkeit der ganzen Stelle nicht viel damit anzufangen. Von allen vorgeschlagenen Interpretationen scheint mir jedenfalls die Bugges, Beitr. 12, 72, der darin

Endlich erwähnt auch Deôrs Klage Ermanarich als einen gefürchteten Gotenherscher; wölfischer Sinn wird ihm zugeschrieben, der grimme König wird er genannt. Nach der nächsten Strofe scheint es, als ob er es gewesen sei, der Dietrich vertrieben habe, doch ist die Annahme eines Zusammenhanges dieser beiden Abschnitte ganz unsicher; weiteres erfahren wir nicht. Über Namen aus der Ermanarichsage in England s. Binz, aaO. S. 207 ff.; sie bereichern unsere Kenntnis vor allem durch den in ihnen gelegenen Nachweis, dass auch Eckehard den Angelsachsen bekannt gewesen sein dürfte.

C. Spätere epische deutsche Zeugnisse.

In QW sind drei (bzw. vier[1]) Sagenelemente überliefert, zu denen die älteren Zeugnisse weitere Belege bieten. α) Der mit Willen und Wissen Ermanarichs erfolgte Tod seines einzigen Sohnes Friedrich; β) die Erhängung zweier Neffen Embrica und Fritla — [darauf die Vertreibung Dietrichs auf den Rat Odoacers] —, γ) die tötliche Verstümmelung Ermanarichs durch die zwei [drei] Brüder Hamidus und Serila [und Addacar, gewiss identisch mit dem bösen Ratgeber Odoacer] als Rache für die Tötung ihres Vaters durch Ermanarich. Dass für die beiden Vorgänge α und β Odoacer ebenfalls der Anstifter gewesen ist, wird nicht gesagt; nach dem Zeugnisse Flodoards hat jedoch die Sage alle Frevelthaten Ermanarichs gegen sein Geschlecht einem bösen Ratgeber zugeschrieben, und das Schweigen von QW, wo nur bei Dietrich der Ränke Odoacers Erwähnung getan wird, ist darnach durch besondere Umstände begründet (s. u.). Wenigstens schreibt die mhd. Dichtung Sibich, dessen Rolle Odoacer vertritt, die Anstiftung mehr oder weniger aller Frevelthaten Ermanarichs zu, und schon zu Anf. d. 11. Jhds. begegnet der Name in Deutschland in typischer Auffassung; perfidus Sibicho wird ein Speirer Bischof (1039—1054) genannt (Müllenhoff, Z. E. XVI; ZE XXV; MSD[3], II 308; Hertz, Deutsche Sage im Elsass S. 229).

Die poetischen Denkmäler — nebst den prosaischen Ableitungen in ThS. und Anhang z. HB. — gewähren nur zu den

den Moniage Heimes, den die ThS. erzählt, findet, die unwahrscheinlichste, denn das Motiv des Moniage ist bestimmt erst aus der französischen Literatur in der deutschen bekannt und nachgeahmt worden: s. Rajna, Origini dell' Epopea francese 446, Heinzel, Ostgot. HS. S. 80. 87.

[1] Die Beziehungen zu Theodorich werden bei der Dietrichsage behandelt.

beiden ersten dieser drei Typen Belege, während vom dritten nur mehr schwache Nachklänge nachzuweisen sind. Die Belege folgen hier in kurzer Übersicht: Einzelheiten, soweit sie für die Geschichte der Sage von Belang sind, finden später ausführlichere Besprechung.

α) Nach 'Dietrichs Flucht' 2457 ff. hat Ermanrich einen Sohn Friedrich, den er in heimtückischer Weise in das Wilzenland sendet — wo derselbe, wie der Dichter deutlich sagen will, den Tod findet; direkt erzählt wird aber nichts, weil der Verf. das Ereignis erst als zukünftiges betrachtet, da in seinem Gedichte Friedrich an den Kämpfen gegen Dietrich teilnimmt, somit das Ereignis, entgegen der Reihenfolge in QW, erst nach der Vertreibung Dietrichs, der auch hier die Ermordung der Harlunge vorangeht, stattfindet (HS. Nr. 83, S. 208). — Ausführlicheres weiss die Thidrekssaga (c. 276 ff.) zu berichten. Der Ratgeber des Königs, Sifka, dessen Gattin Ermanrich während seiner Abwesenheit entehrt, bringt aus Rache den König durch hinterlistige Intriguen dazu, sich selbst aller Verwandten zu berauben; die Reihenfolge der einzelnen Sagenakte ist wie in QW. Ermanrich hat drei Söhne, Friedrich, Reginbald, Samson; letzterer wird als der jüngste bezeichnet, und da Friedrich das Epitheton *drengilegr* erhält, das ihn gewiss als den gereiftesten, mannhaftesten bezeichnen soll, so wird die Reihenfolge auch zugleich das Alter andeuten. Zuerst rät Sifka, Friedrich mit geringem Gefolge — wie es für einen friedlichen Gesandten passe — in das Wilzenland zu senden, um vom Wilzenkönig Osantrix Schatzung zu fordern. [Die schwed. Übs. spricht von einer Entsendung nach Schweden.] Heimlich stiftet Sifka den Jarl, in dessen Burg Friedrich einkehren soll, dazu an, Friedrich zu töten; der Königssohn und seine Begleiter werden daraufhin vom Jarl und seinen Mannen angefallen und alle erschlagen. Darauf wird, wieder auf Sifkas Rat, Reginbald [Regbald S] mit grösserem Gefolge vom Vater nach England geschickt, um dort Schatzung zu verlangen. Sifka gibt ihm ein altes Schiff, das bei einem Sturme auf der Seefahrt untergeht. Den dritten Sohn, Samson, verläumdet Sifka bei einem Jagdausfluge des Königs beim Vater, dass er Sifkas Tochter habe Gewalt anthun wollen. Ermanrich reitet im Zorne auf Samson zu, und zerrt ihn so heftig am Haare, dass er vom Pferde stürzt und unter die Hufe von Ermanrichs Ross gerät, das ihn zertritt; bei der Heimkehr von dieser unglücklichen Jagd kommt gerade die Botschaft vom Untergange Reginbalds an und versenkt Ermanrich in tiefen Gram, da er nun alle drei Söhne verloren hat.

Entgegen dem ausdrücklichen Zeugnis von QW und dem des Gedichtes von Dietrichs Flucht ist Ermanrich hier unwissend leidendes Opfer von Sibichs Ränken. Weder Reginbald noch Samson begegnen in andern Quellen. — Der Anhang zum HB. legt Ermanrich zwei Söhne bei, aber kennt weder ihre Namen, noch erwähnt er ihr Schicksal.

β) Den sagengemässen Collectivnamen des Bruderpaares, das Ermanarich aufhängen lässt, welchen QW nicht kennt, haben Chron. Ursp., Geneal. Viperti, und vor allem das Volksepos bewahrt: es sind die Harlungen, die schon im Wídsíð begegnen. Kenntnis dieser Sage zeigt sich schon in sehr alten Localisationen, so in Herilungoburc und Herilungovelt bei Bechlarn a. 832. 853. (ZA. XXX, 221); ein Harlungberg an der Havel in Brandenburg a. 1166 (HS. S. 457); Eckehard v. Aura (HS. Nr. 23) weiss, dass die Burg Breisach ehemals den Harelungi gehört haben soll *(quod fertur olim fuisse illorum, qui Harelungi dicebantur)* [1].

In der Genealogie des Grafen Wiprecht von Groitsch (HS. Nr. 35[b]; aus dem 12. Jhd.) erscheinen Emelricus, Vridelo und Herlibo, welche man die Harlungi nennt, als Ermanrichs [„Emelricus"] Neffen. Ihr Vater ist Herlibo Brandeburgensis — offenbar also war die Harlungensage in Brandenburg lokalisiert, vgl. den Harlungenberg an der Havel, — und die Aufnahme in die Genealogie erklärt sich wol daraus, dass Wiperts, des berühmten Gründers des Klosters Pegau, Stammgüter in der Altmark lagen; Groitsch erwarb er erst durch Tausch. Auffällig ist die Dreizahl; sie findet aber ihre Bestätigung in Dietrichs Flucht (HS. S. 207 ff.): Ermanrichs Bruder Diether hat drei Söhne, die Harlunge; sie werden nach des Vaters Tode von Eckehart erzogen. Ermanrich lockt sie zu sich, indem er ihnen zu einer Verhandlung einen Tag setzt, erhängt die Schuldlosen, und nimmt ihr Land und ihren grossen Hort, der Harlunge golt (7857), in Besitz. Beteiligt war an dem Verrat

[1] Über sonstige Localisationen, Erwähnungen des Namens Harlungen und ähnl. Beleg-Material, das nur zur Bestätigung der aus den oben im Texte erwähnten Zeugnissen gewonnenen und für die Entwicklungsgeschichte der Sage in Betracht kommenden Daten dient, vgl. HS, Register, s. v. Harlungen; Hertz, Deutsche Sage im Elsass S. 221.

ein Mann Ermanrichs, namens Ribstein, der vermutlich die falsche Vorladung brachte; denn neben Sibich tritt er (2567) unmittelbar nach dem Tode der Harlungen als intriguanter Ratgeber gegen Dietrich auf, und als Eckehart ihn nach der letzten Schlacht fängt, spricht er: „Nun habe ich einen von den rechten gefangen, du hast mir[1] meine Herren, die getreuen Harlungen, abgewonnen (geraubt), und sollst dafür hangen, und keinen ungetreuen Rat wirst du mehr raten", und erschlägt ihn mit dem Schwerte trotz seiner Bitte, Lösegeld zu nehmen. In der Rabenschlacht (vgl. Alpharts Tod, wo Sibich vor Eckehart flieht) aber ist es Sibich, der von Eckehart gefangen wird, welcher ihm den Galgen in Aussicht stellt und jubelt „wol mir, nun sind meine Herren gerächt!" Str. 864. Es ist also offenbar Ribstein eine Art Parallelfigur zu Sibich (vgl. Martin DHB II, XL). Die Namen der drei Harlunge nennt der Dichter nicht, wie ja die Collectivbezeichnung auch sonst den Dichtern bzw. der Sage meist genügt hat: im Rosengarten D Str. 63. 82. F III 13. 16 werden nur die Harlunge, die jungen Harlunge, auch als Kinder bezeichnet, genannt; Eckehart ist ihr Pfleger, Dietrich nennt sie *mînes vetern kint*. Ebenso weiss der Anh. zum HB (HS. Nr. 134, 5 und 13) nur von den zwei jungen Herlingen (Harlinge), den Söhnen Harlings, des Bruders Ermentrichs, zu erzählen, die aus dem Breisgau stammen und deren Pfleger der *getrü Eckart* war; Ermentrich schickt auf den Rat Sibichs in Abwesenheit Eckeharts nach ihnen und lässt sie erhängen; Sibichs böser Rat wird auch hier (wie in ThS.) als Rache für Ermanrichs Frevel gegen Sibichs Frau aufgefasst (hier der erste Racheact, da der Anh. z. HB von einer Tötung des bzw. der Söhne Ermanrichs nichts weiss). Es scheint fast, als ob dieses Stillschweigen über die Namen, insbesonders in den späteren Quellen, auf Nichtwissen beruhe, indem der ständige Gebrauch des Collectivums allmählig die Eigennamen der Vergessenheit anheim fallen liess; denn (abgesehen von der niederdeutschen Tradition) ausser den angeführten älteren Zeugnissen in QW und Gen. Vip. ist es nur der Dichter des Biterolf, zu Anfang des 13. Jhds., also nicht viel später als die Genealogia Viperti, — auch sonst ein ausgezeichneter Kenner der Heldensage und

[1] *dû gewunne mir mîn herren an, die getriuwen Harlungen* (ed. Martin, 9822, 23). So ist natürlich (nach Martins Ausgabe) zu lesen; die von Grimm HS (S. 208) benutzte und angeführte Lesart der HS. A verschlechtert den Sinn.

reich an Wissen über die Details der Sage (DHB I, XXIV) — der noch die Namen weiss und anführt (HS. Nr. 45, 4 f., S. 157). Der echten Sage entsprechend nennt er *die zwên künige junge;* sie heissen Frîtele und Imbrecke, *die küenen Harlunge*, aus Harlunge lant. Wir lernen hier auch eine Reihe von Helden aus ihrer Umgebung kennen, ausser dem berühmten Eckehart, dem Sohn des Hâche, lauter Namen, deren Stellung zur Harlungensage ganz unbekannt ist: seinen Vetter Wahsmuot, gleich ihm Regentages des Alten Neffen, ferner einen Herdegen und einen Rimstein[1]; der Name erscheint auch in der ThS., vom Verfasser nicht mehr in Verbindung mit den Harlungen gekannt, doch s. u.; mit Rimstein wird vielleicht der Rumstân des Wídsíð, der unter Ermanarichs Helden erscheint, identisch sein (HS. 462, Rassm. II, 459, Hertz a. a. O. 220).

Einen ausführlicheren Bericht über die Harlungen bringt die ThS. (c. 281—83) und nennt auch ihre Namen, doch in seltsamer Verschiebung. Es sind die Aurlunge Egarð [Eggarð AB, Eggerd S) und Aki (c. 281), die Söhne von Erminreks Bruder Aki Aurlungentrost (c. 13), der auf der Burg Fritila sass (so A; Fertila B, später, c. 269, correct; Fritilia, Fritalea S). Ihr Pfleger ist (nach des Vaters Tode) Fritila (Fritilia S). Hier sind die Namen Eckehart und Hâche (Vater Eck.'s: Bit., Wolfdietr. D, IX 212) als Namen der Harlunge aufgefasst, der Pfleger aber hat den echten Namen des einen Harlungen erhalten; der andere ist vergessen. Der zweite Racheakt Sifkas gegen Ermanrich besteht nun darin, dass er durch seine Frau die Aurlunge bei der Königin verläumden lässt, sie hätten gedroht, die Königin zu schänden. Ermanrich droht, sie zu erhängen; ihr Pfleger Fritila, der das mit angehört hat, eilt davon, um sie zu warnen. Ermanrich zieht vor ihre Burg, Trelinnborg am Rheine [so M; „eine Holzburg" (*treborg*) A, „Turmburg" *turnborg* B; auch S nennt weder die Burg noch den Flussnamen], belagert sie, die Aurlunge wehren sich, als aber das Kastell in Brand gesetzt wird, machen sie einen Ausfall, werden dabei gefangen und auf Befehl Ermanrichs erhängt.

Nach einer der Thidrekssaga eigenen Sagencontamination ist Widga der Stiefvater der Harlunge. Diese Begebenheiten

[1] HS. a. a. O. wird auch von einem Rabestein gesprochen; aber die Ausgabe im DHB I verbessert mit Recht in Rimstein, so dass in HS. die Abschnitte ε und ζ darnach zu berichtigen und zusammenzuziehen sind.

spielen in seiner Abwesenheit von der Burg. Als er heim kommt und das Geschehene erfährt, reitet er zu Dietrich v. Bern, um sich Rat bei ihm zu erholen (Dietrich vermittelt eine Verständigung). Zweifellos steckt hierin eine nur anders gewendete und auf Witege übertragene Erinnerung an die Abwesenheit Eckeharts (wie in DFl und Anh. zu HB), der auch dann sofort zu Dietrich von Bern reitet (wie aus DFl indirekt hervorgeht, im Anh. z. HB direkt berichtet wird). — Die ganze Namenverschiebung zeigt, wie unklar dem Sagaschreiber die Verhältnisse erinnerlich waren, und namentlich die Vertretung Eckeharts durch Witege erscheint als vollkommenste Verwirrung der alten Sagenverhältnisse im Hinblick auf das Folgende. Wahrscheinlich birgt sich nämlich an einer anderen Stelle seiner grossen Compilation ein versprengter Rest der Harlungensage, ich meine die Rimsteinepisode c. 147 ff., deren Quelle bisher nicht nachgewiesen ist.

Ein Jarl Rimsteinn (so M und A [bis auf 1 mal Reimsteinn]; B Runnsteinn; S Runsten), von dem sonst nirgends die Rede ist, weigert sich, seinem Oberkönig Ermanrich die gewohnte Schatzung zu leisten. Ermanrich zieht sein Heer zusammen, ruft auch Dietrich zu Hilfe, der „mit all seinem besten Heer" kommt; Rimstein wird in seiner Burg Gerimsheim [Geringsheim A. Beringsheim B, Gerimshem S] belagert, und wird bei einer Recognoscierung, die einem geplanten Ausfall vorangeht, von Witege erschlagen. Ermanrich lässt darauf die Burg mit Wurfmaschinen und Wurffeuer angreifen, worauf die ihres Führers beraubten Krieger sich ergeben.

Das Hauptgewicht dieser Episode liegt im Zusammenhange der ThS. auf der tapferen That Witeges und dem Neide Heimes, der Witege durch den Vorwurf, es sei kein Heldenstreich gewesen einen hinfälligen Greis zu erschlagen, so erzürnt, dass er Heime zum Zweikampf fordert, der mit Mühe und Not von Dietrich verhindert wird. Dietrich persönlich spielt bei der Fehde gar keine Rolle und wird in diese Episode beim cyklischen Zusammenschluss — vielleicht erst vom Verfasser der ThS. — nur darum hineingezogen worden sein, weil Witege nach der Auffassung der ThS. als sein Kämpfer galt und darum Dietrichs Teilnahme an diesem Kriegszuge bei einer chronologisch-pragmatischen Sagenordnung notwendig erscheinen musste. Ebenso sonderbar und unmotiviert als die Teilnahme Dietrichs ist auch die Erzählung, dass Rimstein im hohen Alter sich plötzlich weigert, Schatzung zu leisten, ohne dass ein Grund dazu angegeben wäre, und dass der mächtige König Ermanarich mit einem Heere von 60 000 Mannen selbst ins Feld rückt und noch dazu Dietrichs Heer zu Hilfe ruft, alles das wegen eines kleinen unbotmässigen Vasallen — während derselbe Erm. nach der ThS. (c. 278) gar nicht daran denkt, einen Krieg zu unternehmen, als ihm in ähnlicher Angelegenheit (Verweigerung der Schatzung von Seite des Wilzenkönigs) sogar sein Sohn erschlagen wird. Die Motivierung der Feindschaft zwischen Ermanrich und Rimstein, die der Sagaschreiber gibt, ist ein dürftiger und kläglicher Notbehelf zur Erklärung von Thatsachen, deren Zusammenhang ihm verloren gegangen oder unbewusst war. Rimstein erscheint in Bit. in Beziehung zu den Harlungen (vielleicht ist auch Rumstâns Verhältnis so aufzufassen), und gerade die ThS. erzählt, abweichend von sonstigen Traditionen, dass die Harlungen von Ermanrich in einer Burg belagert werden, als sie sich nicht halten können, einen Ausfall unternehmen und dabei gefangen und darauf erhängt werden — s. o. Von einem Ausfall ist auch in der Rimsteinepisode die Rede. Es scheint mir daher sehr wahrscheinlich, dass nach einer Sagenform Rimstein, der Held der Harlunge — sein hohes Alter passt sehr wol zu seiner Stellung als Schützling der Kinder — bei der Belagerung der Harlungenburg durch Ermanrichs Heer — von Witeges Hand, wenn dies nicht spätere Verwirrung ist — seinen Tod fand, vielleicht beim Ausfalle der Harlungen, vielleicht vorher bei einer Recognoscierung wie hier. Merkwürdig genug weisen die Lokale beider Berichte nach derselben Richtung. Trelinnburg am Rheine stellt Holthausen zu Trechtlingshausen im Kreise St. Goar, und Gerimsheim mit Hyltén-Cavallius zu Gernsheim am Rheine in Hessen Kreis Bensheim, also etwa 2 Tagereisen südlich von Trelinnburg — wenn nicht gar in *ein treborg* Trebur(g) steckt, im Kreise Gross-Gerau, unweit des Rheines, schon zu Karls d. Gr. Zeiten als königliche Pfalz bezeugt, was Gernsheim noch viel näher liegt. Beide Orte, Trelinborg oder Treburg wie Gerimsheim, müssen dem Sagaschreiber von seinen deutschen Gewährsmännern zugekommen sein — denn wie käme er sonst zur Kenntnis deutscher Ortsnamen — und es scheint somit hierin der Grund zur Verdunkelung des Sachverhaltes zu liegen: Sächsische Parallellieder oder Sagen werden die Harlungensage bald in Trelinnburg, bald in Gerimsheim localisiert haben, und war, wie es scheint, in der Trelinnburgfassung, die dem Harlungenbericht der ThS. zu Grunde liegt, Rimstein nicht genannt, während die Gerimsheimvariante ihn nannte, so konnte, vielleicht schon in der sächsischen Sage, vielleicht auch erst beim Sagaschreiber, zumal wenn er die letztere Variante nur trümmerhaft in Liedfragmenten kennen lernte, leicht die Vorstellung entstehen, dass es sich hier um zwei verschiedene Ereignisse handle.

γ) Ermanarichs Ermordung ist im allgemeinen ganz vergessen; an drei Stellen aber hat sich die Tradition erhalten. Im Anh. z. HB. wird gesagt, dass Eckhard den Kaiser Ermanrich erschlagen habe [HS Nr. 134, 5] und zwar, wie es scheint, ziemlich unmittelbar nach der Ermordung der Harlunge (*vnnd do kam ein keyser. Der hiess keyser Ermentrich. Derselbe hieng die harlinge. Dem selben Eckart wurdent empfolhen die jungen herlinge darnach schlug er keyser Ermentrich tzu tode*), zusammengehalten mit der späteren Stelle (HS. S. 333[3]), wo Eckhart sofort nach der Frevelthat Ermanrichs zu Dietrich reitet und mit ihm in des Kaisers Land einfällt. (Der weitere Verlauf ist dann wieder von der Dietrichsage beeinflusst, indem der Kaiser und Sibich entkommen, und in weiterem Kriege Ermanrich die Helden Dietrichs fängt, gegen deren Freigebung Dietrich das Land räumt). Agricola in den Sprichwörtern berichtet dieselbe Thatsache ebenfalls als Rache für die Tötung der Harlunge, sagt aber, dass Eckhart mit anderer Helden Hülfe Ermenrich erwürgte. Grimm HS. S. 327 vermutet, dass Agricola aus dem Anh. z. HB. geschöpft hat; aber die abweichende Todesart und die Hilfe anderer Helden bei der Ermordung Ermanarichs konnte er nicht im A z. HB. finden, und man wird hierin eine selbständige Variante sehen müssen, umsomehr, als die Tötung Ermanrichs durch ein Unternehmen mehrerer Helden sich auch in einem dritten Zeugnis wiederfindet, in dem niederdeutschen Liede von Koninc Ermenrîkes dôt, nach welchem Dietrich selbzwölft Ermenrich in seiner Burg angreift und ihn erschlägt; Eckehart wird unter den Helden nicht genannt, es wäre denn, dass er wirklich hinter dem „Hardenacke mit dem barde“ der Str. 17 verborgen sei, wie J. Grimm, doch selbst mit Recht zweifelnd, vermutete (Goedekes Ausgabe S. 6). Wie jung auch das Eintreten Dietrichs bzw. Eckeharts in diese Sagenform ist, die ursprünglich zu der Suanhildsage gehört —, die drei Stellen sind doch wichtig als

Zeugen für das sporadische Fortleben der Vorstellung, dass Ermanrich sein Leben durch Ermordung verlor, welche sonst der mhd. Dichtung ganz abhanden gekommen ist — entweder wird über Ermanrichs Tod nichts näheres berichtet, oder er stirbt an unheilbarer Krankheit wie in D. Fl. und auch ThS. — und sich nur abseits erhalten hat, wie es scheint ausschliesslich in Niederdeutschland, woher indirect oder direct die Kenntnis der zwei anderen Zeugnisse stammen wird. Kenntnis niederdeutscher Sage zeigt der Anh. z. HB. ja auch in der Wielandsage, und ferner deuten auch die zwei Söhne Ermenrichs, von denen der Anh. berichtet, auf die jüngere niederdeutsche Mehrheit (ThS.) gegenüber der ältern Vorstellung von einem Sohne in der obd. Dichtung (s. o.), ebenso die Motivierung von Sibichs Treulosigkeit, die nur in ThS. und einem dänischen Ausläufer ndd. Lieder (s. u.) bezeugt ist. In Niederdeutschland, wo nicht wie in Oberdeutschland durch grosse epische Gedichte Ordnung und pragmatischer Zusammenhang in die Sagen und Lieder gebracht worden ist, welche dort nur in der mündlichen Überlieferung lebten, ist das Fortleben verschiedener episodischer Sagenreste, die sich einer Einreihung nicht fügten, um vieles begreiflicher, und ebenso kann bei der viel mehr in Einzellieder zerfallenden niederdeutschen Sagenbehandlung, der natürlichen Form blos mündlicher Tradition, viel eher das alte Sagenmotiv von Ermanrichs Ermordung für die Harlungensage in Anspruch genommen worden sein, indem ein Lied ohne Rücksicht auf die Dietrichsage vom Tode der Harlungen und der bald darauf folgenden Rache Eckeharts dichtete, während das in einem oberdeutschen epischen Gedichte nicht leicht möglich gewesen wäre. Wenn der Anh. z. HB. Eckehart mit Dietrich in Ermanarichs Land rachesuchend einbrechen lässt, und vorher schon erzählt hat, Eckehart habe die Harlungen durch die Ermordung Ermanarichs gerächt, so steht er damit auf dem Boden eines niederdeutschen episodischen Harlungenliedes; dass Ermanarich doch entkommt, zeigt das Abbiegen der eigentlichen Pointe zu Gunsten des grossen epischen Zusammenhanges, dem er, aus anderen Quellen schöpfend, in seinem weiteren Berichte folgt. — Auf ein wichtiges Zeugnis für die Version des nd. Liedes von Ermanarichs Tod hat Svend Grundtvig (DgF. I 124) aufmerksam gemacht: eine dänische Kämpevise (Nr. 8) erzählt von dem Einbruch Dietrichs mit anderen Helden in die Burg Isungs, der mit allen seinen Mannen niedergemacht wird. Da dieser Einfall in die Burg und der Tod der Isungen durch Dietrich und seine Helden der echten Dietrich-Isungsage fremd ist (s. u.), darf man daraus (mit Grundtvig) schliessen, dass auf die Umwandlung das Modell der Sage von Ermanarichs Ende in seiner Burg durch Dietrich von Einfluss gewesen ist.

---

3. Die Nordgermanischen Sagendenkmäler.

Die Kunde für die nordische Gestalt der Erm.-Sage fliesst aus der erhaltenen nordischen Literatur sehr reichlich, denn abgesehen von Kenningen bei Skalden, welche Kenntnis der Sage vom Tode des Sörli und Hamđir bezeugen (s. J. Grimm ZA. III 154, Bugge ZPh. VII, 392), besitzen wir nicht weniger als 6 Darstellungen[1], und zwar in Brages Ragnarsdrápa (R), aus der ersten Hälfte des 9. Jhds.[2], norwegisch; die Eddalieder Hamđismál (H) aus der ersten Hälfte des 10. Jhds., norwegisch (F. Jónsson, Lt. hist. I. 320), und Guđrúnarhvǫt (G), und zwar das Lied (das aber kein einheitliches Ganzes ist) selbst (G), um das Jahr 1000 herum entstanden, isländisch (s. F. Jónsson a. a. O. 316, wo jedoch grönländischer Ursprung angenommen wird), und die Eingangsprosa des isl. Sammlers vom Ende des 12. Jhds. (s. Jónsson Lt. 116) (g); den Bericht des dänischen Historikers Saxo Grammaticus, um 1200 (S); die Erzählung der isländischen Snorra-Edda (in ihrer überarbeiteten Gestalt), 13. Jhd. (Sn); und den betreffenden Abschnitt der Vǫlsungasaga, um 1260, vermutlich in Norwegen entstanden (V). Die Aufschlüsse, die R und G geben, sind leider unvollkommen, bei R infolge der kurzen blos anspielenden Darstellung (Brage schildert die Bildwerke eines Schildes, den er von Ragnarr bekommen hat), in G, weil das Gedicht die Sage nur soweit berührt, als sie für das specielle Thema des Liedes in Betracht kommt[3].

---

[1] Dazu kommt noch die Anspielung in Sig. III, 62—64, von der hier abgesehen werden kann, da sie nichts neues beibringt.

[2] Die Einwände Bugges gegen die Echtheit derselben [Bidrag til den ældste Skaldedigtnings Historie 1894] sind von mehr als einer Seite zurückgewiesen worden: Gering, ZfdPh. 28, 111 ff., Kahle, Ltbl. f. germ. und rom. Phil. 1895, und am ausführlichsten von Jónsson, Aarböger f. nord. Oldk. 1895, 271 ff.

[3] Da es manchen Benutzern des Buches erwünscht sein dürfte, dieses wichtige Denkmal hier bequem zugänglich zu haben, werden die betreffenden Strophen der Ragnarsdrápa mitgeteilt; sowol die Textconstitution als die Prosaauflösung und

Was das literarhistorische Verhältnis der nordischen Quellen zu einander betrifft, so scheinen R und H ganz unabhängig

Übersetzung rührt von Finnur Jónsson her, der auf meine Bitte diesen Beitrag für vorliegendes Buch zu liefern die Güte hatte. Ausführliche Übersicht über die Textbehandlung und Erklärung seitens der verschiedenen Herausgeber und Kritiker bietet Gerings Ausgabe: Kvæþabrot Braga ens gamla (Halle 1886) S. 16 ff.

Knátti eđr viđ illan
Jǫrmunrekkr at vakna
međ dreyrfáar dróttir
draum í sverđa flaumi.
Rósta varđ í ranni
Randvés hǫfuđniđja,
þás hrafnbláir hefndu
harma Erps of barmar.

Jǫrmunrekkr knátti eđr at vakna međ dreyrfáar dróttir viđ illan draum í sverđa flaumi. Rósta varđ í ranni hǫfuđniđja Randvés, þás hrafnbláir of barmar Erps hefndu harma.

Weiter [sc. kann man auf dem Schilde sehen] erwachte Jormunrekk mit seinen blutbesprengten Scharen wie von einem schlimmen [Unheilverkündenden] Traum mitten im Klirren der Schwerter. Es entbrannte der Kampf im Hause der Ahnen Randves, als die rabenschwarzen Brüder von Erp ihren Schmerz rächten.

Flaut of set, viđ sveita
sóknar alfs, í* golfi
hræva dǫgg, þars** hǫggnar
hendr sem fœtr of kendusk**;
fell í blóđi blandinn**
brunn ǫlskála*** (runna
þat 's á Leifa landa
laufi fátt) at hǫfđi.

Hræva dǫgg flaut of set í golfi, þars hendr sem fœtr sóknar alfs of kendusk hǫggnar viđ sveita; fell at hǫfđi í blóđi blandinn brunn ǫlskála; þat es fátt á Leifa landa runna laufi.

Der Leichentau [das Blut] goss sich aus über die Bänke im Saal, wo die Arme wie die Beine des Kampfalfs wurden abgehauen mit [d. h. in] dem Blute gesehen; er [der Kampfalf, Jörmunrekkr] stürzte kopfüber in den blutgemischten Strom der Bierschalen [das Bier]. Es ist gemalt auf dem Blatte der Bäume des Landes Leifes [Leife, ein Seekönig, dessen Land: die See; der Baum der See: das Schiff; endlich ist das Blatt des Schiffes — wegen der äusseren ähnlichen Form — der Schild].

þar, svát gerđu gyrđan
golthǫlkvis sá fylkis,
segls naglfara siglur
saums andvanar standa;
urđu snemst ok Sǫrli
samráđa þeir Hamđir
hǫrđum herđimýlum
Hergauts vinu barđir.

* Conj. für hdschrl. *á*. ** So die Hs. leß *** Bugges Emendation [skall leß].

von einander zu sein; Bugge (Tillæg 441; ZPh. VII 384. 391. Bidrag til den ældste Skaldedigtnings Historie S. 41 ff) hat zu erweisen gesucht, dass H bzw. ein Vorstadium von H in R benutzt sei, aber ebensogut könnte das Verhältnis umgekehrt aufgefasst werden (s. Jónsson Ark. VI 153, Aarb. 1896, 325). Die Indicien sind zu geringfügig, um den Schluss einer Abhängigkeit zu gestatten (Ranisch, Zur Kritik und Metrik der Hamþismál, Berlin 1888, S. 16). Wenn ein Zusammenhang vorliegt, so kann er nur darin bestehen, dass die betr. Strophe (23) in H durch R formell beeinflusst worden ist; aber die einzige Quelle

---

þar standa naglfara segls siglur, saums andvanar, svát gerðu gyrðan golfhǫlkvis sá fylkis; þeir Hamðir ok Sǫrli urðu snemst barðir samráða hǫrðum herðimýlum Hergauts vinu.

Dort [sc. auf dem Schilde] stehen die nagellosen [*saumr* coll.] Mastbäume der Segel des Schwertes [die Segel des Schwertes = die Schilde; die Mastbäume der Schilde = die Krieger], so dass sie das Bett [eig. das Gefäss des Bodenpferdes = des Hauses] des Fürsten umschlossen. Hamdir und Sǫrle wurden flugs nach gemeinsamen Entschluss mit den rauhen harten Kugeln der Freundin Hergauts [die Freundin Odins = die Erde; deren Kugeln = die Steine] geschlagen.

Mjǫk lét stála stekkvir
styðja Gjúka niðja
flaums, þás fjǫrvi næma*
fogl-hildar* mun vildu,
ok bláserkjar* birkis
bǫllfǫgr gǫtu allir
ennihǫgg ok eggjar
Jónakrs sonum launa.

Stekkvir stála flaums lét styðja Gjúka niðja mjǫk, þás vildu næma foglhildar [= Svan-hildar] mun fiǫrvi, ok allir [vildu] launa sonum Jónakrs bǫllfǫgr ennihǫgg ok bláserkjar birkis eggjar gǫtu.

Der Beweger des Stahl-stromes [Kampfes] liess die Nachkommen Gjukes nachdrücklich schlagen, die den Geliebten der Svanhild [s. Jormunrekk] töten wollten, und alle wollten den Söhnen Jonakrs die schön runden Stirnhiebe und Wunden [eig. den Weg der Schwerter; bláserkr 'Schwarzrock' = die 'Brünne', deren 'Stange' = das Schwert] bezahlen.

þat sék fall á fǫgrum
flotna randar botni.
Ræs gáfumk reiðar mána
Ragnarr ok fjǫld sagna.

þat fall flotna sék á fǫgrum randar botni. Ragnarr gáfumk Ræs reiðar mána ok fjǫld sagna.

Den undergang der Recken sehe ich auf dem schönen Boden des Ringes [Schilde; der Ring war ein bemalter runder Streif]. Ragnar gab mir den Mond des Wagens Ræs [des Seekönigs, d. i. des Schiffes; das ganze: der Schild] und viele Sagen-darstellungen [darauf].

* So leß.

für H kann R nicht gewesen sein, da die Angaben von R über grosse Partien und zahlreiche Details der Sage keinen Aufschluss geben. G kennt H und ist in directem Anschluss daran gedichtet, und als Einleitung dazu gedacht; die Angaben der Prosa sind aus Tradition geschöpft. V benutzt G und hat H entweder nur fragmentarisch gekannt oder ein jüngeres Gedicht gleichen Inhalts benutzt, das in unserer Überlieferung teilweise mit den alten Hamđismál verbunden ist, so dass V stellenweise mit H, wie es vorliegt, übereinstimmt (s. Jónsson Lt. 316)[1]. Sn. kennt R, das aber doch nicht seine einzige Quelle gewesen sein kann; daneben mufs er aus der Tradition geschöpft haben, ebenso wie der Verf. der Vǫls. Saga neben g G und einem jüngeren H.-liede volkstümliche Tradition benutzt (Bugge, ZPh. VII 382; Sijmons, Beitr. III 246). Aus dänischer volkstümlicher Tradition schöpft Saxo. Sn und V sind von einander gegenseitig unabhängig, ebenso Saxo und Snorre; dagegen steht V in einem nahen Verhältnis zur dänischen Sage, der Saxo gefolgt ist (s. unten). Die Tradition, aus der die einzelnen Quellen zu verschiedenen Zeiten schöpften, kann nicht überall gleich gelautet haben und auch ihre Form war verschieden[2].

Bei der synoptischen Übersicht des Inhaltes dieser Quellen empfiehlt es sich, Saxo wegen seiner tiefgehenden Abweichungen bei Seite zu lassen und ihn für sich zu betrachten; nur gelegentlich wird eine vorausgreifende Rücksichtnahme auf ihn schon hier von Nutzen sein.

1) Sämtliche Quellen (nur Saxo weiss davon nichts, zum

[1] Erwähnt werden muss noch die Spur eines von den erhaltenen Strophen der Hamđirlieder abweichenden Liedes (bzw. einer abweichenden Strophe) die Bugge scharfsinnig nachgewiesen hat (Arkiv I 14 ff.; Eddaausg. 429. ZfdPh. VII 389), der Atlakviđa Str. 14 als Lehngut aus einem Gedichte über Hamdir und Sörli erklärt, daher die „Berge der Rosomonen“ [?] (Rosmofjǫll), daher die Leute des Bikki (bei Atli!). F. Jónsson, Lt. 302 Anm. 1 schliesst sich in Bezug auf Z. 3. 4. 7. 8 Bugges Ansicht an. Mindestens in Bezug auf Bikki kann die Sache kaum anders liegen. Die gleiche Situation — 2 Brüder Gunnar-Högni und Sörli-Hamdir kommen zu ihrem Schwager (Atli und Jormunrek) in die Burg, wo sie den Tod finden — und die Namengleichheit, bzw. Identität zweier Personen der beiden Sagenkreise (Erp und Gudrun) erklären leicht die Möglichkeit einer beabsichtigten oder blos durch unbewusste Associationsvorgänge herbeigeführten Übernahme der Strophe.

[2] Dass die mündlich umlaufende Volkssage in Dänemark, Norwegen und Island aus H entsprungen sein sollte, wie Ranisch a. a. O. zu erweisen sucht, ist eine unberechtigte und unbewiesene Hypothese; die Tradition, aus der R und H schöpften, kann doch durch die Existenz von H nicht abgeschnitten worden sein.

mindesten nicht direct) setzen die Verbindung der Ermanarich-Svanhild-Sage mit der Nibelungensage voraus, derart dass die Gudrun der Nibelungensage als Mutter der rächenden Brüder, als Gattin ihres Vaters Jónakr gilt, — dass auch R diese Vorstellung voraussetzt, beweist die Bezeichnung der Brüder als „Nachkommen Gjúkis“ — und Svanhild als ihre Tochter aus der Ehe mit Sigurd; letzteres wird in R nicht ausdrücklich gesagt, ist aber unbedenklich anzunehmen. In R heisst Svanhild mit einer skaldischen Umschreibung Foglhild (*fogl* für *svan(r)* s. Finnur Jónsson, Kritiske Studier over en del af de ældste norske og islandske Skjaldekvad, Koph. 1884 S. 11); Ermanarich wird als Gatte Svanhilds, „Wonne der Foglhild“ („*Foglhildar munr*“) bezeichnet[1]. Drei Söhne Jónakrs und Gudruns werden genannt, Hamđir, Sörli und Erpr (alle drei Namen begegnen auch in R). Erp wird in H. ausdrücklich Bastard (hornungr), von fremder Mutter abstammend (inn sundrmœđri) genannt, und spottend *iarpscamr* (so im diplomatarischen Abdruck), „brauner“ oder „dunkler Knirps“, gescholten. Es lässt sich nicht erschliessen, ob R die Unechtheit kennt oder nicht; Hamđir und Sörli werden die rabenschwarzen (hrafnbláir) Brüder Erps genannt. Soll damit ein Gegensatz zu Erp ausgedrückt sein und ein solcher nach der Meinung des Dichters auf verschiedener Abstammung beruhen? Nord. *jarpr*, ags. *eorp*, ahd. *erpf*, got. **aírps* in Erpamara i. e. *Aírpamarha [Grienberger, Beitr. XIX 528] heisst dunkelfarbig, fustus, braun, das etymologisch entsprechende *ὀρφνός* ebenfalls dunkelbraun s. Noreen, Urgerm. Lautlehre, S. 89. Nach der besonderen Nüancierung, die in „rabenschwarz“ liegt, scheint allerdings ein Gegensatz zur Bedeutung von Erp (*jarpr*), auch wenn man sich an das allgemeine „dunkel“ hält, gemeint zu sein; aber es bleibt unsicher, ob der Dichter wirklich damit einen Gegensatz der Abstammung habe ausdrücken wollen. Für die ursprüngliche Bedeutung dieser Namengebung in der Sage ist damit nichts bewiesen[2]. Die übrigen Quellen wissen nichts von einer verschiedenen Abstammung der Brüder. Nach Sn.

---

[1] Gering (Kvæþabrot Braga ens gamla) bezieht das auf die (Stief)brüder.

[2] Als Bezeichnung eines jugendlichen, noch nicht mannbaren Helden erklärt Kauffmann, Beitr. 18, 171 diese Namengebung, indem er darauf hinweist, dass die noch nicht in die Männergemeinschaft aufgenommenen Knaben bei den Griechen *σκότιοι* genannt worden sind.

sind alle drei Söhne Jónakrs und Gudruns und haben alle drei rabenschwarzes Haar wie die übrigen Niflunge. Snorre schöpft nun diese Farbenangabe allerdings wol aus R und legt sie den übrigen Niflungen nur auf Grund übertragender Folgerung bei, jedenfalls aber zeigt das, dass er den Ausdruck hrafnbláir Erps ofbarmar nicht so verstanden hat, als ob die Haarfarbe der Brüder von der Erps verschieden gewesen wäre. Auch g nennt ebenfalls alle drei als echte Sprossen dieser Ehe, ebenso V. Wo genealogische Aufzeichnung vorliegt[1], wird Erp immer an letzter Stelle genannt, als jüngster, ausser in g.

2) Der Rachezug Hamđirs und Sǫrlis geht von der Voraussetzung aus, dass Svanhild von Ermanarich getötet worden ist. Näheres darüber ist aus R nicht zu ersehen, doch ist aus der Nennung Randvérs sicher zu erschliessen, dass die Vorstellung des Dichters den Hauptzügen nach die gleiche gewesen ist wie in den übrigen nordischen Zeugnissen. In VSn. wird berichtet, Ermanarich habe seinen Sohn Randvér als Freiwerber um Svanhild geschickt; des Königs Ratgeber Bikki habe den Jüngling erst gereizt, Svanhild für sich zu gewinnen, und ihn dann bei Ermanarich verklagt. Der böse Rat Bikkis erfolgt in V auf der Heimfahrt Randvérs und Svanhilds zu Ermanarich; Bikki begleitet nach V nämlich Randvér auf seiner Freierfahrt; ob Sn. auch ganz dieselbe Vorstellung hat, ist nicht auszumachen, denn der Zeitpunkt der Anreizung ist nicht bestimmt ausgedrückt und von einer Mitsendung Bikkis ist nicht ausdrücklich die Rede. Mit Sicherheit aber darf man schliessen, dass g die Vorstellung hat, dass Bikki erst nach der Vermählung Svanhilds mit Ermanarich dem Randvér, von dessen Freiwerbung für Ermanarich hier nichts erzählt wird, den bösen Gedanken eingibt. Man müsste dem Verfasser der Prosa einen sehr confusen Stil zutrauen, wollte man seine Angaben in die Form von V pressen; zudem bezeugt die Übereinstimmung mit Saxo, dass es thatsächlich eine Form der Sage gab, wonach das angebliche oder wirkliche Vergehen des Sohnes erst am

---

[1] Sn. Sǫrli, Hamđir, Erpr; V. Hamđir, Sǫrli, Erpr, g jedoch Sǫrli, Erpr, Hamđir; so auch in einer Hs. der Sn-Edda (1eβ, Ed. AM II 574), doch nicht Beeinflussung von g durch Sn, wie Bugge, Norr.-Fornkv., XXXI annimmt [sondern umgekehrt: *Sijmons*]. — Von den zwei Brüdern Hamđir und Sǫrli scheint nach RHG(V) Hamđir der ältere zu sein, da er in GH zuerst das Wort ergreift und auch R ihn voranstellt; dass nach der poetischen Syntax „ok Sǫrli“ um einen Vers vor „þeir Hamþir“ zu stehen kommt, hat nichts zu bedeuten.

Hofe Ermanarichs nach dessen Hochzeit mit Svanhild vorfiel. Weiter berichten g Sn V, dass Randvér auf Befehl des Königs erhängt wird; nur Sn V, dass er vor seinem Tode seinem Habicht die Federn ausrupft und ihn seinem Vater sendet, der an dem Bilde des der Flugkraft beraubten Vogels erkennt, dass er sich und sein Reich selbst geschädigt hat; — nur V, dass Ermanarich noch das Todesurteil zurücknimmt, doch zu spät, da Bikkis Arglist schon bewirkt hat, dass Randvér bereits tot war; unter dieser Arglist Bikkis versteht der Verfasser der Vǫls. wol nur, dass Bikki aus Furcht, der König möchte das Todesurteil zurücknehmen, die Ausführung beschleunigt hat, schwerlich die Scheinvollstreckung, die Saxo mit ganz anderem Ausgange (der Sohn bleibt am Leben) erzählt. — Svanhild wird von Rossen zerstampft: und zwar auf dem Heerwege GH — während sie sitzt und ihre Haare bleicht (offenbar im Freien neben einem Gewässer) wird sie bei der Rückkehr des Königs von der Jagd von ihm und seinem Gefolge niedergeritten Sn: — im Burgthore, die Rosse wagen nicht sie zu zertreten, da sie die Augen aufschlägt; auf Bikkis Rat wird ihr darum ein Sack über den Kopf gezogen, worauf die Rosse ihr schrecklickes Werk vollziehen V. Aus GH ist ausser dem Tode der Svanhild nichts näheres über die Motivierung dieser That Ermanarichs zu entnehmen; doch wird in H ein Galgen erwähnt, an dem Hamðir und Sörli den „Sohn der Schwester“ hängen sehen, offenbar Randvér, den Stiefsohn Svanhilds[1].

3) Die Aussendung der Rächer. Als Gudrun die Unthat gehört hat, reizt sie ihre Söhne zur Rache auf (alle drei Sn; nur Hamðir und Sörli H V (G?) — dementsprechend machen sich auch alle drei auf den Weg (Sn), bzw. stösst Erp erst auf dem Wege zu den beiden anderen (HV). Sehr starke Abweichungen zeigen nun die Quellen in der Angabe der Ratschläge oder Mittel, die Gudrun ihren Söhnen zu dieser Fahrt gibt. In allen Darstellungen finden Hamðir und Sörli ihren Tod durch Steinigung; das setzt zur Erklärung ein besonderes Motiv voraus; mit der blossen Erklärung, dass die Brünnen den Waffen der Angreifer den natürlichen Widerstand boten, den Brünnen eben bieten sollen,

[1] Die unmögliche Deutung auf die Harlungen (sc. den Sohn der Schwester Ermanarichs, da Saxo gegen die deutsche Sage, welche die Harlungen als Brudersöhne des Königs bezeichnet, von Schwestersöhnen spricht), von denen die nordische Sage überhaupt nichts zu wissen scheint, die Bugge (trotz der Einzahl) in den Tillæg seiner Eddaausgabe vertrat, hat er selbst ZfdPh. VII 403 zurückgezogen.

reicht man nicht aus; denn dass man in Kämpfen darum zu Steinen griff, ist kein gewöhnlicher Zug und bei der ungeheueren Überzahl der Gegner gewiss überflüssig, wenn hier eine rein reale Kampfscene des gewöhnlichen Lebens geschildert werden soll. Zudem ist das Local — ein Gemach in der Burg Ermanarichs — keineswegs derart, dass es den Gebrauch von Steinen nahe legte oder selbstverständlich erscheinen lassen sollte, was ja auch deutlich daraus hervorgeht, dass die Steinigung erst auf besonderen Befehl Ermanarichs, in jüngeren Quellen sogar erst auf Befehl eines Gottes erfolgt. Ebenso wie das Ende Hamdirs und Sörlis, setzt auch ihr Unternehmen selbst ein besonderes die Umstände erklärendes Motiv voraus. Die ungeheuerlichen Übertreibungen der deutschen Spielmannsdichtung, der nordischen späteren Sagas, wo ein einzelner gleich mit ganzen Heeren kämpft, sind der einfachen alten Heldendichtung vollständig fremd. Die zwei Brüder können den Zug gegen die wohl bewaffnete Burg Ermanarichs — selbst wenn die norweg. Dichter sich Ermanarich nur nach der Weise norwegischer Kleinfürsten von einer kleineren Mannenschaar umgeben dachten — doch nur unternehmen, wenn sie der menschlich offenkundigen Unmöglichkeit des Unternehmens auf übernatürliche Weise gewachsen sind[1]; bei rein menschlichen Verhältnissen lag es ja den nordischen Dichtern nahe genug, sie an der Spitze eines Heeres oder einer Gefolgsschaar von Mannen ihres Vaters zur Rache ausziehen zu lassen (wie Sigurds Rachezug gegen Lyngvi, Helgis Zug gegen Hoddbrodd u. a. m.). In R ist leider über diesen Punkt nichts direct gesagt. Nach der ausdrücklichen Angabe von V und Sn gibt Gudrun ihren Söhnen Rüstungen, die durch eiserne Waffen nicht verletzbar sind, und V bemerkt noch ausdrücklich, dass Gudrun die Rüstungen so hergerichtet hatte, d. h. also durch Zauber gefeit hatte, ein bekannter Zauberglaube. Dazu kommt noch in Sn der Rat, Ermanarich zur Nachtzeit zu überfallen, Hamdir und Sörli sollen die Arme und Beine, Erp den Kopf abschlagen; in V gibt ihnen Gudrun aus grossen Gefässen zu trinken[2], und warnt

---

[1] Es bedarf wol kaum der Bemerkung, dass die Todesahnung Hamdirs (in GHV) psychologisch damit nicht in Widerspruch steht, zumal doch nie ausser Acht gelassen werden darf, dass hier epische Ausführung des Dichters vorliegt, der natürlich von seinem Wissen über den Ausgang des Unternehmens beeinflusst ist.

[2] Soll das ihren Leib feien bzw. stärken, oder ist es mit Bugge (Eddaaus-

sie, keinen Stein noch andere grosse Dinge zu schädigen; ein Übertreten dieses Verbots würde ihnen zum Verderben gereichen, eine offenbare vaticinatio des Verfassers ex eventu. Eigentümliche Schwierigkeiten bietet H wegen der zweifelhaften Interpretation der dunklen Strophe 11 (Hildebrand, 22 Bugge)[1];

---

gabe) als Misverständnis aus G zu erklären, wo der Verfasser statt *kumbl* Str. 7, 3 *sumbl* gelesen oder gehört hatte?

[1] Die Strophe steht im cod. Reg. zwischen der übermütigen Antwort Jǫrmunreks auf die Ankündigung vom Nahen der Brüder und der Schilderung der in Folge des Angriffes entstehenden Verwirrung, und lautet nach der phototyp. Ausgabe: Hitt q*va*þ þa hroþ*r* glávþ ſtoþ vf hléþo*m* mefingr męl*ti* viđ mavg þeNa þ*vi*at þ*at* heita at hlyþigi myni mega tveir m*enn* ein*ir* x. hvndroþo*m* gotna binda eþa b*er*ia iborg iNi há. Wer ist der Sprechende? J. Grimms Vermutung, für hróþrglǫþ sei Hroptr glađr (Odin) zu setzen, ZA III 154, worin ihm Rassmann und Simrock folgen, ist unhaltbar. Nach der Kopenhagener Ausgabe der Edda ist es Ermanarichs Mutter, nach Egilsson seine Kebse. Finnur Magnússon denkt an Gudrun, die hier wie bei Saxo plötzlich anwesend sein soll, um mit ihren Zaubereien den Söhnen beizustehen und sie zu ermutigen. Auch Ranisch und Finnur Jónsson (Eddaausgabe und Lt. I 318) halten hróþrglǫþ für einen weiblichen Eigennamen, aber es ist doch wol wie męfingr, „die Schlankfingrige“ nur ein Epitheton ornans, „die Ruhmesfrohe“ und kann dann nur auf eine im Liede bereits bekannte und genannte Frau, also Gudrun gehen, wie schon FM., doch in anderem Zusammenhange geschlossen hat, und Bugge in den Tillæg weiter ausführt. Grundtvig und Bugge, Möbius und Gering stellen daher mit Recht die Strophe um, und lassen sie von Gudrun zu den ausziehenden Söhnen gesprochen sein. stóđ uf hléþom fasst Bugge ZPh. VII 398 als: sie stand über den (durch undurchdringliche Brünnen) geschützten (Andere stellen das Wort zu hleđi, Schiebethüre). mǫg þenna ist dann einer ihrer Söhne (nach anderer Auffassung Ermanrich). Die letzten vier Zeilen werden dann entsprechend den verschiedenen Auffassungen über die Person des Sprechenden und des Angeredeten verschieden ausgelegt. Im Munde Gudruns, an ihre Söhne gerichtet, haben sie ohne jede Textänderung den vollkommen passenden Sinn: Zwei Männer allein können zehn hundert Goten binden oder erschlagen in der hohen Burg — offenbar eine Ermunterung oder feierliche Zusage —, nämlich, wenn beachtet wird, was Vers 5 und 6 besagt. Andere ändern den Text, um den Sinn zu bekommen, dass Ermanrichs Mutter oder Kebse die Aufforderung ausspricht, die zwei Brüder einzulassen: „es können ja zwei Männer allein nicht Tausend Goten erschlagen“, oder fassen es in gleichem Sinne als Frage („können denn . . . . . erschlagen?“) oder schlagen noch weitere Änderungen vor. — Die Bedingung nun, an die Gudruns Verheissung geknüpft ist, enthalten offenbar die Verse 5 und 6, die dunkelsten der ganzen Strophe und das Object verschiedenster Conjecturen. Am annehmbarsten erscheinen mir die auf den gleichen Sinn hinauslaufenden Auslegungen Bugges (ZfPh. VII) und Gerings (Eddaübs.), der den Gedanken mit „Gefahr droht nimmer, fechtet ihr schweigend“ wiedergibt. — Eine weitere Doppelheit der Auffassung ist ferner bei Strophe 26 herrschend, dem Vorwurfe des einen der Brüder (Sǫrlis nach überzeugender Conjectur, Hamđis nach dem cod. Reg.) gegen den anderen, er habe Unheil gestiftet, indem er „diesen Schlauch löste“ d. h. den Mund zum Reden kommen liess, — Jǫrmunreks Mund, deuten u. a. Bugge und Ranisch,

Str. 25 spricht von den unverletzlichen Rüstungen der Brüder; hält man Str. 11 mit 26 zusammen, so scheint sich daraus zu ergeben, dass die Unverletzlichkeit der Rüstungen auf dem Gebote, schweigend zu fechten, beruht; dass Hamđir dieses Gebot übertreten und damit den Untergang herbeigeführt hat, wird ihm Str. 26 von Sörli vorgeworfen. Diese Form des Zaubers ist eine Variante des Motivs der „Totnennung“ (Dødenævnelse) — so z. B. erhält der bis dahin unverwundbare Ribold in der bekannten Ballade DgF. Nr. 82 in dem Augenblicke die Todeswunde, als ihn gegen sein Verbot Guldborg anruft — einer speciell germanischen Form des allgemeinen Typus von der magischen Macht des Namens, wonach durch Nennung des Namens die Macht eines Zaubers, eines Dämons oder Gottes zu Ende ist (so endet die Verwandlung in einen Werwolf in dem Augenblick, wo man ihn beim Namen anruft und ähnl. mehr); es genügt hier auf Kr. Nyrop, Navnets magt, Abschnitt IV und V, zu verweisen. Es muss dahingestellt bleiben, ob in der Aufhebung des schützendes Zauberbannes durch blosses Brechen des Schweigens, wie es hier vorzuliegen scheint, eine durch Zerrüttung des überlieferten Textes entstandene Entstellung des Typus vorliegt — man sollte nach Analogie der anderen Belege erwarten, dass Ermanarich Hamđir und Sörli mit Namen anruft und dadurch den Bann bricht — oder eine selbständige Variante; auch eigenes Brechen des Schweigens bei einem zauberhaften Unternehmen ist übrigens nach volkstümlichem Zauberglauben ein Grund des Mislingens.

4) Die Tötung Erps, die allen Quellen (ausser Saxo) gemeinsam ist (auch R setzt dieselbe voraus, da von den drei Brüdern nur die zwei Hamđir und Sǫrli zu Ermanarich kommen; gG kommt nicht dazu, diesen Teil der Sage zu berühren), wird in H Sn V durch einen Streit motiviert, in den die Brüder geraten und zwar auf der Fahrt zu Ermanarich — über s. Teilname daran s. oben unter Nr. 3. Hamđir und Sǫrli fragen Erp, welche Hilfe sie von ihm zu erwarten haben würden, er antwortet, er wolle ihnen helfen wie die Hand der Hand, der

den eigenen, also Bruch des Schweigens, erklärt u. a. Finnur Jónsson, wie mir scheint mit Recht; die weitere Annahme, dass Hamđir offenbar in Übermut oder Unvorsichtigkeit verraten habe, dass nur Steine ihnen den Tod bringen können, (s. seine Eddaausgabe II 132, Lt 319), ist nach dem oben gesagten nicht notwendig.

Fuss dem Fuss: H[1] V — wie die Hand dem Fusse: Sn. Diese Antwort befriedigt sie nicht: — daher töten sie ihn V; — weil sie noch ob der Vorwürfe ihrer Mutter zornig sind, und sie durch den Verlust Erps den sie am meisten liebt, empfindlich strafen wollen Sn — daher kommt es zu gegenseitigen Vorwürfen und sie schelten Erp Bastard, alle drei greifen zu den Waffen und Erp fällt H. — In H knüpft der Dichter hieran die Bemerkung, dass sie damit ihre Macht um ein Drittel minderten; — bei Sn ausführlicher: Sǫrli strauchelt später auf dem Wege und stützt sich auf die Hand, da spricht er: jetzt half die Hand dem Fusse, besser wäre es doch, wenn Erp noch lebte; — in V strauchelt erst Hamđir und stützt sich auf die Hand, dann Sǫrli und stemmt sich mit dem anderen Fuss, und beide knüpfen daran die Reflexion, dass Erp wahr gesprochen habe. Auch später ist allen drei Darstellungen gemeinsam, dass Hamđir sagt: wenn Erp noch lebte, wäre auch das Haupt Ermanarichs jetzt ab, und zwar in H, nachdem der verstümmelte Ermanarich den Befehl gegeben hat, sie zu steinigen — in Sn nachdem Ermanarich aus dem Schlafe erwacht ist und seine Leute angerufen hat; in V ist an ungeschickter Stelle das directe Citat aus H gleich nach der Verstümmelung Ermanarichs eingeschoben, wodurch die Motivierung von H und Sn ganz verloren geht. V fügt auch noch hinzu, dass sie sich gegen das Gebot der Mutter vergangen hatten, indem sie Steine beschädigt (d. h. mit dem Blute ihres Bruders besudelt s. Bugge ZfPh. 7, 383) hatten.

5. Der Überfall (vgl. auch vorhin zu Nr. 3, Anm.) Nach H kommen die Brüder an dem Galgen vorbei an dem Randvér hing (s. oben S. 90); davon berichten die anderen Denkmäler nichts. Zur Nachtzeit, während Ermanarich schläft, findet der Überfall statt in R[2] und Sn [hier auch ausdrücklich als Gebot

[1] In der Rede Erps wird nur das Bild vom Fusse gebraucht nach cod. Reg., während das Bild von der Hand nur die Papierhandschriften zusetzen; in der Antwort der Brüder aber wird doch beides vorausgesetzt („wie könnte der Fuss dem Fusse helfen, wie die Hand der anderen?")

[2] Bugge hat wiederholt, neuestens in den Bidr. S. 41, behauptet, wenn E. schlafend überfallen werde, sei es ein Widerspruch, dass umgestürztes Bier bei der Schilderung der Verwirrung in der Halle beim Einbruch der Rächer erwähnt werde. Die Berechtigung dieses Einwandes ist nicht einzusehen; Detter verweist auf FAS. I 13. 14. Beow. v. 767 ff. als analoge Scenen (Ark. f. n. F. 12, 208). Zum Einschlafen der Mannen beim Gelage in der Zechhalle vgl. auch Saxo lib. III p. 95

der Mutter erwähnt]; aus V ist für diese Frage nichts zu entnehmen, in H erwartet sie der trunkene König übermütig beim Gelage. Sie schlagen ihm Füsse und Hände (oder Arme und Beine?) ab R H Sn V. Da Waffen ihnen nichts anhaben, befiehlt Ermanarich[1] (— so R H Sn) [— Odin (als einäugiger alter Wanderer) in V, auch Saxo so —] sie zu steinigen[2].

Bei Saxo ist die Ermanarichsage in die dänische Urzeit verlegt, und Ermanarich mittels erfundener vorn und hinten angesetzter Glieder in die mythisch-heroische altdänische Kö-

---

ed. Holder: *ut . . . intra regiam quieti se traderent eundemque convivii et lecti locum haberent*; ebenso Skáldsk. c. 42: flest fólk sofnaði þar sem sat.

[1] stála stǫkkvir R, inn reginkunngi (von göttlicher Herkunft: Gislason Aarböger 1881, 209, 210; F. Jónsson, Edda, Note zur Stelle; Gering, Glossar 2. Anfl.) baldr í brynjo H, beides offenbar auf Ermanarich gehend; mit Namen nennt ihn Sn. Die Beziehung des Ausdrucks in H auf Odin, die nach Grundtvigs Auslegung u. a. auch Rassmann vertritt, ist nicht haltbar.

[2] Zusammenfassende Übersicht der wichtigsten Varianten. Mit Ø ist bezeichnet, dass die Darstellungen diese Partie überhaupt nicht berühren; Saxo ist (soweit sich sein Bericht mit der norwegisch isländischen Sage deckt) mit einbezogen.

a) Randvers und Svanhilds Liebesverhältnis entsteht auf der Fahrt zu Ermanarich **V**, nach der Hochzeit **gS**; **Sn** unbestimmt [**RH** : Ø].

b) Randvér sendet seinem Vater vor dem Tode den Habicht **Sn V** (bei **S** rauft sich der Habicht selbst die Federn aus) (**V** mit dem Zusatz, dass der Vater den Befehl zurücknimmt doch zu spät, **S** ebenso, der Sohn wird gerettet); in **g** fehlt die Habichtgeschichte, doch vielleicht nur infolge der Kürze der Erzählung. [**RH** : Ø].

c) Svanhild wird auf der Wiese überritten **Sn**; Ermanrich lässt sie von Rossen zerstampfen **HGSV** und zwar *α*) auf dem Heerweg **HG** *β*) im Burgthor **V**. Das Motiv vom Verhüllen des Kopfes nur **V**, doch auch in **S** Umwenden des Gesichtes [**R**Ø].

d) Erp Bastard: nur **H**.

e) Alle drei Söhne werden von Gudrun zur Rache gereizt und ziehen miteinander aus: nur **Sn**, sonst nur Hamdir und Sörli, Erpr gesellt sich erst auf der Fahrt zu **HVG** (?) [**R**Ø].

f) Gudrun gibt ihren Söhnen unverletzliche Rüstungen **R** [erschliessbar], **H** (**G**?) **Sn**.; ausdrücklich zauberhaft **V** (vgl. **S**) — und rät schweigend zu fechten **H**, zur Nachtzeit Ermanarich zu überfallen **Sn**, keine Steine zu schädigen **V** [**RG** : Ø].

g) Erp sagt, er werde helfen wie die Hand dem Fuss **Sn**, wie die Hand der Hand, der Fuss dem Fuss **HV**. Gegenseitige Schelten **H**. — Grimm über Erps Bevorzugung durch die Mutter **Sn**. — Tod Erps **H Sn V**. — Bewahrheitung von Erps Spruch an Sǫrli **Sn**, an beiden **V** [**RG** : Ø].

h) Hamðir und Sörli erblicken Randvér am Galgen: nur **H**.

i) Überfall Ermanarichs während des Schlafes **R Sn** — beim Gelage **H**. (**V**? **G**Ø).

k) Ermanarich befiehlt sie zu steinigen **RHSn** — Odin **VS** [**G** : Ø].

nigsreihe zwischen Omund und Snio eingesetzt worden. Ihm voran geht sein fabelhafter Vater Sivard, ihm folgen sein Sohn Broder und diesem ein Sivald, Vater des Snio; über den rein fabulosen Charakter dieser Genealogie s. Müller, Anm. zur Ausgabe 413, 1, 415, 2, Notae uberiores 235 ff. Der Sagenstoff, den Saxo dänischer — nicht isländischer — Tradition entnahm, ist willkürlich historisiert und durch Modellierung nach Vorgängen des 11. und 12. Jhds., den Nationalkriegen zwischen Wenden und Dänen, politisch gefärbt (über die Quelle dieser dänischen Tradition s. weiter unten) s. Olrik, Sakse II 252 ff. — Saxo erzählt, dass Sivard mit den Slaven viele Kämpfe zu bestehen hatte; sein Sohn Jarmericus wird mit 2 Schwestern in früher Kindheit von diesen gefangen; die Schwestern werden, eine nach Norwegen, die andere nach Deutschland verkauft, er selbst kommt mit seinem Milchbruder Gunno in den Besitz des Slavenkönigs Ismar. Sivard fällt bald darauf in einer Schlacht gegen den Statthalter Simon von Schonen. — Jarmericus schwingt sich in der Gunst seines Herrn mit der Zeit bis zum Freunde und Ratgeber auf. Er benutzt eine günstige Gelegenheit, mit Gunno nach Plünderung der Schatzkammer zu entfliehen; dabei töten sie die Königin und zünden das Haus an, wo der König mit seinem Gefolge ein Gelage gefeiert hatte, so dass alle verbrennen; auch den nachsetzenden Verfolgern entrinnen sie glücklich[1]. In Dänemark hatte Budli, der Bruder Sivards, nach dessen Tode die Regierung übernommen; bei der Rückkehr Jarmeriks zwingen ihn die Dänen, seinem Neffen den Thron zu überlassen. Jarmerik bekriegt die Slaven und unterwirft sie — wiederholte Empörungen der Besiegten straft er grausam, indem er die Rädelsführer von wilden Stieren zu Tode schleifen,

[1] Die Flucht, bei der eine aus Weiden geflochtene menschenähnliche Puppe eine Saxo selbst nicht mehr recht verständliche Rolle spielt, ist, wie Axel Olrik überzeugend nachgewiesen hat, eine Nachbildung des Märchens von der Flucht eines Menschen aus der Gewalt von Dämonen, wobei der Held eine Zeit lang seine Flucht durch Hinterlassung einer sprechenden Puppe, eines redenden Blutstropfens o. ä. zu hehlen weiss; auch die Tötung der Königin in dem Augenblick, wo sie den Kopf zur Thüre heraussteckt, entspricht dem Motiv von der Tötung der Hexe (des Dämons): s. Olrik, Sakse II 252 ff. Vgl. auch andere Parallelen bei Elton-Powell, The first nine books of Saxo translated, S. XCIV—XCV. Der Einfall Müllers MHS 170, Jarmeriks und Gunnos Flucht sei eine Nachbildung der Flucht Walthers und Hildegundens [= Gunno!!], woran vorsichtiger als blosse Parallele Notæ uberiores S. 235 ff. erinnert wird, ist unhaltbar.

durch Rosse zerreissen lässt u. ä. m.[1] —, und besiegt die Kuren und Samländer. Auf einem steilen Felsen erbaut er sich eine Burg, in die er seine Schätze bringt[2]. Einmal kämpft er mit vier hellespontischen Brüdern[3], mit denen er aber Vertrag und Frieden schliesst gegen ihr Versprechen, ihm die Hälfte des Tributs, welchen sie den von ihnen besiegten auferlegen, sowie ihre Schwester Swavilda[4] zur Heirat zu geben. Bald darauf kommt Bicco, der Sohn des livischen Königs, der in der Gefangenschaft der Hellespontier gewesen war, zu Jarmerik. Um seine von Jarmerik erschlagenen Brüder zu rächen, benutzt er das Vertrauen, das der König ihm schenkt, diesen zu Gräuelthaten gegen seine eigene Familie anzustiften. — Die Söhne der nach Deutschland gekommenen Schwester Jarmeriks streben den dänischen Thron an, er zieht nach Deutschland, blockiert und zerstört ihre Burgen und gewinnt einen blutlosen Sieg; die Hellespontier bringen ihre Schwester, Jarmerik feiert seine Hochzeit, und zieht dann auf Biccos Rat nochmals nach Deutschland, nimmt seine Neffen gefangen und lässt sie erhängen. Nach seiner Rückkehr beschuldigt Bicco den Sohn Jarmeriks aus erster Ehe, Broderus, des Ehebruchs mit Swanhild. Ein einberufener Kronrat verurteilt ihn zur Verbannung, Bicco aber gibt sein Votum auf Tod durch Erhängen ab, rät jedoch, die Vollstreckung als Scheinurteil zu maskieren: Sklaven sollen unter die Füsse des Hängenden ein Brett halten; wenn sie ermüdeten

[1] Vgl. die historischen Grausamkeiten der Wenden gegen ihre Gefangenen (Schleifen an wilden Rossen, Steinigung, Abschlagen der Hände und Füsse) bei Adam v. Bremen III 49 ff., worauf Olrik a. a. O. verweist.

[2] Nach Chronicon Erici, Script. rerum Danicarum I 155, stand sie auf dem Fels Kullen in Schonen: Müllers Ausgabe 411, Note. Auf niederdeutsches Local der ndd.-dän. Sage weist die Nachricht in den Mirac. S. Bavonis, sæc. X., dass Ermanarich bei Gent seine Burg erbaut habe, ZE. XXXIV 1. Wo sich das alte Hamdir-Lied die Burg Ermanrichs dachte, ist natürlich unerschliessbar; nach einem der geistvollen, aber phantastischen Einfälle Vigfussons wäre — auf Grund einer Emendation, nicht des überlieferten Textes! — noch im Eddaliede die Erinnerung an das südrussische Reich Ermanarichs erhalten, da seine Burg als am Ufer des Dniepr befindlich genannt sei. (Sigfried-Arminius and other papers by Vigfusson and Powell, Oxford 1886, S. 37 ff. Place of the Hamtheowlay).

[3] Unmöglich ist die Beziehung dieser Hellespontier auf Hvenenser (HS. S. 47); es ist offenbar ein östlicher Volksstamm gemeint s. Munch bei Rassmann I 332. Die Benennung erklärt sich wol aus der Identificierung von Græci und Slavi. Vgl. auch Elton a. a. O. S. 40 Note.

[4] Swauilda, doch die Handschrift muss Swanilda gehabt haben; der Epitomator [Gheismer] hat noch richtig Swanilda, Munch-Rassmann I 332.

und die Arme sinken liessen, so würde Broderus den Tod finden, ohne dass auf den König der Schatten einer Grausamkeit gegen seinen Sohn fiele; Swanhild aber solle von Rosshufen zertreten werden: der König gibt dem seine Zustimmung. Die Rosse, welche Swanhild zertreten sollen, scheuen vor ihrer Schönheit: der König beginnt an ihrer Schuld zu zweifeln, doch Bicco erklärt, sie halte die Rosse durch Zauber zurück, und lässt sie mit dem Gesicht zur Erde legen, worauf sie ihren Tod findet. — Auch an Broder soll das Urteil vollzogen werden; doch sein Hund winselt, sein Habicht rauft sich selbst die Federn aus; darin erblickt der König ein Omen, das auf seine künftige Kinderlosigkeit deute, und lässt Broder vom Galgen abnehmen. Bicco, Broders Rache fürchtend, eilt zu den Hellespontiern, meldet ihnen den Tod Swanhilds und kommt dann wieder zu Jarmerik zurück, den er vor den Angreifern warnt; Jarmerik zieht sich in seine Burg zurück. Die Hellespontischen Brüder hatten unterwegs eine grosse Schaar ihrer Mannschaft, die bei der Teilung der Kriegsbeute Unterschleife begangen hatte und gegen die sie die Waffen richteten, verloren; sie nehmen darum ihre Zuflucht zur Hilfe einer Zauberin namens Guthruna. Diese blendet die Verteidiger des Schlosses[1], so dass sie gegeneinander wüten; die Hellespontier brechen in die Burg ein, doch Odin, der die Dänen väterlich liebt, erscheint, gibt ihnen das Gesicht wieder, und befiehlt, die Hellespontier, die gewohnt seien, ihre Leiber durch Zauberlieder gegen Waffen zu feien, zu steinigen[2]. So vernichten sich beide Parteien gegenseitig, Jarmeriks Rumpf wälzt sich der Arme und Beine beraubt unter den Toten. Broder wird sein Nachfolger.

Die Darstellung Saxos geht in grossen Zügen parallel mit der der norwegisch-isländischen Quellen. Gegenüber der bei Jordanes erscheinenden Sage sind alle skandinavischen Quellen darin einig, dass Svanhild Ermanarichs Gattin ist, dass ihr Tod — sie wird übrigens ebenfalls gegen Jordanes nicht von Rossen zerrissen, sondern zerstampft — die Strafe für einen wirklichen oder vermeintlichen Ehebruch mit ihrem Stiefsohn ist, welcher vom erzürnten Vater erhängt wird, und

---

[1] Vgl. bei Saxo (Holder S. 219) den Zauberer Witolf.

[2] Steinigung, doch wol aus keinem anderen Grunde als um den Tod schmerzlicher zu machen: Saxo, ed. H. 218 (Frothos V Gattin wird von Harald und Halfdan gesteinigt).

dass ein böser Ratgeber Bikki an Ermanarichs Seite erscheint; ob die Unverletzlichkeit der rächenden Brüder durch Waffen, ihr Tod durch Steinigung, und die Todesart Ermanarichs — wieder allen skandinavischen Quellen gemeinsam — ebenfalls wirkliche Abweichungen von der gotischen Sage sind, die Jordanes leider so kurz andeutet, ist nicht entscheidbar. Wie weit in allen diesen Motiven die nordische Sagengestalt mit der deutschen übereinstimmte, wie weit sie sich von ihr entfernte, wird weiter unten berührt werden; erst dabei kann das Verhältnis Saxos bzw. der von ihm benutzten dänischen Tratition zu den deutschen Überlieferungen einerseits, den nordischen anderseits, zu Austrag kommen.

4. Die Sage.

Die drei Hauptbestandteile der Ermanarichsage, die sich, in verschiedener Gestaltung, aus den Zeugnissen und Quellen ergeben, 1) die Tötung der Swanhild und die Rache ihrer Brüder, 2) der Tod eines Sohnes Ermanarichs, und 3) der Tod der Harlungen, sind nicht gleichmässig in allen drei ethnischen Quellengruppen überliefert. Die gotische Gruppe überliefert nur das erste Element, die skandinavische Gruppe nur die ersten zwei, und blos die deutsch-angelsächsische Gruppe alle drei. Dieser Stand der Überlieferung gibt von vornherein einen Fingerzeig für die Entwicklungsgeschichte der Sage.

Die älteste Überlieferung, die Sônhildsage, ist leider sowol ihrer Entstehung nach, wie zum Teile auch in ihrem Zusammenhange und Sinne, in tiefes Dunkel gehüllt. Mythische Erklärung ist wiederholt versucht worden, von Menzel und Simrock an bis zu den scharfsinnigen Hypothesen Müllenhoffs (ZA. XXX 217) und Rödigers (WZ. I 241); doch wo schon die Überlieferung so unklar und vieldeutig ist, können solche Versuche kaum einen nur einigermassen befriedigenden Grad von Wahrscheinlichkeit erreichen, und das Rätsel, dessen Lösung auch nach meiner Meinung eher auf mythischem als auf rein poetisch-sagenhaftem oder gar historischem Gebiete zu suchen ist, muss als noch ungelöst gelten. Jedenfalls kam die Sage, die Jordanes erzählt, den deutschen Stämmen von den Goten in Italien nicht als heroischer Mythos, sondern als menschlich-historisch verstandener Erzählungsstoff der Heldensage zu, und für die Entwicklungsgeschichte der deutschen und der daraus entsprungenen nordischen Sage ist der vor dem Eintritt der Sage auf deutsches Gebiet mutmasslich erfolgte Vorgang einer älteren mythischen Amalgamierung gleichgiltig.

Die Harlungensage hat Müllenhoff in seinem nachgelassenen Aufsatze über Frîja und den Halsbandmythus, ZA. XXX, der wie kaum ein anderer von seiner Hand auf eine Reihe von germanischen Mythen und Sagen neues Licht geworfen hat und der Mythologie ein reiches Feld nachprüfender, ergänzender und einschränkender Thätigkeit eröffnet, als einen altgermanischen Dioskurenmythus erwiesen: zwei junge übermütige Brüder sollen dem Himmelsgotte Irmintiu die Braut, die mit dem goldenen Brîsingamene geschmückte Sonnengöttin, als Brautführer bringen; pflichtvergessen wollen sie die Braut für sich gewinnen und werden dafür von dem erzürnten Gotte erhängt. Die Verbindung dieses Mythus — wol schon in heroisierter Form — mit der Ermanarichsage wird wol auf Grund der Namensähnlichkeit erfolgt sein, und zwar bei den Alemannen, ächten *Ziuwari;* im Gebiete der Alemannen, bei Breisach, haftet auch die Tradition am zähesten und längsten; das Brîsingamene, nach späterer vermenschlichender Form des heroisierten Mythus der Schatz der Harlungen, gab Anlass zu der Localisierung bei dem mons Brisiacus[1]; vom Breisachgau heisst es bei Eckehard von Aura (HS. S. 42[3]): *fertur olim fuisse illorum, qui Harelungi dicebantur*; vgl. Biterolf 4594 Harlungelant; weitere Zeugnisse dafür, dass die mhd. Sage die Harlunge im Breisgau localisierte, s. bei Hertz, Deutsche Sage im Els. S. 223 ff.; noch im 15. Jhd. kommt hier der Geschlechtsname Harlung vor; ein Berg bei Altbreisach, Eggehartberch (a. 1185), heute Eckersberg, trägt den Namen nach dem treuen Eckehart, dem Pfleger der Harlungen, und umgekehrt scheint der Name von Eckeharts Vater in der mhd. Sage, Hâche, localen Ursprungs zu sein, vgl. den Hachberg bei Emmendingen (s. über alle diese Localanknüpfungen Müllenhoff ZE. XIII, über weitere Localisationen in anderen Gegenden — die wol alle erst der Wanderung der mit der Ermanarichsage verbundenen Harlungensage ihre Benennung verdanken werden, auch die Harlungenburg und das Harlungenfeld bei Bechlarn, a. 832. 853, wobei Müllenhoff an alten Niederschlag der rugischen Form des

1 Nicht, wie Bugge, Beitr. XII, 75 annimmt, umgekehrt.

Mythus denkt — Müllenhoff ZA. XXX 221, ferner Hertz, Deutsche Sage im Elsass, S. 216 ff.). Noch die mhd. Dichtung weiss, dass Ermanarichs Hort von den Harlungen herrührt, und schon in Beôwulf ist das Brîsingamene in Ermanarichs Besitz. Dies, sowie die Erwähnung der Harlungen im Wîdsîd, deren Kenntnis doch wol mit der Ermanarichsage zu den Angelsachsen gekommen sein wird, deutet darauf, das spätestens schon im 6. Jhd. — aber anderseits frühestens im Anfang des 6. Jhd., da erst seit der Niederlassung der Goten in Italien und seit der politischen Verbindung der Alemannen mit den Goten die Wanderung der Ermanrichsage von letzteren zu ersteren wahrscheinlich ist — die Verbindung des heroisierten Mythus mit der Ermanarichsage (bei den Alemannen) erfolgt sein muss, s. Müllenhoff ZA. XII 304.

Neben den Harlungen steht in der deutschen Heldensage (s. die Stellen bei Hertz a. a. O. 220 ff.) ihr treuer Wächter und Warner Eckehart, auch er eine mythische Persönlichkeit, noch der späteren Volkssage als Warner am Eingange des Venusberges, der Hölle, oder an der Spitze des wilden Heeres der Holda geläufig, also in Beziehung zu Frîja stehend, und zwar in alter und mythisch begründeter, s. Müllenhoff ZA. XII, 313, XXX, 224; dass er, wie M. a. l. O. annimmt, erst aus der mythischen Heldensage in den Volksglauben übergegangen sei, kommt mir unwahrscheinlich vor; aus der Ermanarichsage, in deren erhaltenen Denkmälern er als rein menschlicher Erzieher erscheint, hätte die Volkssage seinen mythischen Charakter niemals folgern können (so mit Recht M. a. e. O.). Ihm gegenüber steht der böse Ratgeber, der bei den Ags. und Skand. Bekka-Bikki heisst und für den in deutschen Zeugnissen erst der Name Odoacer (QW), dann Sibicho erscheint. Das Auftreten des der Geschichte Theodorichs angehörigen Odoacer in dieser Rolle in QW setzt die Verschmelzung der Ermanarich- und Dietrichsage voraus, und gegenüber den früheren und späteren Zeugnissen ist die Singularität dieser Angabe kaum ein Zufall, und legt die Vermutung nahe, dass in dieser Angabe nicht echte Volkssage, sondern Historisierung der Sage durch den Urheber von QW vorliege, eine Contamination des älteren Stadiums der Dietrichsage, wo noch Odoacer als Gegner Dietrichs erscheint, mit der jüngeren Form, wo Ermanarich an seine Stelle getreten ist, derselbe Ermanarich, dem die (Harlungen)-Sage einen bösen Ratgeber an die Seite stellte;

in seine Rolle konnte man dann passend Odoacer eintreten lassen. Doch könnte diese Verschmelzung, aus ganz denselben Gründen, auch in der Volkssage sporadisch und local stattgefunden haben: hatte die Verbindung der Ermanarich- und Dietrichsage Ermanarich an Stelle Odoacers treten lassen, dessen Gedächtnis nicht mit einemmale schwinden konnte, so mochte er nach dem Modell des Verhältnisses Ermanarich-Bicco als böser Ratgeber in der Dietrichsage eine Zeit lang weiterleben — doch nur in dieser, nicht auch in der Harlungensage, denn dort stand der Name Bicco-Sibicho fest; QW erzählt denn auch nur von den Ränken Odoacers gegen Dietrich, verschweigt aber die Ränke des Ratgebers gegen die Harlungen und gegen Friedrich, ein Beweis, dass die Rolle Odoacers als böser Ratgeber, mag sie nun vom Interpolator oder von der Volkssage gefolgert sein[1], nur auf das Gebiet der Dietrichsage beschränkt war; aber auch hier verdrängte ihn bald der mächtigere und tiefer gewurzelte Sibicho der Harlungensage. Das Verhältnis, in dem die beiden Namen Bikki-Sibich stehen, ist unklar[2]; Sijmons (Grundriss II 1, 42 ff.) vermutet, dass Bikko der Suanhild-sage entstamme (als Gemahl Suanhilds), Sibicho der Harlungensage, doch ist die Annahme eines Verhältnisses Bicco-Suanhild nicht erweisbar; vermutlich ist Bicco doch kaum eine andere Figur als Sibicho, was auch Müllenhoff anzunehmen scheint, wenn er am angeführten Orte Sibicho als typische Form verwendet; der Name bedeutet „der Kluge, Verschlagene“ (altsächs. sebo, ags. sefa, nord. sefi, ratio, ahd. *seffan intelligere): Müllenhoff, ZA. XXX 240. Aus ganz derselben Sphäre poetischer Namengebung

[1] Das Schweigen über einen Ratgeber bei den beiden anderen Mordtaten Ermanrichs erklärt sich gewiss daraus, dass neben dem ihm historisch dünkenden Odoacer für den als sagenhaft erkannten Sibicho nicht Platz war, und der Berichterstatter diesen darum übergehen musste. Für die Einsetzung des Namens Odoacer auch in diesen beiden Sagen lag natürlich kein absolutes Hindernis vor; dass er es aber nicht gethan hat, gibt Zeugnis dafür, dass er bei seiner Angabe über Odoacer eben nur von der Dietrichepisode ausging — entweder einer Form derselben in der Sage folgend oder sich sie auf Grund der historischen Gegnerschaft Odoacers und Theodorichs zurechtlegend; den weiteren Schluss zu ziehen, kam ihm darum nicht in den Sinn, da im ersten Falle die Beschränkung der Quellenangaben auf diese Sphäre, im zweiten die Geschichte keinen Anlass bot, Odoacers Thätigkeit über die Feindschaft gegen Dietrich hinaus willkürlich auszudehnen.

[2] Die etymologisch-mythischen Constructionen, die Rassmann auf Grund Grimm'scher Äusserungen I 276 vorträgt, sind veraltet.

stammt der etymologisch identische Name des ränkevollen Ratgebers Hugdietrichs, Sabene, in der fränkischen Sage, worin Müllenhoff eine mythische Parallele sieht; doch dürfte nichts anderes als ein Act analoger Namengebung vorliegen. Der Gegensatz Eckehart-Sibich ist jedenfalls ein Element der Harlungensage; auf dem dunklen Gebiete des Übergangs von Mythus zu heroischer Heldensage und schliesslich vermenschlichter Episode einer Sagencontamination die einzelnen Stufen sondern und den Figuren, die im letzten Stadium erscheinen, ihre entwicklungsgeschichtliche Stellung anweisen zu wollen, wäre bei dem Mangel anderer directer Quellen als solcher der jüngsten Stufe ein aussichtsloses Beginnen; ob also Eckehart-Sibich schon dem Mythus angehörten, oder erst einer heroisierten Form desselben vor seiner Verbindung mit Ermanarich, ist unentscheidbar; dass die Figuren nicht erst beim Zusammenschlusse der Harlungen- mit der Ermanarichsage gebildet sind, beweisen die mythischen Parallelen, die Müllenhoff in seinem Halsbandaufsatze aufgedeckt hat [1].

Die Übertragung eines ehemaligen Mythus von Irmintiu auf Ermanarich erklärt eine Reihe von Veränderungen, die in der Sage stattgefunden haben. Zunächst dürfte Ermanarichs bei Jordanes noch unangetasteter Charakter eben durch diese Verbindung jene Veränderung zum Bösen erfahren haben, welche sämtliche aussergotische Quellen bezeugen; die Tötung der Harlunge wird diese Auffassung, auf die bereits die grausame Tötung der Swanhild hinlenken konnte, — zumal bei einem Volksstamme, dem Ermanarich nicht wie den Goten zugleich als ein ruhmvoller Herrscher der nationalen Vergangenheit bekannt war — entschieden haben.

War nun aber durch diese Verknüpfung ferner das Motiv von dem wirklichen oder versuchten Ehebruch der Harlunge

---

[1] Allerdings hat nicht alles, was Müllenhoff dort geltend macht, gleichen Beweiswert, und auch das beweisende dürfte nicht immer in seinem Sinne aufzufassen sein; aber mit dem billigen Hinweis darauf, dass Loki und Heimdall im Deutschen unbezeugt und unwahrscheinlich seien, ist der Kern der Sache nicht berührt; es mag gerne zugestanden werden, dass bloss die Skandinavier in ihrer Version des Halsbandmythus diesen Göttern die Rolle zuteilten, während der deutsche Mythus andere Namen hatte, für die in der heroisierten Form Ekkehart und Sibich eintraten: die Beweiskraft der mythischen Parallele für das Motiv wird dadurch nicht angetastet. Im übrigen gehört die Verfolgung dieser Beziehungen der Mythologie an und geht über den Rahmen der Heldensage hinaus.

mit der Gemahlin ihres Bestrafers in die Ermanarichsage gekommen, so begreift es sich leicht, dass der Mord Swanhilds unter Verdrängung des älteren Motives, falls dieses überhaupt der deutschen Sage noch bekannt war, als Strafe für diesen Ehebruch, Swanhild somit als Gattin Ermanarichs aufgefasst wurde. Dass diese Auffassung nicht speciell nordisch, sondern aus Deutschland nach Skandinavien zugewandert ist, geht aus allgemeinen Erwägungen hervor, und der Name Ealhhild der Angelsachsen für die Gattin Ermanarichs setzt doch wol die Swanhild voraus. Kenntnis des Namens in Verbindung mit der Ermanarichsage bezeugt auch jene alemannische Urkunde. Aber der Goldhort der Harlunge, ursprünglich nichts anderes als das Halsband der Göttin, die sie rauben wollen, in heroisierter Form aber bald als Hort gedacht und aus der Verbindung mit Frîja losgerissen und isoliert, scheint bald als die eigentliche Triebfeder von Ermanarichs Feindschaft gegen die Harlunge aufgefasst worden zu sein, womit die Veränderung des gerecht zürnenden beleidigten Herrschers in den nach dem Golde seiner Neffen gierigen finsteren Wüterich erfolgte; soweit in den Denkmälern der Heldensage (ausser ThS.) überhaupt das Motiv von Ermanarichs Hass gegen die Harlungen erwähnt wird, ist es nur die Gier nach dem Golde, ohne dass jedoch die ältere Vorstellung auf dem ganzen Gebiete der Sagenpflege verdrängt worden wäre, die noch in ThS. in abgeblasster Form auftaucht. Damit aber war eine weitere Neubildung nötig; war es das Gold der Harlunge, das Ermanarich reizte, so war die weitere Motivation, dass sie Swanhild zum Ehebruch verführt hatten, überflüssig, und musste um so eher verschwinden, als das mythische Motiv von der Doppel-(Mehr-)heit der Verführer mit seinem prähistorisch-polyandrischen Charakter sich in der vermenschlichten Gestalt der Sage kaum halten konnte; an den dadurch freigewordenen Platz trat nach Analogie eines ebenso alten als verbreiteten, auf allgemein menschlichen Verhältnissen beruhenden Erzählungs-Motivs, der Liebe des Stiefsohnes zu der Stiefmutter, ein Sohn Ermanarichs, Friedrich-Randvér, der erst der Einführung dieses Motivs seine Entstehung verdankt, denn weder die gotische Sage des Jordanes setzt ihn voraus oder kennt ein Motiv, das die Einführung eines Sohnes in die Ermanarichsage erklären würde, noch spielt er in den späteren Überlieferungen eine andere Rolle als die, Opfer für des Königs Zorn zu sein; eine selbständige Sage hatte er nicht. Aus dieser Entstehung der Figur ergibt sich, dass die Darstellung, wonach er auf der Brautfahrt Swanhild für sich zu gewinnen sucht, älter, weil der ursprünglichen Harlungensage näher stehend, ist als die Form, wonach das Verbrechen in die Zeit nach der Hochzeit fällt. Nicht dagegen wird man in der Dreiheit der Söhne in ThS. und in der Zweiheit derselben im Anh. HB. eine alte Abspiegelung der Doppelheit der Harlungen erblicken dürfen, derart, dass die Sage zunächst Ermanarich zwei Söhne beigelegt und später den einen vergessen hätte, da er für die Handlung überflüssig war. Dieser Grund wird von Anfang an für die Sage bestimmend gewesen sein, Ermanarich nur den einen Sohn beizulegen, und die Mehrheit der durch die Thidrekssaga vertretenen späteren sächsischen Sage, wird, wie die Dreiheit zeigt, nur eine junge Steigerung sein, die Nachricht des Anh. z. HB aber auf ungenaue Kenntnis dieser sächsischen jungen Form zurückzugehen. — Dass das Motiv von der Liebe zwischen Swanhild und dem Stiefsohne auch der deutschen Sage bekannt gewesen sein muss, geht wohl ferner auch noch daraus hervor, dass für die Tötung des Sohnes kein Motiv vorliegt; mit dem Vergessen der Figur Swanhilds in Deutschland ist natürlich auch der Grund zur Tötung Friedrichs verloren gegangen und an seine Stelle die dürftige Erfindung von der Versendung des Sohnes nach dem Wilzenlande getreten; dass diese auf Sibichs Rat geschieht, ist keine Erklärung, der Grund, weshalb Ermanarich ihn absichtlich in den Tod sendet — noch in QW und in Dietr. Flucht so — ist eben vergessen [1]. — Strikte Beweise für diese Theorie der Sagen-Verschiebungen auf Grund der Einflechtung der Harlungensage (welche sich mit Müllenhoffs aphoristischen Bemerkungen ZfdA. XXX 222 ff. zum Teile deckt) lassen sich freilich nicht geben — es wäre denn, dass einmal noch neue Quellen erschlossen würden —, aber sie scheint mir wenigstens einige Thatsachen in organischem Zusammenhange zu zeigen, die sich auf andere Weise kaum begreifen lassen oder isoliert dastehen.

Der skandinavische Norden weiss von der Harlungensage nichts, denn die Sage vom Tode der zwei Schwestersöhne Ermanarichs durch ihren Oheim bei Saxo ist deutlich deutschen

[1] An einen Nachklang der Sage von der Aussendung Friedrichs um Swanhild, eine Fahrt, die ihm den Tod brachte, denkt W. Müller MHS S. 176; doch die Ähnlichkeit wäre gering.

Ursprungs, wie schon die Localisation in Deutschland und die Übereinstimmung mit der späteren sächsischen Sage (in ThS.) in dem Zuge, dass eine Belagerung ihrer Burgen durch Ermanarich stattfindet (vgl. Olrik, Sakse II 253), beweist. Das Schweigen aller anderen nordischen Quellen ist wol nicht bloss Zufall, an den man ja auch denken könnte, da die norwegisch-isländischen Berichte nur den Tod Ermanarichs behandeln (Heinzel, Ostgot. Hs. S. 5), sondern ein bestimmtes negatives Zeugnis. Daraus folgt aber nicht, dass die Ermanarichsage vor ihrer Vereinigung mit der Harlungensage nach dem Norden gewandert sei; Müllenhoff, der ZA X, 177 diesen Schluss gezogen, hat ihn dann im Halsbandaufsatze doch wieder zurück genommen, wenn er Bikki als Figur der Harlungensage erklärt. Dass die durch Motive der Harlungensage umgemodelte Ermanarichsage nach dem Norden drang, ohne die Harlungensage mit sich zu ziehen, ist keineswegs unbegreiflich, denn ein streng pragmatischer Zusammenhang zwischen allen an Ermanarichs Namen geknüpften Sagen existiert auch viel später noch immer nicht, und dass nur ein Teil derselben nach Skandinavien gelangt ist, kann nicht befremden; so wandern zu verschiedenen Zeiten Teile der Dietrichsage nach dem Norden, ohne doch den ganzen deutschen Sagencyklus von Dietrich mit sich zu ziehen. Gerade die eigentliche Harlungensage ist, nachdem sie ihr Ehebruchmotiv und die Person des bösen Ratgebers Bicco an die alte Ermanarichsage abgegeben hatte, in ihrer umgeformten Gestalt — Ermanarich tötet die Harlunge ihres Goldes wegen — für die Lebensgeschichte Ermanarichs wesenlos geworden, eine blosse Episode, die mit keinem späteren Ereignisse in causalem Zusammenhange steht, während Bicco mit dem Friedrich-Swanhildmotiv, das den Tod Ermanarichs motiviert, causal aufs engste verbunden ist; Eckehart, dessen Bedeutung auf die Harlungensage beschränkt ist, blieb mit ihr zurück.

Der Norden (Norwegen) empfieng also die Sage bereits in wesentlich veränderter Gestalt: Ermanarich als grausamen Tyrannen, einen intriguanten Ratgeber Bicco zur Seite, Svanhild als seine Gemahlin, die wegen versuchten Ehebruchs mit dem Sohne Ermanarichs auf Biccos Anklage oder Verläumdung hin samt dem Sohne von Ermanarich dem Tode geweiht wird, den ihre Brüder Hamdir und Sörli an Ermanarich rächen. Diese Erzählung wurde im Norden (Norwegen) frühzeitig an die Nibelungensage geknüpft, indem für Svanhild und ihre Brüder eine genealogische Anknüpfung einerseits durch einen sonst unbekannten Jónakr, anderseits durch die Verbindung mit Gudrun und der Nibelungensage hergestellt worden ist; dies muss schon früh geschehen sein, denn bereits Brage in der ersten Hälfte des 9. Jhs. setzt sie voraus. Dadurch, dass Svanhild als Tochter Sigurds-Gudruns aufgefasst wird, lockert sich ihr Verhältnis zu Hamdir und Sörli, die als Söhne Jónakrs und Gudruns nunmehr bloss als Stiefbrüder aufgefasst werden konnten. Sehr dunkel ist das Verhältnis von Hamdir und Sörli zu Erpr. Das Stammwort ist im Gotischen, Deutschen, Angelsächsischen und Nordischen bezeugt und ergibt somit an sich keinen Anhalt für den Volksstamm, bei dem diese Sagenfigur gebildet wurde. Auffällig aber ist das Fehlen der Brechung (gegenüber dem Adjectivum jarpr) und man wird nicht umhin können, mit J. Grimm ZA. III 155 und Rassmann I 270, den Namen im Skandinavischen als Lehnwort aus dem Deutschen anzuerkennen, wie auch Noreen, Urgerm. Lautlehre S. 89 thut; für die Chronologie ergibt sich daraus übrigens kaum ein greifbarer Anhalt, vgl. ZPh. VII 394. Aber daraus folgt schwerlich zugleich die Herleitung der Sage von ihm aus Deutschland; die einzige Stelle in deutschen Quellen, wo von drei Brüdern die Rede ist, die Notiz in QW., kann als Zeugnis für Erp nicht gelten, s. o. Unter diesen Umständen bliebe nach den directen Zeugnissen die Frage offen, ob bereits in Deutschland den zwei Brüdern ein dritter, nachmals in Deutschland vergessener, zugesellt war; bezeugt ist er nur im Norden. Von einer anderen Seite her lässt sich die Frage vielleicht doch entscheiden. Die Tötung Erps durch seine Brüder auf dem Wege zu Ermanarich ist sehr seltsam; dass ein geringfügiger Streit zu einem Brudermorde Anlass bietet, setzt doch wol ein gespanntes Verhältnis zwischen den Brüdern überhaupt voraus. H motiviert es damit, dass Erp ein Bastard Jónakrs war, Sn umgekehrt damit, dass Erp der Liebling der Mutter gewesen sei[1]. Snorre, der übrigens alle drei Brüder als echte eheliche Kinder angibt, hat damit einen ehemals be-

[1] Das Ergebnis der folgenden Darlegungen trifft sich mit der von Simrock geäusserten Vermutung (Edda 461 [6], vgl. Meyer, Dietrichsage 31, Edzardi, Übersetzung der Völsungasaga S. 217 Note), dass Erp der echte Sohn Jónakrs und Gudruns war, Hamdir und Sörli dagegen aus einer früheren Ehe stammten, ist aber unabhängig von ihr auf anderem Wege gewonnen.

deutungsvolleren Zug der alten Sage bewahrt. Da die Ermanarichsage notorisch erst im Norden mit der Nibelungensage verknüpft worden ist und keinerlei Anzeichen dafür sprechen, dass diese Verbindung sofort beim Übertritt der Sage auf das nordische Gebiet eingetreten ist, lässt sich eine Periode selbständiger Existenz der Ermanarichsage im Norden nicht bezweifeln, eine Periode, in der die nordische Sage für die beiden altsagenhaften Brüder Hamdir und Sörli einen König Jónakr als Vater erfand; dass Jónakr in der Sage älter ist als Gudrun, ist freilich nicht direct beweisbar, aber geht doch wol daraus hervor, dass sagengeschichtlich kein organisches Band zwischen ihm und der positiv in der Sage jüngeren, aus einem fremden Sagencyklus entnommenen Gudrun besteht, während der nächste Schritt der Sagenbildung bei dem regen genealogischen Interesse der Skandinavier natürlich sein musste, einen Vater für Hamdir, Sörli und Svanhild namhaft zu machen [1]. Wie immer es auch mit dem Namen Jónakr sich verhalten mag, die Verbindung der Ermanarich- und Nibelungensage durch die Auffassung Svanhilds als Tochter Sigurds und Gudruns konnte doch die Kenntnis der Präexistenz Sörlis und Hamdirs vor dem Eintritt Gudruns in die Sage nicht sofort vernichten, und die erste Consequenz der Contamination kann kaum eine andere gewesen sein, als dass Gudrun zunächst als Stiefmutter der beiden rächenden Brüder galt. Die Gleichheit des Verhältnisses Gudrun-Erp in beiden Sagen legt die Vermutung nahe, dass der Name und die Figur des dritten Bruders erst bei dem Eintritt Gudruns in die Sage kam, nicht etwa als Misverständnis [2], sondern als analogische Neubildung, indem einem Sohne Gudruns aus der Ehe mit Jónakr der Name Erp von der Sage in Erinnerung an den Sohn Atlis-Gudruns gegeben wurde. Bei weiterer Ausgleichung der Sage konnten nun leicht alle drei zu Söhnen Gudruns werden oder umgekehrt Hamdir und Sörli in Varianten der Sage Erp von seinem Platze verdrängen; die von Snorri benutzte Variante hätte dann in der Vorliebe Gudruns für Erp eine deutliche Spur des alten Verhältnisses hinterlassen. Ist aber der Name Erp aus der Nibelungensage übernommen, so erklärt sich seine deutsche Form aus der Einwanderung

[1] Vgl. den Zug, dass die Sage nur Dietrichs Vater nennt (s. S. 120) u. ä. m.
[2] Wogegen die Trennung der 2 Erp in H Str. 8 allerdings nichts bewiese.

jener Sage, und ist kein Zeugnis für einen Erp in der deutschen Ermanarich-Sage[1]. Dass dieser dritte unorganische Bruder dann wieder aus ihr verschwindet, wo die echte alte Sage zu Tage tritt, beim Tode Ermanarichs, ist nur ein neuer Beweis für seine Unursprünglichkeit, und seine Ermordung war nur eine natürliche Folge der gegebenen Elemente: als Bruder Svanhilds konnte er beim Rachezuge nicht fehlen, zu Ermanarich konnte er der alten Sage nach nicht gelangt sein, und die Feindschaft der Brüder gegen ihn bot der Sage genügenden Anhalt, ihn auf diesem Zuge sein Ende finden zu lassen, womit zugleich das Mislingen des Zuges eine ethische Motivation erhielt — ob von Anfang an, ist natürlich unentscheidbar, aber jedenfalls zeigt der reuevolle Ausruf Hamdirs (der H Sn V gemeinsam, also sagengemäss ist): „Auch das Haupt [Ermanarichs] wäre nun ab, wenn Erp noch lebte!“, dass die Brüder das Scheitern ihres Unternehmens als Folge ihres Brudermordes empfinden. Keineswegs aber kann die Erklärung, dass Hamdir und Sörli Arme und Beine, Erp den Kopf abschlagen sollte, für die Unentbehrlichkeit Erp in der Sage sprechen; es ist offenbar nur symmetrische Verteilung der Rollen unter die nun einmal vorhandene Dreiheit. Der Sinn der barbarischen totbringenden Verstümmelung, die schon der deutschen Sage eigen ist, war wol nur, Ermanarich damit härter als durch unmittelbare Tötung zu strafen[2]. — Ob die Steinigung der Brüder bereits der deutschen Sage angehört hat oder speciell nordische Erfindung ist, ist unentscheidbar, ebenso die Frage, ob die Unverletzlichkeit der Brüder, die nach der nordischen Sage an gefeite Rüstungen oder an ein Redetabu (wahrscheinlich an beides, indem letzteres die Bedingung der Unverletzbarkeit der Rüstungen enthält) gebunden ist, gegen das Schweigen der allerdings fragmentarischen gotischen und deutschen Berichte diesen zugemutet werden darf; von dem Tode der Brüder muss die gotische Sage doch wol gewusst haben, da ihr Unternehmen mislungen ist, und auf die unverletzlichen Rüstungen könnten vielleicht, wie schon

[1] Es ist daher unzulässig, den Namen Erp (Bit. ThS.) für einen der Etzelsöhne, die in der Rabenschlacht fallen, als Beweis dafür anzurufen, dass in diesem Zuge der Etzelsöhne und Diethers Erinnerungen an Hamdirs, Sörlis und Erps Ausritt erhalten seien [wie neuerdings Lämmerhirt ZA 41, 3 thut].

[2] Vgl. Norske Folkeviser (Landstad) Nr. 22: Sigrid und Astrid töten den Mörder ihres Vaters und schlagen ihm Hände und Füsse ab.

bemerkt, die Namen hindeuten; aber da uns Jordanes für diese Details im Stiche lässt, bleibt alles unsicher.

Der Versuch, aus den Varianten die nordische Urform der Sage zu reconstruieren, soll hier umsoweniger gemacht werden, als die Sagenwanderung schwerlich auf einem einzigen Liede und einem einzigen Vermittler beruht hat, sondern in beiden Beziehungen Pluralität anzunehmen ist, somit von Anfang an Varianten vorauszusetzen sind. An einzelnen Punkten lässt sich jedoch allerdings älteres und jüngeres unterscheiden, so in Bezug auf die Liebe zwischen Svanhild und Randvér (S. 105), auf Erps Verhältnis zu Gudrun und seinen Brüdern (S. 108); anderes sei hier besprochen. Der Streit der Brüder knüpft sich an die Antwort Erps auf ihre Frage, wie er ihnen helfen wolle. Er antwortet in HV.: wie die Hand der Hand, der Fuss dem Fuss. J. Grimm hat (ZA. III 157) einige Parallelen beigebracht, welche bezeugen, dass dieses Bild der Ausdruck vollkommenster brüderlicher Hilfsbereitschaft ist[1]. Um so unverständlicher ist, dass die Brüder über diese Antwort erzürnen. Ursprünglich kann Erp nur gesagt haben, was allein Sn erhalten hat: wie die Hand dem Fusse. Das konnte allerdings misverstanden werden, denn es kann zwar damit eine Hilfe gemeint sein, es kann aber ebenso gut als bitterer Hohn aufgefasst werden, da die Hand vom Fusse niemals direkte Hilfe empfängt, — vgl. für die Möglichkeit letzterer Auslegung den Ausdruck Firdusi-Schacks (Epische Dichtungen des F., übers. v. Schack, 1853, I, S. 153): „wer, der Verstand hat, säh' es nicht verwundert, wenn Hand und Fuss ein Bündnis schliessen wollten" (vom Bunde zweier bisheriger Todfeinde) — und in diesem Sinne können dann auch die Brüder erwidern, die Unterstützung, die die Hand dem Fuss gewähre, sei wertlos. Auch V setzt die Fassung Hand : Fuss oder umgekehrt voraus (Edzardi, Übs. S. 218 Note), da in der Bewahrheitungsscene eben gerade die Hand dem strauchelnden Fusse zu Hilfe kommt. Die Verdoppelung der Bewahrheitung in V (an Hamdir und an Sörli) ist überflüssige und junge Motivhäufung, das Fehlen jeder Bewahrheitung in H aber wahrscheinlich durch Textverlust oder Ausfall zu erklären. Innerhalb der nordischen Varianten in Detailangaben erweist sich ferner V mit dem Rate Gudruns, keine Steine zu schädigen, als leere Folgerung ex eventu, Snorres Angabe, Gu-

[[1] Eine sehr instruktive Parallele s. Flat. III, 467, 26. *Sijmons.*]

drun habe geraten, Ermanarich zur Nachtzeit zu überfallen, ist als blosse Kriegslist zu fassen, und nur H hat mit dem Redetabu hier das alte und dem Inhalt nach einzig richtige bewahrt. Gegenüber des Spaltung der Vorstellungen über Zeit und Umstände des Überfalls Ermanarichs — in R und daraus Sn im Schlafe, H beim Gelage — darf wol daran erinnert werden, dass das niederdeutsche Lied von Ermenriks Tod in dem Vorbeireiten der Helden an einem Galgen, in der Ankündigung der herannahenden Feinde durch einen Wächter und in der übermütigen Antwort Ermanarichs solche Detailübereinstimmungen mit H zeigt, dass beide auf eine gemeinsame Quelle, ein altsächsisches Lied zurückgehen müssen, von dem freilich das ndd. durch so viele umarbeitende Zwischenstufen getrennt ist, dass nur mehr der Inhalt teilweise geblieben ist, während Form und Textwortlaut mehr als einmal gewechselt haben muss; darnach muss auch die prachtvolle Scene, wie Ermanarich in trunkenem Übermute beim Gelage die Eindringlinge erwartet, die sich in H wie im Liede von Ermenriks Tod gleichmässig findet, bereits der alten deutschen Sagenform angehört haben und ist somit älter als der Überfall Ermanarichs im Schlafe, der wol nur die Kühnheit des Wagnisses (abschwächend) erklären und verständlicher machen soll. Über den Tod Svanhilds, die Habichtgeschichte und das Eingreifen Odins s. unten S. 117.

Die in Deutschland gebliebene Sage verlor einen ihrer ältesten Bestandteile mit dem vollständigen Erlöschen der Erinnerung an Swanhild; was dieses Vergessen herbeigeführt haben kann, lässt sich nicht einmal vermuten; ein schwacher Rest ist noch in der ThS. vorhanden, wenn Ermanarich seinen jüngsten Sohn Samson auf der Jagd überreitet — mit Rassmann I 264, dem sich auch Sijmons anschliesst, als übertragener und verdunkelter Rest der Sage von Swanhilds Tod, zu fassen: auch Svanhild wird vom Könige und seinem Gefolge bei der Rückkehr von der Jagd überritten, wie Sn erzählt, dessen Darstellung gegenüber den anderen nordischen Quellen dadurch in diesem Punkte als die älteste Form erwiesen würde. — Mit dem Verschwinden Swanhilds aus der Sage verlor auch die Tötung des Sohnes durch den Vater ihr Motiv und wurde nur mehr als Akt besonderer Bosheit Sibichs gedeutet. Länger erhielt sich die Sage vom Tode Ermanarichs durch den Überfall zweier Brüder, aber da auch ihr mit dem Swanhildmotiv der treibende Grund abhanden gekommen ist, so war der Faden, der sie mit der Ermanarichsage pragmatisch verband, durchschnitten, und andere Vorstellungen konnten sie leicht verdrängen. Wenn Ermanarich nach der Auffassung des oberdeutschen Volksepos eines unblutigen Todes durch Alter oder Krankheit stirbt, so hängt das mit jener entscheidenden Änderung der Dietrichsage zusammen, nach der Dietrich sein Land nicht mit Waffengewalt erobern kann, da Etzel und er alle Mannen in dem Nibelungenkampf verloren haben (dass diese Änderung der Sage von Dietrichs Heimkehr mit seiner Rolle in der Nibelungensage zusammenhängt, hat Heinzel Ostgot. HS. S. 59 dargethan), sondern den Tod Ermanarichs abwarten muss, ehe er heimkehren kann. Diesen Tod konnte aber die pragmatisch dichtende Dietrichsage, nachdem sie ihren Helden dreissig Jahre lang vor der Übermacht Ermanarichs hatte fliehen lassen, nicht als Werk zweier fremder Helden darstellen, deren Früchte dann Dietrich einheimste; so weit noch Erinnerungen an Hamadeos und Sarilos That vorhanden waren, mussten sie bei pragmatischer und epischer Verschmelzung der Dietrich- und Ermanarichsage als unverwendbar fallen gelassen werden. Überhaupt scheint diese Verschmelzung die Ursache zu sein, dass die Ermanarichsagen in der Erinnerung verblassten oder doch in der poetischen Behandlung zurücktraten, wie ja Ermanarich auf hochdeutschem Sprachgebiete zur Zeit des mhd. Volksepos keine selbständige Behandlung erfahren hat. Länger konnten sich in Sachsen alte Sagenreste halten, wie jenes Motiv der Swanhildsage und die oben berührten Vorstellungen vom Tode Ermanarichs in seiner Burg beweisen, verschieden übertragen auf Dietrich (in dem ndd. Lied) oder auf den Harlungenpfleger Eckehart (Anh. z. HB. Agricola).

Die Figur Bicco-Sibichos, ursprünglich nur zur Harlungenepisode gehörig, bleibt in Verbindung mit Ermanarich und erfährt fortdauernd Erweiterungen ihrer Rolle und Motivbereicherungen, indem Sibichs Wirksamkeit analogisch auf alle bösen Thaten Ermanarichs übertragen wird[1], was natürlich nicht aus-

[1] Es ist interessant zu sehen, wie geläufig die Anwendung dieses Motivs den Dichtern gewesen ist: in Str. 41 von Alpharts Tod wird sogar, entgegen der echten Sage und entgegen den ausdrücklichen Mitteilungen des Gedichtes selbst, von einem Umarbeiter Heimes und Witeges Übergang zu Ermanarich auf den bösen Rat Sibichs zurückgeführt; vgl. meine Bemerkungen Beitr. XVI 177.

schliesst, dass in Sagenvarianten gerade auf seinem eigentlichen Gebiete, bei dem Anschlage gegen die Harlungen, sporadisch ein Helfer oder Vertreter erscheint: Ribstein, Widga (vielleicht auch einmal Heime?) s. oben. Für seine Rolle als typischer Intriguant findet die Sage auch eine Erklärung in dem Motiv, dass er sich an Ermanarich habe rächen wollen. Dieses Motiv braucht nicht von Anfang an der Sage eigen gewesen zu sein; sie übernahm Sibich, den ethischen Gegensatz Eckeharts, aus der Harlungensage von Anfang an als bösen Charakter, ohne dafür einen Grund anzugeben oder zu brauchen, wie die nordische Sage zeigt, die keine Veranlassung zu Biccos Intriguen angibt (über Saxo s. u.) und mit ihm eben als Charakter rechnet. Dass ein Intriguant Ränke gegen die Umgebung spinnt, ist nicht notwendig Folge einer Rachsucht gegen seinen Herrn; natürliche Bosheit, der Wunsch, alle Personen zu beseitigen, die ihm in des Königs Gunst gefährlich werden konnten, genügt vollkommen zur Erklärung seiner Ränke gegen die Gattin und den Sohn des Königs; man denke an den Saben der Wolfdietrichsage, der keineswegs gegen seinen Herrn Feindschaft hegt, und trotzdem eine ähnliche Rolle wie Sibich im älteren Stadium der Ermanarichsage spielt. Erst in jüngeren Zeugnissen, ThS. und Anh. z. HB., ist das Motiv von Sibichs Handlungsweise Rachsucht, und zwar hervorgerufen durch Kränkung seiner häuslichen Ehre durch Ermanarich — ein weitverbreitetes Motiv der Geschichte und Dichtung: ganz ähnlich ist das Verhältnis von Maximus zum Kaiser Valentinian III.; die Schändung seiner Gattin durch den Kaiser rächt er, indem er den Kaiser durch Intriguen dahin bringt, dass er seine festeste Stütze, seinen Feldherrn Aetius ermordet (Hertz, Deutsche Sage im Elsass S. 232; verschiedene andere Parallelen bringt Heinzel, Ostgot. HS. S. 8 bei). Das Motiv, dass ein Ratgeber absichtlich durch falsche Ratschläge die Macht seines Herrn untergräbt, ist übrigens auch schon in altfränkischer Sage bezeugt: s. die Erzählung, wie Wiomad dem Childerich zur Erlangung der Herrschaft behilflich ist, Grimm, Deutsche Sagen Nr. 420. Das Motiv wird zuerst in späterer niedersächsischer Sage eingedrungen sein, und der Bericht des Anh. z. HB. auch hierin auf Kenntnis niederdeutscher Sage zurückgehen, denn weder die oberdeutsche noch die nordische Dichtung wissen davon, und zu dem Zeugnis der ThS. stellt sich noch ein zweites. Wie Bugge nachgewiesen hat, hat eine Variantengruppe der dänischen Ballade von Marsk Stig durch ein niederdeutsches Lied von Ermanarich und seinem Marschall (Marsk) Sibich die entscheidende sagenhafte Wendung erhalten, wonach die Ermordung des Königs Erik Glipping durch Marsk Stig (a. 1286) nicht, wie in der ältesten Form der Ballade, aus Herrschsucht erfolgt, sondern weil der König die Ehre von Marsk Stigs Hausfrau verletzt hatte; das Sibichlied, das der dänische Umdichter benutzte, war vielleicht schon dänisch, aber seinem Ursprunge nach gewiss niederdeutsch, und wich sowol von dem in ThS. benutzten niederdeutschen Liede als auch von der Quelle des Anh. z. HB. ab. (S. Bugge, Bidrag til den nordiske Balladedigtnings Historie, I. Marsk Stig, in Det philolog. histor. Samfunds Mindeskrift. Kopenhagen 1879, S. 64 ff.)

Früher schon (doch erst nach der alten Wanderung der Sage nach Skandinavien) hatte sich eine andere Motivierung der Feindschaft Biccos gegen Ermanarich in Deutschland eingestellt, von der indirekt QW Kunde gibt. Da Swanhild vergessen ist, wird hier das Unternehmen der zwei Brüder als Rache für die Tötung ihres Vaters durch Ermanarich erklärt. Nun erscheint aber auch Adaccarus, der böse Ratgeber Ermanarichs, als dritter der Brüder und Teilnehmer in dieser Rolle, gewiss nur auf Grund einer willkürlichen Combination des Berichterstatters; aber eben darum liegt die Vermutung nahe, dass die Rachethat der Brüder Hamidus und Serila, die wegen des Fortfalls Swanhilds in der Sage ohne Begründung dastand, ihr Motiv erst von Odoacer erhalten haben wird, d. h. dass die Sage, die von QW benutzt ist, die Thätigkeit des bösen Ratgebers, mochte sie ihn nun Sibich-Bicco oder Odoacer nennen, als Rache für die Ermordung seines Vaters durch Ermanarich auffasste; kannte nun der Verfasser der Notiz von QW einerseits die Sage, dass Ermanarich den Vater seines Ratgebers getötet hatte, und dass dieser ihn darum zum Schlechten antrieb, um sich zu rächen, anderseits die Sage, dass die zwei Brüder Hamidus und Serila ihn ermordet hatten, wozu aber kein Grund von der Sage angegeben war, so schienen die Lücken dieser zwei Erzählungselemente sich gegenseitig zu ergänzen: hier ein Mord, zu dem kein Motiv vorlag, dort ein rachesuchender Beleidigter ohne Teilnahme an dem Morde, die ihm doch nach seiner Gesinnung am ehesten zugekommen wäre. So lag die Combination nahe, durch die der Verfasser vielleicht den verlorenen Sinn der Sage wieder herzustellen vermeinte, den Ratgeber als Bruder jenes Paares und Teilnehmer an ihrem Werke aufzufassen, wodurch sein Rachemotiv auf Hamidus und Serila überging. Die Existenz beider Elemente in der Sage (ohne die vom Chronisten hergestellte Verbindung) ist zweifellos: in keinem Sagendenkmal nimmt der Ratgeber an der Ermordung Ermanarichs Teil, und das Motiv, dass der Ratgeber Ermanarich wegen der Ermordung eines Blutsverwandten zürnt, bezeugt uns Saxo, wenn er erzählt, dass Bicco Ermanarich zu verderben beschloss, weil er einst seine Brüder durch ihn verloren hatte. Das kann nichts anderes sein, als die nach Dänemark gewanderte Sage, die QW benutzte und mit der anderen verband. So treten deutlich drei Stufen der Entwicklung zu Tage: auf der ersten, ältesten, repräsentiert durch die nordische, aus Deutschland spätestens im 8. Jhd. eingewanderte Sage, sind Sibichs Ränke Ausfluss seines bösen Charakters, doch nicht gegen Ermanarich persönlich gerichtet; auf der zweiten, im 10. Jhd. in Deutschland bezeugt und spätestens im 12. Jhd. nach Dänemark gekommen, sind sie gegen Ermanarich gerichtet, und Rache für die Tötung eines Blutsverwandten, auf der dritten, bezeugt im 13. Jhd. durch ThS. und die Ballade von Marsk Stig, und später durch den Anh. z. HB., ist das Motiv Rache für die verletzte häusliche Ehre.

Eine eigentümliche Stellung nimmt Saxos Bericht ein, der wohl geeignet wäre, auf manche dunkle Punkte der speciell deutschen Sagenentwicklung Licht zu werfen, wenn nicht die Entwirrung der Fäden, aus denen er, bzw. die Tradition, die er wiedergibt, gewoben ist, mehrfach eben gerade genauere Kenntnis der deutschen Sagenform voraussetzte. Einiges lässt sich immerhin auch mit den vorhandenen Mitteln constatieren. Dass die unmittelbare Tradition, der Saxo folgt, eine dänische war, hat A. Olrik (Sakse I 174, II 252) nachgewiesen. Diese Tradition kann aber nicht auf der norwegisch-isländischen Sage beruhen, sondern ist das Resultat einer jüngeren Einwanderung der Sage aus Niederdeutschland (in Liederform? s. Bugge ZPh. VII); allerdings ist wenigstens in einem Punkte eine Beimischung nordischer Züge nicht zu läugnen. Auf die deutsche Sagengestalt weisen sicher zurück: die deutschen Neffen Ermanarichs (die Harlungen), von denen der Norden nichts weiss, der reiche Hort Ermanarichs (der eben von den Harlungen herrührt, was übrigens Saxo nicht mehr weiss), der der nordischen Sage ebenso fremd ist, wie den deutschen Quellen geläufig

(Beôw. D. Fl.) und der gerade in Niederdeutschland noch lange berühmt war (HS Nr. 124); ebenso ist dem Norden ganz fremd, dass Bicco aus Rache gegen Ermanarich seinen Sohn verläumdet, und dass der Grund dafür der Verlust seiner Blutsverwandten durch den König ist (s. o.). Stammt auch Saxos Svanhildsage aus Deutschland? Dass sie in den deutschen Quellen nicht mehr auftaucht, ist kein Beweis dafür, dass die dänische Tradition sie nur aus der norwegisch-isländischen Sage hätte entnehmen können, denn es fehlt auch für Deuschland nicht an Spuren ihrer Existenz, und die Verbindung Svanhilds mit der Nibelungensage, dieses charakteristische Kennzeichen speciell nordischer Sagengestalt, fehlt hier vollkommen, was bei Übernahme der ganzen Sage aus isländischen Berichten kaum begreiflich wäre. Der einzige Punkt, wo ein speciell norwegisch-isländischer Zug bei Saxo vorliegt, ist, dass die Zauberin, die den Hellespontiern zu Hilfe kommt — ein Erzählungselement, das nur der dänischen Sagenform zu eigen ist — den Namen Guthruna führt. Der Name ist zwar im Norden nicht ungewöhnlich, kommt aber bei Saxo nur an dieser Stelle vor, und auch O. Nielsen, Olddanske Personnavne, belegt ihn für Dänemark nur aus Saxo und aus dem Necrol. Lundense des 12. Jhds.; es wird somit kein Zufall sein, dass die Zauberin hier denselben Namen führt wie die Mutter Hamdirs und Sörlis (= der „Hellespontier") in Nordskandinavien. Aber nichts deutet darauf, dass dieser Zug der unverstandene Rest ehemals reicherer Kenntnis ist, und wenn die Sage bei Saxo nur eine direkte Übernahme der gesamten norwegisch-isländischen Tradition wäre, so bliebe die Dürftigkeit und das Zerreissen der organischen Verbindung Gudruns mit Svanhild und den Hellespontiern unerklärlich. Offenbar kann die dänische Sage nicht als Ganzes aus der nordischen Tradition entsprungen sein, sondern hat hierin nur ein aus dem Zusammenhange gerissenes Motiv derselben isoliert übernommen, und frei eingefügt. Dass sich zwei Varianten derselben Sage bei ihrer Berührung beeinflussen und Züge an einander abgeben, ist ein ganz gewöhnlicher Vorgang der Tradition von Erzählungsstoffen — man denke an das Umspringen von Motiven aus verwandten oder auch ferner stehenden Märchen in andere Fassungen, wofür z. B. Cosquins Noten zu den Contes populaires de Lorraine ein reiches Belegmaterial bieten — und bei den engen Beziehungen zwischen Dänemark und Norwegen ist es nichts verwunderliches, dass auch die norwegische Form der Ermanarichsage durch persönliche Berührung sagenkundiger Individuen beider Länder auf die dänische Sage Einfluss ausüben und ihr ein Motiv abgeben konnte, das in die dänische Sage eingepasst wurde; die Entstellungen und Veränderungen desselben bezeugen seinen Weg durch die abschleifende mündliche Tradition; es ist derselbe Vorgang, wenn die deutsche Form der Sigfridsage in der ThS. aus der nordischen Sagenform Motive erhalten, bzw. Umbildung von Motiven nach ihr erfahren hat, nur dass hier der Act der Beeinflussung einer Variante durch die andere nicht in der Tradition, sondern literarisch bei einem Schriftsteller vor sich gegangen ist.

Damit ist natürlich die theoretische Möglichkeit gegeben, dass auch andere Details aus der nordischen Sage stammen, doch gibt es keinen weiteren Punkt, der mit Notwendigkeit diese Erklärung erfordert. Dass die Hellespontier vor dem Angriff auf Ermanarich zahlreiche Krieger durch einen Act der Strafjustiz wegen Beuteunterschlagung verlieren, hat man allerdings als eine Erinnerung an die Ermordung Erps durch seine Brüder gedeutet; aber diese Erklärung ist so subtil und gekünstelt, dass sie vor unbefangener Prüfung kaum bestehen kann. Eher dürfte die Steinigung der Brüder — die im Gotischen und Deutschen wenigstens unbezeugt ist — aus der Kenntnis nordischer Sagenform abgeleitet werden, doch bleibt auch dies unsicher. Drei andere Punkte, in denen sich Saxo mit einer nordischen Quelle berührt, dürften umgekehrt als Beeinflussung der nordischen durch die dänische Sage aufzufassen sein. Saxo stimmt mit V gegen alle anderen nordischen Berichte darin überein, 1) dass der König das Todesurteil über den Sohn zurücknimmt; in der echten dänischen Sage wird der Befehl ebenfalls zu spät erfolgt sein, denn die Rettung des Sohnes bei Saxo widerspricht allen Sagengestalten und erklärt sich aus dem Bestreben Saxos, Ermanarich einen legitimen Nachfolger in der Königsreihe zu geben; 2) dass Odin den Befehl gibt, die Brüder zu steinigen, als Beschützer der Dänen, eine Rolle, in welcher er dem dänischen Volksglauben auch sonst geläufig ist (Olrik Sakse I 31, II 253); 3) dass die Rosse vor Svanhilds Schönheit (Saxo, durchdringenden Augen V) scheuen, und ihr Antlitz erst zur Erde gewendet (bzw. verhüllt) werden muss, ehe das Urteil vollstreckt werden kann. Die durchdringenden Augen werden vom Verfasser der Vǫlsungasaga allerdings als Vatererbe Svanhilds erklärt (c. 39); aber Saxo spricht nur von der Schönheit ihrer Glieder, und selbst wenn man zweifeln wollte, ob Saxo den Zug nicht etwa geschwächt wiedergebe, so wäre daran zu erinnern, dass durchdringender blitzender Glanz der Augen kein poetisches Motiv ist, das nur Sigurd zu eigen wäre, sondern ein realer Zug germanischer Rasseneigenschaft, der von Tacitus an wiederholt bezeugt ist und auch sonst vielfach von der Sage verwendet worden ist, so z. B. von Karl dem Grossen beim Monachus Sangallensis I 19, II 14, 17 und in der späteren französischen Heldendichtung (s. Nyrop, Den oldfranske Heltedigtning pg. 13), u. a. m., und bei Saxo selbst (Lib. VIII, p. 265 ed. Holder) von Olo berichtet wird, dessen Augen niemand ertragen kann und vor denen sogar Starkad zurückbebt. Lag also dieses Motiv wirklich in der dänischen Sage (die Saxo nur entstellt hätte) vor, so setzte es gewiss nicht die Abstammung Svanhilds von Sigurd voraus, sondern diese ist erst in der norwegischen Form, der sie ja von alters her geläufig ist, vielleicht erst vom Verfasser der Vs, zur Erklärung des Motivs verwertet worden. — Wenn sich nun Saxo und V in diesen drei Punkten berühren, von denen die gesamte sonstige nordische Überlieferung nichts weiss, so wird hier die Chronologie, ein an sich ja nicht immer zuverlässiger Führer, doch wol entscheidend sein, und beweisen, dass die norwegische Sagengestalt, welche der Verfasser der V vernommen hatte und aus der er seine Kenntnis der Sage mit diesen Elementen bereicherte, von der dänischen Sage beeinflusst war; dazu kommt, dass das Eingreifen Odins wol auf dänischer Seite verständlich ist, in der Völsungasaga aber jedes Grundes entbehrt; es als Misverständnis von H aufzufassen verbietet die Priorität Saxos

Dietrich von Bern und sein Sagenkreis.

1. Die historischen Ursprünge der Sage.

Gegensätzlichkeit der Sage und Geschichte. — Theodorichs verwandtschaftliche Beziehungen in Geschichte und Sage. — Sein Bruder Theodemund. — Die Frauengestalten der Sage. — Epische Namen der Goten. — Theodorichs italisches Reich in der Sage. — Verhältnis der Exilsage zu dem Auszug aus der Balkanhalbinsel. — Fehlen jedes Einflusses der späteren gotischen Geschichte auf die Sagenbildung. — Wichtigkeit der Traditionen über die Kämpfe auf der Balkanhalbinsel und um Italien für die Bildung der Exilsage. — Theodorich Strabo. — Ein gotischer Cyklus von historisch-epischen Liedern über die Tufaepisode. — Zweifelhaftes Vorkommen Ibba's und des rugischen Friedrich in der Sage. — Episch-sagenhafte Episode aus der Belagerung Ravennas durch Dietrich in den Gesta Theodorici. — Sonstige historische Erinnerungen. — Sagenhafte Elemente in den Gesta Theodorici: der Traum der Mutter Theodorichs. — Der Zweikampf Theodorichs mit dem Avaren. — Anekdotische Züge. — Verbindung Dietrichs mit Ermanarich und die successiven Sagenverschiebungen. — Gotische Traditionen und beschränkte Stoffwanderungen. — Älteste Sagenpflege bei den Alemannen. — Gotische Auffassung der historischen Charaktere der Sage.

Den natürlichen Ausgangspunkt für die Untersuchung der vielgestaltigen und verschiedenartigen Sagenüberlieferungen, die an den Namen des grossen Ostgotenkönigs geknüpft sind, bildet die Constatierung der historischen Elemente. Dass der Sagenheld Dietrich kein anderer als Theodorich der Grosse ist, war schon den mittelalterlichen Geschichtschreibern bekannt, ebenso wie auch ihnen schon die chronologischen Verstösse der Sage aufgefallen sind [vgl. z. B. HS Nr. 18, 4, 23, 24, 32 u. s. w.; ZE. XXX], und kann nicht dem geringsten Zweifel unterliegen. Es kann daher kaum anders als ein seltsamer Einfall genannt werden, wenn W. Grimm (HS. S. 392) ebenso wie bei Etzel die Ursprünglichkeit dieser Identität bezweifelt und durch den Fehlschluss, dass die (späte) Verbindung von Dietrichs

Schicksalen mit Ermanarich etwas ursprüngliches sei, zu der Ansicht gelangt ist, dass Dietrich und seine Schicksale erst viel später einen historischen Anhalt empfingen[1] — wie ja auch der Etzel der Nibelungensage nach seiner Meinung erst später mit dem Hunnenkönig identificiert wurde, — ja sogar nicht abgeneigt ist, die Namen Dietrich, Dietmar und Amelung schon für die vorhistorische Sage in Anspruch zu nehmen und ihr Zusammenfallen mit den historischen Namen für Zufall zu halten. Es lässt sich jedoch dieser Fehlgriff sehr wohl begreifen, denn, wie Grimm hervorhebt, „in den Ereignissen selbst ist so wenig übereinstimmendes, dass man sie gerade entgegengesetzt nennen könnte; denn während die Geschichte den ostgotischen Theodorich als einen in allen Unternehmungen glücklichen, in unbestrittener und glänzender Übermacht herrschenden König darstellt, sehen wir den Dietrich der Sage von der Gewalt seines Oheims unterdrückt, in beständigem Kampfe gegen sein hartes Geschick den grössten Teil seines Lebens bei einem fremden Könige zubringen; erst nach seines Gegners Tod wagt er in sein Reich zurückzukehren."

Diese Beobachtung ist beim Vergleiche der vollentwickelten Sage mit der Geschichte unzweifelhaft richtig; aber die Kluft zwischen diesen zwei Sphären ist z. T. erst das Resultat allmähliger Entwicklung, und es fehlt nicht an Spuren von Übergangsstadien; dass die historischen Elemente nicht sehr zahlreich sind, liegt in der Natur unserer späten Überlieferungen begründet.

Von den verwandtschaftlichen Verhältnissen Theodorichs ist zunächst seine Abstammung von Theodemer (Dietmar) richtig und consequent — während sogar gewisse historische Quellen irrtümlich Walamêr für seinen Vater erklären — festgehalten; abweichende Angaben begegnen nirgends. Seine Mutter Erelieva, die Beischläferin Theodemers, wird dagegen nirgends in der Sage erwähnt, die überhaupt seine mütterliche Abstammung nicht berührt (nur in ThS. c. 13 [AB und S; in M fehlt die Partie] wird eine Odilia, Tochter des Jarls Elsung, als Dietrichs Mutter genannt, eine junge combinatorische Erfindung ohne Sagenwert), und ebenso fehlt der Sage jede Erinnerung daran, dass Theodorich ein unehelicher Sohn Theodemers war. Die

[1] Auch Grundtvig, DgF. 1, 66 spricht die Ansicht aus, dass vieles auf einen vorhistorischen, oder, wenn man so will, mythischen Dietrich deute.

jungbezeugte Sagenform (Anh. z. HB, HS. Nr. 134, 9, auch schon ThS. c. 391 in Anspielung, HS. S. 117; über andere zweifelhaftere Anspielungen in mhd. Gedichten s. Rassmann II 358), nach der Dietrich der Sohn eines Teufels oder Dämons (der zum mindesten an ihm Anteil hat), also gewissermassen ein unechtes Kind ist, erklärt sich aus einer ganz anderen Grundlage (s. u.) und kann weder als Reminiscenz der unehelichen Geburt gelten noch auch von einer solchen hervorgerufen worden sein. Eher könnte in der Angabe der ThS. c. 9, dass Thetmar ein unehelicher Sohn Samsons war (ausdrücklich nur in B, doch wol auch von den anderen Hdss. [AS] so gemeint), eine alte Erinnerung an Theodorichs uneheliche Geburt vorliegen und auf den Vater übertragen sein; aber blosser Zufall jungen Sagenfabulierens ist nicht ausgeschlossen.

Theodemêr, der Vater Theodorichs, war der Bruder Walamêrs und Widemêrs, von denen ersterer zwar allein den Königstitel und die Königsmacht besass, aber in innigstem Verhältnis mit seinen an Macht und Ansehen ihm nahestehenden Brüdern lebte, was sich auch darin zeigt, dass nach der Abwerfung des hunnischen Joches seinen Brüdern selbständige — doch nicht die Reichseinheit authebende — Gebiete zugeteilt wurden. Nach Walamêrs Fall in einer Schlacht gegen den Suebenkönig Hunimund (cca. 478) übernimmt Theodemêr den Königstitel, der dann auf seinen Sohn übergeht (s. Felix Dahn, Allgem. Deutsche Biographie 37, 689 ff.). Eine Erinnerung an diese Dreiheit der Brüder scheint sich in der Sage erhalten zu haben, wenn auch die Namen ihr abhanden gekommen sind, denn sowohl in der Thidrekssaga c. 13 als in Dietrichs Flucht (HS. Nr. 83, 2; Nr. 84 ist kein unabhängiges Zeugnis, da Heinrich v. München aus Dietrichs Flucht abschreibt s. Martin, DHB II, XLVI ff.) erscheint Dietmar als dritter von drei Brüdern: die Abweichung in den Namen — Erminrekr, Thetmar, Aki bzw. Diether, Ermrîch, Dietmar — bezeugt die gegenseitige Unabhängigkeit beider Quellen, zugleich auch, dass eben nur die Dreiheit in der Sage feststand; noch älter ist ein drittes Zeugnis, die Genealogia Viperti aus dem 12. Jhd. (HS. Nr. 35[b]), wo wieder andere Namen erscheinen: Emelricus, Dietmar, Herlibo (vgl. Heinzel, Ostg. HS. S. 31); die Aufnahme Ermanrichs in allen drei Zeugnissen bezeugt, dass die Sage bereits im Stadium der Verbindung mit der Ermanarichsage steht; galt Ermanarich als Oheim Dietrichs — und ein verwandtschaftliches Verhältnis musste die Sage, sobald sie beide zu Zeitgenossen machte, annehmen, da beide Gotenkönige waren und derselben Dynastie angehörten —, so musste er in die Dreiheit einrücken, die, wenn sie bis dahin noch die alten Namen bewahrt hatte, dann spätestens durch diesen unorganischen Einschub zerrüttet wurde, und allmählich bis auf die oben angeführten Quellen in Vergessenheit geriet.

Theodorich gehörte dem gefeierten ostgotischen Königsgeschlechte der Amaler an; auch dies hat die Sage nicht nur festgehalten [1], sondern noch weiter ausgedehnt: er, demnächst sein Stamm, und schliesslich auch sein Volk sind der Sage Amelunge (über die episch-patronymische Form s. ZE. V.); wenn in der Ahnenreihe in DFl. ein Amelung als Grossvater Dietrichs erscheint, darf man aber sicher nicht an den alten halbsagenhaften Amalus des Jordanes denken, vielmehr liegt hierin gewiss nur junge Erfindung des Dichters, der den auch sonst in der Epik für verschiedene Helden des Sagenkreises rein oder als Compositionsglied verwendeten, aus Amelunge abstrahierten Namen (s. HS. Reg. s. v.), unter die Ahnen Dietrichs — in seinem Sinne ganz passend — einreihte.

Seit dem 13. Jhd. taucht in den Quellen ein jüngerer Bruder Dietrichs, Diether, auf; auch historisch ist ein Bruder Dietrichs bezeugt, Theodemund, ebenfalls ein Sohn Theodemers und Erelievas (s. Wietersheim-Dahn, Gesch. der Völkerwanderung II² 332; Dahn, Urgeschichte der germ. und roman. Völker II 237, vgl. den Stammbaum S. 588, und Dahn, Allg. D. Biogr. 37, 692 s. v. Theodemund). Das Zusammentreffen der Namen im ersten Compositionsgliede ist zwar merkwürdig, aber würde doch kaum zu der Annahme eines historischen Zusammenhanges genügenden Grund bieten, da sowol in der freien Phantasieschöpfung eines Bruders die Sage sich ganz zufällig mit der Wirklichkeit berühren konnte, als auch bei rein poetisch-fictiver Namen-

[1] Kaum unter die Zeugnisse für die Sage ist die Notiz in der ags. Boethiusübersetzung *se þeodric wæs Amulinȝa* (und daraus in den Metren *þeodric Amulinȝ*) [Müllenhoff ZfdA. 12, 261] zu rechnen, da das auch aus einer historischen Quelle gezogen sein kann; s. Binz, Beitr. 20, 213. Ebenso ist die Notiz der Quedl. Chron.: *Amulung Theoderic dicitur: proavus suus Amul vocabatur, qui Gothorum potissimus censebatur* — im Gegensatz zu der gleich folgenden *et iste fuit Thideric de Berne, de quo cantabant rustici olim,* welche aus deutscher Volkssage schöpft — nur eine gelehrte Glosse, die übrigens vielleicht von einem Angelsachsen stammt (Schroeder, ZfdA. 41, 26).

gebung die Namen Dietmar und Dietrich die Wahl eines dritten Namens mit *Diet-* nahe legen mussten. Mehr Gewicht erlangt diese an sich belanglose Übereinstimmung dadurch, dass es auch an einer — allerdings schwachen — Ähnlichkeit in den Thatsachen nicht fehlt. Theodemund wird als Feldherr Theodorichs im J. 479 bei Lychnidus in Thrakien von dem byzantinischen Feldherrn Sabinianus während des Waffenstillstandes „treulos überfallen und aufs Haupt geschlagen; später wird er nicht mehr genannt" (s. Dahn, ADB. S. 692, 698). Wurde Theodomund schon Gegenstand gotischer, episch-historischer Lieder oder historischer Traditionen, und wurde bereits in diesen später sein Tod auf diesen treulosen Überfall zurückgeführt, so könnte immerhin, bei dem allgemeinen Zuge der Sage, politische Ereignisse mit einer Vielheit handelnder und leidender Personen in individuell-persönliche Handlungen und Schicksale umzusetzen, ein verbindender Faden von diesem sagenhaft umgeformten Ereignisse zu der vollständig umgestalteten und mit anderen Ereignissen und Personen in Verbindung gesetzten Sagenform geführt haben, wonach Diether, Dietrichs Bruder, während eines Krieges, aber doch in einer Situation, wo er nicht an Kampf denkt und zum Kampfe nicht gerüstet ist, von seinem Bruder getrennt, den Tod durch einen Feind seines Bruders findet, mit dem er unvermutet zusammenstösst und in Kampf gerät. Das späte literarische Auftauchen der Sage schliesst die Möglichkeit, dass sie der Ausläufer einer alten, sagenhaft gewordenen historischen Tradition ist, nicht aus, denn auch unzweifelhafte Reste gotischer, historisch-epischer Sage tauchen erst sehr spät in der Literatur auf; doch möchte ich dieser Vermutung kein besonderes Gewicht beilegen (vergl. übrigens Abschn. 4).

Wenn hier wenigstens noch die Möglichkeit einer historischen Reminiscenz vorhanden ist, so sind dagegen die verschiedenen Angaben der Sage über Dietrichs Verheiratung ganz sicher rein fictiv. Nach dem Nibelungenlied, der Klage, Dietrichs Flucht, Rabenschlacht, Thidrekssaga und Anhang zum HB. (vgl. HS. Nr. 139) gilt Herrad als Dietrichs Gemahlin; die Thidrekssaga, der Anh. zum HB., sowie Sigenot 32, 11 und das Bruchstück Goldemar setzen eine vorhergegangene erste Ehe voraus oder berichten sie direkt; die ThS. nennt als erste Gattin Gudilinda, der Anh. z. HB. Hertlin, mit der die von Goldemar entführte Prinzessin und wol auch die unbenannte Gattin in Sigenot identisch sind, s. DHB, V, XXIX ff.; die dritte Heirat Dietrichs in der ThS. c. 422 mit Isold gehört einem fremden Sagenkreise (Ortnit-Wolfdietrich) an. Dass Theodorich wirklich zweimal — wenn auch das erstemal nicht in legitimer Form — einen Ehebund geschlossen hat, das erstemal mit einer Unbekannten, schon in Mösien, welcher Verbindung zwei Töchter entstammten (s. Jordanes c. 58; Dahn, Urgesch. II 244, Kön. der Germ. II 142 und ADB. Bd. 37, 687), von denen er die eine, Theudegotho, dem westgotischen König Alarich II., die andere, Ostrogotho, dem burgundischen König Sigismund vermählte, das zweitemal mit Audefleda, der Schwester Chlodovechs, ist gewiss ein zufälliges Zusammentreffen der Dichtung mit der Wirklichkeit, wie ja solche erdichtete Familien- und verwandtschaftlichen Verhältnisse unausweichlich mit den natürlichen realen Thatsachen sich treffen müssen; wenn die ThS. c. 231 eine Schwester Dietrichs, Isolde, erwähnt, oder im Nibelungenlied eine Schwester Dietrichs als Mutter Sigestabs vorausgesetzt wird, so wird es niemandem beifallen können, an eine der beiden Schwestern Theodorichs (s. Dahn, Kön. d. Germ. II, 63) zu denken. Auch die Beobachtung Grundtvigs (DgF. 1, 193 Anm. 1), dass die erste Gattin Dietrichs (nach der ThS.), Gudilinda, den Namen von Theodahads (erster) Gemahlin trägt, kann nur als Beleg für das Spiel des Zufalls gelten; Zusammenhang besteht gewiss nicht.

Wenn dagegen die Sage trotz der beiden Dietrich angedichteten Ehen die Vorstellung von seiner Kinderlosigkeit streng festhält und es nicht wagt, an seine Person genealogische Erfindungen zu knüpfen, so hat sie damit treu, nur in ihrer auf das Wesentliche gerichteten Art gesteigert, die Erinnerung daran bewahrt, dass Theodorich keinen Sohn und männlichen Leibeserben hinterlassen hat.

Der Volksname der Goten ist der Sage in Deutschland merkwürdigerweise vollständig verloren gegangen, während er den Geschichtschreibern des Mittelalters natürlich bekannt ist (vgl. z. B. HS. Nr. 18, 23 u. a. m.). Nur in den alten angelsächsischen Quellen begegnet er: in Wídsíđ und Deôrs Klage wird Eormanrîc König der Goten genannt, und in letzterem Gedichte werden die Edlen Dietrichs als Geátes fríge bezeichnet, was aber nicht direkt auf den Volksnamen, sondern auf Gaut, den Stammvater der Goten (Jordanes c. 14) zu deuten sein dürfte (HS. S. 24). Goten kennt zwar auch die Edda, aber nicht in Verbindung mit Dietrich, und der Name bezeichnet nur allgemein südgermanische Stämme. Der historische Name ist in der deutschen Epik vollständig durch epische Namen verdrängt: die Helden Dietrichs heissen in der Regel mit dem Namen des Königsgeschlechtes Amelungen (— das älteste Zeugnis für die Verwendung als Volksname bieten die Regensburger Glossen des XII. Jhds., ZE. XXXVI; über die Glossierung mit Beier s. W. Müller, MHS. 151, Heinzel, Ostg. HS. S. 32 —), eine ganz geläufige Übertragung, vgl. Uhland Schriften 1, 96, Heinzel, Ostg. HS. S. 18, und das Land Amelungelant; auch Bernære kommt vor. Ob dieser epische Name Amelungen für Goten schon der gotischen Epik zugesprochen werden darf, ist zweifelhaft. Ein alter gotischer epischer Name aber hat sich bei den Angelsachsen und Skandinaviern erhalten, und taucht auch sporadisch in deutschen Quellen (doch nicht in der Epik) auf. In Deôrs Klage wird Dietrich mit einer Burg der Mæringer (Mærinȝa burȝ) in Verbindung gebracht, die er nach dem überlieferten Texte 30 Jahre besessen — man möchte eher erwarten „verloren, gemieden“ — haben soll; der Wortlaut oder die Sagenkenntnis des Dichters sind verderbt, jedenfalls aber ist die Mæringerburg eine gotische Burg, denn auf einem schwedischen Runenstein des 10. Jhds. (von Rök in Östergötland) wird Dietrich Fürst der Mæringer genannt[1]. Daran erinnert die Regensburger Glosse *Gothi Meranare*, der lat. Prolog zu Notkers Boethius, wo Theodorich *rex Mergothorum et Ostrogothorum* heisst (wobei nicht *meri*, Meer, zu Grunde liegen kann) und der Name Mêran, für Istrien, Croatien und Dalmatien [Merán in Tirol hat nichts damit zu thun], Gebiete, die zum Ostgotenreich gehörten und von Ostgoten bewohnt waren; dieses Mêran wird mehrfach (doch nicht in der Heldensage) als Stammland Dietrichs bezeichnet (s. Heinzels ein-

---

[1] raiþ þiaurikR — hin þurmuþi
stiliR flutna — strantu hraiþmaraR
sitir nu karuR — a kuta sinum
skialti ub fatlaþr — skati marika [= mæringa]

Transscription ins Altschwedische und Altnord. bei Bugge, Antiquarisk Tidskrift för Sverige, 5, 40 ff. Literaturangaben und Behandlung s. Heinzel, Ostgot. HS. 13 f. Übersetzung (nach Heinzel a. a. O.): Es herrschte Theodorich der Tapfere, der Anführer der Krieger, über den Strand des Hreidmeeres. Nun sitzt er bewaffnet auf seinem Rosse, mit dem Schilde bedeckt, der Fürst der Mæringer. (Dass nicht an das altnórd. *mæringr*, berühmter, vornehmer Mann zu denken ist, beweist u. a. schon allein das Angelsächsische, s. Heinzel a. a. O.).

gehende Behandlung dieser Frage Ostg. HS. S. 9—22). Unmittelbar können freilich die deutschen Formen nicht mit den nordischen und angelsächsischen zusammengebracht werden, denn Mæringar-Mæringas weist auf eine Form *Mâringas zurück, die zwar im Gotischen *Mêriggôs gelautet haben, im Ahd. aber *â* im Stamme zeigen müsste. Diese Schwierigkeit beseitigt Heinzel durch die Erklärung, dass der Name Mêran für jene adriatischen Gegenden von den nachrückenden Slaven aus dem Volksnamen der dort lebenden Goten für das Land gebildet worden und später, doch nicht vor dem 9 ten Jhd., von den Deutschen aus dem Slavischen, wo sich der e-Laut halten konnte, übernommen worden ist, während der in älterer Zeit durch direkte Berührung mit den Goten übernommene Name Mêringôs als westgermanisches (ahd.) Mâringa zu den Angelsachsen und Skandinaviern gelangte, wo er nach den speciellen Lautgesetzen der betr. Dialekte als Mæringas (-ar) auftaucht, während er in Deutschland verloren gieng[1]. Der Name, der episch, und nach der Übernahme durch die Slaven zu schliessen, wol auch wenigstens teilweise ethnisch zur Bezeichnung der Goten diente, hängt jedenfalls mit *mêrs*, berühmt, zusammen, und bezeichnet das Gotenvolk mit einem episch-historischen Ehrennamen[2], der demselben nationalen Hochgefühl ent-

---

[1] Über das Verhältnis von Mergothi zu Mêran, das formell Schwierigkeiten bereitet, s. Heinzel a. a. O.

[2] Heinzel erklärt den Namen *Mêriggôs aus der bei einem latein. Schriftsteller d. 6. Jhds. vorkommenden Bezeichnung der got. Truppen Theodorichs als Valameriaci, d. h. also als Truppen Valamers (wozu er Lotharingi, Gundobadingi etc. vergleicht), welcher Name von den Goten Valamêrs dann auf die Goten Dietrichs übergegangen sein müsste, durch Abwerfung eines Compositionsgliedes (wie Hermunduri-Thuringi, Headobarden-Barden und umgekehrt Vedergeâtas-Vederas, Visigothi-Vesi etc.). Die scharfsinnige Erklärung stösst aber doch auf zu grosse Schwierigkeiten, denn die angeführten Analogien für die Vereinfachung von Compositis bezeugen nicht die Möglichkeit, dass eine persönliche Benennung wie Lotharingi etc. gerade das bestimmende Nomen proprium einbüssen konnte, wodurch der Name sinnlos wurde, und die Nachricht des lat. Autors ist ein viel zu schwacher Anhalt für die Annahme, dass ein verbreiteter episch-historischer Name die sinnlose Verstümmelung eines Truppennamens sein sollte, zumal eine blosse Bildung durch den Autor nicht ausgeschlossen ist und das sonstige bei Heinzel S. 17 ff. angeführte Material mehr als eine Erklärung zulässt. Wie Grienberger, ZfdA. 39, 168 ff. bemerkt, (s. auch Heinzel a. a. O.) führt schon bei Jordanes ein in den Goten aufgegangener, vermutlich selbst gotischer Stamm den Namen Mêrens, d. h. Mêrjans, Leute aus edlem Geschlechte, und die Goten haben sich teils so genannt (in slavischer Tradition Merja und Merjane), teils diese Bezeichnung in Ableitungen (Mêriggôs), teils in Composition (Mêrigutans = Mergothi) weitergebildet.

sprungen ist, das sich in dem Namen Goten (Helden, Krieger) und in den später geographisch umgedeuteten Compositis Wesegothae, Austrogothae [*Wisigotans, *Austragotans], die guten, edlen bzw. die glänzenden Goten, analog äussert (über die Etymologien s. Streitberg, Idg. F. 4, 300; Got. Elementarbuch, § 7).

Als epischer Name für Goten begegnet bei den Angelsachsen auch Hrēđgotan und Hrēđas, was als „sieg- oder ruhmreiche Goten" verstanden worden sein wird, aber nach Müllenhoff ZE. IV nur volksetymologische Umdeutung aus dem älteren ebenfalls belegten Hrædas (*Hrædgotan) ist, das er mit dem skand. Namen Hreiđgotar, Hreiđgotaland (was aber bei den Skandinaviern sehr verschiedene Länder bezeichnet, s. Heinzel, Über die Hervararsaga S. 55 ff.) zusammenstellt und auf ein ahd. *Hreidgozun zurückführt. Der skandinavische Name könnte ursprünglich nach Gerings Vermutung (ZPh. XXVI 26: *hreiþ* = *hríþ* Sturm, Kampf) wol als Sturm-, Kampfgoten verstanden worden sein; in Verbindung mit Dietrich kommt er nur auf dem Röksteine vor, wo es heisst, dass Dietrich über den Strand des Hreiđmeeres, des adriatischen oder mittelländischen Meeres herrschte, das somit das Meer der *Hreiđar, der Ostgoten genannt wird. Ob aber dieser Name den Skandinaviern aus Deutschland zugekommen (Müllenhoff, Kern) oder nur Umbildung des angelsächsischen epischen Namens ist (Heinzel), und ob die Angelsachsen ihn selbst gebildet oder aus Deutschland übernommen haben (Müllenhoff, Kern, Heinzel, doch jeder mit anderer etymologischer Erklärung) ist nicht sicher, doch ist Überführung des Namens durch westgerm. continentale Stämme einerseits nach England, anderseits nach Skandinavien wie bei Mæringar wahrscheinlich, und der Name könnte (mit Kern, Taalkundige bijdragen 1, 29 ff.) ein bei den Goten in der Poesie üblicher epischer Ehrenname mit der ursprünglichen Bedeutung „souveraine Goten" gewesen sein; eine andere Deutung als die „reinen, auserlesenen, ausgezeichneten Goten" liefert R. Much ZfdA. 39, 52.

Sind auch in der deutschen Epik der historische wie die gotisch-epischen Namen von Theodorichs Volk vergessen, so herrscht doch über die Lage von Theodorichs Reich in Italien kein Schwanken. Zwar die vielen italienischen Lokalnamen, die in den mhd. Gedichten als Schauplatz der sagenhaften Ereignisse genannt werden, sind keine alten Sagenreminiscenzen, sondern beruhen mehr oder weniger alle auf der lebenden Kenntnis der italienischen Topographie, die aus der beständigen Berührung der deutschen Kaiserzeit mit Italien hervorgieng (s. Uhland 1, 99). Eine wirkliche Sagenerinnerung aber liegt in der Vorstellung von dem über Italien, Istrien, Dalmatien und Rätien sich erstreckenden Reiche Dietrichs mit den beiden Hauptsitzen Ravenna und Verona, ein Verhältnis, das historisch zur Zeit der Ostgoten, und nur zu dieser Zeit, bestand (s. Uhland 1, 97—100; W. Müller, MHS. 151). Die stehende Verbindung Dietrichs mit Verona in der Formel Dietrich von Bern — die so fest ist, dass 'Dietrich von Bern', sogar ein beliebter Personenname, besonders in Südwestdeutschland geworden ist, s. Uhland, Germ. 1, 304 ff.; ZE. XX —, bzw. im Beinamen der Bernære, ja sogar geradezu 'Berner', kann allerdings verschiedenen Ursprung haben: der Sieg über Odoaker bei Verona wird schwerlich zur Erklärung beizuziehen sein, eher der Umstand, dass Theodorich die Stadt, der auch seine Bauthätigkeit zu gute kam, mit Vorliebe zu seinem Hoflager wählte; dazu trat später — oder war vielleicht ausschliesslich wirksam — der Einfluss des bedeutenden unmittelbaren Verkehrs mit Italien, wobei man von Deutschland aus Verona als erste grössere Stadt betrat, die damit also den Deutschen am geläufigsten wurde (Sijmons); konnten doch die deutschen Besucher gerade dort in veronensischen Lokalsagen von Dietrich und seiner Vorliebe für Verona hören (HS. Nr. 25). Über weitere Lokalverbindungen Dietrichs mit italienischen Städten, die wol teilweise erst einer Übertragung aus deutscher Sage entstammen s. ZE. XXI. LII 2.

Die Begebenheiten selbst, die von der Sage berichtet werden, wurzeln nur zum kleineren Teile in der Geschichte. Das Gegensätzliche der Sage und Geschichte, das W. Grimm hervorhebt, ist nirgends auffälliger als gerade hier. Doch ist der Gegensatz nur in der ausgebildeten Sagenform und wenn sie als pragmatisches Ganze mit der Geschichte verglichen wird, so schroff, und verliert bei Betrachtung des historischen Werdeganges der Sage, soweit dieser noch aufhellbar ist, viel von seiner Stärke.

Von einer Erinnerung an die ursprüngliche Eroberung Italiens vom Balkan (Byzanz) aus ist in den Sagendocumenten nicht die geringste Spur vorhanden; Heinrich von München (HS. Nr. 84) hat die Erwähnung Zenos aus Jordanes, dessen historia Getarum unter dem verballhornten Titel historia katolicum citiert wird, und die gleiche Erwähnung bei Königshofen ZE. LXXVI ist offenbar ebenfalls gelehrten Ursprungs. Wenn der Sage nach Dietrich schliesslich vom Hunnenreiche aus Italien erobert, so könnte man allerdings hierin die gemeinsame Vorstellung eines Eroberungszuges der Goten nach Italien von Osten her ausfindig machen wollen, aber nähere Betrachtung lehrt die Unmöglichkeit eines solchen Schlusses; denn diese Rückkehr ist erst das Resultat einer langen Sagenentwicklung, welche die Vorstellung von der Vertreibung Dietrichs aus Italien voraussetzt, und die Bildung dieser Vorstellung beruht wieder auf der Meinung, dass Italien alter Wohnsitz der Goten und Erbreich Dietrichs war, also gerade auf dem Vergessen der Thatsache, dass erst Theodorich von Byzanz aus Italien eroberte.

Wenn die Sage Dietrich als Hochbetagten in friedlichem Besitze (des wiedergewonnenen) Italiens bis zu seinem Ende des Reiches walten lässt, so hat sie hierin getreu das historische Bild Theodorichs, des allgemein anerkannten und geehrten, in Frieden seine Laufbahn beendenden hochbejahrten Herrschers Italiens festgehalten, und kann darum zu dieser Vorstellung nicht infolge rein dichterischer Phantasiebildung gelangt sein. Gehört nun aber diese Kenntnis zu dem festen Bestande der Sagenvorstellungen über Dietrich, so ist es selbstverständlich, dass die Sage, wenn sie auf irgend einem Wege dazu gekommen war, Dietrich als Vertriebenen aufzufassen, ihn vor seinem Lebensende zurückkehren lassen muss; das Problem der Sagenbildung liegt nur in der Gewinnung dieser Vorstellung von einem Exile, nicht in der endlichen Heimkehr; diese ergibt sich aus den gegebenen Elementen von selbst. Historische Erinnerungen an die Kämpfe um die Besitzergreifung Italiens haben sich allerdings erhalten und sind von der Sage verwertet worden; aber sie haben die Sage von der Heimkehr Dietrichs in sein Erbland nicht hervorgerufen, und das Bewusstsein, dass es Kämpfe um die erste Eroberung Italiens für die Ostgoten waren, ist der Sage vollständig abhanden gekommen.

Die Umwandlung des siegreichen Eroberers Italiens in einen Flüchtling hat man wohl daraus erklären wollen, dass der Untergang des Ostgotenvolkes im Bewusstsein der Nachwelt gewissermassen seinen Schatten auf die Sagen von Theodorich-Dietrich geworfen habe und dessen Sage nunmehr die

Schicksale der Goten in persönlicher Form concentriert zusammenfasse (vgl. Müller, MHS. 183); doch fehlt zu einer Annahme derartiger Sagenbildung jede Parallele; die Sagenbildung geht nicht aus einer Reflexion über weltgeschichtliche, Jahrzehnte oder Jahrhunderte umspannende Perioden einer Volksgeschichte hervor, sondern knüpft, soweit historische Elemente vorliegen, an concrete Persönlichkeiten und einzelne bestimmte Ereignisse an, von denen dann die Sagenumbildung ausgeht; Attila z. B. erscheint in der Sage immer als mächtiger Herrscher, obwol sein Reich unmittelbar nach seinem Tode zertrümmert wird und die Hunnen aus Europa verschwinden; — und auch im Einzelnen fehlt jede Spur eines Einflusses der späteren gotischen Geschichte auf die Sagenbildung, abgesehen vielleicht von einem episodischen Zuge, der auf die Richtung der ganzen Dietrichsage keinen Einfluss ausgeübt hat. Der dreissigjährige Zeitraum von Theodorichs Tod bis zum Ende der ostgotischen Herrschaft in Italien ist so reich an wahrhaft grossen tragischen Momenten, die alle Elemente zu episch historischer Sagenbildung in sich tragen — man lese nur z. B. die Schilderung Prokops (IV, 35) von dem Tode des Teja — dass das Fehlen jeglichen persönlich-individuellen Zuges aus dieser Periode in der Dietrichsage zum Erweise, dass diese Ereignisse nicht in Sage und Lied gefeiert worden sind, genügt; mit allgemeinen blassen Abstractionen operiert die Sagenbildung nicht; wie sie den Untergang eines Volkes persönlich-individuell gestaltet, zeigt der Untergang der Burgunder in der Beleuchtung der Nibelungensage.

Die Analyse der sagenbildenden Elemente zeigt, dass nicht die gesamte Gotengeschichte, ja nicht einmal die gesamte Geschichte Theodorichs für die Sage in Betracht gekommen ist, dass vielmehr, abgesehen von dem oben berührten Festhalten des Zuges, dass Theodorich als Herrscher Italiens stirbt, im wesentlichen nur seine Jugendschicksale und die voritalische Periode der Goten den von der Sage ergriffenen Stoff bilden. Wenn Dietrich mit seinen Getreuen 30 Jahre lang [Deôrs Kl., altes und junges Hildebrandslied; 32 nach ThS. c. 396, und dem Archetypus der Druckrec. des jüng. Hild.-liedes (MSD³, II 26); wie sich erschliessen lässt (s. HS. S. 135), nimmt wol auch die Klage 32 jähr. Exil an] in ehrenvoller Stellung am Hofe des Hunnenkönigs weilt, so entspricht das im Allgemeinen der Stellung der Ostgoten zu den Hunnen seit dem Tode Ermanarichs (375) bis zum Tode Attilas (453), speciell derjenigen seines Vaters Theodemer zu seinem Oberherrn; anderseits weilt auch Theodorich selbst als Geisel, doch ehrenvoll und freundlich behandelt, als Liebling des Kaisers Leo, zehn Jahre (von seinem achten bis zum achtzehnten Lebensjahre) am fremden Hofe zu Byzanz; die Übertragung vom Vater auf den Sohn —, ein nicht vereinzelter Fall, vgl. die fränkische Hug- und Wolfdietrichsage — wobei ein Analogon im Leben des Sohnes die Attraction und Concentrierung erleichterte, ist schon längst als ein auf die Sagenbildung von Einfluss gewesener Factor erkannt worden. Zur Bildung der Exilsage würde er allein doch wol kaum genügt haben; es hat jedoch auch im Leben Theodorichs eine Periode gegeben, während der er mit seinem Volke ohne feste sichere Wohnsitze ein unstetes Wanderleben führen musste: die Jahre vom Einbruch der Goten (noch unter Theodemer † 474/75 in Mösien) 473 bis zu dem Einzuge Theodorichs in Ravenna als Sieger über Odoaker (März 493), zwanzig Jahre, ausgefüllt von Kämpfen mit Byzanz, mit Theodorich Strabo, und endlich, nach einem an allem Wanderelend, Winterfrost, Hunger, Seuchen und feindlichen Überfällen reichen Zuge aus dem Balkan nach Italien, von den fünfjährigen höchst wechselvollen Kämpfen mit Odoaker. Es ist von vornherein wahrscheinlich, dass, sofern Theodorich bereits bei den Goten Gegenstand episch-historischen Gesanges gewesen — was man ebenso sicher aus allgemeinen Gründen annehmen darf als die Geschichte der Sagenentwicklung zwingend darauf führt, — die gotischen Lieder eben diese sturmvolle Zeit kriegerischen Heldentums besungen haben werden, während das spätere staatsmännische friedliche Wirken keinen episch verwertbaren Stoff bot. Diese innere Wahrscheinlichkeit wird zur Gewissheit durch deuliche Spuren historischer Erinnerungen an diese Zeit noch in späten Sagenquellen, Züge, deren Aufnahme in die Sage nur durch gotische Lieder von diesen Ereignissen erklärlich ist.

Eine solche historische Erinnerung knüpft sich an den gefährlichen Rivalen und Namensgenossen Theodorichs, Theodorich des Triarius Sohn mit dem Beinamen Strabo, einen gotischen Freischarenführer, der in griechischen Diensten stand und vom byzantinischen Hofe bis zu seinem Tode 481 mit grossem Erfolge gegen Theodorich ausgespielt wurde, welcher mit ihm bald im Bündnis, bald, und noch öfter, in Feindschaft stand (vgl. F. Dahn, A. D. B. s. v.; Kön. d. Germ. II 67). In der Thidrekssaga begegnet er (Müllenhoff, ZfdA. 12, 279, W. Müller MHS. 156) als Thidrekr Valdimarsson, als ein Russe; er kämpft gegen Attila und Thidrek, wird von Thidrek v. Bern gefangen genommen, von der Königin Erka aber begünstigt und entflieht; Thidrek holt ihn ein und tötet ihn im Zweikampf. Ob man in dem „starken Dietrich“ der in den dänischen Kämpeviser als Held Dietrichs erscheint (s. DgF. I 75), eine Spur dieses Doppelgängers erblicken darf, ist zweifelhaft. Die oberdeutsche Heldensage kennt wenigstens noch seinen Namen als Dietrich von Kriechen, weiss aber von seiner feindlichen Stellung zu Dietrich nichts mehr, obzwar die „griechische“ Herkunft noch sein Verhältnis zu Byzanz widerspiegelt; er erscheint in Dietrichs Flucht und Rabenschlacht im Heere Etzels, im Rosengarten D als Held Etzels, der für Dietrich kämpft (HS. S. 219); der Anh. z. HB. nennt einen „schoen Dietrich usz Růssenland“, und meint damit zweifellos den russischen Dietrich der ThS.; er schöpft hierin, wie sonst so vielfach, offenbar aus Kenntnis der ndd. Sage (s. S. 83. 113), wie die Angabe Russlands (in obd. Quellen Griechenland) beweist; im übrigen ist der Sinn der ndd. Localangabe ursprünglich derselbe wie der der obd., da griechisch mit slavisch vielfach gleichgestellt und verwechselt wird (s. Müllenhoff, ZA. 10, 166). Der Beiname „der schöne“ kehrt auch im Rosengarten D wieder; W. Grimm denkt a. a. O. zweifelnd an eine mögliche Beziehung zur Legende vom schönen und hässlichen Dietrich (Crescentia) in der Kaiserchronik. In der That ist es auch wahrscheinlich, dass der späte Beiname „der schöne“ aus Kenntnis der Crescentialegende in die Sage gekommen, d. h. auf eine namensgleiche Person übertragen worden ist, zumal diese in Beziehung zu einem Dietrich (v. Bern) stand, der einmal (Müllenhoff ZA. 12, 330, Heinzel, Ostg. HS. 98) als hässlich geschildert wird. Sollte auch dies erst aus einer Übertragung von der Crescentiageschichte herstammen? Das ist jedoch ganz unwahrscheinlich, denn die angebliche Hässlichkeit Dietrichs tritt doch nur in der ThS. an einer Stelle auf, die eine andere Erklärung nahelegt. Von einem ursächlichen Zusammenhang[1] der Crescentianovelle mit der Sage von Dietrich von Bern und Dietrich von Kriechen kann jedenfalls keine Rede sein.

---

[1] Wie ihn W. Müller, MHS. 156, Anm. 1 annahm, der die Novelle als Spross aus der historischen Sage von den beiden Theodorich erklärt.

Auch aus den schwankenden und teilweise unglücklichen Kämpfen mit Odoaker sind historische Erinnerungen durch das Mittel episch-historischer gotischer Lieder in die Sage übergegangen, und von ihr an den unglücklichen Wiedereroberungsversuch Italiens angeknüpft worden. Dass vor Ravenna (Raben) eine grosse Schlacht geschlagen wird, dass Ravenna als Stützpunkt des feindlichen Königs (Ermanarich) gilt, als die Stadt, in die er er flieht, wenn geschlagen ist (Uhland 1, 97 f.), kann gewiss kein Zufall sein, am allerwenigsten daraus, dass Ravenna ein Lieblingssitz Theodorichs und sein Begräbnisort ist, erklärt werden, denn dann wäre die Zuteilung an einen fremden König erst recht ein rätselhafter Widerspruch, sondern entstammt dem durch Lieder festgehaltenen historischen Verhältnis Odoakers zu Ravenna. Weiter sind aber auch Einzelheiten der Ereignisse festgehalten. Witege, der Heerführer Ermanarichs, gerät in Dietrichs Hand, schwört ihm Treue und wird zum Befehlshaber von Ravenna eingesetzt; bei nächster Gelegenheit fällt er verräterisch wieder zu Ermanrich ab und bringt dadurch Dietrich in grosse Bedrängnis. Schon Max Rieger (ZfdM. 1, 233) hat mit Recht daran erinnert, dass historische Erinnerungen an Tufa im Laufe der Sagenentwicklung auf Witege übergegangen sind. Tufa, ein Feldherr Odoakers, tritt mit dem grössten Teile des Heeres zu Theodorich über; Theodorich schickt ihn nun gegen Odoaker nach Ravenna, bei Favenzia trifft er seinen alten Herrn und übergibt ihm das Heer und die Grafen Theodorichs, die in Eisen nach Ravenna gebracht werden; wie gross die Bedrängnis war, in die Theodorich durch diesen Verrat geriet, ersieht man daraus, dass Odoaker wieder zum Angriff übergeht, Cremona und Mailand abermals in seine Gewalt bekommt und Theodorich sich nach Pavia zurückziehen muss, wo er belagert wird. Zwei weitere Motive der Sage scheinen mir in der Tufaepisode ebenfalls ihren Ursprung zu haben. Wie Tufa die Grafen Theodorichs überlistet und sie in die Gewalt Odoakers bringt, so überfällt Witege sieben der besten und vornehmsten Helden Dietrichs und liefert sie an Ermanarich aus; um ihre Freilassung zu erwirken, räumt Dietrich das Land. Der Dichter von Dietrichs Flucht trennt freilich diese Begebenheit vollständig von der Übergabe Ravennas, aber er schaltet frei mit verworrenen Sagenkenntnissen, und dass in so später Überlieferung Zusammengehöriges getrennt und an verschiedene Orte gestellt wird, ist nichts verwunderliches. Wenn ferner ein Heer Dietrichs unter Jubart in Mailand von Ermanarichs Heer hart belagert und endlich von einem zweiten Heere Dietrichs entsetzt wird, so ist eine Erfindung nicht ausgeschlossen, aber es erinnert diese Erzählung doch sehr daran, dass Dietrich in Pavia von Odoaker hart belagert und nur durch ein westgotisches Ersatzheer aus seiner bedenklichen Lage befreit wird; dass der Dichter Mailand nennt, ist eine begreifliche Modernisierung, da diese berühmteste Stadt Oberitaliens aus der deutschen Kaiserzeit allbekannt war. Ist in diesem Sagenzuge nicht freie Erfindung zu erblicken, sondern ein Nachhall historischer Begebenheiten, so liegt es näher, an das erwähnte Ereignis zu denken, das in Theodorichs Schicksal eine so wichtige Rolle spielt und mit seinen Kämpfen um Italien so eng verflochten ist, zumal zwei andere Fragmente der Tufaepisode im Sagenschatze des Dichters auftauchen und die Belagerung und der Entsatz Pavias eine Folge jener Verräterei ist, als an die Entsetzung der von den Franken in Arles belagerten Westgoten durch den ostgotischen Feldherrn Ibba im Jahre 508 (Heinzel, Ostg. HS. S. 57), ein Ereignis, das geographisch abliegt und historisch mit der Eroberung Italiens nichts zu thun hat. Hängt der Name Jubart wirklich mit Ibba zusammen, wie Heinzel durch den Hinweis auf die handschriftliche Nebenform Hioba anzudeuten scheint, so mag vielleicht ein Ibba wirklich in den Liedern und Sagen von Theodorich vorgekommen sein, ob aber der Ibba und sein Feldzug vom J. 508, ist sehr zweifelhaft, und seine Verflechtung in die italischen Kämpfe würde doch nur durch ein Zusammenfallen des späteren Ereignisses mit der Belagerung von Pavia in der gotischen Sage erklärlich sein; aber ein Zusammenhang der Namen Ibba und Jubart ist überhaupt ganz unwahrscheinlich.

Es spricht demnach vieles dafür, und zwar nicht blos Übereinstimmungen im Einzelnen, sondern auch der Umstand, dass diese Übereinstimmungen sich alle auf eine bestimmte, in der Geschichte chronologisch und ursächlich verbunden Reihe von Begebenheiten beziehen, dass es gotische episch-historische Lieder gegeben hat[1], welche den Übergang Tufas zu Theo-

[1] Spielte in diesen vielleicht auch der von Odoaker vertriebene rugische Prinz Friedrich, der an den Kämpfen gegen Odoaker in Theodorichs Heer teilnahm, eine Rolle? Rieger macht a. a. O. 235 auf die Namensgleichheit mit Ermanarichs vom Vater in den Tod getriebenen Sohne Friedrich aufmerksam, indem er darauf den Schluss gründet, die Parallele zwischen dem sagenhaften und dem rugischen Friedrich habe zur Ersetzung Odoakers durch Ermanarich beigetragen. Die Ähn-

dorich, seinen treulosen Abfall, die Gefangennahme und Auslieferung der gotischen Edeln Theodorichs an Odoaker durch Tufa, die darauf folgende Bedrängnis Theodorichs, seine Belagerung in Pavia und seine Entsetzung durch ein westgotisches Hilfsheer, die Kämpfe vor Ravenna und die Einnahme der Stadt besangen; nur aus einem solchen historisch-epischen Liedercyklus erklärt sich der Übergang dieser intimsten Details in die Sage, in der sie freilich im Laufe der Sagenentwicklung auseinander gefallen, umgebildet und an verschiedenen Stellen des Erzählungsfadens angereiht worden sind. Aus der causalen Verknüpfung der drei Ereignisse der Tufaepisode erklärt sich auch, dass sie sich so lange in der Überlieferung halten konnten, während andere Motive dieses Kreises verloren gingen: Fredegar hat uns einen in der späteren Sage verlorenen Zug erhalten, welcher die Episierung dieser italienischen Kämpfe schon in sehr alter Zeit beweist.

Er erzählt, dass Theodorich in den Kämpfen vor Ravenna einmal vor Odoaker floh und erst seine Mutter ihn aufhielt, die ihm entgegentrat und zurief: „Mein Sohn, der einzige Ort, wohin du noch fliehen könntest, wäre der mütterliche Schooss, aus dem du gekommen bist“[1]. Da kehrte Theodorich um und warf den Feind zurück. — Das ganze Kapitel entstammt laut eigener Angabe Fredegars den (verlorenen) Gesta Theodorici (die erhaltenen sind samt und sonders spätere Producte, von denen die 1. Fassung aus Frede-

lichkeit wäre aber sehr geringfügig, und das Vorkommen des rugischen Friedrich in der Sage ist ganz zweifelhaft. Heinzel (Ostg. HS. 5) vermutet, der Sohn Ermanarichs habe in Erinnerung an den rugischen Friedrich den Namen erhalten; die Annahme liesse sich weiterführen durch die Hypothese, dass die historische Sage bereits in ihrem ältesten Stadium aus der Vertreibung Friedrichs durch Odoaker unter Benutzung der Schicksale seines Vaters Fava, den Odoaker gefangen genommen und getötet hatte, eine Tötung gemacht habe; aber der Tod Favas durch Odoaker ist nur eine Vermutung, kein beglaubigtes historisches Factum (Dahn, Kön. d. Germ. II 33 Anm. 5), und der Ausgangspunkt der ganzen an sich recht unsichern Hypothese wird in Frage gestellt durch den Umstand, dass schon im Widsið, wo eine Verbindung der Ermanarich- und Dietrichsage noch nicht eingetreten ist, ja Dietrich gar nicht in den aufgezählten Sagenstoffen vorkommt, ein Freoþeric genannt wird, der doch aller Wahrscheinlichkeit nach als der Sohn Ermanarichs aufzufassen ist. Der Name kann also nicht aus dem Dietrichsagenkreise stammen, dessen Verbindung mit Ermanarich Voraussetzung eines solchen Namenüberspringens wäre. [Eher liesse sich, worauf mich Sijmons bei der Corr. aufmerksam macht, an den rugischen Friedrich denken bei dem Vasallen oder Verbündeten Dietrichs, Friedrich von Raben, in DFl. 3012. 5730. 5850., auch 9874 und 2719 (wo er ein mächtiger Fürst genannt wird), vgl. ferner Alph. Str. 76 und Rab. Str. 261.]

[1] Non est, ubi fugias, fili, nisi ut levi vestimenta mea, ut ingredias utero, de quo natus es.“ Fredegar, chron. II c. 57 (SS. rer. Merow. II 79).

gar, die 2. aus Fredegar, Paulus Diaconus, dem Liber pontificalis und Gregor, die 3. aus Aimoin geschöpft ist s. Krusch, MGH., Scr. R. Merow. II S. 200 f.) s. Krusch a. a. O. S. 6, und es wird diese Begebenheit eines historischen Kernes nicht ermangeln, wie denn auch von historischer Seite die Flucht Theodorichs bei einem Ausfall Odoakers gegen Pineta, den Stützpunkt des gotischen Belagerungsheeres, und das Auftreten der Mutter als geschichtlich angenommen wird (s. Dahn, ADB. sv. Theoderich). Der Ausspruch, den Theodorichs Mutter getan haben soll, wird aber wol bereits episch-sagenhaft sein, denn die Form der Mahnung scheint ein weit verbreitetes Motiv volkstümlichen Charakters zu sein, da Gleiches von persischen Frauen erzählt wird[1], und etwas ganz ähnliches schon Tacitus (Germ. c. 8) von den Frauen der Germanen berichtet: memoriæ proditur, quasdam acies inclinatas iam et labantes a feminis restitutas constantia precum et obiectu pectorum, womit das Entgegenhalten der Brüste, nicht ein Entgegenwerfen gemeint ist (Baumstark, Ausführliche Erläuterung des allgem. Teiles der Germania, 1875, 388 flg.). Das Motiv, dass Theodorich weicht und erst auf Scheltreden im Zorne der Beschämung wieder umkehrt und nunmehr siegt, erinnert an Dietrichs ähnliches Verhalten Rosengarten A 356 ff. D 524 ff. Zusammenhang ist gewiss nicht vorhanden, ausser in der allgemein psychologischen Charakterauffassung des nur zögernd seine Kraft gebrauchenden

---

[1] Krusch verweist S. 79 Noten als Analogie auf Justin I 6, aus dem Orosius I 19 wiederholt. Justins Worte lauten: matres et uxores eorum obviam occurrunt, orant in praelium revertantur, cunctantibus sublata veste obscoena corporis ostendunt, rogantes num in uteros matrum vel uxorum velint refugere. Orosius gibt das wörtlich wieder. Es könnte immerhin in Frage kommen, was Krusch aber keineswegs behauptet, ob Fredegar diesen Zug nicht speciell nach Orosius nüanciert habe; aber er citiert Orosius nur einmal im 4. Buche c. 66, wo jedoch Orosius gar nicht gemeint sein kann, und ein Irrtum oder alte Verderbnis der Handschriften vorliegen muss, und an einer einzigen Stelle [II c. 46] scheint er aus Orosius geschöpft zu haben (Krusch pg. 6). Eine Benutzung des Orosius in nennenswertem Umfange liegt daher schon für Fredegars Werk nicht vor, und für die Gesta Theodorici, aus denen die c. 57 und 59 des II. Buches entnommen sind, fehlt auch der Schatten eines Nachweises davon; Verbreitung identischer und sehr nahe liegender menschlich allgemeiner Motive ist daher viel näher liegend, als willkürliche Construction von Zusammenhängen ins Blaue hinein. Vgl. Schneege, Deutsche Zeitschrift f. Geschichtswissenschaft XI 43, wo ebenfalls Sage angenommen wird. Auch Uhland (8, 380) hat bereits auf diese Erzählung als epischen Zug hingewiesen. Über den episch-sagenhaften Charakter der Gesta vgl. auch A. Thorbecke: „Über gesta Theodorici", Heidelberg 1875 (Programm), 19 ff.

und sich ihrer erst im Zorn bewusst werdenden Helden, worin die Sage getreu Theodorichs welthistorisches Bild festgehalten hat (vgl. Dahn ADB 37, 703).

Ähnliche histor.-epische Lieder über die Kämpfe des jungen Theodorich auf der Balkanhalbinsel müssen es gewesen sein, welchen die Sage im letzten Grunde die Kenntnis von Dietrich dem Griechen verdankt, von dem in früheren Zeiten reichere Sagenkunde vorhanden gewesen sein muss, die sich im Laufe der Sagenentwicklung fast bis auf den blossen Namen reduciert hat.

Von sonstigen historischen Erinnerungen aus der Gotengeschichte ist in der Dietrichsage nur mehr weniges sicher nachzuweisen. Wenn in der mittelalterlichen Sage Etzels Söhne in einem Kriege der Hunnen (um Dietrich sein Land wiederzuerobern) gegen die Goten (Ermanrichs) fallen (durch Witege), so ist das Factum, wie Heinzel erkannt hat, gewiss ein Nachklang ehemals reicherer und im Detail anders lautender historischer Sage von den geschichtlichen Kämpfen der (Gepiden und) Goten unter Theodorichs Oheimen und Vater mit den Söhnen Attilas in den Jahren 454 und 455, in denen die von Attila unterjochten Germanenstämme ihre Freiheit wiedergewinnen, Ellak, Etzels Lieblingssohn, fällt, die anderen geschlagen und in die Flucht getrieben werden; und auch die Form der mhd. Sage a) dass Witege Attilas Söhne tötet, b) dass dies bei einem Kriege der Hunnen gegen Ermanarich stattfindet, ist gewiss nicht zufällig, da a) nach Jordanes c. 34 ein Widigoja, der in Liedern gefeiert worden ist (c. 5), ein berühmter Vorkämpfer seines Volkes gegen die Sarmaten war, mit denen dann die Hunnen identificiert wurden, wie Wídsíð beweist, wo Wudga als tapferster Kämpfer gegen die Hunnen erscheint (ZE. III) und b) Ermanarich der älteste gotische Gegner der Hunnen ist (siehe Heinzel, Ostgot. HS. 57 ff.). Wie von Widigoja, so klingt aus der älteren gotischen Geschichte noch von einem anderen Helden alte Kunde in der Sage nach, von Gensimund, dem treuen Beschützer und Erzieher der drei Amalerbrüder Theodemer, Walamer, Widemer, den Müllenhoff als den historischen Vorläufer des alten Hildebrand erkannt hat (ZE. VI)[1].

[1] Kunde von Winithar hat W. Müller (Hennebergers Jahrbuch für deutsche Literaturgeschichte I 1855 S. 65) und ebenso Müllenhoff ZE I. in einem Zuge vermutet, den uns nur die ungarische Chronik von Simon Kéza aus dem 13. Jhd. von Dietrich erzählt. Dietrich kämpft an der Spitze eines deutsch-römischen Heeres mit den Hunnen; dreimal wird gefochten, in der dritten Schlacht siegen die Hunnen

Was man sonst an Elementen der Dietrichsage auf historische Verhältnisse hat zurückführen wollen, ist teils ganz unsicher, teils nur imaginär[1].

Wenn von den in mittelhoch- und niederdeutschen (ThS.) Quellen auftretenden Sagen von Dietrich nur ein kleiner Teil

und Dietrich wird von einem Pfeile in die Stirn getroffen; er trägt einen Stumpf davon in der Wunde mit nach Rom als Zeugnis seines tapferen Streites und heisst daher bis heute der unsterbliche (oder heilige) (HS. Nr. 63; aus Kéza wiederholt Olahus HS. Nr. 139). Nach Jordanes c. 48 kämpft Winithar mit den Hunnen, siegt in zwei Treffen (nach Ammianus Marcellinus aber waren es zwei Niederlagen s. Dahn, Könige d. Germ. II 57), im dritten aber findet er, durch einen Pfeilschuss in den Kopf verwundet, seinen Tod. Es handelt sich hier aber gewiss nicht um eine alte Sagenvermischung — und nur in früher Zeit wäre eine Kunde von Winithar noch denkbar — sondern um eine verhältnismässig junge Verwechslung Dietrichs v. Bern mit dem westgotischen Theodorich, der in der Schlacht auf den catalaunischen Feldern fiel; denn auf diese bezieht sich die ursprünglich deutsche, nach Ungarn gelangte Sage, wie Heinzel Über die Hervararsaga S. 104 nachgewiesen hat. — Der Pfeilstumpf in der Stirnwunde des unsterblichen Helden erinnert auffallend an den Splitter von Hrungnirs Steinkeil in Thors Stirne (M. 309), aber es ist das sicher nur eine zufällige Ähnlichkeit ohne jedweden Zusammenhang.

[1] Dass Heimes Pferd in der Thidrekssaga Rispa heisst, während ein gotischer Anführer Respa hiess (s. Müllenhoff, Index zu Mommsens Jordanesausgabe), was Heinzel S. 87 bemerkt, ist bei dem mehr als hypothetischen Zusammenhange für die Geschichte der Sage unverwertbar.

Mit der unhaltbaren Grundanschauung W. Müllers, dass die Hauptpersonen der Sage ideelle oder repräsentative Verkörperungen der historischen Ereignisse sind, die ihre Völker betroffen haben, hängt eine Reihe von unfruchtbaren und grundlosen Hypothesen auf diesem Gebiete zusammen: Die spät erfundenen Kämpfe Dietrichs mit Siegfried im Wormser Rosengarten sollen den Krieg Theodorichs gegen die Franken im J. 508 wiederspiegeln, wie die erfundenen Kämpfe der gotisch-hunnischen Helden mit den rheinischen im Biterolf die Schlacht von Chalons (MHS. 157 ff.); die in ihren Motiven ganz durchsichtige mittelalterliche Vorstellung, dass Ermanarich römischer Kaiser sei (s. Uhland 1, 100) wird auf den oströmischen Kaiser Justinian gedeutet (Hennebergers Jb. 1, 165 f.), Witeges und Heimes Abfall von Dietrich repräsentieren die feindliche Einmischung der Franken und Alemannen in die byzantinisch-gotischen Vernichtungskriege (a. a. O. 167), und der Untergang des gotischen Reiches in Italien sei in dem Falle aller gotischen Helden an Etzels Hofe ausgedrückt, und spiegele sich überhaupt in Dietrichs unglücklichem Schicksal (a. a. O 165, 167, 168) wieder u. dgl. mehr. E.H.Meyer hat gelegentlich (ZfdPh. 1, 375) die Meinung ausgesprochen, dass nicht nur ganze Stücke der Rabenschlacht und Flucht aus dem letzten Zeitraum der Gotengeschichte herausgebrochen seien, sondern auch das Gedächtnis Theodahads und König Witigis' in der Sage von Diether und Witege fortlebe, doch ist er nicht wieder darauf zurückgekommen; Theodahad hat W. Müller zweifelnd mit Sibich verglichen (H. Jb. 166), und am selben Orte die Frage nach Beziehungen Witeges zu König Witigis in etwas anderem Sinne aufgeworfen, aber verneint; der Grund Müllers gegen die Annahme würde freilich nicht beweisend sein.

durch seine nahe Übereinstimmung mit der Geschichte oder durch direkte Kriterien sich als Ausläufer alter gotischer Sage bzw. sagenhaft-episch gefärbter Geschichtserinnerung ausweist, so sind anderseits gewiss zahlreiche Züge und Motive, die bei den Goten an die Gestalt Theodorichs und an die gotische Geschichte in Sage oder Lied geknüpft waren, verloren gegangen d. h. nicht zu den anderen Völkern gewandert, oder haben doch keine dauernde Aufnahme in den Sagencomplex, der in deutscher Sagenpflege durch andere Elemente und Weiterbildung anwuchs, gefunden. Dieser aus inneren Gründen sich ergebende Schluss wird hie und da durch Streiflichter, die von der frühmittelalterlichen historischen Überlieferung aus zufällig auf die Gestalt Theodorichs fallen, concret bestätigt. Ein Beispiel dafür bot oben die Flucht Theodorichs und die Scheltrede seiner Mutter. Noch einige andere Episoden aus den verlorenen Gesta Theodorici (= cap. 57 bei Fredegar Chron. II) lassen sich mit Wahrscheinlichkeit für gotische Sage in Anspruch nehmen. Die erste betrifft den Traum der Mutter Theodorichs in der Hochzeitsnacht, wobei die Umstände der Geburt allerdings sonderbar (seine Eltern sind Unfreie im Hause des römischen Patricius Idacius) und schwerlich aus gotischer Überlieferung heraus, verballhornt sind[1]. Der Mutter träumt in der Hochzeitsnacht,

[1] Wenn Mone (Anz. f. Kunde des Mittelalters IV) in diesem macedonischen Theodorich den Theodorich Strabo vermutet, und noch Heinzel Ostgot. HS. S. 33 davon spricht, dass der Autor den „macedonischen“ Theodorich von dem, der in Italien geherrscht hat, unterscheide (somit Mone zwar wol Recht haben werde, doch habe der Autor trotz dieser Scheidung fast alles von dem Goten auf den Triarius irrtümlich übertragen), so beruht das, soweit ich sehe, nur auf dem verderbten Texte der alten Ausgaben, auf die sich Mone und Heinzel stützen. Nach der neuesten kritischen Ausgabe von Krusch trennen die Gesta allerdings den Theodorich aus Macedonien von einem gotischen Theodorich, verstehen aber unter diesem den westgotischen, und sagen ausdrücklich, dass der macedonische Th. in Italien über Goten und Römer geherrscht hat. Die Stelle lautet: Theudericus natione Macedonum permissum [d. h. permissu] Leonis imperatores principatum adsumit, sicut huius libri gesta testatur. Nam ille alius Theudericus, Theudoris regi filius, natione Gothus fuit*. Nativetas Theuderici regis ex genere Macedonum ita fuit, qui in Aetalia Gothis et Romanis regnavit. (Folgt die Geschichte seiner Geburt im Hause des Idacius). [*Krusch Note 2: Theudericus rex Visigothorum, fil. Theudoris, qui supra c. 53 commemoratus est.] Die alte Ausgabe bei Canisius Basnage, citiert bei Heinzel a. a. O., zieht fälschlich den Satz *qui in Aetalia* etc. zu dem nächsten Satze: *Idacius* etc. Dass Theodorich der Grosse hier ein Macedonier geworden ist, scheint aus der Anschauung des oder eines fränkischen Autors eingeflossen zu sein; wenigstens waren nach der bekannten gelehrten Fabelei die Macedonier und Franken beide trojanischen Ursprungs, und der Autor vindiciert somit den Ruhm Theo-

dass ihr aus dem Schoosse ein Baum erwächst, der bis zu den Wolken reicht[1]. Dieses symbolische Bild ist der Phantasie verschiedener Völker geläufig, ein weit verbeitetes Motiv. Von Astyages berichtet Justinus (I 4, citiert v. Krusch a. a. O. p. 78), er habe im Traume aus dem Schoosse seiner einzigen Tochter eine Rebe aufschiessen sehen, die ganz Asien überschattete; der Sohn war Cyrus. Etwas ganz ähnliches berichtet die norwegische Tradition von Ragnhild, der Mutter Harald Hárfagrs. Ihr träumt, dass sie in ihrem Garten steht und einen Dorn aus ihrem Gewande nimmt, der wächst nach unten, und schlägt Wurzeln, und hoch hinauf in die Luft, und wird ein so hoher Baum, dass sie sein Ende kaum erschaut, und schiesst zahlreiche Äste aus und überbreitet damit ganz Norwegen und noch weitere Gebiete (Saga Hálfdanar svarta c. 6). Bei der Feindschaft oder Gleichgiltigkeit der Byzantiner und Italier, bzw. der Franken und anderer gegnerisch gewesenen germanischen Stämme, die der Zeit und dem Orte nach bis zur Abfassung der Gesta Theodorici in Betracht kommen können, gegen das Andenken der Goten und Theodorichs, ist es kaum denkbar, die Entstehung dieser Sage jenen Völkern nach dem Untergange der Goten zuzuschreiben; sie kann kaum anderswo entstanden sein, als bei dem Volke, von dessen Standpunkt allein eine solche Verherrlichung Theodorichs erfolgen konnte, bei den Goten.

Eine andere Episode (im selben Kapitel) behandelt einen Zweikampf Theodorichs mit einem Avaren namens Xerxer, der erst drei Krieger Theodorichs, die gegen ihn geschickt werden, durch die Kriegslist verstellter Flucht einzeln tötet, ebenso drei andere abermals gegen ihn entsandte, und endlich mit Theodorich allein ficht, der ihn besiegt und ins Lager bringt, jedoch wegen seiner Tapferkeit schont, und ihn bittet, bei ihm zu bleiben und ihm Treue und Waffengefolgschaft zu schwören; da weder Bitten noch Drohungen den Avaren von seiner Sehnsucht nach Freiheit abbringen können, erlaubt er ihm endlich frei davon

dorichs indirekt den Franken. Dass Erinnerung an die pannonische Heimat Th.'s dahinter stecke, kommt mir unwahrscheinlich vor.

[1] Fredegar, Chron. II c. 57: Vidit puella somnium, quod natus ille fuesset arbor exiliens de umbolico ventris tam excelsus, quod nubebus pænetraret. Vorher wird erwähnt, dass der Volksglaube solchen Träumen in der Hochzeitsnacht Erfüllung zuschreibe: quia creditur veritate subsistere, quod nubentes prima nocte visaverint.

zu ziehen. Xerxer schwimmt über den Grenzstrom (die Donau) und ruft Theodorich zu, nun er vollständig frei sei, wolle er freiwillig zu ihm zurückkehren und ihm beständig treu sein, und thut nach seinem Worte. Theodorich ehrt ihn hoch und Xerxer ist fortan der treueste und tapferste Kämpfer in seiner unmittelbaren Umgebung und erfreut sich grosser Zuneigung Theodorichs. — Die ganze Erzählung hat etwas echt episch-sagenhaftes an sich; dass sie auf gotische Sage zurückgeht, beweist der historische Kern oder vielleicht richtiger ausgedrückt die historische Thatsache, aus der sich diese Sage entwickelt hat, dass Theodorich in seiner Jugendzeit einen Bulgarenfürsten im Zweikampf besiegt und verwundet, aber geschont hat, wovon wir leider nur ungenau durch die weiterer Details ermangelnde Anspielung im Panegyricus dictus regi Theodorico von Ennodius (ed. Hartel S. 266) unterrichtet sind (s. Heinzel, Ostg. HS. S. 37). Ob der Sarmatenkönig Babai (Jordanes c. 55) im Einzelkampf und von Theodorichs eigener Hand gefallen ist, ist aus dem Wortlaute nicht sicher zu erschliessen, aber wenigstens letzteres doch wahrscheinlich, was somit eine zweite historische Parallele wäre, die aber doch gerade des wichtigsten Zuges, der Schonung und Versöhnung, entbehrt. Das Motiv des Zweikampfes mit Schonung des besiegten Gegners und Abschluss treuer Waffenbrüderschaft ist weit verbreitet und begegnet auch in der deutschen Heldensage von Dietrich, wo es von zwei verschiedenen Helden berichtet wird: von Heime (in ThS. c. 20) und Libertin (in Dietrich und seine Gesellen, s. Dresd. Heldenbuch Str. 78 ff., analog in Dietrichs erster Ausfahrt ed. Stark, Str. 376 ff.)[1]. Ein Zusammenhang mit diesem Avarenzweikampf ist unglaubhaft. Das Motiv ist in der Hervorhebung der Tapferkeit des Helden und der edelmütigen Schonung und hochherzigen Anerkennung des tapferen Gegners sowie der daraus entspringenden Heldenfreundschaft so recht ein Ausfluss waffenfreudiger heroischer Lebensformen und ist

---

[1] Heinzel hat (Ostgot. HS. S. 35 ff.) auf diese Stellen der Heldensage als Analogien zu Fredegars Bericht hingewiesen (und so schon Uhland, 8, 380) und diesen mit Ennodius und Jordanes zusammengestellt, sowie weiters auf das Vorkommen des Motivs im altfr. Epos aufmerksam gemacht; ein genetischer Zusammenhang des Motivs in der Heldensage und im altfr. Epos mit dem Bericht des Ennodius oder der Thatsache, die Ennodius berichtet, den Heinzel annehmen möchte (S. 37 unten), ist nicht bewiesen und undenkbar, wie die nordischen Belege für das Motiv beweisen.

daher wiederholt unabhängig entstanden, wie es ja gewiss auch nicht ein rein dichterisches Motiv ist, sondern auch als Thatsache des realen Lebens hie und da vorgekommen sein kann bzw. wird; ausser in der deutschen Heldensage ist es häufig im altfrz. Epos (s. Heinzel a. a. O. S. 37) und zahlreich vertreten auch in der altnordischen Literatur, s. Weinhold, Altnord. Leben, S. 288, 319; Olrik, Sakse I 59, II 194. Bei dieser offenbaren Polygenesie und weiten Verbreitung des Motivs, das im Leben oder mindestens in der idealisierten Auffassung des Lebens kriegerischer Völker wurzelt, ist es ganz begreiflich, dass sich im späteren Mittelalter ein Motiv an Theodorich anschliessen, ja sogar zweimal (und vermutlich eines unabhängig vom anderen) anschliessen konnte, das schon in gotischer Zeit zu epischer Ausschmückung einer historischen Thatsache seines Lebens gedient hatte, ohne dass eine Brücke der Tradition von diesem Element zu jenen führte.

Ob die schöne Geschichte von Theodorich und seinem treuen Freunde am byzantinischen Hofe, Ptolemäus, der ihn einmal aus der Gewalt des Kaisers durch List befreit und ein zweitesmal durch die Fabel vom Löwen und Hirsche warnt, sich abermals in die Gewalt des ihm nach dem Leben strebenden Kaisers zu begeben, die in demselben Kapitel erzählt wird, gotischen Ursprungs ist, muss dahingestellt bleiben; geschichtlich ist sie natürlich nicht, aber doch mehr anekdotischen als sagenhaften Charakters. Vollständig in das Gebiet der histor. Anekdote gehört die Erzählung des Anon. Vales., dass unter Theodorichs Regierung so grosse Sicherheit herrschte, dass man auf dem Felde Gold und Silber ohne Gefahr der Entwendung liegen lassen konnte. Man wird diesen sagenhaften Zug wohl kaum der epischen Heldensage zuschreiben dürfen, sondern ihn als anekdotenhaftes Motiv betrachten müssen. Als solches ist es weit verbreitet und wird in die Zeit verschiedener Lieblingsherrscher verlegt: an den Frieden Frothos in der nordischen Sage hat schon Uhland 1, 381, 7, 113 erinnert; vgl. auch Dudo und Wilhelm v. Jumièges über Rollo (Olrik, Sakse II 215), Beda über Edwin (Powell in Eltons Saxo S. XLI), ferner The Lay of Havelok v. 45 ff. und Skeats Note mit weiteren Hinweisen.

Von dem historischen Theodorich zu dem Sagenhelden Dietrich von Bern ist ein weiter Sprung, den die Sagenbildung nur etappenweise zurückgelegt haben kann. Die wichtigste

Etappe lässt sich glücklicherweise noch in den Sagendokumenten selbst nachweisen: sie betrifft den Gegner, vor dem Dietrich fliehen muss. Während dies in allen späteren Sagendarstellungen Ermenrich ist, wird im Hildebrandslied noch der historische Odoaker genannt. Ein Übergangsstadium zeigt die gemeinsame Quelle der Quedlinburger und Würzburger Chronik, wo Ermanrich bereits als Vertreiber erscheint, Odoaker aber, der als Vetter Theodorichs und Neffe Ermanarichs gilt, ihn zu der Vertreibung Theodorichs anstiftet; ob das rein volkstümliche Sage ist, kann zweifelhaft sein (s. 101. 114). Diese Sagengestalt von QW bereits für das Hildebrandslied in Anspruch zu nehmen findet zwar im Texte des Liedes kein Hindernis[1], aber auch keine Stütze, und die Annahme ist an sich ganz unwahrscheinlich. Noch im 8. Jhd. also war Ermanarich nicht in die Dietrichsage eingetreten (für frühere Zeit bezeugt die Geschiedenheit dieser Sagen das ags. Wídsíđlied) oder zum mindesten war diese Verbindung damals noch nicht allgemein verbreitet und fest geworden: sie kann also nur bei einem nicht-gotischen Volksstamm erfolgt sein, was ja von vornherein aus selbsteinleuchtenden Gründen unbedingt anzunehmen war.

Dass nun bei einem Volksstamm, der Sagen vom Gotenkönig Ermanarich einerseits, vom Gotenkönig Theodorich anderseits aufgenommen hatte, zu diesen Traditionen aber in keinem nationalen und historisch-traditionellen Contact stand, eine Verschmelzung dieser ursprünglich ganz getrennten Sagenreihen eintreten konnte, bzw. musste, wie man ex eventu sagen darf, ist nur natürlich, und entspricht dem allgemein wahrnehmbaren cyklischen Zuge der Sagenbildung, der hier durch zahlreiche Berührungspunkte unterstützt wurde, da beide Könige desselben Volkes waren. Dass bei dieser cyklischen Verbindung die zwei Könige desselben Volkes und derselben Dynastie, sobald sie einmal als Zeitgenossen galten, auch für nahe Verwandte gehalten wurden, ist eine weitere Folgerung der Sage, die nichts unbegreifliches an sich hat. Eine natürliche Konsequenz dieses Verhältnisses war dann auch, wenn einerseits der Charakter Ermanarichs als Verfolger seines eigenen Geschlechtes, anderseits Dietrichs Vertreibung aus Italien, die schon das Hildebrandslied bezeugt, feststanden, dass Ermanarich, der Verwandte und Zeitgenosse Dietrichs, als der Ver-

[1] Wenn man nicht Vers 25 mit Heinzel interpretiert.

treiber aufgefasst werden musste (vgl. Müllenhoff ZfdH. 10, 177). Die Ersetzung Odoakers durch Ermanarich enthält daher unter dem Gesichtspunkte der poetischen Schaffenstechnik, die von historisch-gelehrten Einflüssen nicht gehemmt war, nichts rätselhaftes, und man wird kaum nach einzelnen übereinstimmenden Zügen, welche diese Vertretung erleichterten, zu suchen brauchen, da es sich hier um eine natürliche Konsequenz grosser Sagenverschiebungen handelt. Es lässt sich auch nicht eben viel an solchen Übereinstimmungen aufweisen: will man die Existenz des rugischen Friedrich in der Dietrich-Odoaker-Sage zugeben, was aber sehr zweifelhaft ist, so bildet dies im Sinne Riegers (s. o.) einen übereinstimmenden Zug, da auch zu Ermanarich ein Friedrich (als vertriebener bzw. getöteter Sohn) in der Sage gestellt wird. Heinzel weist darauf hin (S. 56) dass Odoaker wie Ermanarich alt und (— wenigstens in der gotischen Auffassung —) grausam sei, da er gegen Verwandte Dietrichs gewütet habe: aber wenn Theodorich, als er Odoaker ersticht, nach Johannes Antiochenus ausruft: das ist, was du den meinigen gethan hast, so braucht das nicht auf Verwandte des Königs zu gehen, und die Stelle bei Ennodius, der davon spricht, dass Odoaker *propinqui* des Königs getötet habe, ist mehrdeutig, da damit (wie oben) nur Stammverwandte, Germanen, Rugier, im Gegensatze zu den gleich darauf erwähnten Römern gegemeint sein können, s. Dahn, Kön. d. Germ. II 33, Note 5. Endlich erinnert, was bisher nicht bemerkt worden zu sein scheint, der Name von Odoakers Gemahlin Sunigilda (Johannes Antiochenus, Frgm. 149) an die Sunilda, welche mit Ermanarich schon in gotischer Sage in Verbindung steht und in (Deutschland und) Skandinavien als Gemahlin Ermanarichs aufgefasst worden ist. Ob aber beides in den betr. Sagen zur Zeit der Contamination noch festgehalten war, ist recht zweifelhaft. Die Einzelübereinstimmungen, die man für das Einrücken Ermanarichs in Odoakers Stelle geltend machen könnte, sind somit alle sehr zweifelhaft und wiegen zusammengelegt ebenso federleicht als einzeln.

Schwieriger als die Ersetzung Odoakers durch Ermanarich ist die Entstehung der Exilsage zu begreifen. Bei Lebzeiten Theodorichs und in den nächsten dreissig Jahren nach seinem Tode bis zur Vernichtung des Ostgotenvolkes ist eine Form der Sagenbildung, nach der Dietrich von Odoaker aus Italien vertrieben wird und 30 Jahre im Exile weilen muss, bei den

Goten ausgeschlossen und kann erst bei deutschen Stämmen erfolgt sein. Vielleicht hatte sich schon bei den Goten die Auffassung entwickelt, dass Italien bereits vor Theodorich in gotischem Besitz gewesen sei und die Eroberung durch Theodorich gewissermassen eine Wiedereroberung aus den Händen des Usurpators Odoaker sei, wobei das sittliche Bedürfnis nach einem Rechtstitel des Besitzes das Motiv zur Bildung dieser Vorstellung gewesen sein könnte, und die Erinnerung, dass Goten ja thatsächlich vor Theodorich schon unter Alarich in Italien waren, mitgewirkt haben mag (Rieger, ZfdM. I, 230); jedenfalls hat diese Meinung schon früh bestanden, wie Fredegars und anderer späterer Historiker Auffassung beweist, (die Zeugnisse s. bei Heinzel S. 32), und aus dieser Auffassung musste die Sage consequent eine vorgängige Vertreibung folgern. Die historischen, schon sagenhaft gefärbten Überlieferungen von dem freundschaftlichen Verhältnis Theodemers zu Attila, vom unsteten Wanderleben Theodorichs auf der Balkanhalbinsel, von unglücklichen Gefechten mit Odoaker konnten bzw. mussten bei einer Sagenconcentrierung auf Dietrichs Person in die Zeit der Vertreibung gesetzt werden; die Hilfe Attilas ist dann eine natürliche Consequenz des Freundschaftsverhältnisses zwischen Attila und Theodorich. Die Umkehrung des Verhältnisses zwischen Sieger und Besiegtem zeigt einen hohen Grad von Verwitterung der übernommenen, ursprünglich anders lautenden gotischen Sagen, ist aber bei einem fremden Volke als Ausgleich widersprechender und gewiss auch lückenhafter Überlieferungen nichts unbegreifliches. Von einem misslungenen Wiedereroberungsversuch weiss die älteste Sage (Hildebrandslied) nichts, die historischen Erinnerungen an die unglücklichen Kämpfe mit Odoaker (Tufa) müssen also zunächst entweder an die Vertreibung angeschlossen worden sein, oder eine Episode der kriegerischen Heimkehr gebildet haben, die ehedem wol reicher ausgebildet war, als wir sie in späteren Fassungen kennen. Später gehen sie dann über in den misslungenen Wiedereroberungsversuch, der wol erst der Periode der Sagenentwicklung, wo Ermanarich als Gegner Dietrichs erscheint, angehört; denn erst wenn Ermanarich der Feind Dietrichs und der Hunnen ist, kann die an ihm bzw. seinem Helden Witege festhaftende historische Sage von der Goten- und Hunnenschlacht, in der Etzels Söhne fallen, in die Dietrichsage eindringen (Form der Rabenschlacht). Noch eine zweite Contamination setzt dieser verunglückte Wiedereroberungsversuch voraus, die der Nibelungen- und Dietrichsage, wie Heinzel nachgewiesen hat: fallen alle Helden Etzels und Dietrichs bei dem Kampfe mit den Burgundern, so kann Etzel Dietrich nicht (wie im Hildebrandsliede) Waffenhilfe zur Eroberung Italiens leisten; er muss es also schon früher gethan haben; ist aber Dietrich beim Burgunderkampfe noch am Hofe Etzels anwesend, so muss dieser Versuch unglücklich ausgefallen sein (so ist die Lage nach NL. und Kl.); und die weitere Folgerung ist, dass Dietrich überhaupt nicht mit Waffengewalt, sondern friedlich in sein Land zurückkehrt, wie die Kl. und ThS. berichten. (Ostgot. HS. S. 57, 61). Dass die historischen Reminiscenzen an die unglücklichen Kämpfe mit Odoaker sich dann an diesen mislungenen Wiedereroberungsversuch anlehnen mussten, ergibt sich von selbst.

Die letzten Erörterungen fallen schon ganz in das Gebiet der Entwicklungsgeschichte der Sage auf deutschem Boden und greifen somit über diesen Abschnitt hinaus; aber es war notwendig, schon hier darauf einzugehen, da diese Nachweise die allmählige Verschiebung und Trennung der historischen Elemente beleuchten und dadurch einerseits Folgerungen aus später eingetretenen Verbindungen auf althistorischen Zusammenhang verhüten, anderseits durch den Nachweis ehemaliger Zusammengehörigkeit später getrennter Elemente die Erkenntnis des historischen Kernes der Dietrichsage fördern.

Was uns die deutschen Sagendenkmäler überliefern, ist also nicht so sehr ostgotische, als vielmehr rein deutsche Sagenentwicklung. Auf gotische historisch-sagenhafte Tradition gehen nur die Hauptelemente zurück, die im vorhergehenden besprochen und nachgewiesen worden sind; aber ihr teilweise schon epischer Charakter setzt bereits historisch-epische Lieder voraus; in Liedform oder in Prosaerzählung solcher Lieder muss die Wanderung der gotischen Bestandteile der Sage zu den deutschen Stämmen vor sich gegangen sein, da sonst die Bewahrung intimster historischer Züge bei vollständiger Verwischung der grossen historischen Ereignisse noch in der späten Heldensage des Mittelalters unverständlich und unbegreiflich wäre. Gerade eine solche Tradition erklärt auch die Lückenhaftigkeit des Wissens über Theodorich, und macht begreiflich, dass wesentlich die drangvollen Ereignisse unentschiedenen jahrelangen Ringens um feste Wohnsitze so sehr vorwiegen — und gewiss auch schon in dem ursprünglichen

Bestande traditioneller Kenntnisse von Theodorich vorgeherrscht haben; man kann das Zufall nennen — und diesem ist bei der Stoffwanderung sicher eine Rolle zuzuschreiben — aber, wie schon oben bemerkt, liegt es auch in der Natur der Sache, dass Erzählung und Poesie gerade diese Zeit kriegerischen Heldentums ergriffen haben, während das staatsmännische friedliche Wirken der Phantasie keinen Anhaltspunkt bot, und dies gilt in gleichem Maasse für die gotische Sagenbildung und Dichtung wie für die Übernahme derselben von den deutschen Stämmen; diese beschränkte Auswahl aus dem historischen Stoffe erklärt sowohl den Umstand, dass nur Partien der Lebensgeschichte Theodorichs traditionell über die Alpen wanderten, als auch die Steigerung dieser Elemente ins Tragische durch die deutsche Sage; die Stoffbeschränkung hat diesem Acte poetischer Schaffensthätigkeit bereits stark vorgearbeitet.

Der eigentliche Process der Sagenbildung ist bei deutschen Stämmen vor sich gegangen, und von diesen hat keiner mehr Anspruch darauf, als erster Übernehmer gotischer Traditionen zu gelten, als die Grenznachbarn und zeitweiligen Angehörigen des ostgotischen Reiches, die Alemannen, die Theodorich gegen die Franken in Schutz nahm, und denen er Wohnsitze an der Nordgrenze seines Reiches in Rätien anwies[1], und die allein den Goten bei ihrem letzten Verzweiflungskampfe gegen Narses Waffenhilfe leisteten (Rieger, ZfdM. 1, 231; Uhland, 8, 378 ff.). Auch die Reste der Goten, die nach dem Falle des Teja mit Narses capitulierten, unter der Bedingung freien Abzuges, da sie Italien verlassen und sich anderen barbarischen Stämmen anschliessen wollten (Prok. IV, 35; Dahn, KdG. II 240), können gleich den sonstigen sporadischen Flüchtlingen bei der Feindschaft der Byzantiner einerseits, der Franken anderseits sich kaum anderswohin gezogen haben als in die Alpen[2], und dürfen als Träger und Vermittler der gotischen Traditionen mit in Anspruch genommen werden.

Dieser historische Wahrscheinlichkeitsschluss erfährt auch durch die Sagengeschichte Bestätigung. Zwar die besondere Beliebtheit des Namens Dietrich von Bern als Personenname in Südwestdeutschland (Uhland 8, 334 ff. ZE. XX) kann an sich

[1] H. v. Schubert, Die Unterwerfung d. Alem. unter die Franken, Strassb. 1884, S. 177.

[2] Ob wirklich bei Meran noch in der heutigen Bevölkerung Spuren gotischer Abkunft nachweisbar sind, ist für diesen Zusammenhang gleichgiltig.

bei dem verhältnismässig späten Alter der Zeugnisse nichts für diese frühe Zeit beweisen[1]; dagegen ist von Wichtigkeit die Häufigkeit des Namens Amelung in alemannischen, besonders S. Gallner Urkunden v. 8.—10. Jhd., Uhl. 8, 379; zahlreiche Belege für Amelung und mit Amal- componierte Namen, wie überhaupt für Namen aus der Dietrich- und Ermanarichsage in Südwestdeutschland bietet der Namen-Index von Pipers Libri confraternitatum S. Galli, Augiensis, Fabariensis [MGH.]). Dazu gesellt sich das älteste literarische Zeugnis der Ermanarichsage auf deutschem Boden, die Namenreihe der S. Gallner Urkunde a. 786 Heimo, Suanailta, Saraleoz und Eghiart (ZE. XIII; minder bedeutsam erscheint mir das ZE. XV beigebrachte Zeugnis über den zweifelhaften Wito und Heimo), und sowol die Lokalisation der Ermanarich-Harlungensage bei Breisach (S. 101), als ein so altes Zeugnis für die Dietrichsage wie der ags. Waldere, der direkt auf alemannische Sagenform und indirekt wol auf ein alemannisches Epos zurückgeht, weisen auf Alemannien als den Ausgangspunkt beider Sagen hin. In mhd. Zeit freilich bilden die Bajuwaren in der Ostmark die eigentlichen Träger und Ausbildner der Dietrichsage.

Von der Stärke der gotischen Traditionen, die sich nur aus einer bereits bei den Goten erfolgten epischen Festigung der historisch-sagenhaften Tradition und Wanderung in dieser Form erklärt, zeugen nicht bloss die historischen Elemente, sondern auch die nur von gotischem Standpunkte aus erklärliche Charakterauffassung Attilas als eines milden wohlwollenden Herrschers und Beschützers der Goten in der Dietrichsage und in der Sphäre ihres Einflusses, während die altfränkische Siegfriedsage und die nichtgotischen Historiker ihn als Wüterich, als Gottesgeissel zeichnen (F. Vogt, ZfdPh. 25, 415). Und ebenso verhält es sich mit dem Charakterbild Dietrichs selbst; es ist schon oft hervorgehoben worden, wie merkwürdig rein und treu die Sage allem Wandel und Untergang der historischen Elemente zum Trotz das Bild des grossen Ostgotenkönigs erhalten hat, der, seitdem er seinem Volke feste Wohnsitze in Italien verschafft hatte, in staatsmännischer Vorsicht, von höchster Friedfertigkeit und Gerechtigkeitsliebe geleitet, nie das Schwert zog, wenn er nicht dazu gezwungen wurde, ja sogar so

[1] Die an die Wurmlinger Drachenkampfsage geknüpften Folgerungen Uhlands (a. a. O.) vermag ich nicht als berechtigt anzusehen.

langmütig war, dass es ihm Vorwürfe eintrug, doch wenn er einmal in gerechtem Entschlusse zu den Waffen griff, auch den Sieg behielt[1]; wie sehr dieser historische Charakter, dem selbst Feinde höchste Anerkennung zollten (vgl. Prokop I 1), dem Bilde Dietrichs in der Sage entspricht, bedarf hier keiner weiteren Hervorhebung. Mag man auch immerhin, da ein solcher Charakter einem Zuge deutschen Nationalcharakters entspricht, die Sphäre selbständigen idealisierenden Dichtungstriebes noch so weit ziehen, eine vollständig ideale Neuschöpfung in der späteren mittelalterlichen Sage und Dichtung hätte nicht so vollkommen das Innerste der historischen Persönlichkeit aus blossem Zufall treffen können, wenn ihr Bild nicht schon in den ältesten Überlieferungen, die zu den deutschen Völkern drangen, festgestanden hätte. Während von Italien aus nach dem Falle des Ostgotenreiches ein von nationalem und religiösem Hasse gezeichnetes Zerrbild Theodorichs sich in der mönchisch-gelehrten Litteratur verbreitete und das Andenken an den nur zu ideal denkenden germanischen Fürsten verdunkelte und beschmutzte[2], hatten gotische episch-historische Traditionen sein wahres Charakterbild bewahrt und zu den deutschen Nachbarn über die Alpen getragen, wo es von der Sage willig übernommen wurde und im Bewusstsein und der Dichtung des Volkes noch immer lebte, als bereits die Schatten eines Jahrtausends über den grössten Germanenkönig der Völkerwanderungszeit und sein unglückliches Volk ihr Dunkel gebreitet hatten.

---

[1] Vgl. über die historischen Belege ausser den Grundwerken von Dahn auch noch Schneege, in der Deutschen Ztschr. für Geschichtswissenschaft 11, 18 ff. 42 ff.

[2] S. die Belege in bequemer Zusammenstellung bei Schneege, „Theodorich der Grosse i. d. kirchl. Tradition des Mittelalters“ (a. a. O.).

2. Die poetisch-historischen Sagentypen.

(Dietrichs Ahnen. Exilsage. Dietrichs Teilnahme an den Slavenkriegen.)

1. Dietrichs Ahnen. Die Ahnenreihe in Dietrichs Flucht. — Die Samsonsage und die Samsonballade. — Beziehungen auf Frankreich und Niederdeutschland. — 2. Die Exilsage. I. Einfacher Typus: Ia. Älteste Zeugnisse. Ib. Eintritt Ermanarichs neben Odoaker. Ic. Novellistische Erweiterung im dritten Gudrunenlied. Verhältnis der sagenhaften Elemente zu der deutschen und nordischen echten Sage. Die Novelle von der unschuldig verläumdeten Frau. — Sonstige nordische Zeugnisse. II. Erweiterter Typus mit einem misslungenen Rückkehrversuch. IIa. Die älteren Zeugnisse. IIb. Die Form der mhd. Dietrichepen und allmählige Entwicklung der Typen: a) Vertreibung. b) Ankunft bei den Hunnen. c) Wiedereroberungsversuch. d) Heimkehr. — 3. Dietrichs Teilname an den Kämpfen gegen slavische Völker des Ostens in der niederdeutschen Sage. Einfluss der oberdeutschen Sagenform auf die niederdeutsche Sagenpflege. — Die speciell niederdeutschen poetisch-historischen Sagen von Etzels und Dietrichs Kriegen gegen Slaven. — Historische Elemente und sagenhafte Bestandteile. — Einflüsse der niederdeutschen Formen auf die oberdeutsche Sage.

1. Dietrichs Ahnen.

Der Versuch über das wenige, was die Sage von Dietrichs Herkunft und Ahnen weiss, hinaus eine weiter zurückreichende Ahnenreihe zu construieren, ist zweimal in verschiedener Weise gemacht worden.

In Dietrichs Flucht, gedichtet im letzten Viertel des 13. Jhds., enthalten die ersten dritthalbtausend Verse folgende Genealogie: Ein römischer König Dietwart heirathet Minne, die Tochter Ladiners, der auch Vater König Rothers ist. Ihm folgt sein Sohn Sigehêr, diesem sein Sohn Otnît, dessen Schwester Sigelint Sigmund von Niederland heiratet und Siegfrieds Mutter wird. Otnît wird von einem Drachen getötet, seine Witwe Liebgart heiratet Wolfdietrich ûz Kriechen, diesem folgt sein Sohn Hugdietrich, dessen Sohn und Nachfolger Amelung der Vater dreier Brüder: Diether, Ermrich und Dietmar, ist. Diethers Söhne sind die Harlunge, Ermrichs Sohn Friedrich, und Dietmars Kinder sind Dietrich und Diether, womit wir endlich festen Sagenboden erreichen. Der Dichter hat (wie Martin DHB. II XLVI und Wegener, ZfdPh., Ergänzungsband 448 ff. nachgewiesen haben) für seine Einleitung eine Vorlage ausgeschrieben (die aber kaum, wie Wegener nachzuweisen sucht, ein grosses cyklisches Gedicht gewesen sein wird), und ist somit nicht selbst der Erfinder dieser Genealogie. Als klägliche Erfindung zeigt sich dieselbe schon in den ungeheuerlichen Angaben über die Lebensdauer dieser Könige (gewöhnlich werden sie 400 Jahre alt) und die Zahl ihrer Kinder (bis 56!), von denen regelmässig alle bis auf 1 oder 2 sterben, endlich in dem Mangel jedes epischen Lebensinhalts bei den nicht aus anderen Sagen genommenen Figuren. Vielleicht liegt hier Kürzung des Bearbeiters vor, aber der Verlust vollständigerer Kunde ist schwerlich zu bedauern, denn, wenn die Vorlage mehr enthielt, so waren es doch nur Erfindungen bzw. Entlehnungen als Lückenbüsser, wie der in Dietrichs Flucht erhaltene zwecklose Drachenkampf Dietwarts beweist, eine Episode, deren Ausdehnung so sehr der Ökonomie der Einleitung widerspricht, dass sie wol (mit Wegener a. a. O. 466) dem Originale zuzuweisen ist, das damit eine Stelle in Wolfdietrich B. (u. D.), den Kampf Wolfdietrichs mit dem feuerspeienden Serpant, nachahmt (s. DHB. IV, XLV und S. 319 zu Wd. B. Str. 722). Die Genealogie[1] ist nur als Zeuge für die Lust und Sucht, cyklische Verbindungen herzustellen, interessant: der Erfinder verknüpft nicht weniger als drei Sagen: die Rother-, Ortnit-Wolfdietrich- und Siegfriedsage, mit der Dietrichsage. Nur in einem Punkte scheint diese äusserliche Verbindung über individuelle und isoliert dastehende Erfindung hinauszugehen und sich auf eine wenn auch späte und nicht sagenhafte, so doch in beschränktem Kreise anerkannte litterarische Verkettung zu stützen. In Ortnit wird nämlich Wolfdietrich der Ahne Dietrichs von Bern genannt (Str. 597); auch im Anh. zum HB. erscheint Wolfdietrich als Grossvater Dietrichs (HS. Nr. 134, 8), was wol nicht aus D. Fl., sondern direct aus Ortnit stammt, dem es auch die Quelle der Einleitung zu D. Fl. entnahm. Die Wolfdietrichgedichte erzählen davon nichts, verbinden aber den Dietrichsagencyklus auf anderem Wege mit der Wolfdietrichsage, indem Hildebrands Vater Herbrant als Sohn Berchtungs aufgefasst wird (Wd. D. IX Str. 220 f.). Im übrigen liegt hier nichts anderes vor als eine fabulose Stammbaumfabrikation, die sich weder auf sagenhafte noch auf pseudohistorische Stammbäume stützt, denn die pseudo-

[1] In der W. Müller, MHS. S. 203 seinen beliebten historischen Hintergrund findet: Goten, Langobarden und Franken haben nach einander Italien beherrscht, und so erscheine hier nach den gotischen Helden der Langobarde Ortnit und der Franke Hugdietrich!

gelehrte Auffassung begnügte sich, wo sie über die Geschichte hinausging, mit dem einfachen Schema: Dietrich der Alte, Fürst zu Mêran — Dietmar — Dietrich (Kaiserchronik, 424, 9 Diemer). Ungeschickt genug ist der Bruch der direkten Descendenz in der Mitte der Ahnenreihe, da ja weder Liebgart noch Wolfdietrich der mit Ortnit erlöschenden Dynastie angehören.

Ein paar Jahrzehnte vor 'Dietrichs Flucht' ist in Norwegen auf Grund deutscher Quellen und Angaben eine ganz andere Genealogie Dietrichs zusammengestellt worden (ThS. c. 1—13)[1], die auch von seinem Ahn mehr zu erzählen weiss. Dietrichs Grossvater ist hier ein halb riesenhafter Held, Samson, der Hildisvið, die Tochter des Jarls Rodgeir von Salerno, an dessen Hofe er dient, mit ihren Kleinodien entführt, den Jarl, der ihn ächtet, im Kampfe erschlägt, und ebenso später dessen Bruder und Nachfolger Brunstein, und die Herrschaft an ihrer Stelle ergreift. In hohem Alter besiegt und tötet er im Kampfe den Jarl Elsung von Bern, der ihm Schatzung weigert, und gibt dessen Reich seinem Sohne þetmar, der die Tochter Elsungs, Odilia, heiratet.

Diese ausführlich und mit schönem epischen Detail erzählte Geschichte Samsons ist teilweise auch ausserhalb der ThS. belegbar. Samson ist der Held einer weitverbreiteten nordischen Ballade (die dänischen Fassungen bei Grundtvig DgF. I, Nr. 6, vgl. II 635; schwedische Fassungen bei Arwidsson Nr. 17 und DgF. IV 602; Bruchstücke norwegischer DgF. III 771, IV 602; die færöische Dichtung kennt Samson nur dem Namen nach als Vater Ismals, Hammershaimb, Sjúrðar kvæði S. 77, Str. 32), doch ohne Zusammenhang mit der Dietrichsage und den in ThS. genannten Namen, dagegen mit einigen anderen Motiven: Samson dient an eines Königs Hof und entführt die Königstochter; der König schickt seine Mannen aus, die Samsons Mutter treffen und mit rotem Gold bestechen, ihnen Samsons

---

[1]

x
α þetmar I
Samson
Erminrek þetmar II Aki
þiðrek

þetmar II und Aki sind uneheliche Söhne Samsons, wie es scheint von verschiedenen Müttern.

Aufenthalt anzugeben, was sie auch thut. Samson wehrt sich tapfer und erschlägt die Angreifer, worauf er an den Hof reitet und den König bedroht, der sich mit ihm aussöhnt. Samson reitet zurück und erschlägt (variantenweise) seine Mutter. Die Ballade stammt, wie ersichtlich, nicht aus der ThS. und berührt sich mit verschiedenen anderen Folkeviser: für das Motiv von der verräterischen Mutter und für die Aussöhnung mit dem König verweist Storm (Sagnkredsene S. 193) auf das Lied von Dalebu Jonson; andere Verweise gibt Grundtvig am erst angeführten Orte. Storms unhaltbare Hypothese, dass die Ballade aus der schwed. Didrikssaga geflossen sei, ist von Grundtvig (DgF. IV 601) widerlegt worden (vgl. auch Rassmann Niflungasaga und Nibelungenlied S. 48 f.), der das Lied mit Recht auf eine niederdeutsche Quelle zurückführt.

Eine weitere scheinbare Quelle, die Blomsturvallasaga (HS. Nr. 98) ist wertlos, da sie nur aus der ThS. schöpft; dagegen kommen zwei Stellen der Flóventssaga in Betracht. In Cap. 21 der ersten Fassung (S. 151 der Ausgabe von Cederschiöld in dessen Fornsögur Sudrlanda) wird einem Zagen gesagt: „Du wagtest da nicht auf einen zweiten Hieb [im Kampfe] zu warten, wenn dir auch deine Geliebte geboten wäre mit samt dem Golde, das Samson der Starke besass“ [1], und an einer anderen Stelle haben zwei Handschriften, C, aus der Mitte des 15. Jhs., D, vom Ende desselben Jhs., einen Zusatz (s. Cederschiöld, Einleitung S. CCV f.), worin ein König sagt, er wünsche etwas nicht um all das Gold, das Samson der Starke (so D.; Salomo der Weise C.) gehabt habe [2]. Dass die auf französische Quellen zurückgehende Flóventssaga nicht aus der ThS. schöpft, ergibt eine altfranzösische Stelle, auf die schon W. Grimm hingewiesen hat. In Girard de Viane ed. Tarbé S. 139 wird von zwei kampfgierigen Gegnern gesagt, sie wären nicht um den Schatz Samsons auseinander zu bringen gewesen:

Ne l'uns de l'autre n'a de merci pardon,
Car plus sont fier que liepre ne lieon,

---

[1] ok þorþir þú eigi at bíđa annars [sc. hǫggs] þott unnasta þín býđiz þér viđ því gulli er átti Samson enn sterki; in der zweiten Fassung fehlt am entsprechenden Orte (c. 14, S. 195) diese Bemerkung.

[2] þá sór höfuđkonungr eiđ sinn, at hann vildi eigi at Korsablin hefđi mist hönd sina fyrir alt þat gull er Samson hinn sterki (Salomon hinn spaki) átti.

Que l'uns por l'autre le lonc d'un esperon
Ne fuiroit pas por le trésor Sanson.

Es muss somit im Französischen der Schatz Samsons sprichwörtlich gewesen sein, und die Flóventssaga wird ihre Stellen aus der frz. Vorlage haben. Was es mit diesem Samson in der französischen Literatur für eine Bewandtnis hat, ist unaufgeklärt und liesse sich nur von romanistischem Gebiete aus entscheiden. Man könnte an den biblischen Samson denken — wenigstens wenn der Beiname „der Starke" nicht bloss für die nordische Flóventssaga, sondern auch für das frz. gelten dürfte —, aber von einem Schatze Samsons ist in der Bibel nicht die Rede [1], und Samson ist in der altfranzösischen Epik kein seltener Name, so ein Samson in Prise de Pampelune, in Aimeri de Narbonne (Gautier, IV² Appendice), in Guion de Bourgogne (Nyrop-Gorra, S. 94); schon ein Sohn Chilperichs I hiess Samson (Heinzel, Ostg. HS. S. 83). Aus der Anspielung in Girard de Viane und der für ein anderes frz. Werk beweisenden in der Flóventssaga geht doch mit Sicherheit hervor, dass es in der frz. Nationalepik einen Stoff gegeben haben muss, der von einem Samson und seinem Goldhort handelte. Dass dieser Stoff nicht (wie jene Anspielung der Flóventssaga, wo es sich um wörtliche litterarische Übernahme aus Handschriften handelt) aus Frankreich direkt in die norwegische Thidrekssaga eingedrungen ist, beweist schon, abgesehen von den allgemeinen Voraussetzungen der ThS., die Existenz der dänischen Ballade, die eine ndd. Quelle voraussetzt, und der deutsche Name Brunstein, der in Niederdeutschland als Brûnstên belegt ist (ZE. 35, 2; PBB 9, 499). Die Aufnahme einer frz. Sage, oder vielleicht richtiger gesagt, einiger frz. Sagenmotive, die zur Formierung einer Sage auf niederdeutschem Boden gedient haben, in die niederdeutsche Dichtung dagegen ist nichts ungewöhnliches, wie die zahlreichen frz. Sagenelemente beweisen, welche sich in dem Stoffe der ThS. vorfinden (s. Heinzel, Ostgot. HS. S. 83). Auch die schimpfliche Forderung Samsons an Jarl Elsung, er solle ihm aus seinem Barte ein Hundehalsband machen lassen, deren

[1] In Birch-Hirschfelds Abhandlung Über die den provençalischen Troubadoures des XII und XIII Jhds. bekannten epischen Stoffe, Lpz. 1878, und den ergänzenden Recensionen Z. f. rom. Phil. II 318 und Romania VII 448, auf die mich Prof. C. Appel aufmerksam machte, ist nur einmal vom biblischen Samson, ohne jede Schatzsage, die Rede

Ablehnung zum Kriege führt, gehört in den Kreis keltisch-französischer Motive (a. a. O.).

Die Samsonsage ist also auf niederdeutschem Boden mit Benutzung frz. Sagenelemente[1] — vielleicht mit Übertragung einer ganzen Sage — formiert worden; die zwei Hauptereignisse der Sage, der Frauenraub und der Krieg gegen einen Fürsten, der durch eine schimpfliche Forderung eingeleitet wird, hängen nicht unmittelbar zusammen und haben den Inhalt verschiedener Lieder gebildet, wie die (ndd. =) dän. Ballade beweist, die nur das erste Motiv behandelt. Dass in Ndd. die epische Ausgestaltung bereits über das einfache Balladenstadium hinausgegangen ist, beweisen die deutschen bzw. unnordischen Namen Brunstên, Elsung, Odilia, die nicht vom Verfasser der ThS. stammen können. Ob aber schon in Ndd. cyklische Verbindung mit Dietrich eingetreten war oder diese erst die Construction des Verfassers der ThS. ist, lässt sich nicht entscheiden, doch scheint letzteres wahrscheinlicher[2]; ihm werden auch die Namen Rodgeir und Hildisvid zuzuschreiben sein. Die scharfsinnige Vermutung Bugges, DgF. II 635, der Name Samson bedeute eigentlich Sáms-son : sámr schwarz, dunkel, als Name eines Riesen schon in der Sn. Edda I 550 (Ed. AM.) vorkommend, kann wegen des frz.-ndd. Vorkommens für den Ursprung des Namens nicht gelten; im Norden könnte der biblische Name allerdings volksetymologisch so ausgedeutet worden sein, da auch sonst Sámr in der nordischen Literatur gern zur Bezeichnung von Mohren (*blámenn*) dient[3], und aus dieser Auffassung des Namens schöpft wol der Verfasser der ThS. seine Schilderung, dass Samson pechschwarzes Haar und dunkle Gesichtsfarbe hatte.

[1] Französisch-normannischen Einfluss, doch in ganz anderer Art und mit unhaltbaren Beweisen, nahm schon P. E. Müller (Sagabibl. II 148) an; die Beziehung Rodgeirs v. Salerno auf die apulisch-normannischen Könige Roger, die W. Müller S. 152 annimmt, ermangelt jeder Beweiskraft.

[2] Grundtvigs Annahme, Samsons Verhältnis zu Ismal, der in dem færöischen Liede Ermenrich vertritt, sei ein Beweis für die ndd. Provenienz der Verknüpfung mit Dietrich-Ermenrich (DgF. I 56 f.), ist ganz unsicher. Auch dass Ermenrichs jüngster Sohn in ThS. Samson heisst, ist zu keinem Schlusse verwertbar.

[3] So heissen in der jüngeren Bósasaga c. 6 zwei Häuptlinge der Blauleute (Mohren) Surtr und Sámr, und in dieselbe Kategorie von Namengebung gehört der öfter verwendete Name Sóti (der Russige) z. B. Bósarimur S. 17 u. ähnl. m.

2. Die Exilsage.

(Dietrichs Vertreibung und Rückkehr.)

In den Zeugnissen und Quellen lässt sich deutlich eine Entwicklungsreihe der Exilsage verfolgen, die verschiedene Typen zu konstatieren ermöglicht. Zu Beginn steht der einfache Typus: Flucht — Exil — kriegerische Wiederkehr —, aus dem der erweiterte Typus: Flucht — Exil — misslungener Wiedereroberungsversuch — friedliche Wiederkehr — hervorgeht, der sich wieder in zwei Unterabteilungen gliedert; nach der sagengeschichtlich älteren wird Dietrich bei dem Wiedereroberungsversuch besiegt, nach den jüngeren siegt er, kehrt aber doch ins Exil zurück, und in dieser Gruppe treten auch noch bei der Vertreibung Kämpfe dazu.

I. Einfacher Typus.

(Flucht — Exil — kriegerische Wiederkehr.)

Ia. Diesen ältesten und einfachsten Typus zeigt das Hildebrandslied, doch nur in Anspielungen, die über epische Einzelzüge Zweifel lassen. Hildebrand mit Dietrich und vielen seiner Helden flieht vor Otachers (Odoakers) Hass nach Osten; — die Vertriebenen finden Zuflucht bei dem König, dem Herrn der Hunnen (Hûneo truhtîn); nach dreissig Jahren kehrt Dietrich mit einem hunnischen Heere — oder einer kleineren Gefolgschar — zurück; an der Grenze (wie es scheint) trifft Hildebrand mit seiner Schar (der Vorhut des folgenden Heeres, wie es scheint) mit Hadubrand und dessen Schar zusammen, wobei es zu dem Kampfe zwischen Vater und Sohn kommt.

Kriegerische Eroberung des Reiches ist nicht unbedingt ausgesprochen, doch nach der Situation wahrscheinlich. Der Hunnenkönig kann kaum jemand anderer sein als Attila, doch wird sein Name nicht genannt. Ob Odoaker noch als lebend oder schon als tot gilt, geht aus dem Gedichte nicht hervor, ersteres aber ist nach dem Zeugnisse der Quedl. Ann. wahrscheinlicher. Dass die Vorstellung von QW, Odoaker als blosser Ratgeber Ermanrichs, im Wortlaute des Liedes kein direktes Hindernis, aber auch nicht die geringste Stütze hat, ist schon oben bemerkt worden. Aus der Zeit des Exiles wird nichts berichtet, also auch keine Teilname an den Nibelungenkämpfen, die bereits Verschmelzung mit der NibS. voraussetzen würde, was hier gegen die Versuche, diese Kämpfe in das Lied hinein zu interpretieren, ausdrücklich hervorgehoben werden muss. Dass sich der Dichter des Hildebrandsliedes und jeder, der etwas von der Dietrichsage wusste, Dietrich und Hildebrand während des dreissigjährigen Exiles nicht müssig gedacht haben wird, ist wol ebenso selbstverständlich, als es im Liede angedeutet ist. Aber von der typischen und natürlichen allgemeinen Vorstellung, dass ein „Recke“ an Kriegen und Kämpfen teilnimmt, bis zu speciellen episch ausgebildeten Sagen über solche Kämpfe ist ein weiter Weg, den die Sage nicht von Anfang an hinter sich zu haben braucht, wenn sie von einem Helden erzählt, er sei 30 Jahre Recke gewesen[1].

Noch unklarer ist, was man aus Deôrs Klage entnehmen kann, denn der direkte Wortlaut der Überlieferung, 'Dietrich besass 30 Jahre die Mæringaburg' (Gotenburg), ist geradezu ein Widerspruch, wenn man nicht (mit Kögel) diese Burg im hunnischen Gebiete suchen will, was unmöglich zu sein scheint. So beschränkt sich der positiv greifbare Gewinn für die Sagenform aus diesem Zeugnisse auf die Bestätigung des allgemeinen Schemas: Dietrich mit vielen seinen Mannen ist vertrieben, weilt 30 Jahre im Exile, doch auch das gieng vorüber, d. h. er kehrt zurück. Wer der Gegner war und wie die Rückkehr erfolgte, lässt sich für die Sphäre dieses Zeugnisses nicht erschliessen; Ermanarich scheint — woran nur zweifelnd Müllenhoff ZfdA. 11, 274 dachte — nicht gemeint zu sein. — Aus den Andeutungen in Guđrúnarkv. II und III ist direkt nichts für diese Frage zu entnehmen, und wir können nur indirekt aus ihrem Schweigen vermuten, dass auch die Sage,

[1] Aus Vers 23 hat man erschliessen wollen, Dietrich habe nachmals Hildebrand (für eine Zeit) verloren (MSD[3], II 13); die sprachliche Unmöglichkeit dieser Auffassung betonen Heinzel Ostg. HS. 43, Kögel Ltg. 217. Heinzel fasst den Satz mit Recht als eine Begründung, weshalb Hildebrand mitzog. — Durch Conjectur (ummet tiuri für (t)irri) gewinnt Heinzel die Sagenform, Hildebrand sei bei Odoaker sehr beliebt gewesen und nur aus Treue mit Dietrich in die Verbannung gezogen, also eine Rolle, die an Heimes und Witeges Treueconflikt zwischen Ermanarich und Dietrich erinnere, den diese zu Gunsten Ermanarichs entscheiden, der Sagenauffassung nach also treulos werden. Doch die Basis dieser Ausführungen ist ganz unsicher. Die Reconstruction der Sage durch Fr. Kauffmann (Philol. Studien. Festgabe für Sievers 1896, 138 ff.) [nach Ausarbeitung des Mscr. erschienen] geht über das aus dem Gedichte und dem Sagenmaterial erschliessbare zu weit hinaus.

als sie zu den Skandinaviern drang (s. übrigens unten), noch nichts von einem mislungenen Wiedereroberungsversuche gewusst haben wird; doch siehe über den Wert der Quelle gleich unten.

I[b]. Eine Personenverschiebung in diesem sonst beibehaltenen einfachen Typus bezeugt die gemeinsame Quelle der Quedlinburger und Würzburger Chronik (QW) aus dem 10. Jhd. Ermanarich vertreibt auf Anstacheln seines Neffen Odoaker seinen Neffen Theodorich aus Verona und zwingt ihn bei Attila als Verbannter zu weilen; das war, wie der Verfasser von Q. bemerkt, jener Thideric de Berne, von dem ehemals (in der Jugend des Chronisten bzw. als er noch nicht im Kloster war — s. HS. S. 36, E. Schroeder, ZfdA. 41, 32) die Bauern sangen. Theodorich wird, wie die Quedlinburger Annalen aus einer andern Sage unmittelbar schöpfend weiter berichten, mit Hilfe Attilas in sein Reich zurückgeführt, bezwingt Odoaker in Ravenna, schont ihn aber auf Verwendung Attilas und verbannt ihn nach Deutschland, wo ihm einige Dörfer am Zusammenflusse der Elbe und Saale überwiesen werden. Diese Belehnung Odoakers kann nach Lorenz eine Erfindung des Verfassers sein, basierend auf dem Namen des Dorfes Ôticherslêf (Ettgersleben), das in jener vom Chronisten genannten Gegend liegt; vielleicht ist das doch Localsage, keinesfalls aber eine weiter verbreitete, allgemein giltige Form der Heldensage. Über die Stellung Odoakers neben Ermanarich in QW s. S. 101.

I[c]. Ein sporadischer epischer Ansatz zur Ausfüllung des leeren Exilzeitraums begegnet in Guđrúnarkviđa III. Die Prosaeinleitung zu Guđrúnarkviđa II, nach der die poetische Klage Gudruns, die den Inhalt des zweiten Gudrunenliedes bildet, an Dietrich gerichtet sein soll, findet im Liede nicht die geringste Stütze und ist ebenso wie die Angabe, dass Dietrich (Þjóđrekr) bei Atli weilte und dort fast alle (*flesta alla*) seine Mannen verloren hatte, eine späte Übernahme und Folgerung aus dem dritten Gudrunenlied. Dasselbe, eines der jüngsten Gedichte der Sammlung [1], berichtet, Herkja, die Beischlä-

[1] Vgl. Sagabibliothek II 317 f. HS. Nr. 19. Maurer ZfdPh. II 443. Sijmons, ZfdPh. XII 108. Storm, Sagnkredsene 87 f. Edzardi, Germ. 23, 340 ff. Mogk, in Pauls Grundriss II 1, 88, und in der Festgabe für Rudolf Hildebrand, S. 2 ff. Jónssons Versuch, Lth. S. 297 f., das Gedicht noch dem Schlusse des 10. Jhds. zu-

ferin Atlis, habe Þjóđrekr (dafür einmal in der Hs. Þjóđmar) und Gudrun, Atlis Gattin, des Ehebruchs bezichtigt. Gudrun betont, sie hätten einander nur ihr Leid geklagt; Þjóđrekr kam mit dreissig Mannen[1] an den Hof Atlis und verlor sie alle (die Prosa von Guđrkv. II sagt ungenauer 'fast alle'); Gudrun klagte über den Verlust ihrer Brüder durch Atli. Das Gottesgericht in Form der Kesselprobe bestätigt Gudruns Unschuld, Herkja wird in ein faules Moor versenkt. – Diese Sagenform, die der Verfasser der Vǫls. S. nicht benutzt, bietet vielfach Schwierigkeiten. Einmal setzt sie sich in Widerspruch mit der echten Sage nach allen Überlieferungen, wenn sie ein friedliches Zusammenleben Gudruns mit Atli nach der Katastrophe des Niflungenmordes voraussetzt. Speciell der nordischen Überlieferung widerspricht sie a) überhaupt in der Anwesenheit Dietrichs am hunnischen Hofe, von der alle anderen nordischen Quellen nichts wissen, b) in der Teilname von Dietrichs Mannen am Niflungenmord — denn bei diesem Anlass muss, wie in der deutschen Sage, der Fall der Mannen erfolgt sein; dass nicht Kämpfe mit Ermanrich gemeint sein können, da die Sage von einem Wiedereroberungsversuch nichts weiss und nichts berichtet, oder andere Kämpfe an der Seite Etzels wie in der speciell niederdeutschen Form der ThS. oder gar die hypothetischen Kämpfe im Exil, die man im Hildebrandsliede hat finden wollen, geht daraus hervor, dass nach Gudrkv. III die Helden mit Dietrich an den hunnischen Hof gekommen sind, und dass der Verfasser der Prosa zu G. II die Situation von G. III so auffasst, dass die Helden 'dort' gefallen sind. Da somit die deutsche Sagenform vorausgesetzt wird, ist es ein weiterer psychologischer Widerspruch, dass Gudrun dem Hauptbezwinger ihrer Brüder gerade den Verlust derselben freundschaftlich klagt. Ebenso fremd wie Dietrich der sonstigen nordischen Nibelungentradition ist, sind es auch Herkja (Helche) und Þjóđmar (Dietmar). Das Auftauchen Þjóđmars für Þjóđrek als blosse Verschreibung aufzufassen, wie Rask u. A. gethan haben, ist doch wol nicht angängig, ebenso-

zuweisen, scheint mir nicht gelungen. Müllenhoff (DAK V 399) setzt es in den Anfang d. XI. Jhds.

[1] In dieser Zahl ein Missverständnis der 30 Exiljahre zu suchen, wie z. B. Rassmann I 283, Müllenhoff DAK V, 398 thun, scheint kaum berechtigt; übrigens zählt auch Alpharts Tod einige dreissig Helden Dietrichs auf, und ursprünglich mögen es gerade dreissig gewesen sein, wie Martin DHB II, XIV vermutet.

wenig aber die Vermutung Jónssons (Lth. 295), das ganze Gedicht habe ursprünglich von þjóđmar gehandelt und der Sammler dafür þjóđrek eingesetzt, an der einen Stelle aber den Namen übersehen und stehen gelassen; denn der Norden wusste von Dietrich wenig, von Dietmar gar aber gewiss nicht mehr als Deutschland, d. h. so gut wie nichts. Der Name Dietmar kann nur in Verbindung mit Dietrich, d. h. als der Name des Vaters Dietrichs im Norden bekannt geworden sein, und auf ein solches sporadisches Bekanntwerden deutet eben unser, und nur unser Lied. Die Überlieferung muss in Verwirrung geraten sein, auf welchem Wege, ist unsicher; ein mechanischer scheint immer noch am wahrscheinlichsten, aber Kenntnis der Figur þjóđmars setzt er beim Verfasser, Sammler oder Schreiber voraus.

Was Guđr. III erzählt, ist nur als willkürliche, mislungene Combination der unvollkommenen Kenntnisse des Verfassers von der jüngeren deutschen Sagengestalt mit den ihm wolbekannten nordischen Sagenformen zu erklären. Dass ihm die ersten aus mündlicher Tradition zugekommen sind und nicht aus der Thidreksaga, geht sowol aus ihrer Verschwommenheit und ihrem fragmentarischen Zustande als auch aus dem chronologischen Verhältnisse des Cod. Reg. zu der ThS. hervor (vgl. die S. 158, Anm. cit. Lit.). Der Verfasser hat von Helche, der Frau Etzels gehört, und da dies mit dem nordischen Typus Atli-Gudrun unvereinbar war, macht er sie zur Nebenfrau, zur Kebse (*frilla*). Er hat gehört, dass an Etzels Hof Dietrich weilte, dass er dort fast alle seine Mannen verloren hatte, aber die Teilname Dietrichs am Nibelungenuntergang hat er nicht in Erfahrung gebracht — sein Schweigen darüber ist wol kaum Unterdrückung des Wissens, sondern Mangel desselben —; für ihn existiert also kein psychologischer Widerspruch in der Freundschaft Gudruns für Dietrich. Aus deutscher Sagenauffassung stammt auch Gudruns und Atlis freundschaftliches Zusammenleben, aber der Dichter versetzt es höchst ungeschickt in die Zeit nach dem Tode der Brüder, nach dem es weder in jüngerer deutscher noch in älterer deutsch-nordischer Sage ein Zusammenleben mehr gibt. Die deutsche Sage ist dem Dichter offenbar nur spärlich zugesickert und er hat sie ungeschickt mit der nordischen verquickt; aber die chronologische Situationsexposition war dem Dichter gleichgiltig und kommt auch gar nicht in Betracht für das Gedicht, dessen

Hauptgewicht auf der Ausführung eines Motivs liegt, das mit der Nibelungen- und Dietrichsage nichts mehr zu thun hat, des Motivs von der unschuldig des Ehebruchs angeklagten Königin, die sich durch ein Gottesurteil reinigt. Storms Vermutung (a. a. O. 87), dass der Dichter eine ältere deutsche Sage von einem Verhältnisse (bzw. dem Schein eines solchen) zwischen Helche und Dietrich gekannt und umgeändert habe, entbehrt jedes Beweises in den Quellen und ist ganz unwahrscheinlich, selbst wenn man diese Hypothese abändern und etwa so formulieren wollte, dass zwar keine deutsche Sage, wol aber eine abgeleitete nordische Vorstufe zu Guðr. III ein solches Verhältnis durch falsche Combination von Herrad, Dietrichs Gattin, mit Herche, Herrads Tante und Etzels Gattin, gefolgert habe[1].

Der Sagentypus ist vielmehr eine Umbildung des weitverbreiteten und in mehreren novellistischen, sagenhaften und legendarischen Formen entwickelten Motivs von der unschuldigen Königin, dessen Hauptentwicklungslinien Grundtvig in der Einleitung zu Ravengaard und Memering (DgF. I Nr. 13) verfolgt hat. Bei der allgemein menschlichen Natur des Motivs wäre selbständige Phantasieschöpfung nicht ausgeschlossen, doch für den Zusammenhang mit dieser Motivgruppe spricht namentlich das Gottesurteil, das — wenn auch in verschiedenen Formen — zu dem festen Bestande dieses Typus gehört. Gegen direkte Bearbeitung einer poetisch-festen Form unter Einsetzung von Namen aus der Heldensage[2] spricht der wichtige Unterschied, dass in der Regel sonst ein abgewiesener Liebhaber der Königin die Rolle des Verläumders spielt. Noch weniger aber ist an die Möglichkeit alten ursprünglichen Sagenzusammenhanges zu denken, die Grundtvig a. a. O. S. 202 zweifelnd erwähnt. Es liegt wol nichts anderes vor als Einwirkung des Motivs, Associierung einer Erzählung mit einem Stoffe, der zur Einflechtung derselben Raum bot, und die Associierung werden wir schwerlich einer vom Dichter des 3. Gudrunenliedes benutzten Tradition zuzuschreiben haben, sondern als poetische Neuschöpfung des Verfassers betrachten dürfen, den die von der Sage ge-

[1] Auch Müllenhoff sucht, doch auf anderem Wege, die Existenz Helches als Kebse in der deutschen Sage wahrscheinlich zu machen (DAK. V 397), doch scheinen mir auch seine Erörterungen wirklicher Überzeugungskraft zu entbehren.

[2] Wie sie z. B. die späten isländisch-færöischen Lieder von Dietrich und Gunild zeigen (DgF. Nr. 13, D. E. F.), wo Dietrich der Name des scheinbar betrogenen Gatten ist.

gebene Situation, Dietrich als Freund Etzels jahrelang an seinem Hofe weilend — Zweck und Veranlassung dieses Aufenthaltes waren ihm unbekannt — dazu reizen mochte, dieser episch toten Situation ein Interesse dadurch zu verleihen, dass er die beiden Figuren des am Hofe weilenden Helden und der Königin in Beziehung miteinander setzte; die Form dieser Beziehung gestaltete er nach Analogie jenes Erzählungsmotivs von der unschuldigen Königin, das ihm irgendwie bekannt geworden war [1].

Das in vielen Beziehungen interessante Lied ist, wie schon bemerkt, der einzige nordische Zeuge für die Bekanntschaft mit dem Exile Dietrichs bei Attila vor dem Eindringen der niederdeutschen Sagen und Lieder im 13. Jhd., und weist für die niederdeutschen Sagen, auf denen indirekt in letzter Linie die trüben Kenntnisse des Dichters beruhen, auf etwa das Jahr 1000 zurück. In ältere Zeiten und in andere Zusammenhänge führt uns die altschwedische Runeninschrift auf dem Röksteine vom Anfang des 10. Jhds.; aber es ist sehr fraglich, ob wir hieraus auf das Bekanntwerden einer besonderen Dietrichsage schliessen dürfen; das Hreidmeer und die Mæringar deuten allerdings auf epische Quellen hin, aber der Ausdruck: „Einst beherrschte Dietrich den Gotenstrand, jetzt sitzt er bewaffnet zu Pferde“ deutet doch wol (wie Heinzel, Ostg. HS. S. 15 bemerkt) auf eine Reiterstatue oder ein Reiterbildnis, das dem Verfasser der Verse vorgeschwebt haben muss. Und wenn die Verse die Herrschaft Dietrichs über Italien (den Strand des Hreidmeeres) hervorheben, so ist der Gedanke an eine Sage wol ausgeschlossen, und es war wesentlich historische Kunde und die Kenntnis eines Reiterbildes Theodorichs (bzw. einer auf diesen bezogenen Reiterstatue), die der Vorstellung des Dichters zu Grunde liegen. Ich stimme mit Mogk (Festgabe für R. Hildebrand, S. 3. 6) vollkommen darin überein, dass hier an den historischen König Theodorich gedacht ist, nicht an den Sagenhelden, und würde mich seiner sehr ansprechenden Deutung, dass die aus Südeuropa nach Skandinavien zurückgewanderten

[1] Ein ähnlicher Zug poetischer Schaffenstechnik zeigt sich in Wolfdietrich B. Str. 382 ff., wo in ähnlicher Situation — Wolfdietrich an Ortnits Hof längere Zeit weilend — die beiden Figuren des Gastes und der Königin ebenfalls zur Erhöhung des Reizes der Erzählung vom Dichter in Beziehung zu einander gesetzt werden, hier im Sinne aufkeimender Liebe zu einander, welcher der Gatte rechtzeitig durch Entfernung des Gastes vorbeugt.

Heruler diese Kenntnis mitgebracht haben, gerne anschliessen, wenn nicht die Beziehung auf ein Reiterstandbild Bedenken gegen diese Deutung erregte; eher dürfte in letzter Linie ein weitbefahrener Skandinavier, der in der Fremde eine solche Reiterstatue gesehen, der Gewährsmann und Vermittler gewesen sein. In jedem Falle aber ist diese Kenntnis von Theodorich ganz von der Wanderung, deren Ausläufer Guđr. III ist, fern zu halten. — Eine dritte Wanderung einer Episode der Dietrichsage, die sich in der Hrólfssaga Gautrekssonar widerspiegelt (s. weiter unten), ist von der Exilsage ganz getrennt und auf anderen Wegen in den Norden gekommen. — Eine vierte Wanderung ist die Überführung ndd. Lieder und Erzählungen nach Dänemark und Norwegen, die in den dän. Kämpeviser von Dietrich und in der ThS. vorliegen. — Die vielbesprochene Thüre von Valtjovstad auf Island (s. Grundtvig DgF. IV 681 ff.) ist in ihrer Datierung und Deutung so unsicher, dass hier davon Abstand genommen werden darf, eine Einreihung in die Sagengeschichte zu versuchen.

II. Erweiterter Typus:

Flucht — Exil — vergeblicher Versuch einer Wiedereroberung — abermaliges Exil — Heimkehr.

Wie schon bemerkt, lassen sich zwei Hauptformen dieses Typus unterscheiden: nach älterer Form IIa endet der Wiedereroberungsversuch mit einer Niederlage, nach jüngerer IIb siegt Dietrich, kehrt aber trotzdem in die Verbannung zurück.

IIa. Das älteste Zeugnis für den mislungenen Wiedereroberungsversuch bietet die Klage 987 ff. (HS. S. 133). Dietrich gedenkt bei seiner Totenklage um Rüdiger der Zeit, als er selbst vor seinen Feinden weichen musste, und des grossen Dienstes, den Rüdiger ihm erwiesen, als er Etzeln versöhnte, der Dietrich wegen seiner grossen Schuld zürnte. So unbestimmt diese Anspielungen sind, so kann doch kein Zweifel sein, dass sie sich nicht auf die erste Flucht Dietrichs beziehen, bei der Rüdiger nach DFl., ThS. und Anh. z. HB. der erste ist, der sich des Vertriebenen annimmt — der Dichter mag immerhin dieser ersten Hilfe Rüdigers hier zugleich gedenken —, sondern auf den mislungenen Wiedereroberungsversuch, denn die grosse Schuld Dietrichs gegen Etzel[1] kann nur der Tod der Etzelsöhne

[[1] Wo in Nib. 2195, ThS. c. 338 und Prosa vor dem Heldenbuch ein Hinweis auf eine andere Schuld Dietrichs, die ihm schon vor seiner Flüchtung zu Etzel

sein. Das geht auch aus der Chronologie hervor: das Ereignis fand 12 J. vor der Nibelungenkatastrophe statt; ist auch die Dauer des Exiles im Gedichte nicht zahlenmässig angegeben, so dürfen wir doch unbedenklich den festen Typus von 30 oder 32 Jahren voraussetzen; somit kann chronologisch nicht die erste Vertreibung gemeint sein. Übrigens stimmt geradezu schlagend (worauf HS. S. 135 aufmerksam gemacht wird) bei der Annahme von 32 Exiljahren das angegebene Datum für den Wiedereroberungsversuch, 12 Jahre früher, also im 20. Exiljahre, mit der Thidrekssaga, welche für diesen Zug das 20. Exiljahr (bei einer Dauer von 32 Jahren) angibt. — Zugleich aber wird in der Kl. noch ausdrücklich festgehalten, dass Dietrich bei dieser Gelegenheit vor seinen Feinden weichen musste.

Ungefähr gleichzeitig ist das noch unbestimmtere Zeugnis, das wir dem Nibelungenlied entnehmen können: es erwähnt Nudungs Tod durch Witege, der in die Zeit vor der Ankunft der Nibelungen am hunnischen Hofe fällt. Es ist kein Grund zu bezweifeln, dass dies bei dem unglücklichen Wiedereroberungsversuch geschah, wie die Thidrekssaga ausdrücklich berichtet. Anderen späteren Zeugnissen, z. B. dem im Meier Helmbreht (HS. Nr. 51), ist in betreff der Zuweisung zu Form a oder b dieses Typus nichts zu entnehmen.

Aus Klage und Nibelungenlied erfahren wir ausserdem noch, dass Dietrich mit Herrad, Helchens Schwestertochter, vermählt ist, wie auch in späteren Zeugnissen (Rabenschlacht, Dietrichs Flucht, Thidrekssaga, Anh. z. HB., s. HS. S. 115; letzterer und das Zeugnis HS. Nr. 139 sprechen von ihr als Etzels Schwestertochter, HS. S. 335); die Vermählung erfolgt in ThS. nach der Rabenschlacht, in DFl. und Rab. vorher, doch reiht DFl. die Hochzeit an anderer Stelle ein als Rb.; nach dem Anh. z. HB. erfolgt die Vermählung gleich nach der Ankunft Dietrichs an Etzels Hof. Nach Klage 2056 ff. 2113 ff. macht sich nach der Nibelungenkatastrophe Dietrich mit Hildebrand und Herrad allein auf, um in sein Land zurückzukehren, also friedliche Heimkehr, die entschieden (wie in der ThS.) Ermanarichs Tod voraussetzt. Dass diese friedliche Rückkehr eine Consequenz

---

dessen Ungnade zugezogen habe, stecken soll, wie Lämmerhirt ZfdA. 41, 2 will, ist mir unerfindlich; in N. ist der Vermittlerrolle Rüdigers zu Beginn des Exiles gedacht, ThS. spricht ausdrücklich von Ereignissen nach dem Tode der Etzelsöhne, und im Anhang zu HB. ist überhaupt von nichts anderem die Rede, als von Rüdigers Freundlichkeit gegen den eben angekommenen Flüchtling.]

der Verbindung Dietrichs mit den Nibelungenkämpfen ist, wurde schon oben bemerkt.

IIb. Jüngere Sagenbildung ist bemüht, den Heldenruhm Dietrichs, der mit seinem beständigen Misgeschick nicht vereinbar schien, durch sieghafte Kämpfe sich bewähren zu lassen; Anlass dazu lag allerdings, wenn die endliche kriegerische Heimkehr durch die zwingende Consequenz der cyklischen Sagenverbindung in eine friedliche umgestaltet worden war, hinreichend vor, und der Trieb, der zur Ausbildung der Vorstellung von sieghaften Kämpfen Dietrichs führte, kann an sich nicht unberechtigt genannt werden, wenngleich diese jüngere Sagenbildung der Grösse des tragischen, von Misgeschick verfolgten Heldentums in älterer Auffassung nicht mehr gerecht wird, indem sie den Massstab der Heldengrösse schon in sieghaften Erfolgen sucht. Diese sind an die einzigen zwei Stellen der pragmatischen Sagenreihe angeknüpft, wo überhaupt Kämpfe möglich waren: an die Vertreibung Dietrichs und an seinen Wiedereroberungsversuch. Aber den Bearbeitern der Sage fehlt die gestaltende Kraft, den schliesslichen Misserfolg episch zu motivieren, und da der endliche Ausgang in beiden Fällen: Flucht Dietrichs bezw. Rückkehr ins Exil, nicht gegen die Sage geändert werden konnte, so führt das schliesslich zu der unsinnigen Folgerung, dass Dietrich bei seinem Wiedereroberungsversuche siegt, gleichwol aber zu Etzel zurückkehrt; so ist die Annahme in Dietrichs Flucht, Rabenschlacht und Thidrekssaga, deren weitere Häufungen im Einzelnen und Abweichungen unter einander Belege für die fortdauernde häufende Arbeit der Behandler des Stoffes bieten. Besser gelungen ist die Motivierung der endlichen Flucht trotz siegreicher Kämpfe bei der ersten Vertreibung Dietrichs. Es genügt, hier die Grundzüge dieser späteren Formen zu constatieren. Episoden kommen später zur Sprache.

a) Die Vertreibung. Die Feindschaft Ermanarichs gegen Dietrich wird durch Sibichs bösen Rat entflammt: Alphart Str. 71, D. Fl. 2567, deren Voraussetzungen auch für die Rabenschlacht gelten, wenngleich keine direkte Äusserung über Sibichs Anteil an diesem Ereignisse vorkommt und der Ausdruck der Freude über die endliche Vergeltung an Sibich im Munde Eckeharts (Str. 864) zunächst nur auf den Harlungenmord geht, — und ThS. c. 284. Seit wann Sibich diese Aufreizung zugeschrieben worden ist, lässt sich nicht bestimmt sagen, Nib. und Kl. nennen weder ihn noch Ermanrich; für ersteres lag kein unmittelbarer Anlass vor, letzteres ist allerdings auffällig, berechtigt aber nicht zu dem unmöglichen Schlusse, dass die Sage, wie sie die betreffenden Dichter kannten, den Namen von Dietrichs Gegner nicht gewusst habe. Das Zeugnis Flodoards von einem treulosen Ratgeber Ermanarichs setzt nicht voraus, dass dessen Ränke Dietrich gegolten hätten; QW dagegen setzt, wenn der Autor Odoaker zum Intriguanten gegen Dietrich macht, voraus, dass die echte Sage einen solchen bereits gekannt hat (Vgl. S. 101).

Die Einleitung der Feindseligkeiten wird verschieden erzählt. Nach DFl. will Ermanarich auf Sibichs Rat Dietrich an seinen Hof locken und töten — ein berühmtes Motiv der germanischen Heldensage —; Randolt soll die verräterische Einladung überbringen, warnt aber bereits auf dem Wege den Herzog Saben von Ravenna und dann Dietrich und meldet Ermanarich, dass Dietrich nicht kommen werde. Nunmehr überzieht Ermanarich Dietrichs Gebiet mit Heeresmacht. Saben entsendet nochmals einen Boten, Volcnant, der Dietrich diesen kriegerischen Einfall meldet.

Abweichend ist die Sagenform, welche Alpharts Tod und die ThS. vertreten. Nach ersterem Gedichte erlässt Ermanarich offene Kriegsansage an Dietrich und betraut mit ihrer Überbringung Heime, der den Auftrag ungern übernimmt. Aus Str. 65 darf man wol schliessen, dass er von Dietrich zuerst Unterwerfung und Schatzung verlangt habe und dass die vorausgesehene Ablehnung dieser Forderung den erstrebten Vorwand zur Kriegserklärung bildete. So erzählt direkt die ThS.: auf Sibichs Rat wird Schatzung von Dietrich gefordert, und als er diese verweigert, sammelt Ermanarich sein Heer; offene Kriegsansage fehlt hier, dagegen reiten Witege und später Heime aus eigenem freundschaftlichen Antrieb zu Dietrich und warnen ihn vor dem drohenden Überfall. Offenbar liegen hier zwei Versionen derselben, von DFl. abweichenden Form vor, die nicht ganz mit einander zusammenfallen, sich jedoch in der Warnung durch einen Helden mit DFl. treffen, so dass eine gemeinsame Grundlage nicht zu bezweifeln ist; die Abweichung in der Einleitung der Feindseligkeiten legt die Vermutung nahe, dass das Motiv der verräterischen Einladung in DFl. eine jüngere Form ist, bei der man an Adaptierung etwa der berühmten

Nibelungeneinladung denken könnte, läge das Motiv nicht überhaupt so nahe.

Über die Flucht Dietrichs weichen die Angaben wieder ab. Am einfachsten ist der Bericht der Thidrekssaga. Dietrich sammelt seine Getreuen und zieht mit ihnen aus dem Lande. Auf dem Wege durch Ermanrichs Reich verbrennen und verwüsten sie Dörfer und Kastelle und erschlagen manchen Mann. Ein eigentlicher Kampf wird aber nicht berichtet. Dass sich an Dietrichs Flucht kriegerische Zusammenstösse schlossen, ist ganz begreiflich, und der primitive Ansatz zu derartiger Sagenbildung in ThS. zeigt sozusagen das erste naheliegende Stadium derselben. Eine zweite Stufe, die Steigerung des Motivs zu einer offenen Schlacht, die Dietrich wagt, aber verliert, ist in keinem Denkmal erhalten, aber notwendige Voraussetzung der dritten Stufe, auf der ein Gedicht wie Alpharts Tod steht, welches Dietrich in offener Feldschlacht siegen lässt. Die sinnlose Steigerung setzt doch wol ein älteres Entwicklungsstadium voraus, Schlacht mit Niederlage, das in der Vorlage des stark überarbeiteten Gedichtes vertreten gewesen sein wird. Nach Alpharts Tod findet der erste Zusammenstoss zwischen den Heeren Dietrichs und Ermanarichs, der nach der Kriegsansage gegen Bern vorrückt, bei Bern statt. Ermanarich wird vollständig geschlagen und muss fliehen; wie sich der Dichter den weiteren Hergang, der ihm doch bekannt gewesen sein muss, ausgemalt haben mag, ist nicht zu ersehen; für seine Schilderung der Schlacht verwertet er Züge, die in der ThS. gelegentlich der Schlacht bei Gronsport (entsprechend der Ravennaschlacht) erzählt werden (s. meine Zusammenstellungen Beitr. XVI 193 ff. und Kettner, Untersuchungen über Alpharts Tod S. 16 Anm.). Die Tradition, und vielleicht auch das alte Lied, wird nur von einer Niederlage gewusst haben, die in späterer Umarbeitung so thöricht in Sieg umgewandelt worden ist; zur Schilderung dieser siegreichen Schlacht im Einzelnen wird der Dichter die an die Rabenschlacht erinnernden Züge einer poetischen Fassung derselben, die aber vom erhaltenen Gedichte Rabenschlacht abwich, entlehnt haben (Martin, Beitr. XVI 476)[1].

---

[1] Mit der Zusammenstellung der Übereinstimmungen habe ich a. a. O. nicht aussprechen wollen — wie Martin a. a. O. vorauszusetzen scheint — dass diese Schlacht vor Bern die Ravennaschlacht vertreten solle, d. h. dass der Dichter von

Auch 'Dietrichs Flucht' erzählt zuerst von einem Siege Dietrichs über Ermanarich; aber die besten Helden Dietrichs fallen mit dem Schatze, den sie aus Pola holen, durch einen von Witege geleiteten Überfall in die Hand Ermanarichs, und um die von Ermanarich mit dem Tode bedrohten zu befreien, geht Dietrich, der um seiner treuen Genossen willen lieber sein Reich preisgibt, auf die harte Bedingung Ermanarichs ein, übergibt ihm sein Land und zieht in die Fremde; nur Metze und Garte bleiben in Amelolts Händen.

b) Für die Ankunft bei den Hunnen hat sich der feste Typus ausgebildet, dass der Markgraf Rüdiger hierbei die Vermittlerrolle spielt. Im Einzelnen weichen die Versionen ab: nach DFl. kommt Dietrich nach Gran, wo ihn ein Kaufmann aufnimmt; am nächsten Tage kommen durch Zufall Rüdiger und Helche in die Stadt, beide nehmen sich der Vertriebenen an und Helche bereitet ihnen bei Etzel, der am nächsten Tage ebenfalls nach Gran kommt, die freundlichste Aufnahme. In der ThS. gelangt Dietrich zuerst nach Bakalar (Bechlarn) zu Rüdiger und reitet mit diesem alsdann in die Residenz Etzels, Susat (Soest); Etzel und Erka reiten ihnen entgegen und nehmen Dietrich huldvoll auf. Auf Rüdigers freundschaftliche Vermittlung spielen auch NL. und Kl. an (HS. S. 113. 133; die Klage hat zwar Rüdigers Vermittlung nach dem unglücklichen Widereroberungsversuch im Auge, wird aber zugleich jene erste Hilfe Rüdigers meinen, s. S. 163). Nach dem Anh. z. HB. kommt Dietrich erst zu Rüdigers Gattin, dann trifft ihn Rüdiger und benachrichtigt Etzel, der ihn abholt und zu Helche bringt.

c) Wiedereroberungsversuch. Die ThS. erzählt nur von dem einen, auch durch die Klage bezeugten Zuge, bei dem Etzels Söhne fallen. In der Schlacht bei Gronsport siegt Dietrich, aber da Etzels Söhne im Kampfe fallen, verfolgt er seinen

---

einer Vertreibung Dietrichs nichts wusste, sondern nur, dass in der Heimat des Dichters die Vertreibung Dietrichs mit einer Schlacht verbunden war, in der einzelne Züge bereits typisch ausgebildet waren, Züge, die sich in der ThS. an anderem Orte wiederfinden. Die Meinung, dass diese Züge zum Kerne der vom Dichter verwerteten Tradition gehören, ist mir selbst unwahrscheinlich geworden, und ich schliesse mich Martins Ansicht in diesem Punkte vollkommen an. Das Factum einer Schlacht bei der Vertreibung Dietrichs braucht darum nicht Erfindung des Dichters zu sein, sondern kann schon vor ihm in der Tradition seiner Heimat bestanden haben. Denn auch in DFl. endet der erste Zusammenstoss mit einem Siege Dietrichs, und auf das, was darauf folgte, brauchte der Dichter eines Einzelliedes, das nur eine Episode besang, nicht einzugehen.

Sieg nicht weiter, sondern kehrt zu den Hunnen zurück. Rüdiger meldet das Unglück, beide Eltern tragen es gefasst, und Erka selbst sucht Dietrich auf, der sich zu kommen scheut, und tröstet ihn. Nach der Klage, die, wie schon bemerkt, vollständigen Misserfolg berichtet, ist Etzel sehr erzürnt, Dietrich hält sich in Rüdigers Schutz verborgen; Helche erfährt dies zuerst und versöhnt mit Rüdigers Hilfe Etzel.

In DFl. und der damit zusammenhängenden Rabenschlacht ist durch gesteigerte Motiv-Häufung der Wiedereroberungsversuch verdreifacht worden. Das erste Unternehmen schliesst sich unmittelbar an die Aufnahme Dietrichs bei Etzel an. Etzel verspricht ihm sofort Hülfe zu leisten. Am nächsten Morgen kommt Amelolt und meldet, dass er Bern durch Überfall gewonnen; die Vorstellung ist also offenbar, dass der Krieg von den zurückgebliebenen noch unbezwungenen Teilen von Dietrichs Heer fortgesetzt worden ist. Dietrich eilt voraus, das Heer folgt ihm nach. Das von Ermanarich abgefallene Mailand wird von diesem belagert, aber Ermanarich erleidet vor Mailand eine Niederlage und flüchtet nach Ravenna, wo er eingeschlossen und belagert wird; in der Nacht entweicht er und die Stadt ergibt sich Dietrich. Witege, der vor Zeiten von Dietrich zu Ermanarich übergegangen war und sich unter den Gefangenen befindet, gelobt Dietrich von neuem Treue und wird von ihm zum Befehlshaber von Ravenna eingesetzt. Nun zieht Dietrich zu Etzel, der ihm Herrad vermählt. Nach der Hochzeit trifft die Botschaft ein, Witege sei zu Ermanarich abgefallen. Daran schliesst sich der zweite Heereszug: vor Padua wird Ermanarichs Sohn Friedrich bei einem Ausfall geschlagen und muss sich in die Stadt zurückziehen; bei Bologna erleidet Ermanarich eine zweite Niederlage. Dietrich überlässt das eroberte Land der Obhut seiner Helden und reitet abermals zu Etzel zurück. (Jetzt erst wird ihm nach dem Gedichte 'Rabenschlacht' Herrad vermählt.) Damit schliesst 'Dietrichs Flucht' und setzt 'Rabenschlacht' ein. Nach einem Jahre schon erfolgt der dritte Eroberungsversuch: in der Schlacht bei Ravenna siegt Dietrich vollständig, doch Etzels Söhne werden nebst Dietrichs Bruder Diether auf der Heide einsam irrend von Witege erschlagen (über diese Episode s. unten); Ravenna, wohin sich Ermanarich geworfen, ergibt sich nach Ermanarichs nächtlicher Flucht an Dietrich (Wiederholung desselben Motivs — in DFl. beim 2. Zuge erzählt; welches von beiden Gedichten in ihrer jetzigen Gestalt dem andern das Motiv entnommen, ist nicht zu entscheiden). Rüdiger kehrt zuerst heim und meldet erst Helchen, dann Etzeln die traurige Botschaft; er versöhnt beide mit Dietrich und holt dann diesen aus Bern; Etzel nimmt den tiefgebeugten von neuem mit Huld auf. Jede Motivation für die Fortdauer des Exils nach dem 2. und 3. Heereszug fehlt.

Eine einfachere Gestalt hat der Anhang zum Heldenbuch (HS. Nr. 134, 13), aber sie zeigt Willkür in ihren Angaben. Dietrich selbst beginnt Krieg gegen Ermanarich, um den Mord der Harlunge zu rächen und siegt, räumt aber das Land, um 8 von Ermanarich gefangene Helden zu befreien. In Bechlarn nimmt ihn Rüdigers Gattin auf, Rüdiger selbst erfährt seine Ankunft erst später; Etzel kommt auf die Botschaft Rüdigers und holt ihn ab; Helche vermählt ihm Herrad (hier Etzels Schwestertochter) und Etzel verhilft ihm nun mit Heeresmacht wieder zu seinem Reiche. Dass der Bericht seine Einfachheit nicht etwa einem Zurückgehen auf alte Quellen verdankt, sondern sie nur durch Unterdrückung der Rabenschlacht gewonnen hat, hebt W. Grimm mit Recht hervor, denn der Anhang weiss an anderer Stelle doch von der Schlacht bei Raben zu berichten, in der Etzels Söhne fielen. Die Version der Sage, die hier vorliegt, geht also sicher auf die Gruppe zurück, der DFl. (in einer einfacheren Vorstufe), R., ThS. angehören; einen schönen poëtischen Detailzug, der in den anderen Versionen fehlt, hat der dürftige Auszug in dem Berichte erhalten, dass Rüdiger, als er Dietrich erblickt, ihn mit Kniebeugung ehrerbietig begrüsst und Dietrich darauf erwidert: „Steh auf, ich bin ein armer Mann" (s. Grimms Bemerkung S. 335). Der eigentümliche Zug, dass der Krieg Dietrichs gegen Ermanarich ihm nicht von Ermanarich aufgezwungen, sondern freiwillig eröffnet ist, um die Harlungen zu rächen, an deren Ermordung sich die Ereignisse unmittelbar anschliessen, ist dieser Fassung eigentümlich und kann nicht vom Verfasser erfunden sein, sondern ist ein Zeuge einer lokal begrenzten Sagengestalt, die einen pragmatischen Zusammenhang zwischen den einzelnen Teilen der Dietrich-Ermanarichsage herzustellen suchte, eine junge, aber nicht ungeschickte Sagenbildung. Vgl. S. 83.

Wie ein Vergleich von DFl. mit den anderen Versionen zeigt, hat sich dieses Gedicht von der gemeinsamen Grundlage der Gruppe am weitesten entfernt, und seine Darstellung der Kämpfe Dietrichs mit Ermanarich ist die weitaus unverständigste. Aber es ermangelt nicht uralter Züge, die sonst nicht erhalten sind: der Abfall Witeges, die Gefangennahme der besten Helden Dietrichs, die Entsetzung des belagerten Gotenheeres. Auch die Schlacht vor und die Eroberung von Ravenna sind Züge, die oben als Bestandteile eines Liedercyklus über (ursprünglich) Tufas (später wol Witeges) Verrat und die hieran sich schliessenden Ereignisse nachgewiesen sind. Von ungleich jüngerem Alter, aber doch zu einem traditionell fest gewordenen Typus gehörig sind die Rolle Rüdigers, die Heirat mit Herrad, und wol älter als beides das Motiv der Warnung Dietrichs durch den Helden Volcnant, das in ThS. auf Witege und Heime, in Alpharts Tod (in der Ausführung etwas abweichend erzählt) auf Heime übertragen erscheint. Das betreffende Stück, das der Dichter ganz unsinnig noch einmal beim ersten Wiedereroberungsversuch fast wörtlich gleich anbringt, obwol die Situation nicht passt, — ein deutlicher Beleg für seine zusammenraffende, thöricht häufende Art — ist von Martin (DHB. II, XLIX f.) mit Recht für den Rest eines schönen und alten epischen Liedes erklärt worden. Ebenso zeugt (wie W. Grimm HS. 214 bemerkt) Dietrichs Klage um den im Kampfe gefallenen Jubart und die Erwähnung seiner Frau Binôse von einer ausführlicheren Sage, die der Dichter leider nicht mitteilt. Die Traditionen, die der Dichter kannte, waren also von hervorragendem Werte und z. T. Ausläufer sehr alter Sagenformen; aber er ist willkürlich mit ihnen umgesprungen, hat sie bei seinem Streben nach Häufung und Wiederholung zerrissen und an verschiedenen Orten angebracht, ein trauriges Zeugnis von der Willkür, mit der Dichterlinge von der Art Heinrich des Voglers sagenhafte Traditionen misshandelt haben. Umso bedauerlicher ist der Verlust der Vorlagen, die für die Rabenschlacht sicher, für Dietrichs Flucht wenigstens partienweise, in poetischer Form vorauszusetzen sind[1].

Über die episodenhaften Bestandteile der Sage: Alpharts Tod, Fall der Etzelsöhne durch Witege u. a. m. siehe Abschnitt 4.

d. H e i m k e h r. Nach der Nibelungenkatastrophe, an der Dietrich teilgenommen (N. Kl. ThS.), kehrt Dietrich mit

[1] Eine Auslösung derselben mit unseren Mitteln scheint ganz unmöglich zu sein; Wegeners Versuch ZfdPh. Ergänzungsband 447 ff. liefert nur unsichere Ergebnisse; ganz haltlos ist natürlich Ettmüllers willkürliche Herstellung der Lieder 'von vroun Helchen sünen'.

Herrad und Hildebrand ohne weiteres Gefolge heim; so Kl. und ThS. Unbedingt erforderliche Voraussetzung dieser Sagengestalt ist der inzwischen erfolgte Tod Ermanarichs; doch schweigt die Klage darüber und in ThS. erfährt Dietrich das Ereignis erst auf der Reise. Beiden Quellen gemeinsam ist die Einkehr Dietrichs auf der Heimfahrt in Bechelaren.

Die ThS. berichtet dann nach einer Reihe von offenbar jungen Episoden (Kampf mit Elsung, Einkehr bei Lodvig) über den alten Kampf zwischen Hildebrand und seinem Sohne Alebrand und erzählt, dass alles Land Dietrich friedlich zufällt: nur Sifka sammelt ein Heer, wird aber bei Gregenborg geschlagen und von Alebrand getötet. Dietrich zieht nun in Rom ein und Hildebrand setzt ihm die Krone Ermanarichs auf das Haupt. Dass dieses kriegerische Intermezzo, das dem Typus der friedlichen Heimkehr widerspricht, nur ein junger Auswuchs ist, zeigt die echte Überlieferung in Rabenschlacht Str. 863. 64. 66, wonach Sibich bereits in der Rabenschlacht von dem berufenen Rächer, dem Harlungenpfleger Eckehart, gefangen und ihm der Tod durch Erhängen angekündigt wird (dessen Ausführung zwar der Dichter nicht direkt erzählt, über die er aber doch keinen Zweifel lässt); auch Alpharts Tod, wo Sibich sich besonders vor Eckehart fürchtet, der ihn im Kampfe sucht, zeigt, dass die echte Sage diese Rolle Eckehart zuteilt. Zudem ist Alebrands (Hadubrands) Weiterleben nach dem Zweikampfe mit Hildebrand selbst ein Zug junger Sage. Dass Sibichs Tod in der Schlacht — und damit der ganze Widerstand — eine müssige junge Erfindung ist, zeigt sich endlich auch in dem kriegerischen Auftreten Sibichs, das allen Zeugnissen widerspricht; den feststehenden Typus Sibichs als Feigling spricht bündig und kurz Wolfram im Parzival aus (VIII 713 [421, 23, 24]; HS. Nr. 42):

Sibeche nie swert erzôch,
er was ie dâ man vlôch.

3. Dietrichs Teilnahme an Kämpfen gegen slavische Völker des Ostens in der niederdeutschen Sage[1].

Die Exilsage, wie sie in der niederdeutschen Überlieferung

[1] Die Teilnahme Dietrichs an einem Feldzuge Ermanarichs gegen Rimstein in der ThS. ist nur eine Folgerung daraus, dass Witege hierbei eine Rolle spielt; da er als Held Dietrichs galt, folgerte man daraus die Teilnahme seines Herrn. Vgl. S. 80.

(ThS.) erzählt wird, beruht im wesentlichen nur auf der in Oberdeutschland ausgebildeten Sagenform, die in einer Gestalt nach Niederdeutschland wanderte, die schon über den durch die Klage und das Nibelungenlied bezeugten Typus in der Entwicklung hinausging, diesem aber noch sehr nahe steht und von der Häufung in 'Dietrichs Flucht' noch entfernt ist, also vermutlich die Form repräsentiert, welche die oberdeutsche Sagenepik um 1200 herum ausgeprägt hatte — absolute Bestimmungen lassen sich nicht geben, da ja das Alter der erhaltenen Zeugnisse nur annähernd als chronologisches Zeugnis für die Existenz einer Sagenform gelten kann, und die Sagenform der Klage nicht ausschliesst, dass schon gleichzeitig und früher in anderen oberdeutschen Sagenversionen der Wiedereroberungsversuch mit einzelnen siegreichen Kämpfen ausgeschmückt war. Das bezieht sich natürlich nur auf die Form, welche die ndd. Sage vom Exil Dietrichs durch Bekanntwerden und Annahme der oberdeutschen epischen Sagenform erhalten hat, denn dass die Exilsage an sich schon früher in Niederdeutschland bekannt war, bezeugt ihr Ausläufer in Guđrúnarkviđa III, da die hierin verwertete Sagenkenntnis notwendigerweise schon nach geographischen Gründen aus Niederdeutschland nach Skandinavien-Island gekommen sein muss; die Chronologie des Liedes ergibt im Rückschluss für die sächs. Sage rund das Jahr 1000. Dass überhaupt das Bekanntwerden der Dietrichsage in Niederdeutschland nicht auf einem einzigen Akt des Importes beruht, sondern zu verschiedenen Zeiten und in verschiedenen Formen erfolgte, beweist schon die Ausbreitung der Sage zu den Angelsachsen, die ihren Weg über Niederdeutschland genommen haben muss. Aber die Exilsage scheint in Niederdeutschland keine besondere detailformende epische Behandlung erfahren zu haben, zum mindesten ist eine norddeutsche ausgebildete Sonderform weder erhalten, noch hinter der oberdeutschen Schicht, die sich darüber gebreitet hat, erkennbar, und so fand die später bekannt werdende oberdeutsche, reich entwickelte jüngere Form freies Feld vor und wurde willig aufgenommen oder verdrängte aus denselben Gründen eine rudimentärere niederdeutsche Entwicklungsform. Dagegen hat die niederdeutsche Sage die Ereignisse und Persönlichkeiten der Heldensage zum Teil in Norddeutschland eigentümlich localisiert, und unter den Eindrücken der Kämpfe und Kriege mit den slavischen Ostnachbarn die Sagen von Etzel und von

Dietrich mit accessorischen Elementen bereichert, die zum Teile poetische Abspiegelungen historischer Slaven-Kämpfe der deutschen Könige aus dem sächsischen Hause, besonders Ottos II., Ottos III. und Heinrichs III. sind, wie Gustav Storm (Aarböger for nordisk Oldkyndighed 1877, 341 ff.) nachgewiesen hat.

Die ThS. berichtet von mehreren Kriegen zwischen Etzel und slavischen Völkern, in denen sehr verschiedenartige Elemente zusammengeflossen sind, die zum Teile bei anderen Sagen zu besprechen sind. Den Hauptfaden, der aber in der Darstellung der Ths. wiederholt abgerissen wird, bildet die lange sich hinziehende Feindschaft der Hunnen mit den Wilzen und Russen. *a*) Ein erster zusammenhängender Abschnitt berichtet von Wilcinus, dem Heros eponymos des Wilzenvolkes; er beherrscht ein Reich, das sich über Wendland (den slavischen Osten Deutschlands), Schweden und Dänemark erstreckt, besiegt in einem Kriege Hertnit, der Russland, Polen, Ungarn und Griechenland beherrscht, und macht ihn zu seinem Vasallen. Nach Wilcinus Tode aber fällt Hertnit ein, besiegt seinen Sohn und Nachfolger Nordian, und annektiert das Wilzenland, während er Nordian zum Häuptling des skandinavischen Teiles [Seeland nach M^1, AB, S; Schweden M^3 c. 25, aber Seeland c. 27] einsetzt. Vor seinem Tode verteilt er das Reich unter seine Söhne. Osantrix [Osanctrix M^1, Osangtrix hier M^3 AB.; in späteren Partien Osantrix M., AB. — S schreibt Osanttrix] erhält das Wilzenland (Schweden S.), Valdimar Russland und Polen, und Ilias Griechenland. Über Hunaland (Sachsen, Westfalen) herrscht Milias [M^3 AB.; Melias M^1 S.], dessen Tochter Oda Osantrix in Verkleidung gewinnt. Attila (Atila M^1, Aktilia, Aktilius S.), der Sohn des Königs Osid von Friesland, fällt in das Reich des Milias ein und erobert es nach dessen Tode vollständig, nimmt den Königstitel an und macht Soest (Susat) zu seiner Residenz. Da Osantrix als Schwiegersohn des Milias sich durch diesen Vorgang in seinen Rechten beeinträchtigt fühlt und anderseits Attila durch Abweisung seiner Werbung um Erka, Osantrix' Tochter, gereizt ist, kommt es zur Feindschaft zwischen beiden. Attila besiegt den Bundesgenossen das Osantrix, Aspilian, wird aber von Osantrix selbst geschlagen (so nur M^1, aber gewiss richtig); bei einem Angriff auf das Heer des Osantrix im Grenzwalde zwischen Dänemark und Hunaland (das Local ist in M^1 S nicht angegeben) erleidet gleichwol Osantrix Verluste, worauf beide Teile sich zurückziehen. Attila lässt durch Rodulf Erka entführen und heiratet sie. Der Unfriede mit Osantrix währt aber mit wechselnden Erfolgen fort (c. 21—56)[1]. *b*) Ein zweiter Abschnitt erzählt, dass Attila, des langen Kampfes müde, Versöhnung wünscht, aber da Osantrix diese ablehnt, sendet er Botschaft an Dietrich von Bern, mit dem er Freundschaft geschlossen (nach c. 129 trifft er mit ihm bei einem Gastmahl zusammen, das Ermanrich veranstaltet, doch wird dort nichts von dem Abschluss des Freundschaftsbündnisses erzählt, auf das in c. 135 angespielt wird; doch geht aus M²S hervor, dass Att. bei diesem Gastmahl gewesen; die Redaktion I lässt diesen Satz fallen, der durch das Zusammengehen von M² S als echt erwiesen wird, s. Boer, Ark. f. n. F. VII, 218), und bittet ihn mit seinem Heere zu Hilfe zu kommen; Dietrich ist als König von Bern gedacht, der mit seinem Oheim Ermanarich noch in Freundschaft lebt. Dietrich und Attila fallen in das Wilzenland ein und besiegen Osantrix in einer grossen Schlacht, worauf sie zurückkehren. Witege aber ist in Osantrix Hände gefallen und wird von Isung und Wildifer durch List befreit, wobei Wildifer Osantrix erschlägt (über diese Episode s. unten [c. 134—146 (M² AB.)]. — *c*) Ein dritter Abschnitt berichtet, zum Teile offenbar parallel mit dem zweiten Abschnitt laufend, aber anderen Quellen folgend und mit anderer Voraussetzung des Verhältnisses Dietrichs zu Attila — es ist zu beachten, dass hier eine andere Hand der Membrane und eine andere Redaction der Saga vorliegt, die z. T. abweichende Quellen benutzt (s. Boer a. a. O. S. 205 ff.) —, dass Attila dem zu ihm ins Exil gekommenen Dietrich sein Leid über die fortdauernden Kämpfe mit Osantrix klagt. Dietrich verspricht ihm mit seinen Helden, die ihm ins Elend gefolgt sind, beizustehen. Osantrix ist in Etzels Reich eingefallen und hat Brandenburg eingenommen. Vor Brandenburg kommt es zur Schlacht zwischen seinem und dem Heere Attilas-Dietrichs, in der Ulfrad, Dietrichs Blutsverwandter, Osantrix erschlägt. Die Wilzen fliehen. Auf Osantrix folgt sein Sohn Hertnit. Osantrix Bruder, Waldemar von Russland, verheert Hunenland; Attila mit Dietrich eilt ihm entgegen; im Wilzenlande entbrennt eine schwere Schlacht, in der die Hunnen fliehen, so dass Dietrich, der den Sohn Waldemars, ebenfalls Dietrich geheissen,

[1] Über das Verhältnis der zwei erhaltenen Redactionen s. Boer, Arkiv f. nord. Fil. VII 228 ff.

in hartem Zweikampf gefangen hat, sich in eine verfallene Burg werfen muss, wo er von Waldemar hart belagert wird. Ulfrad gelingt es, den Ring der Belagerer zu durchbrechen und Attila Botschaft von der bedrängten Lage Dietrichs zu bringen. Vor dem anrückenden Hunnenheere zieht sich Waldemar zurück. Dietrich und Attila kehren nach Hunnenland zurück; Dietrich, Waldemars Sohn, wird wund ins Gefängnis geworfen, aber auch Dietrich ist sehr wund, und kann Attila, der zu erneutem Kampfe nach Polen und Russland auszieht, nicht folgen. In Attilas Abwesenheit pflegt Erka ihren Vetter, der gesundet, während sie Dietrich vernachlässigt. Sobald Dietrich, Waldemars Sohn, wieder zu Kräften kommt, reitet er davon trotz der Bitten Erkas, die ihm vorstellt, dass sie ihrem Gatten mit ihrem eigenen Haupte habe einstehen müssen, um von ihm die Erlaubnis zu bekommen, ihn zu pflegen. Nun bittet Erka Dietrich von Bern flehentlich, ihr zu helfen. Er wappnet sich und reitet dem Russen trotz seiner ungeheilten Wunden nach und trifft ihn im Grenzwalde zwischen Hunaland und Polen. Als Dietrich von Russen alle Bitten, umzukehren, abweist, tötet ihn Dietrich von Bern im Zweikampf. Sein Haupt wirft er Erka in den Schooss. Attila, dem auch die Mannen Dietrichs gefolgt sind, ist indessen von Waldemar geschlagen worden und kommt nach Soest zurück. Als Dietrichs Wunden geheilt sind, ziehen sie abermals zu einer Heerfahrt gegen Waldemar aus: Attila belagert die Stadt Palteskia [so MS.; Palltica A, Faltica B] (Polotzk) und nimmt sie ein; sie wird so verwüstet, dass „noch heute“ die, so hinkommen, es sehen können (S übergeht diese Notiz); in derselben Zeit besiegt Dietrich Waldemar in einer Schlacht vor Smolensk [Smaland MAS.; Sirialand B.] und tötet ihn selbst. Der Bruder Waldemars, Iron, unterwirft sich Attila und wird von ihm zum schatzungspflichtigen Unterkönig von Russland eingesetzt (c. 291—315 [c. 291 u. 292 M^3, 293 ff. M^4. mit 2 Lacunen; das ganze in AB und S]; darauf folgt c. 316 ff. der Wiedereroberungsversuch, die Rückkehr ins Exil, die zweite Heirat Etzels, die Nibelungenkatastrophe und endlich die friedliche Heimkehr Dietrichs).

Eine vollständige Entwirrung der verschiedenen Fäden, die in diesen umfangreichen, aus sehr verschiedenen Bestandteilen zusammengesetzten Berichten zusammenlaufen, ist kaum möglich. Unverkennbar sind historische, ins phantastische gewendete Elemente, denen die Sage bunte Lichter aufgesetzt und die sie in sagengemässer Weise frei verwendet hat s. Storm a. a. O.: Attilas Zug gegen den mit den Wilzen verbündeten dänischen Aspilian und die Kämpfe mit Osantrix im Grenzwalde zwischen Deutschland und Dänemark erinnern an Ottos II. Zug gegen Harald Blaatand, den Verbündeten der Wilzen, und die Kämpfe am Danevirke 975, wie überhaupt Dänen und Wenden oft in Kämpfen gegen die Sachsen verbunden waren; die Eroberung von Brandenburg durch die Wilzen und ihre Niederlage vor dieser Stadt gemahnt an die historische Eroberung Brandenburgs i. J. 983 durch die aufrührerischen Wilzen, denen die Sachsen darauf unter Markgraf Dietrich eine vernichtende Niederlage zufügen; in den Kriegen gegen Waldemar von Russland endlich ist die Erinnerung an Wladimir den Grossen, Heinrichs II. Zeitgenossen, festgehalten, und auf seinen Namen sind (in übertreibender Form) die Kriege übertragen, die Heinrich II. mit wechselndem Erfolge gegen Boleslaw von Polen führte, der eine Zeitlang zugleich über Russland herrschte und sich schliesslich Heinrich II. unterwerfen musste. Trotz aller Änderungen ist sogar die chronologische Reihenfolge der Elemente (Kämpfe am Danevirke, Schlacht bei Brandenburg, Kämpfe gegen Polen-Russland) noch in der Sage festgehalten. Die Übertragung dieser poetisch-historischen Erinnerungen auf Dietrich und Etzel könnte durch die Namensgleichheit mit jenem Markgrafen Dietrich (Storm a. a. O. 342) erleichtert worden sein, falls sich die Erinnerung an ihn im Gedächtnis gehalten hätte. Jedenfalls kann die Vermischung mit der Heldensage und Ausbildung dieser Teile nicht vor der Mitte des 11. Jhds. erfolgt sein, ist aber vermutlich wol erst im 12. Jhd. vor sich gegangen (Storm a. a. O. nimmt den Zeitraum von 1150—1250 an). Die Kenntnis russischer Städte erklärt sich aus den unmittelbaren Berührungen Niederdeutschlands mit den östlichen Gegenden durch Seefahrt und Handelsverbindungen (s. Müllenhoff ZE. XXIV)[1]. Jedenfalls aber zeigt die untergeordnete Rolle, die Dietrich in diesen Kämpfen Etzels spielt, dass nicht die Dietrichsage als solche der attrahierende Teil war, sondern dass die Auffassung Etzels als eines sagenhaften alten Königs von West-

[1] Nur als Curiosum zu erwähnen ist A. W. Krahmer, Die Urheimat d. Russen in Europa u. d. wirkl. Localität u. Bedeutung d. Vorfälle in d. ThS, Moskwa 1862. Ebenso haltlos sind die andersartigen Hypothesen in Dambergs „Versuch e. Geschichte d. Iljasage" Helsingfors 1887.

falen und Sachsland (über die lokalhistorischen Beziehungen der Berichte s. Holthausen, PBB. IX 451 ff.) den Anknüpfungspunkt bot; Dietrichs Teilnahme an Etzels Kämpfen, die in erwünschtester Weise den leeren Zeitraum seines Exils ausfüllten, ist nur eine Folge seines Aufenthaltes an Etzels Hof, setzt also das Exil voraus. Wenn eine Version Dietrichs Beihilfe noch vor dem Exil von Bern aus stattfinden lässt, so ist dies jüngere Umgestaltung und Übertragung des aus dem Exil herstammenden Typus in eine frühere, von der Sage gefolgerte Zeit friedlichen Nebeneinanderlebens von Dietrich und Ermanarich, keineswegs eine ältere und ursprünglichere Phase der Sage. Die Vorstellung von der ungeheuren Ausdehnung des Reiches des Wilcinus (ThS. c. 21. 25. 42) entspringt wol dem Eindruck der gewaltigen Ausdehnung des Dänenreiches unter Knut V. und Waldemar II. zu Ende des 12. und Anfang des 13. Jhds. [Holthausen, Beitr. 9, 492], und ist vielleicht erst ein Produkt des Verfassers der ThS., kann aber doch auch der sächsischen Sage angehört haben. Jedenfalls aber ist Wilcinus eine Figur sächsischer Sage, denn auch bei Saxo (p. 187, H) wird er für die sächsischen Lieder bezeugt: Starkad besiegt in Polen einen Kämpfer Wasce, den die Deutschen Wilzce nennen, im Zweikampf. Die Stelle ist verschieden gedeutet worden: P. E. Müller meinte, die Sachsen hätten Starkads Kampf mit Wilze gefeiert; Müllenhoff folgert mit Recht daraus nur, dass Saxo von Wilze vernommen und irgendwie Grund gefunden haben muss, ihn mit dem Wasce für identisch zu halten, der nur der nordischen Sage angehört und an den sich auch in der Gönguhrólfssaga eine Erinnerung gehalten hat, wo Vazi als Riese erscheint (Müllenhoff, ZE. XXIII 3; vgl. Olrik, Sakse II 78). Damit ist aber die Existenz eines Wilze und zugleich die reinere Namensform für den „spielmannsmässig gelehrten“ Namen Wilcinus belegt; er ist nichts anderes als ein bei den Sachsen gefolgerter Heros eponymos der Wilzen (Weletaben), s. Müllenhoff a. a. O. Älter und episch-sagenhafter scheint Ósantrix (auch diese Namenform ist entstellt) zu sein. Neben den speziell niederdeutschen Einflüssen und Stofffärbungen treten aber auch ältere Elemente auf: Witeges Gefangenschaft (s. u.) und Dietrichs Belagerung in einer Burg, und aus noch älterer Wurzel stammt der Namensvetter und Gegner Dietrichs, Dietrich Waldemars Sohn d. i. Theodorich Strabo, Sohn des Triarius (Müllenhoff ZfdA., XII, 279) s. S. 132. In Oberdeutschland ist der Inhalt der historischen Sage von den zwei Dietrichen bis auf die Kenntnis des Namens eingeschrumpft. Die Erzählung der ThS. überliefert mehr und hat echt epischen Gehalt. Aber ob diese Sage durch irgendwelche Fäden mit der alten historischen Sage zusammenhängt, ist zweifelhaft. Storm erinnert (a. a. O. 344) daran, dass Boleslavs (den in der ThS. Valdemar vertritt) Sohn Mesco vom Böhmenherzog Odelrich gefangen genommen und an Kaiser Heinrich II. ausgeliefert wurde, die sächsischen Grossen aber, denen er zur Bewachung anvertraut war, ihn verräterischerweise wieder seinem Vater zuführten. Das Ereignis könnte wol auf die Sage von den zwei Dietrichen von Einfluss geworden sein, erklärt sie aber nicht vollkommen; bei dem Mangel jedes Anhaltes für die ältere Form der Sage muss dahingestellt bleiben, ob an die altüberlieferte Rivalität der Namensvettern in Niederdeutschland eine vollständig neue Sage geknüpft worden ist oder ob Reste älterer ursprünglicherer Sage in der Erzählung der ThS. sich bergen; der Tod Dietrichs durch den gotischen Helden ist zwar unhistorisch, könnte aber wol schon von der späteren historischen Sage bei den Goten oder im ältesten deutschen Stadium gefolgert worden sein.

Auch in oberdeutscher Dichtung tritt eine gewisse Kenntnis der niederdeutschen Sprossformen zu Tage. Zwar dass im Nibelungenlied (HS. S. 77) an Etzels Hofe Polen, Russen, Griechen erscheinen, also sein Reich sich soweit erstreckt, und dass Biterolf (HS S. 153) eine ähnliche Ausdehnung voraussetzt, braucht nicht notwendig gerade auf die niederdeutsche Anschauung zurückzugehen, und auch die Kämpfe Etzels mit den Polen in Biterolf mögen unabhängiger subjectiver Erfindung des Dichters zufallen, wie auch die Einführung der Namen Witzlân und Poytân von Böhmen sich aus den Beziehungen der südlichen Ostmark erklärt und nichts mit den norddeutschen Sagen zu thun hat. Aber der Rückblick Witzlâns (6538 ff.) auf Kämpfe mit Etzel kann kaum blos erfunden sein, sondern scheint eine Anspielung auf Sagen von Kämpfen Etzels mit den Slaven zu sein, wie sie in Niederdeutschland üppig wucherten, wenngleich der Biterolfdichter davon freilich wenig mehr als das blosse Factum gewusst haben mag. Mehr scheint dem Dichter des fragmentarisch erhaltenen mhd. Gedichtes von 'Dietrich und Wenezlan' (DHB. V) bekannt gewesen zu sein: Etzel liegt im Kriege mit Wenezlan von Polen. Wenezlan hält Wolfhart und

Hildebrand gefangen und fordert Dietrich zu einem Zweikampfe heraus, sonst werde er den Gefangenen das Leben nehmen. Dietrich nimmt nach längerem Zögern an. Der Ausgang des Zweikampfes ist nicht mehr erhalten. Die Vorstellung, dass zwei Helden Dietrichs von Slaven gefangen sind, erinnert an das Motiv der ThS., dass Witege in den Wilzenkämpfen in slavische Gefangenschaft gerät; alles andere aber weicht ab, und es scheint nur das Factum von Slavenkämpfen Dietrichs und Etzels und von der Gefangenschaft eines seiner Helden dem Verfasser bekannt gewesen zu sein, der dann frei damit schaltete. Den Namen Wenezlân übernahm er wol aus Biterolf (Zupitza, DHB. V, LIV). Wenn aus Wenzel von Böhmen in Biterolf — der erste König dieses Namens regierte 1230—53 — in 'Dietrich und Wenezlan' ein Wenzel von Polen geworden ist, so geht das wol auf das Verhältnis Wenzels II., der 1300 zum König von Polen gekrönt worden ist, zurück (Holz, Rosengarten CIII und Anm). In Biterolf erfährt man auch von einem Herzog Hermann aus Polen (HS. S. 155), den auch die Klage an Etzels Hofe kennt; er ist von Etzel besiegt worden und musste ihm als Gefangener folgen; Helche verwendet sich jedoch für ihn und erwirkt, dass er und der gleichfalls gefangene König von Preussen in ihr Land (als Vasallen Etzels) zurückkehren dürfen. Die Güte Helches gegen einen gefangenen, an den Hof gebrachten Slavenfürsten, dem sie zur Rückkehr verhilft, erinnert an Erkas Verhältnis zu Dietrich Waldemars Sohn; ein Zusammenhang ist mir sehr wahrscheinlich, aber bei der freien Art, die hier in der Stoffbehandlung zu Tage tritt, kaum nachweisbar. Bestimmter als aus diesen schwankenden und in ihrer Deutung unsicheren Zügen lässt sich aus dem Zeugnis des Marners, dass man in Oberdeutschland von ihm *der Riuzen sturm* und *war komen sî der Wilzen diet*, d. h. von Russenkämpfen und von dem Untergange der Wilzen zu hören verlangte, auf Lieder schliessen, die ihren Ursprung in den sächsischen Liedern bzw. Sagen gehabt haben müssen (HS Nr. 60; Müllenhoff ZA XII 343). Auch zwei andere Zeugnisse dürften indirekt auf die niederdeutsche Überlieferung zu beziehen sein (Sijmons, Grundr. II 1, 50): Rudolf von Ems' Äusserung, dass Dietrich mit Kraft in fremden Ländern stritt [Italien kann damit nicht gemeint sein] (HS. Nr. 57), und die Stelle der Klage (865 ff.), wo Dietrich den gefallenen Wolfhart beklagt und sagt: Etzel hat durch dich manchen Sieg davongetragen. In der That berichtet die ThS. zweimal von wichtigen Diensten Ulfrads: c. 292 tötet er, wie es scheint, persönlich Osantrix[1], und c. 297 bricht er durch das Heer der Dietrich belagernden Russen, fügt ihnen grossen Schaden zu und bringt Rüdiger Botschaft von der Bedrängnis Dietrichs. Da die oberdeutsche Sage nichts von Siegen Wolfharts im Dienste Etzels und von Kämpfen Dietrichs in fremden Ländern weiss, ist die Beziehung dieser Stellen auf Kenntnis niederdeutscher Sagenform wol berechtigt; denn wenn auch der Dichter der Klage Heldenthaten der Amelungen im Dienste Etzels einfach aus ihrem Aufenthalt an Etzels Hofe folgern konnte, da ein 30jähriges müssiges Leben von Recken unnatürlich wäre, und zu dieser Folgerung weder einen Anstoss durch besondere Sagen bedurfte, noch mit allgemeinen Anspielungen besondere, episch ausgebildete Sagen von solchen Kämpfen zu meinen braucht, so trifft sich doch die specielle Anspielung gerade auf Wolfhart zu schlagend mit dem Berichte der ThS., als dass Zufall hier wahrscheinlich wäre. Endlich wird man wol auch die Form der Sage von Friedrichs Tod, dass Ermanarich ihn zu den Wilzen sendet (DFl. vgl. ThS.) als Einfluss niederdeutscher Sagenform betrachten müssen; denn wie wäre die oberdeutsche Dichtung, der die Wilzen ferne lagen, unabhängig von der niederdeutschen auf den Gedanken verfallen, den Sohn des römischen Königs bei den Wilzen den Tod finden zu lassen? Zahlreiche Spuren, manche unsicherer Art, andere zweifellos und klar, zeigen somit, dass eine gegenseitige Beeinflussung der süd- und norddeutschen Sagenformen stattgefunden hat, die gewiss nicht in éinem Acte und zu éiner Zeit erfolgte, sondern Fäden vergleichbar ist, die hinüber und herüber liefen; hat um 1200 herum die oberdeutsche Sagenform der Exilsage siegreichen Einzug in Niederdeutschland gehalten, so sind anderseits die slavischen Beziehungen, mit welchen die niederdeutschen Sänger die ursprünglich von Oberdeutschland empfangene Sage ausstatteten, auch nach Oberdeutschland gedrungen, und da es bekannte Helden waren, von denen neue Kunde gebracht und vermittelt wurde, wurden sie als Vermehrung der Kenntnisse willig aufgenommen. Die Ausläufer der norddeutschen Sagenformen in der Klage und in Biterolf ge-

[1] Dass die Tötung des Osantrix in der zweiten Version der Sagenpartie in ThS. auf blosser Erfindung des Redactors beruhen sollte (Boer Ark. 7, 241 Note) ist eine unerwiesene Annahme und scheint mir wenig glaublich.

währen zugleich für die Datierung der norddeutschen Sagenform einen Anhaltspunkt; die Slavenkämpfe Etzels und Dietrichs (Wolfharts) müssen spätestens schon in der zweiten Hälfte des 12. Jhds. in Niederdeutschland in wesentlich derselben Form, wie sie die ThS. kennt, ausgebildet gewesen, und, allgemein gefasst, vor 1200 nach Süddeutschland gewandert sein. Nach gleicher Richtung und in ungefähr die gleiche Zeit weist ja auch die Kenntnis des russischen, in Niederdeutschland in die Sage aufgenommenen Iljas in dem tirolischen Ortnit.

---

3. Dietrichs Kämpfe mit mythischen Wesen.

Pflege der Dietrichsage in den unteren Volksschichten und Wichtigkeit derselben für die Entstehung mythisch-märchenhafter Dietrichsagen. — 1. Dietrichs Kämpfe mit Ecke-Vasolt-Runze. Die Überlieferung und ihr Bestand. — Gemeinsames der süd- und norddeutschen Berichte. — Die Einleitung des Eckenliedes. — Kritik der überlieferten Erzählungs-Elemente. — Die Rolle Ebenrots. — Die mythischen Grundlagen. — Alter des Eintretens Dietrichs in Riesenmythen und Charakter seiner Rolle in denselben. — Heimat der Eckensage. — Einwirkungen der Wolfdietrichsage auf die literarische Form der Eckensage. — Die Quelle der Lodvig-Episode in der ThS. — 2. Dietrichs Gefangenschaft bei Riesen. Literarische Typen der Sage. — Der Typus als Episode der Hrólfssaga. — Jüngerer Charakter der Virginal-Hrólfssagaversion. — Die Rolle des Helfers. — Charakter der letzten abseits stehenden Formen. — Die Sigenotsage: Überlieferung. — Verbindung mit der Hilde-Grimsage, deren Versionen und ursprüngliche Selbständigkeit. — Verhältnis der Sigenotsage zu dem Grundtypus. — Motiv der Blutrache in der Riesensage. — 3. Poetischer Cyclus von Riesen- und Drachenkämpfen Dietrichs (Virginal). Allgemeiner Charakter der Sagenbehandlung. — Die Überlieferung und ihr Bestand: 1) Vorgeschichte. 2) Der Kampf mit Orkise. 3) Drachenkämpfe. 4) Die Libertin-Episode. 5) Die Janapas-Episode. 6) Dietrichs Gefangenschaft in Múter. 7) Kämpfe auf dem Zuge zu Virginal. 8) Schluss. — Kritik der einzelnen Bestandteile: Dietrichs Verhältnis zu Virginal und die ursprüngliche Dietrich-Virginalsage. — Verschmelzung zweier Versionen derselben. — Das Motiv des Drachenkampfes Dietrichs in der märchenhaften Variante dieser Sage. — Die Janapas-Episode. — Die epischen Details der Mútersage. — Doppelversion der Riesenkämpfe. — Mangel literarischer Beziehungen zwischen den literarischen Formen der Múter- und Rosengartensagen. — Kenntnis der Kämpfe im Bertangenlande beim Virginaldichter. — Die Drachenkämpfe im Epos. — 4. Kleinere episodische Sagen. a) Dietrichs Kampf mit dem Wunderer.

b) Zwergensagen (Laurin, Goldemar, Walberan). — 5. Die Isungen-(Rosengarten-)kämpfe Dietrichs. Gegnerschaft Dietrichs und Siegfrieds. — Der Typus der Zwölfkämpfe. — Entwicklung der Sage. — Spätere Kreuzungen (Bloedelin). — Einfluss der ndd. Form der Sage von Ermanarichs Tod auf die dänische Kæmpevise Kong Diderik i Birtingsland. — Beziehungen der Isungenkämpfe zu der alten Riesensage. — 6. Dämonisierung Dietrichs. Die mythischen Elemente der Dietrichsage. — Abweichender Vorgang der Dämonisierung. — Dietrichs Geburt. — Dietrichs Feuerathem. — Das Ende Dietrichs. — Die überlieferten Typen und ihr Verhältnis zu einander.

Es ist kaum zu viel behauptet, wenn die Gestalt Dietrichs von Bern als die populärste aller Heldengestalten im deutschen Mittelalter, vor allem in Oberdeutschland, bezeichnet wird; dies zeigt nicht nur die Zahl der erhaltenen Gedichte, die seine Sage behandeln, nicht bloss die umfassende cyklische Verkettung zahlreicher episodischer Sagen und einzelner Helden mit seiner Person; auch zahlreiche Anspielungen bei den Dichtern des Mittelalters und vor allem direkte Zeugnisse über die Beliebtheit der Sage gerade in den unteren Ständen geben dafür Belege. Wenn ein Zeugnis des 16. Jhds. (HS. Nr. 136, t) von Dietrich sagt: „Vnser Leut singen vnd sagen noch viel von jm, man findet nit bald ein alten König, der dem gemeinen Mann bey vns so bekannt sey, von dem sie so viel wissen zu sagen“, und wenn in zahlreichen Chroniken des 14—16. Jhds.[1] von Niedersachsen bis in die Schweiz immer wieder hervorgehoben wird, dass die Bauern von ihm singen und sagen, so hat zwar Müllenhoffs Bemerkung (ZA. 12, 373 f.), die älteren Zeugnisse wüssten noch Dietrichs Lob in aller Mund, die jüngeren, die nur Gesang der Bauern erwähnen, bewiesen also den Rückgang des allgemeinen Interesses und seine Beschränkung auf die unteren Stände, ihre vollkommene Richtigkeit, aber die Stelle der Quedlinburger Chronik vom Ende des 10. Jhds.: „et iste fuit Thideric de Berne, de quo cantabant rustici olim“ ist ein ausdrückliches Zeugnis für die schon an sich ganz unzweifelhafte Teilnahme gerade der unteren Stände an dem Volksgesange von Dietrich schon in frühester Zeit und lässt sich nicht von jenen Zeugnissen trennen[2]; die spätere Beschränkung auf

[1] Vgl. z. B. HS Nr. 117, 122b, 129, 130, 133b und c 136, 147, Uhland Schr. 8, 340, Müllenhoff ZE. XXX. Einige Stellen sind literarisch von einander abhängig und darum zum Teile wertlos oder zweifelhaft s. Jänicke ZE. LXXVI.

[2] Wenn Müllenhoff a. a. O. meint, jener Ausspruch habe einen ganz anderen Sinn, als die spätern aus dem 14. und 15. Jhd., so ist dies höchstens soweit zu

die unteren Stände ist daher kein Herabsinken in eine früher der Sagenpflege fremde Sphäre, sondern nur Erhaltung in einem Stande, der mit den andern sich ehedem in die Sagenpflege geteilt hatte und vom 14. Jhd. an der einzige der alten Tradition treu gebliebene ist. Schön spricht sich diese Vorliebe des kleinen Mannes in dem Zuge der Bauernfreundlichkeit aus, die er seinem Helden zuschreibt; Uhland macht darauf feinsinnig aufmerksam (Schriften 8, 382); dem Bauer, der Dietrich tot glaubt, ist der Verlust seines Herrn ärger als ihm sein und seiner Kinder Tod wäre, und als er ihn wiedersieht, da küsst er ihn und fällt ihm zu Füssen und ruft: „o wol mir heut und immer, viel liebster Herre mein" (Eckenlied, Druckredaction); und wie Dietrich hier dem Bauer lieb ist und ihm selbst Liebe und Güte bezeugt, so wird auch im Rosengarten hervorgehoben, dass des Berners Heer den ackernden Bauern kein Leid thut, und dem armen Manne nichts wegnimmt, ein Zug von Bauernfreundlichkeit, der mit der Bauernverachtung des höfischen Epos stark contrastiert und auch in der nationalen Dichtung kaum ein so ausgeprägtes Seitenstück hat (s. Uhland a. a. O.). Diese Beliebtheit der Sage und ihre Pflege in den unteren Volksschichten lässt es begreiflich erscheinen, dass die ihrem Ursprunge nach rein historische, poetisch idealisierte Person Dietrichs auch mit Wesen der niederen Mythologie in Beziehung gesetzt und in mythologische Sagentypen eingeführt worden ist. Ein Teil der verschiedenen, mit einander nie in den Zusammenhang eines märchenhaft-mythologischen Cyklus gebrachten poetischen Typen dieser Art ist höchst wahrscheinlich local im Volke selbst ausgebildet worden und in mündlicher Erzählung umgelaufen, bis Spielleute den Stoff aufgegriffen und poetisch behandelt haben; in anderen Fällen wird eine niedere Mythe erst durch geschickte Combination von Spielleuten mit

---

billigen, als das Zeugnis nicht unbedingt die Teilname gleichzeitiger höherer Kreise ausschliesst, aber es spricht doch nur von Bauern, nicht von höheren Ständen, und wenn Müllenhoff dieses Zeugnis und einige andere ganz allgemein gehaltene Stellen des 13. Jhd. (s. Uhland Schr. 8, 340, Germ. 1, 308) von den späteren Zeugnissen getrennt wissen will, so kann er damit nur meinen, dass diese eine eingeschränktere Verbreitungs-Sphäre bezeugen, jene aber eine allgemeine in allen Ständen, also auch, aber nicht ausschliesslich, unter den Bauern. Anders ist diese Bemerkung Müllenhoffs gewiss nicht gemeint, da eine andere Auslegung sich in in Widerspruch mit den Quellen setzen müsste. [Auch Schröder in seinem eben erschienenen Aufsatze ZA. 41, 32, fasst *rustici* als Zeugnis für den Gesang der Bauern, und zwar, wie ich meine mit Recht, in exclusiv beschränkendem Sinne.]

Dietrich verbunden worden sein, und ein Teil der Einzelepisoden, die halbhöfische Gedichte wie z. B. Virginal erzählen, ist kaum mehr als freie Erfindung des Dichters unter Benutzung von Figuren und Elementen der niederen Mythologie. Eine sichere Scheidung dieser drei Stufen ist nicht überall und für den ganzen Bestand einer Überlieferungsreihe möglich, doch lassen sich einzelne Teile mit grösserer oder geringerer Sicherheit in ihrer sagengeschichtlichen Stellung bestimmen. In diese Sphäre der Dietrichsage fallen Dietrichs Kämpfe mit Ecke, Vasolt und Runze, mit Hilde und Grim, mit Sigenot, mit dem Wunderer, mit Laurin, Walberan und Goldemar, sowie der bunte Abenteuerkreis von Riesen- und Drachenkämpfen auf seinem Zuge zur Bergkönigin Virginal; weiter ab stehen in der erhaltenen Form die Rosengartenkämpfe.

1. Dietrichs Kämpfe mit Ecke-Vasolt-Runze.

Die Sage von Dietrichs Kampf mit Ecke und seinem riesischen Geschlechte ist in zwei Hauptformen, die auf eine gemeinsame Vorstufe zurückgehen, dem süddeutschen Eckenliede und dem Berichte der Thidrekssaga erhalten. Das Eckenlied ist in mehreren von einander abweichenden jüngeren Bearbeitungen erhalten[1], auf die näher und in einer die sonstige Ökonomie dieses Werkes überschreitenden Ausdehnung eingegangen werden muss, da die Abweichungen nicht nur philologischer Natur, sondern stofflich und sagengeschichtlich von noch grösserer Bedeutung sind[2], und da die Ausgabe im DHB. durch Nichtberücksichtigung der anderen Fassungen ein sehr unvollständiges Bild des Bestandes gibt. Das stilistisch-philologische Verhältnis der Versionen soll hier selbstverständlich nicht berührt werden; das stoffgeschichtliche Problem fällt mit dem Ver-

---

[1] S. Zupitza, Prolegomena ad Alberti de Kemenaten Eckium 1865; DHB V, XXXV ff. Wilmanns, Altdeutsche Studien, 95 ff. F. Vogt, ZfdPh. XXV, 1 ff.

[2] Ich kann mir nicht versagen, die treffenden Worte von Wilmanns (Altdtsch. Stud. S. 132) hier anzuführen: „Man muss nur nicht wähnen, dass alles, was alt und echt in der Sage ist, auch echt in einem bestimmten Gedichte sei, und man darf nicht jede unechte Strophe für jung, noch weniger für willkürliche Erfindung halten. Ältere und gleichzeitige aber abweichende Bearbeitungen derselben Sage können eingewirkt und Interpolationen hervorgerufen haben, ja gerade da war zu Interpolation starker Anlass vorhanden, wo der Dichter von der allgemein bekannten oder am weitesten verbreiteten und am liebsten gehörten Überlieferung abgewichen war."

suche, aus den Versionen den ursprünglichen Wortlaut des Liedes zu erkennen, nicht zusammen, da hinter den verschiedenen Fassungen die Sage liegt, aus der auch jüngere Versionen schöpfen. In Betracht kommen die unvollständige Lassbergsche Handschrift, L, (abgedruckt in von der Hagens Heldenbuch 1855, II, kritisch bearbeitet von Zupitza im DHB. V), die Fassung des Dresdener Heldenbuches, D, (Abdruck von Primisser und von der Hagen, Heldenbuch in 4°, II), und alte Drucke (alle bis auf geringes übereinstimmend, einer davon, der als Repräsentant aller dienen muss, herausgegeben von Schade, S^1, hier als S bezeichnet). Inhaltlich stimmen LDS im grossen ganzen bis zum Abschiede des wilden Fräuleins von Dietrich überein (I); von da an weicht der Inhalt aller drei Fassungen von einander ab (II). Die Hauptzüge der Überlieferung sind folgende.

I.
(LDS)

1. Ecke, Vasolt, Ebenrot sitzen in einem Saale (nach Str. 1 aller Redactionen — allgemein als Zusatzstrophe anerkannt — zu Köln) und sprechen von Dietrich; der junge Ecke will ihn im Kampfe bestehen. Drei Königinnen sitzen dabei; die höchste, Seburg, die zu Jochgrimm Krone trägt, reizt ihn dazu auf und wappnet ihn, unter anderm mit der Brünne Ortnit-Wolfdietrichs und mit einem Schwerte, das, wie man später erfährt, Zwerge geschmiedet haben (so LDS.); sie haben es in dem Flusse Drâle zu Troige, wohin sie es durch 9 Königreiche führten, gehärtet L; es ist in verschiedenen Ländern Tallentz, Kollen, Tragunt successive fertig gestellt worden D; ein Zwerg L (zwei Zwerge D) stahl es und brachte es Ruotlieb L (Weigant von Yban D); Ruotliebs Sohn Herbort L (Weigands Sohn Gabein D) erschlug damit den Riesen Hugbolt L (Greimleib, und schenkte es den Königinnen zu Jochgrimm D) [die ganze Geschichte des Schwertes fehlt in S][1]. Ein Ross weist Ecke zurück, da ihn keines ertrage[2].

---

[1] ThS.: Neun Königstöchter und ihre Mutter haben, wie Ecke Dietrich erzählt (c. 98), ihn gerüstet; das Schwert ist von Alfrik geschmiedet (Alpris B) und im Wasser Treya (MB; Troia A.; Troye S) gehärtet, zu dem er durch 9 Königreiche fuhr. Alfrik stahl es seinem Vater und gab es Rozeleif (M.; Rutsileif

2. Die Warnung eines (alten fahrenden LD) Mannes, der dabei steht, wird verachtet.

3. Ecke zieht aus, übernachtet bei einem Einsiedler, und kommt nach Bern, wo er von Hildebrand erfährt, Dietrich sei nach Tirol ausgeritten.

4. Er eilt ihm nach und kehrt in der Burg von Trient L (Thyrold D, Trenckenburg S) ein, wo man ihn zum Berge Nônes L (Nânis D, Erblos S) weist. Am anderen Morgen (am Abend desselben Tages S) zieht er Dietrich nach.

5. Auf dem Wege besteht er siegreich einen Kampf mit einem Wunderwesen, das halb Mensch, halb Pferd ist (nur LD).

6. Er trifft den schwerwunden Helferich von Lune (L, Lone D; von Lutring S), dessen drei Begleiter im Kampfe mit Dietrich gefallen sind. Helferich warnt Ecken vor Dietrich. Ecke (verbindet seine Wunden LD) scheidet von ihm; [ein Zwerg kommt, nimmt sich Helferichs an und heilt ihn mit einer Wurzel; bei ihm weilt Helferich bis zum fünften Morgen, dann nimmt er Abschied D]; Helferich folgt Ecken in den Wald und sieht sein Zusammentreffen mit Dietrich (S; LD sagen, Helferich erzähle, wie sich Ecke und Dietrich trafen, also Berufung auf ihn; dem Context der Fassungen nach wird der Hörer das so verstanden haben, dass Helferich — wie S ausdrücklich erzählt — Ecken nachfolgte und Augenzeuge des Kampfes wurde, wobei freilich in D ein grober chronologischer Widerspruch bleibt).

7. Ecke holt Dietrich im Walde zur Nachtzeit ein. Dietrich gibt sich auf Eckes Frage zu erkennen, weist die Aufforderung zum Kampfe, zu dem ihn Ecke durch den Hinweis auf den Wert seiner Rüstung zu reizen sucht, lange ab, bis er endlich einwilligen muss. Nächtlicher Kampf (in DS unterbrochen durch eine Ruhepause, in der abwechselnd erst Ecke, dann Dietrich schläft, am Morgen Wiederaufnahme) bis in den Tag hinein. Ecke unterliegt nach hartem Kampfe, der zuletzt zu einem Ringen geworden ist, weist die Aufforderung zur Ergebung zurück (fehlt S) und erhält den Todesstich. Seine Rüstung nimmt Dietrich an sich. (Nach L. wacht Ecke dann noch einmal aus der Betäubung auf und bittet Dietrich, ihm das Haupt

---

AB, Roseleff S, ebenso beim Namen des Sohnes) und dessen Sohn Rozeleif trug es, und nach ihm noch mancher Mann.

[2] Nach ThS. (c. 98) hat Ecke sein Ross zufällig zu Hause gelassen; s. aber S. 192, Anm.

abzuschlagen; Dietrich erfüllt seine Bitte und knüpft den Kopf an den Sattel, um ihn den Königinnen zu bringen. In D wird später der am Sattel hängende Kopf erwähnt Str. 214. 58. 72. 325.)[1].

(8. Dietr. trifft im Walde bei einem Brunnen die heilkundige Meerkönigin Babehild, die ihm eine Heilsalbe gibt; nur L; Interpolation, da er dann doch von dem Waldfräulein geheilt wird: Wilmanns S. 104. — Dietrich trifft Helferich und sendet ihn nach Bern, damit er dort seine Wunden ausheilen lassen könne; nur DS).

9. Dietrich trifft im Walde eine von Vasolt, Eckes Bruder, mit Hunden gejagte Jungfrau. Vasolt lässt sie in Dietrichs Schutz weiter ziehen, sie heilt Dietrichs Wunden mit einer Wurzel. Am andern Morgen aber trifft ihn Vasolt abermals und es kommt zum Kampfe; Vasolt wird besiegt und ergibt sich; da er erfährt, dass Dietrich der Mörder Eckes sei, hebt er neuen Kampf an, der abermals mit seiner Unterwerfung endet. Das Waldfräulein nimmt Abschied von Dietrich und scheidet. Dietrich und Vasolt reiten weiter[2].

---

[1] Ths.: Dietrich ist allein ausgeritten und nimmt vor dem Walde Osning (so M, Efuing A, Esning B, Ossyen S) am Abende Herberge. Er erfährt, dass auf der Burg Drekanflis (M; Drekanfil AB, Drekafils S) jenseits des Waldes die Witwe Drusians (M; Dinsian A, Drasian B, Drocian S) mit 9 Töchtern wohne, ihr Verlobter sei Ecka, der Bruder Vasolts; beide seien sehr stark und kampfgierig. Dietrich gelüstet es nicht nach Kampf; darum reitet er nachts aus, um den Wald unbemerkt zu passieren; aber er stösst doch auf Ecka, der zu Fuss geht, weil er zufällig sein Ross daheim gelassen. Dietrich gibt sich für Heime aus, wird aber von Ecka an seiner Rede erkannt und zum Kampfe aufgefordert, wobei ihn Ecka durch Anpreisung seiner Waffen usw. zu reizen sucht. Endlich willigt er ein; nächtlicher Kampf und Ringen, Ecken wird dabei von Dietrichs Ross, das die Not seines Herrn sieht und sich losreisst, das Rückgrat zerschmettert. Dietrich schlägt ihm das Haupt ab und nimmt seine Rüstung an sich.

[2] Ths.: Bei Tagesanbruch reitet Dietrich zur Burg Drekanflis; die Königinnen glauben erst, Ecke komme, erkennen aber ihren Irrtum, und da sich die Burgmannen zur Rache rüsten, kehrt Dietrich um [vgl. II: S 8, L 4, D 6]. Auf dem Rückwege trifft er Vasolt, der, als er inne wird, dass Dietrich Ecken

II.

Von diesem Punkte an weichen alle drei Fassungen stark ab. Die Übersicht über die übereinstimmenden, bzw. auf eine ähnliche Grundlage zurückgehenden Züge einerseits, die verschiedene Anordnung der Züge in den Fassungen anderseits wird tabellarisch veranschaulicht, derart, dass den Episoden von S die Entsprechungen in L und D an die Seite gestellt werden, während die selbständige Bezifferung der Episoden in L und D die Reihenfolge derselben innerhalb L bzw. D ausdrückt.

L	S	D
1. Einkehr Dietrichs und Vasolts bei einem Zwergenkönig.	1. Einkehr beim Zwergenkönig Albrian in der Burg Metze. Dietrich übernachtet dort, Vasolt eilt in den Wald zu seiner Muhme Rütze (Rutze) und benachrichtigt ihre Söhne von dem Tod Eckes. Albrian warnt Dietrich vor Vasolts Treulosigkeit.	1. Dietrich und Vasolt übernachten im Freien. (Vgl. S 2).
3. Vasolt führt Dietrich in den Wald zu seiner Mutter Birkhilt; Dietrich erschlägt die Angreiferin. Ihre Tochter Uodelgart eilt herbei und greift Dietrich an. (Hiermit bricht L ab.)	2. Dietrich wird beim Weiterreiten von zwei Riesen, Rützes Söhnen, angefallen, und erschlägt sie, ebenso darauf Rütze. (Rütze ist die Schwester des Ritters Nettinger, dessen Söhne von einer Waldfrau Ecke und Vasolt sind; Ecke hat die Krone erhalten, weshalb Vasolt ihm gezürnt habe; so erzählt Albrian Dietrich).	2. Vasolt holt, während D. schläft, seine Muhme Rachin[1], die mit zwei anderen Riesinnen, Kallech und Ritzsch haust; sie greift D. an, fällt aber im Kampfe, ebenso ihr Sohn Zerre; der zweite Sohn Walderich freut sich darüber, da er von Zerre, der die Krone getragen hatte, schlecht behandelt worden war.

---

getötet, ihn mit einem Schwerthieb niederschlägt, aber seines Gelöbnisses wegen, nie mehr als einen Streich zu thun, liegen lässt; Dietrich fordert ihn, nachdem er zu sich gekommen, zu neuem Streite auf, in welchem Vasolt überwunden wird; Dietrich nimmt seine Ergebung an, sie söhnen sich aus und schliessen treue Brüderschaft. Vasolt begleitet fortan Dietrich treu auf seinen Zügen.

[1] Fraw rachyn rauck steht auch unter dem Bilde einer Riesin im Runkelsteiner Freskencyklus; s. Zingerle Germania 23, 28 ff. (HS[3] S. 493); die älteren Conjecturen Zingerles (Germ. 2, 468.) und Zupitzas (DHB. V, XLV) erledigen sich nach der Entdeckung der Originalbezeichnung.

L	S	D
2. Vasolt führt Dietrich zu einem hohlen Steine, wo Walrich haust, der mit allen Mannen ausgeritten ist, den Mörder Eckes zu suchen; nur Vasolts „mâc“ Eckenôt ist daheim, der Dietrich angreift und von ihm getötet wird.	3. Vasolt führt D. zu seinem blinden Vetter Eckenot, dessen Zauberlisten Dietrich glücklich entrinnt.	4. Dietrich trifft Eckenot und tötet ihn.
	4. Bei einer Rast im Walde will Vasolt Dietrich verräterisch überfallen, aber wird daran verhindert und gebunden.	
	5. Dietrich kommt mit Vasolt nach Agrippa (Köln); vorher löst er Vasolts Bande auf seine Bitten.	
	6. Zwei mechanische Kunstwerke wären auf Vasolts hinterlistigen Rat, daran zu rühren, fast Dietrichs Tod; doch entgeht D. dem Verderben —	5. Zwei mechanische Bilder einer Burg, zu der D. kommt, bringen ihm grosse Gefahr, doch entgeht er dem Verderben.
	7. und erschlägt Vasolt.	3. Dietrich erschlägt Vasolt.
4. Aus Str. 150 darf mit Sicherheit erschlossen werden, dass D. nach Jochgrimm kommt und den Königinnen das Haupt Eckes bringt.	8. Die Königinnen bewillkommnen Dietrich als ihren Erretter aus der Gewalt Eckes und Vasolts voll Freuden, und D. nimmt bei ihnen Aufenthalt; doch er will nicht dauernd dort bleiben und reitet heim.	6. Dietrich kommt nach Jochgrimm[1], das von drei Königen belagert wird, er schlägt sich durch, wirft den Königinnen das Haupt Eckes vor die Füsse und reitet davon.
	9. Bei einem Bauer, wo er einkehrt, trifft ihn Hildebrand, und beide reiten nach Bern heim, wo sie freudig empfangen werden.	7. Er begegnet beim Heimritt Wolfhart und Hildebrand; Wolfhart reitet voraus nach Bern seine Ankunft zu melden.

[1] Zu L 4, S 8, D 6 vgl. den Bericht der ThS., dass Dietrich nach der Tötung Eckes nach Drekanflis reitet s. oben S. 188, Anm. 2.

Aus einer Form der durch S vertretenen Version hat der Verfasser des Anh. zum HB geschöpft und zum Teil nach anderen Fassungen willkürlich combiniert, sofern man nicht einen Mischtext, der alles enthielt, was der Schreiber des Anh. brauchte, voraussetzen will, was recht unwahrscheinlich ist. Die Angaben ergeben folgenden Stammbaum:

X
Runtze — Mentiger + Gudengart
Zerre — Welderich — Ecke — Vasolt — Abendrot

Runtze (Rüntze) und Mentiger (Nettinger) setzen (wenngleich Ritzsch in D derselbe Name ist wie Rütze) S voraus, Gudengart aber L (Uodelgart), Zorre (l. Zerre) und Welderich D. — Ausserdem werden noch zwei Söhne eines Mentiger, des *Bruders* Runtzens, genannt, Ecknat und Eckwit; dass hierin ein Fehler stecken muss, bemerkt Grimm HS[3] S. 248; nach S würde allerdings Eckenot der Vetter Eckes und Vasolts sein, doch nach D (Str. 310) ist Ecke der Sohn von Eckenots Bruder, was für Grimms Emendation von *Bruder* in *Vater* spricht, so dass für X im Stammbaum Mentiger eingesetzt werden dürfte, aber auch hierin wird ein Fehler der Überlieferung liegen, wodurch uns der wahre Name entgeht. Der Name ist übrigens in S besser erhalten als im Anh. z. HB, denn Nettinger ist offenbar der Nîtgêr der Virginal (Neitiger DA).

Die Thidrekssaga weicht nach dem Kampfe Dietrichs mit Vasolt, der mit dauernder, von Vasolt treu gemeinter Versöhnung endet, ganz ab. Dietrich reitet mit Vasolt weiter, übernachtet in Aldinsæla (Handschr. S hat Adinsela). Beim Weiterritte tötet Dietrich im Walde Rimslo (M, Runtslu A, fehlt B, Runslo S) nach hartem Kampfe einen Elefanten. Sodann folgt die Befreiung Sistrams (M, Sintram ABS) aus dem Schlunde des Drachen durch Dietr. und Vas.; in Aldinflis (M, Addinfils A, Alldinfil B, Aldinfils S) erhält Sistram, der sich ihnen anschliesst, von Jarl Lodvig (der Name fehlt in S), nachdem dieser Dietrich erkannt hat, sein Ross wieder, das sich dorthin geflüchtet. Endlich kommen sie nach Bern. Später (c. 240) wird berichtet, die alte Königin auf Drekanflis sei vor Leid gestorben, Dietrich heiratet Gudilinda (in S fehlt der Name), eine ihrer Töchter, Vasolt und Thetleif führen zwei andere von ihren Schwestern heim. Vasolt fällt nachmals im Kampfe mit König Hertnit.

Die süd- und die norddeutsche Überlieferung zeigen also reale Gemeinsamkeit nur in folgenden Zügen: Dietrich und Ecke — der zu Fuss geht — treffen sich zur Nachtzeit im Walde. Ecke hat Dietrich gesucht[1], fordert ihn zum Kampfe auf und reizt den ablehnenden durch Anpreisung seiner Rüstung, insbesondere des Schwertes Ruotliebs, eines zwergischen Geschmiedes [Ortnits Brünne nur im Eck.-l.], durch den Hinweis darauf, dass Königinnen (3 E., 9 und ihre Mutter ThS.], von denen eine seine Verlobte ist [in ThS. direct gesagt, für E durch die Worte Seburgs, die ihm ihre Liebe in Aussicht stellt, indirect bezeugt] ihn gerüstet haben usw. Endlich willigt Dietrich ein, der Kampf wird in der Nacht geführt [und dauert bis zum Sonnenaufgang, E]. Ecke unterliegt (mit Hilfe von Dietrichs Ross, ThS.) und Dietrich (ersticht ihn und, E.) schlägt ihm das Haupt ab. Er kommt bis zur Burg der Königinnen; vorher [E, nachher ThS.) trifft er Eckes Bruder Vasolt, den er im Kampfe überwindet und der sich ihm ergibt. Formelle Gemeinsamkeit in Phrasen und Ausdrücken zeigt nur die Partie ThS. c. 97—103 (Zusammentreffen beider im Walde bis zu Vasolts Ergebung), zahlreicher und bedeutsamer sind diese Uebereinstimmungen nur in Cap. 98—100, von der Kampfreizung Eckes bis zu seinem Tod: s. DHB, V, XLII f., Edzardi, Germ. 25, 58 ff. Daraus geht hervor, dass das Original der süd- und norddeutschen Fassung dasselbe war, dass sich aber die süddeutschen erhaltenen Fassungen stark von diesem entfernt haben, wie auch übrigens in gewissen Punkten die ThS., die keineswegs in allem reinere Tradition zeigt. Dass das gemeinsame Original aber nicht das älteste ursprüngliche Gedicht von Ecke gewesen sein kann, hat Wilmanns Altd. Stud. S. 132 ff. mit Recht hervorgehoben.

Die lange Einleitung des Eckenliedes fehlt vollständig in der ThS.; es wird nur kurz berichtet, dass Dietrich nach dem Zweikampf mit Widga allein ausritt, um die dabei erlittene Scharte durch neue Heldenthaten auszuwetzen — ein offen-

[1] Die ThS. stellt freilich das Zusammentreffen dar, als ob Ecke nur durch Zufall auf Dietrich stosse, aber der Sagaschreiber, dem das Verbindungsstück zuzuschreiben sein wird (oder sein Berichterstatter) setzt sich damit in Widerspruch zu den eigenen (aus dem alten Liede übernommenen) Angaben, wenn Ecke zweimal hervorhebt, dass die Königinnen ihn zu „diesem“ Kampfe ausgerüstet haben.

bares Verbindungsstück des Sagaschreibers —, und die Ecken-episode beginnt mit dem nächtlichen Zusammentreffen im Walde. Genau an derselben Stelle setzt das Eckenlied mit einem scharf markierten neuen Anfang ein (L, Str. 69):

Êrst seit von Lûne Helferîch
wie zwêne vürsten lobelîch
im walde zesamen kâmen,
her Ecke und ouch her Dieterîch (L).

(Das sait uns von Lôn Helffereich etc. D). Zudem ist einem lateinischen Gedichte der Carmina Burana diese Strophe (mit dem Beginn: uns seit von Lutringen Helfrîch) als Schema seines metrischen Vorbildes, der deutschen Weise, angehängt, offenbar also, wie man schon an sich schliessen darf, die erste Strophe des Liedes; wenn der Redactor von L die Strophe mit *êrst*, erst jetzt, beginnt, so kennzeichnet er die Stelle, an der die alte Tradition begann (Vogt a. a. O. S. 5 ff.). Das Lied begann also mit der vom Standpunkt des vortragenden Spielmannes aus formulierten („uns seit . . . .) Nennung des Dichters, eines Helferich von Luttringen, das bei Konstanz zu suchen ist (a. a. O. 9 f.). Der Eingang bis zu dieser Stelle ist also jünger. Vogt hat nun a. a. O. weiters nachgewiesen, wie der Dichter zu einem Helden der Dietrichsage geworden ist: das alte Lied wurde erweitert, indem ein Umarbeiter den Inhalt der von Ecke gegebenen Mitteilungen in epischer Erzählung voranstellte und diese Erzählung durch den Einschub von Episoden (Gang Eckes nach Bern, Kampf mit dem Wundertier, Begegnung mit einem von Dietrich verwundeten Ritter) anschwellte; als Parallele zu letzterem Motiv — poetisch sehr schön zur Steigerung der Erwartung des bevorstehenden Kampfes verwertet — verweist Vogt auch auf Parzival 504, 7: Gawan findet einen totwunden Ritter, der ihn vor dem siegreichen Gegner warnt, doch Gawan lässt sich nicht einschüchtern, sondern folgt seiner Fährte; (— Zusammenhang scheint nicht vorzuliegen; dass der Erweiterer gerade vier Helden mit Dietrich zusammenstossen, drei davon fallen und den einen totwund liegen bleiben lässt, stammt, wie ich glaube, aus Virginal, Str. 73—92, deren Parallele schon Zupitza S. VIII f. angemerkt hat; Kenntnis von Virginal zeigt sich auch in dem Beinamen „von Lune" —); ein anderer Überarbeiter und Interpolator identificierte dann diesen namenlosen Ritter mit dem darauf genannten Helferich von Lutring, umso eher, als ein Helfrich in der Dietrichsage thatsächlich vorkommt, freilich als Freund und Genosse Dietrichs (Nib. Alph. ThS. DFl. Rab.; in letzterer als Helfrich von Lunders; ein anderer Helfrich in anderer Stellung kommt in Virginal vor, dessen Beiname „von Lune“ in die Fassung LD eindrang, während S und die Strophe der carm. Burana den echten Beinamen erhalten haben). Wie fortgesetzte Umarbeitung die noch immer fühlbare Fuge zu verlöten sucht, zeigt deutlich S, wo direct erzählt wird, dass Helferich Ecken nachgeht und unbemerkt Zeuge des Kampfes wird[1].

Nach dem negativen Zeugnis der ThS. ist auch die Erwähnung der Rüstung Ortnits (die Einl. geht im Detail noch hinaus über das im Liede selbst mitgeteilte) jünger als das gemeinsame Original (vgl. auch DHB. III, XXV); dagegen muss das Schwert Ruotliebs diesem bereits angehört haben, da es auch in ThS. sich findet (vgl. Wilmanns 113. 133); doch wird das älteste Eckenlied, zum mindesten aber die ursprüngliche Sage dieses Motiv nicht gehabt haben, da schwerlich schon die primäre Sagenbildung für das Schwert des Helden eine Geschichte durch Contamination mit einer anderen Sage geschaffen haben wird. Ursprünglichkeit, wenn auch kaum in der Sage, so doch in dem gemeinsamen Liede ist gewiss auch dem Zuge zuzuschreiben, dass Dietrich eigentlich durch die Hilfe seines Rosses den Sieg über Ecke davon trägt (ThS.; von Edzardi Germ. 25, 60 ohne Grund als Übertragung aus Wolfdietrich bezeichnet); denn nur wenn dieser Zug auch für die deutsche Fassung vorausgesetzt wird, erklärt sich die in stärksten Ausdrücken sich bewegende Selbstanklage Dietrichs, die Verzweiflung über die Schande, die er sich zugezogen; das einfache menschliche Mitgefühl motiviert diese schweren Selbstvorwürfe im Eckenliede doch nicht hinreichend. Die süddeutschen Umarbeitungen bzw. eine vor ihnen liegende gemeinsame Form werden diesen Zug verwischt haben[2], um von Dietrich einen

[1] Noch das Zeugnis Enikels (HS Nr. 59) setzt den Beginn des Liedes ohne Vorgeschichte voraus; dagegen kennen DFl. (Vogt, 8), Ottokar (HS Nr. 73) und Hnr. v. Wittenweiler (HS Nr. 125 b) bereits die Vorgeschichte (Vogt 26, 27).

[2] Der hübsche Zug in Str. 92 S „Berners rossz thet sams weyne durch seines herren vngemach“ könnte als Rest des Motives gedeutet werden, ist es aber kaum. [Dagegen weist bestimmt darauf hin der in der jetz. Form unverständliche Satz der alten Eingangsstr., Ecke habe nicht wolgethan, sein Ross daheim zu lassen — offenbar weil es ihm ebenso geholfen hätte wie Dietrich sein Ross. *Correcturbemerkung Vogts.*]

vermeintlichen Makel abzuwaschen, doch die Selbstanklage blieb stehen.

Ob in der gemeinsamen Quelle Dietrich gleich nach Eckes Tod zu den Königinnen ritt oder erst den Kampf mit Vasolt und andere Abenteuer bestand, ist nicht auszumachen, letzteres aber wahrscheinlicher. Der Redactor der Ths. wird nur geändert haben, um Vasolt dann an den weiteren Abenteuern Dietrichs teilnehmen lassen zu können; dass er leben bleibt und ein treuer Gefolgsmann Dietrichs wird, ist ganz willkürliche Abweichung des Sagaschreibers, beruhend auf unvollständiger Kenntnis der Sage. Denn anzunehmen, dass das, was ihm von der Ecke-Vasoltsage zu Ohren gekommen war, den alten Sagenbestand erschöpfe, ist weder theoretisch erlaubt noch nach der vorliegenden Probe angängig; mit der ersten Begegnung Dietrichs und Vasolts ging seine Sagenkenntnis zu Ende, und der Mangel an Kenntnis auf seiner Seite ist natürlich kein Beweis dafür, dass das ursprüngliche Lied oder gar die Sage weiter nichts wusste.

Von diesen Abenteuern Dietrichs nach der ersten Bezwingung Vasolts ist der Kampf mit der weiblichen Verwandtschaft der Riesenbrüder, also mit der Mutter (L) oder Muhme (SD), unzweifelhaft der älteste Bestandteil und muss zur ursprünglichen Sage gehören, da Vasolts Verschonung eben noch die Fortsetzung durch den Verrat, der dann seinen Tod herbeiführt, voraussetzt. Die richtige Anordnung der alten Sage hat zum Teile D erhalten: Unterwerfung Vasolts — Übernachten im Walde — Vasolt holt seine riesische Verwandtschaft herbei und wird von Dietrich nach errungenem Siege zur Strafe für seine Untreue getötet, worauf Dietrich unmittelbar nach Jochgrimm geritten sein wird. Daran haben sich in nicht mehr absonderbarer verschiedener Schichtung die anderen Erweiterungen geschlossen. Manche davon sind jünger als die Einleitung, da sie sich mit ihr in Widerspruch setzen; so wenn in S gesagt wird, Ecke und Vasolt hätten miteinander in Unfrieden gelebt, weil Ecke nach des Vaters Tode die Krone bekommen hatte; ferner wenn die drei Königinnen von Ecke und Vasolt in Knechtschaft gehalten worden sein sollen und Dietrich als ihren Retter begrüssen. Das Motiv von der Feindschaft zweier Riesenbrüder um der Herrschaft willen wird in D von Zerre und Waldrîch erzählt, wird also bereits der Quelle angehört haben und in S nur auf Ecke und Vasolt thöricht übertragen worden sein, umso thörichter als die Freude des unterdrückten Bruders über den Tod des anderen zum Bestande dieses Typus der Volkssage gehört, wie die Parallele in Wolfd. B Str. 823 beweist, wo der Bruder des erschlagenen Zwerges Billung Wolfdietrich als seinen Erretter begrüsst, da ihm der Bruder die Herrschaft geraubt hatte. Vasolt als Rächer Eckes wäre darnach ein innerer Widerspruch, ein Beweis, dass das Motiv eben von dem anderen Riesenbrüderpaar gedankenlos auf Ecke-Vasolt übertragen ist, nicht umgekehrt. Das mit den Voraussetzungen des ursprünglichen Gedichtes und der Sage unvereinbare Motiv in S, dass die drei Köniĝinnen von Ecke und Vasolt bedrängt werden und Dietrich freudig aufnehmen, ist eine gedankenlose Umsetzung in einen anderen Typus, den bedrängter Berg- oder Waldfrauen, denen Dietrich hilft, und dürfte in vorliegendem Falle aus Virginal stammen (den Parallelismus notiert Wilmanns, S. 133 Anm.); die Dreiheit der befreiten Jungfrauen lässt weniger an die Königin Virginal selbst als an die drei Jungfrauen der Janapasepisode als Vorbild denken. Über andere Einflüsse der Virginal auf die stufenweise Umarbeitung des Eckenliedes — sie haben aber gewiss nicht alle gleichzeitig gewirkt — s. S. 193; auch die mechanischen Bilder, die Dietrich Gefahr bringen, haben dem epischen Erzählungs-Detail nach ihre nächste Parallele in Virginal, wo das Motiv wiederholt breitgetreten erscheint (DHB V, XXV), und sind wol ebenfalls daher übernommen.

Das Motiv, dass die weibliche riesische Verwandtschaft Eckes und Vasolts zuletzt Dietrich bekämpft, gehört, wie oben bemerkt, der ursprünglichen Sage an — ob die Mutter und Schwester der zwei Brüder, wie in L, oder ihre Muhme mit 2 Söhnen (von denen nur einer am Kampf teilnimmt D) wie in SD, lässt sich nicht entscheiden; aber für Mehrheit der Riesinnen spricht die Doppelheit in L, die Dreizahl der mit einander hausenden Riesinnen in D; dass von diesen nur eine als eingreifend erwähnt wird, beruht wol auf der jüngeren Ansetzung des Motivs der zwei eifersüchtigen Riesenbrüder, das, anders gewendet — sie werden beide als Angreifer gedacht — dann in S die ältere Vorstellung von der Mehrheit der Riesinnen ganz verdrängt hat, da eine Mehrzahl der Angreifer hier bereits durch die Riesenbrüder und ihre Mutter gegeben war; die verbindenden Fäden lassen sich nicht mehr nachweisen, ebensowenig bei der unläugbaren Beziehung des Walrich L zu Walderich in D; Einfluss einer zu D in Beziehung stehenden Dichtung auf L ist wol hier ebenso anzunehmen wie in den von Wilmanns S. 118 ff. besprochenen Fällen. Von den verschiedenen Namen dieser Riesinnen hat Runse (in der Umdeutung[1] Rütze S, Ritzsch D, aber im Anh. z. HB. in echter Form Runtze; die Verdrängung der Ritzsch in D zu einer in die Handlung nicht eingreifenden Figur ist der Verdreifachung der Riesinnen zuzuschreiben, die eine Vermehrung der Namen und Verwirrung im Gebrauche derselben mit sich brachte) den ersten Anspruch auf Alter und Echtheit, da der Name infolge seiner scharf ausgeprägten naturmythischen Bedeutung und Etymologie (Lawinensturz) offenbar einem niederen Mythus angehört und in drei verschiedenen Versionen (S, D, Anh. z. HB.) bezeugt ist; auch in Wolfdietr. B. 474 ff. kommt der Name vor, ein weiteres Zeugnis für seinen Platz in der niederen Mythologie, denn eine Entlehnung (die nach der Priorität der Partie in Wolfd. B auf Seiten des Eckenliedes liegen müsste) ist unbeweisbar, und es liegt nicht der geringste Grund vor, sie anzunehmen, denn der Name und die Figur sind von keinem Dichter erfunden, sondern gehören der niederen Mythologie des Alpengebietes an; noch die heutige Tiroler Sage kennt eine Runsa, die Schlammlawinen herabsendet (s. S. 199). Ihre Schilderung im Eckenliede ist voll frischer mythologischer Anschauung; lawinengleich bricht sie eine Burg mit einer Hand, springt über Ronnen etc. (s. Uhland 8, 551).

Eine merkwürdige Inconcinnität der Einleitung mit dem Hauptgedicht muss noch erwähnt werden, die zugleich für die Sage von Wichtigkeit ist. In der Einleitung wird als dritter Teilnehmer des einleitenden Gespräches Ebenrôt erwähnt; seltsamer Weise tritt er aber in der Handlung nirgends auf. Es ist schwer denkbar, dass der Verfasser der Einleitung hier einen Namen hereingebracht hätte, wenn nicht die geringste Veranlassung dazu in seinem Materiale vorgelegen hätte; der Trieb, den drei Königinnen drei Riesen an die Seite zu stellen, an den man etwa denken möchte, begründet nur die Hinzufügung eines Dritten, nicht aber die Wahl eines Namens, der im ganzen Verlaufe der Handlung nicht vorkommt, während andere Riesennamen in der Sage genug sich zur Auswahl boten. Stellt man sich auf den Schaffens-Standpunkt des Verfassers der Einleitung, welcher aus der ihm bekannten Form des Gedichtes die Motive und Figuren entnimmt und zweckentsprechend zu

1) Zu „rutschen", vgl. eine „Rutschifengga" bei Alpenburg, M. u. S. Tir. S. 68.

einer Vorgeschichte zusammenstellt, so würde neben den Brüdern Ecke und Vasolt die zunächst in Betracht kommende Figur als Dritter im Bunde der Vetter beider, Eckenôt, sein. Einer von beiden Namen muss darnach ein Verderbnis der Überlieferung sein, doch gewiss kein auf handschriftlich-mechanischem Wege entstandenes. Und ob man die Existenz der Figur und des Namens schon für die älteste Sage bzw. Dichtung in Anspruch nehmen oder darin eine Häufung und Vermehrung sehen will, in jedem Falle ist der etymologische Zusammenhang mit Ecke gewiss ausschlaggebend, — analog wird im Anh. z. HB. bzw. dessen Quelle in weiterer Häufung von Eckes Verwandtschaft ausser Ecknat (Eckenot) noch ein Eckwit hereingebracht, auch hier in etymologischem Zusammenhange —, und die Sage oder Sagenerweiterung wird eher einen Eckenot zu Ecke gestellt haben, als den einer fremden Sagenform angehörigen Ebenrôt. Dass dieser ein Eindringling ist, darf wol als sicher gelten, wenn auch der Weg, auf dem es zu einer Spaltung des alten und des neueingedrungenen Namens in zwei Figuren kommen konnte, dunkel ist. Als jungen Eindringling kennzeichnet Ebenrot auch das Fehlen jedes verwandtschaftlichen Verhältnisses zu den zwei Brüdern Ecke und Vasolt; denn er wird nirgends in der poetischen Überlieferung ihr Bruder genannt, und wenn der Anh. z. HB. dies doch thut, so ist das offenbar nur ein naheliegender Schluss (s. Zupitza DHB. V, XLIV), der keinen Wert als Sagenzeugnis hat.

Über den mythologischen Charakter der Gegner Dietrichs in dieser Sage kann nicht der geringste Zweifel herrschen. Vasolt ist auch ausserhalb des Eckenliedes als ein Sturmdämon bezeugt: in einem Wettersegen (M. 3, 494) wird er angerufen, das Wetter zu entfernen, und im rheinischen Siebengebirge führt eine Schlucht mit scharfem Nordostwind den Namen Faseltskaule (Simrock, Myth.[5] 451). Als Winddämon rein mythischer Natur kennzeichnet ihn auch, dass er nach dem Eckenliede ein wildes Fräulein mit Hunden im Walde verfolgt (über diesen Typus der niederen Mythologie und seine zahlreichen Parallelen vgl. M. 787. III 182, 281. Meyer, Germ. Myth. §. 164. 168. 325 und die dort angegebene weitere Litteratur; über Vasolts myth. Typus handelt gut Wolfskehl, Germ. Werbesagen S. 9 ff., doch mit vielen gewagten Schlüssen, die weit über das Wahrscheinliche hinausgehen); auch sein langes Haar, das er in Zöpfen gebunden trägt (LD und im Runkelsteiner Freskencyklus) wird keiner Fiction des Dichters entstammen, sondern gehört zu der mythologischen Erscheinungsform, analog dem flackernden langen Haare der vom Winde gejagten Wolkenpersonificationen (vgl. Meyer §. 168, Wolfskehl a. a. O.). Die etymologische Bedeutung des Namens ist unsicher[1]. In denselben naturmythischen Vorstellungskreis führen auch einige andere Namen aus Vasolts Verwandtschaft: Zerre, der Zerreisser, Welderich, der Waldmann, sowie Ecke, der Schrecker (zu agjan); ferner Runze, die Schlammlawine, noch heute in Tirol und der Schweiz sowol als Appellativum wie als mythische Figur bezeugt (Zingerle, Germ. 2, 213; Alpenburg, Mythen und Sagen Tirols 55; Weinhold, Die Riesen, 46; DHB. IV 310; EHMeyer, Idg. Mythen, 2, 462, Germ. Myth. §. 190. 193). Dass auch die drei Königinnen auf Jochgrimm in diesen Dämonenkreis fallen — wenngleich die poetische Behandlung alles übermenschliche abgestreift hat, — zeigt die noch heute lebende tirolische Volkssage, dass auf Jochgrimm in Tirol (über den Berg vgl. Zingerle ZfdPh. 6, 301) drei uralte Hexen hausen, die Wetter und Hagel machen können (Zingerle, Germ. 1, 121; Tirol. Sagen Nr. 347); Local und Zahl stimmen so genau, dass die Übernahme auch dieser Figuren aus dem Volksglauben unzweifelhaft ist. Nach Namen, Verwandtschaftsverhältnis zu den übrigen auch anderwärts bezeugten Dämonen und nach der ganzen Schilderung im Gedichte ist auch Eckes mythische riesische Natur durchaus klar; dagegen ist die nähere Bestimmung der mythologischen Art schwierig und unsicher. Die Auffassung Eckes als eines Wasserdämons (Wildbaches) bei Grimm und Zupitza ist aus falscher Etymologie erschlossen (Ecke, zu *agjan*, kann mit Ægir, zu *ahva*: Noreen, Urgerm. Lautl. S. 59, nichts zu thun haben) und die Heranziehung des jungen jütischen Localmythus von Kári, Logi und Hlér sowie die Parallelisierung dieser drei Dämonen mit Ecke, Vasolt und Ebenrot ist unstatthaft, denn jener Mythus ist nicht einmal gemeinnordisch, geschweige gemeingermanisch, vielmehr ausgeprägt localen Ursprungs (Mogk, Myth. 1040), die Dreiheit der Riesen in der Eckesage aber ist vielleicht nur ein späteres Element, da nur Ecke und Vasolt Brüder genannt werden; jedenfalls aber kann, wenn bereits in der Sage ein

[1] M. 529 wird er zu altn. *fas*, superbia, arrogantia gestellt (doch vgl. über dieses zweifelhafte Wort Cleasby-Vigf. 144[b]). Zupitza stellt ihn (Proleg. p. 32) zu ags. *fæs* Schrecken, [vgl. auch schwed. *fasa*, Entsetzen], E.H.Meyer §. 193 zu *visen* (sich hin und her bewegen)

dritter Verwandter vorhanden war, dieser nicht Ebenrot (nach Grimm Abentrot, ein Riese des Lichtes, M. 624) gewesen sein, wie oben gezeigt worden ist, und die mythische Parallele bröckelt damit weiter ab. Eine andere Deutung Eckes auf einen Dämon der Dunkelheit und des Nebels (wegen des nächtlichen Kampfes), die Wilmanns a. a. O. 119 aufgestellt hat, scheint kaum beweisbar zu sein. Die natürlichste und wahrscheinlichste Deutung ist noch immer die Uhlands, der Ecke als Sturmriesen auffasst und sehr schön die Züge der Dichtung, die noch den alten Sturmdämon verraten, der durch die krachenden Bergwälder fährt, hervorgehoben und gedeutet hat (Schr. 8, 549; die etymologische Zusammenstellung mit Eggþér ist allerdings unhaltbar); damit stimmt auch am besten die Vorstellung, dass die drei weiblichen Wetterdämonen, die auf Jochgrimm Wetter und Hagel machen, ihn entsenden. Der Zug, dass Ecke nur zu Fuss gehen kann, weil ihn kein Ross erträgt (in der ThS. ist, wie überhaupt das mythische, so auch dieses Motiv verwischt und vergessen, das nichtvergessene Auftreten Eckes zu Fuss aber ungeschickt als zufälliges Vergessen des Rosses motiviert), ein mythisches, auch in vermenschlichter Form übertragen vorkommendes, öfter belegtes Motiv, gibt für Eckes Natur keinen Aufschluss, da er nicht der naturmythischen, sondern der personificatorisch-epischen Anschauungsform als Ausdruck riesischer Grösse und Schwere angehört.

So erweisen sich sämtliche Gegner Dietrichs in der Eckensage als durchaus naturmythische Dämonen, keineswegs als literarische Riesentypen ohne jeden mythologischen Hintergrund, und es ist daher unstatthaft beim Eckenlied an die litterarische Formierung einer Art Ballade mit Benutzung abgegriffener und farbloser Figuren mittelalterlicher Bänkelsänger zu denken; es zeigen weiters die angeführten inneren und äusseren Zeugnisse, dass es thatsächlich Erscheinungen des wirklichen Volksglaubens sind. Dass hinter der Dichtung die lebende Sage liegt, aus der sie abgeleitet und geschöpft ist, tritt scharf hervor in Zügen wie der vermenschlichenden Idealisierung der drei Wetterfrauen auf Jochgrimm, die ihre höfische Erscheinung erst dem Dichter verdanken, der sie aus dem Volksglauben in ganz anderer Form kennen lernte. Aus der breiten Grundlage von landschaftlichen Localmythen schöpfen auch die Überarbeitungen ihre Zusätze, und so tritt auch hier die oben stoffgeschichtlich belegte Thatsache hervor, dass das genealogische Verhältnis der Fassungen zu einander und die Rekonstruktion der ältesten Form des Gedichtes sich mit der stofflich-mythischen Seite des Problems nicht deckt, da das Gedicht nicht die Sage geschaffen hat, vielmehr aus ihr schöpft, und die Auswahl des ersten Dichters aus dem gegebenen Stoffe für die Erkenntnis desselben nicht exclusiv bindend ist.

Vermutungen über die Frage, wie viel von Einzelheiten dem Dichter, wie viel der Volkssage angehört, sind bei dem mangelhaften Vergleichsmaterial müssig; der Zug, dass in der Dichtung Ecke von drei Königinnen auf Jochgrimm ausgesendet wird, ermöglicht aber zufällig eine solche Controlle, und sie zeigt, dass die Aussendung Eckes durch die Jochgrimmer Wetterdämoninnen der Sage zufallen muss, dass also diese nicht blos die Elemente, sondern auch ihre Verkettung bereits kannte; denn wenn erst der Dichter durch blosse Erfindung Ecke in höfischen Frauendienst hätte stellen wollen, so hätte er nicht den geringsten Anlass gehabt, an die drei Wetterhexen zu denken, die er erst ihres für seine Zwecke nicht passenden mythischen Wesens entkleiden musste; wie Erfindungen dieser Art bei Albrecht von Kemenaten oder in Gedichten derselben Klasse aussehen, zeigt die analoge erfundene Aussendung des Heiden Terevas durch eine arabische Königin; er muss sie vielmehr in der Sage schon in Verbindung mit Ecke vorgefunden haben, eine Verbindung, die nicht mehr die blosse Existenz naturmythischer Vorstellungen bzw. Gestalten allein, sondern auch einen epischen Erzählungstypus voraussetzt.

Seit wann Dietrich in diese Sage eingetreten, ist eine bei dem Mangel älteren Materials schwer beantwortbare Frage. Ein Lichtschimmer fällt auf das Problem aus den angelsächsischen Belegen für Ecke. Nach Binz (Beiträge XX 216) ist der Name Ecke auf angelsächsischem Boden in Ortsnamen häufig zu belegen. Darf man auch nicht bei allen das Simplex Ecke voraussetzen, da mehrfach auch Kurzformen von Namen, die mit Ecȝ- componiert sind, vorliegen können (a. a. O.), so ist doch die Kenntnis des Namens Ecke durch einen Teil dieser Namen sicher verbürgt und damit ist für das Eintreten Dietrichs in die Ecken-Sage ein Zeugnis gewonnen, denn eine selbständige Wanderung einer landschaftlich begrenzten Alpen-Mythe nach England (woran Binz denkt) ist ausgeschlossen, wenigstens vollständig unbelegbar und in sich unwahrscheinlich, während sie, verknüpft mit der Heldensage und getragen von dem grossen Namen Dietrichs, natürlich ohne weiteres übernommen werden konnte. Nun führen uns die Walderefragmente des 9. Jhds. greifbar und direkt eine solche Wanderung einer Sage, deren relativer Ausgangspunkt zweifellos Hochalemannien ist, vor Augen; und gerade das eine Walderefragment zeigt bereits Dietrich in Kämpfen mit mythischen Wesen, in einem Sagentypus, dem wir auf deutschem Alpenboden noch im 13. Jhd. begegnen (s. unten); aus diesem stofflich und chronologisch gleichen Verhältnisse ergibt sich auch für die Eckesage der Schluss, dass sie, mit Dietrich verbunden, im 9. Jhd. nach England gekommen sein wird, also bereits für das 8. Jhd. in ihrer Heimat vorauszusetzen ist. Damit ist die Beziehung Dietrichs zu Dämonen, direkt bezeugt im Walderefragment, indirekt für die Eckensage aus dem Namenmaterial hervorgehend [1], und beides auf Alemannien bezw. die süddeutschen Alpengebiete zurückweisend, chronologisch bis hart an die Grenze des Heidentums in den alemannisch-bajuwarischen Gegenden gerückt, und die von Uhland, Müllenhoff, E. H. Meyer u. A. in verschiedenen Schattierungen vertretene Ansicht, dass in diesen Riesenkämpfen alte Donarmythen sich bergen, erfährt damit eine starke Bekräftigung, die Frage nach der reinmythischen Vorstufe der Sage, in die Dietrich nur eintrat — eine Frage, die auch bei jüngerem Alter der Zeugnisse methodisch nicht ausgeschlossen werden dürfte, da die officielle Herrschaft des Christentums der Erhaltung, Neubelebung und Neuschöpfung von Gestalten und Vorstellungen naturmythischer Phantasie ohnmächtig gegenüberstand oder sie höchstens in die Sphäre des halbverheimlichten Aberglaubens zurückdrängte, aber nicht auszurotten vermochte — gewinnt einen äusseren chronologisch-kulturhistorischen Halt, eine vordietrichische, rein mythische Sage auch äussere Wahrscheinlichkeit. Nun haben Mythologen zweifellos zu viel von Einzelheiten für einen speciellen Donarmythus in Anspruch genommen; aber ein Zusammenhang scheint mir allerdings unabweisbar zu sein. Als Kämpfer gegen Riesen und gegen die durch sie vertretenen

---

[1] Will man, was sich methodisch jedoch nicht rechtfertigen lässt, das ags. Namenmaterial für Ecke abstreichen, so bleibt doch das in Waldere enthaltene Zeugnis als unzweideutiger Beweis bestehen.

Naturgewalten ist aus der reichen skandinavischen Überlieferung Thôrr bekannt, und diese seine Rolle entspringt nicht der Laune eines Dichters oder rein märchenhafter Erzählungsphantasie, sondern ist in der naturmythischen Idee, die überhaupt im Riesentum und in den Gewittererscheinungen ihren Ausdruck gefunden hat, begründet. Vorstellung und Kult eines Donnergottes ist eines der ältesten, verbreitetsten und sozusagen naturnotwendigsten Elemente zahlreicher ethnisch-verschiedener Mythologien, und die Existenz eines dem nordischen Thôrr entsprechenden Donnergottes auch bei den Südgermanen und Süddeutschen kann aus inneren Gründen ebenso sicher gefolgert werden, als sie auch durch äussere, ältere und jüngere Zeugnisse (s. die Zusammenstellung in E. H. Meyers Germ. Myth. § 267—94, wenn auch nicht alles gleich beweiskräftig ist) gesichert ist. Wenn in Norwegen ähnliche Personificationen von Naturgewalten und ähnliche Kämpfe Thôrs gegen die Riesen und ihre weibliche Verwandtschaft erzählt werden, wie im Eckenliede, so dürfen diese natürlich nicht herangezogen werden, um zu erweisen, dass diese Mythen Norwegens und der Alpen aus einer gemeinsamen Form entsprungen sind; ihre Gleichartigkeit beruht nicht auf epischem Zusammenhang, sondern ist ein Resultat unabhängiger, parallel laufender Mythenbildung aus denselben natürlichen Voraussetzungen der Hochgebirgsnatur und ihrer mythisch gefassten Erscheinungen einerseits, der mythischen Anschauungsform des Gewitters und seiner naturmythischen Funktionen anderseits. Das Zeugnis der nordischen Parallelen ist darum nicht weniger wertvoll, denn es bezeugt die mythische Grundidee dieser Riesenkämpfe und die gleichartige Wirkung der gleichen episch gestaltenden Phantasiekräfte hier wie dort, und gilt daher für die deutsche Gestalt, ob nun diese in die Zeit vor oder nach Einführung des Christentums als officielle Religion fällt. Ob in heidnischer Zeit bereits dieselben episch individualisierten Gestalten wie in der Eckensage mit Donar kämpften oder andere, wesensverwandte, und ob die Eckensage nur ein neuer Trieb des alten Stammes ist, bei dem der traute Sagenheld, der unbesiegbare König und Freund des Bauern dieselbe Rolle spielt, die einst in anderen Kämpfen einem Mächtigeren zugeteilt worden war: in jedem Falle sind es mythische Gewitterkämpfe, und das hohe Alter, in das Dietrichs Eintreten in diese Dämonenwelt zurückreicht, spricht allerdings dafür, dass diese

Riesenkämpfe noch unmittelbare Ausläufer alter landschaftlicher Donarmythen sein werden[1].

Ob die Geschehnisse der Sage selbst ein anderer Grundgedanke beherrscht, als der allgemeine, dass eine Gottheit bzw. ein Held die schädlichen Elementarmächte bekämpft und besiegt, die Frage also, ob der Gang der Ereignisse im Einzelnen eine mythische Handlungsreihe ausdrückt, ist nach dem späten Stande der epischen Überlieferung kaum zu entscheiden; die Episierung hat den Stoff früh durchdrungen, wie das Eindringen Dietrichs beweist, und es muss als verfehlt bezeichnet werden, wenn man aus den Einzelheiten des Gedichtes einen zusammenhängenden fortlaufenden Mythus zu construieren versucht (wie z. B. Zupitza DHB V, XLIV u. A. vor und nach ihm).

Dass der Dietrich der Eckensage kein anderer ist als der poetisch historische Dietrich von Bern, und als solcher in die Sage eingetreten ist, kann keinem Zweifel unterliegen; ein anderer älterer, mythischer Dietrich im Sinne W. Grimms, oder als Hypostase Donars, der nur durch Zufall mit dem historischen Dietrich von Bern zusammengefallen wäre, ist undenkbar. Die mythischen Züge, die an seinem Auftreten haften, sind nicht Ausflüsse seiner Natur, sondern Reste eines älteren göttlichen Gegners der Riesenbrut, die nicht einmal notwendigerweise direct aus einer episch festen Form auf Dietrich übertragen worden sein müssen, sondern ein natürliches Wiederaufwuchern der mythischen Vorstellungsform bezeichnen: der menschliche Gegner wuchs ins mythische, da er mit mythischen Elementarriesen zu kämpfen hatte, wobei natürlich dieselben Ausdrucksformen der mythischen Idee von neuem autogenetisch eintraten, die in älteren Zeiten die concrete Erscheinung einer Donnergottheit geschaffen haben. Nicht also Dietrich, sondern nur die Rolle die er spielt und in der er — direkt oder indirekt — eine mythische Person vertritt, ist mythisch. Wenn gerade Dietrich in diese Rolle als Beschützer der Menschen gegen Elementarmächte eintrat, so ist der Anlass dazu nicht darin zu suchen, dass in seinem Sagenbilde schon früher Züge vorkamen, die an göttliches, mythisches erinnerten, sondern der Grund wird schlechthin in der Beliebtheit Dietrichs liegen,

---

[1] Es wird vielleicht nicht überflüssig sein, hier zu wiederholen, dass das Zeugnis der ags. Ecke-namen weder Voraussetzung noch ein notwendiges Glied der Indicienreihe ist, welche auf diesen Schluss führt.

und es ist ein rührendes Zeugnis für die Liebe, mit der gerade der „rusticus“, der Bauer, diese Gestalt des grossen Friedensherrschers umfasste, dass er sich ihn auch zu seinem Schützer gegen die drohenden Elementarmächte erkor, als der alte „Freund der Menschen“ in seinem Bewusstsein vor dem Verfolgungseifer eines neu eingeführten Glaubens zu verblassen und zu schwinden begann. Dass Theodorichs Fürsorge für den Ackerbau und die Austrocknung von Sümpfen (vgl. Uhland, 8, 380) die Einrückung Dietrichs in diesen mythischen Kreis erleichtert hätten, ist kaum anzunehmen. Liegt nun in der Gestalt Theodorichs in gotischer Sage oder geschichtlicher Erinnerung nichts mythisches, so kann die Verbindung Dietrichs mit den Dämonen erst bei den deutschen Stämmen vor sich gegangen sein, in deren Bereich die Überlieferung und die natürliche Grundlage jene Dämonengestalten verweist, den Stämmen im Gebiete der Hochalpen, zu denen ja auch die historische Dietrichsage zuerst drang und bei denen sie sich ihrer ersten, für die Ausbildung der ganzen deutschen Sagengestalt massgebend gewordenen Pflege erfreute, den speciell oberdeutschen Stämmen der Bajuwaren und Alemannen. Es ist kein Zufall, dass das älteste direkte Zeugnis für die Verbindung Dietrichs mit Dämonen (Typus von Dietrichs Gefangenschaft) noch im ags. Gewande auf Alemannien zurückweist; hat doch auch die zweite grosse ostgotische Sage, die von Ermanarich, gerade bei den Alemannen ihre Verbindung mit mythischen Elementen erfahren.

Die Vorgänge der Eckensage sind in den süddeutschen Gedichten in Südtirol (Jochgrimm, Nones, Trient), in der ThS. in Niederdeutschland localisiert (Osning in Westfalen: so v. d. Hagen und Holthausen [Simrock, Mal. und romant. Rheinl. 303 bezog es auf einen Arm der Ardennen an d. Eifel]; Drekanflis ist der Drachenfels im rheinischen Siebengebirge, Aldinsæla ist Oldenzaal in Holland, der Wald Rimslo liegt in Hannover, Aldinflis ist Aldenfels im Reg.-Bez. Arnsberg s. Holthausen, PBB. IX 489). Für die Ursprünglichkeit beider Localisationen sind weitere Örtlichkeiten ins Treffen geführt worden. Zingerle Germ. 1, 120 ff. verweist noch auf Eggenthal bei Jochgrimm, für Aldinsæla auf Aldein, Dorf am Jochgrimm oder Aldeno am rechten Etschufer, für Osning auf den Monte Osenigo; anderseits hat man zum Erweise der Priorität des rheinischen Locals ein Jochgrimm bei Worms, Eckendorp, Eckenhagen, Eckenrode etc. und die Faseltskaule im Rheinlande angerufen (vgl. ZE XXVI, 2; Zupitza DH V, XLV). Die Namen mit Ecke können bei dieser weiten Verbreitung, selbst wenn man bei allen Bezug auf die Eckensage annimmt, was doch zweifelhaft ist, für die Priorität nichts entscheiden, da sie einer Localisation entsprungen sein können; Vasolt aber scheint eine weiter verbreitete mythologische Figur zu sein, wie jener Wettersegen beweist — allerdings aber weist seine Überlieferung doch zunächst auf Oberdeutschland — und die Faseltskaule kann erst einer Localisation der Sage ihren Namen verdanken; die rheinischen Namen, wie der 1147 in einer Cölner Urkunde bezeugte Vasolf [ZE. XXVI, 2; J. Meier, Beitr. 16, 80)[1] können also sowol auf Bekanntschaft mit der Eckensage wie (vielleicht) unabhängig davon auf die mythische Figur Vasolts zurückgeführt werden, und beweisen nichts für die Priorität. Entscheidend aber für die tirolische Heimat der Sage ist die tiroler Volkssage von den Jochgrimmer Wetterfrauen — die nicht aus dem Eckenliede übernommen sein kann, denn wo bräche in diesem die mythische Natur der Königinnen noch durch — und die in Tirol und in der Schweiz bezeugte Runze, eine Figur, die überhaupt nur in der Hochgebirgsnatur ihren Ursprung haben kann. Da der Verfasser der ThS. die Sage vom Zusammentreffen Vasolts mit Dietrich an nicht weiter kennt, so ist es natürlich leicht, zu behaupten, Runze sei eben erst nach der Einwanderung der Sage in Tirol eingedrungen; aber auch der Verf. der ThS. weiss, dass Königinnen Ecke ausgeschickt haben, und dass die Localität, die er ihnen anweist, auf jungem Einfluss der Wolfdietrichsage beruht, wird unten berührt werden; die niederdeutsche Sage trägt somit den Stempel der Unursprünglichkeit an der Stirne und weist auf eine ältere reinere Form zurück; dass nun ein rheinisches Lied Ecken von Königinnen hätte aussenden lassen, und der alemannische Dichter diese in Tirol localisiert hätte [obzwar dann gar kein Grund vorhanden sein konnte, an drei Wetterfrauen zu denken], wäre eine Unvereinbarkeiten in sich schliessende Annahme. Es ist ferner zu beachten, dass von einem ursprünglichen Local der Sage in der ndd. Fassung gar nicht gesprochen werden kann; die Orte, wo die Sage spielen soll, liegen weit aus einander und sind,

[1] Aus Inneröstereich ist mir der Familienname Fahsold noch in der Gegenwart bekannt.

auch wenn man einiges auf Rechnung der geographischen Unkenntnis des Verfassers setzen will, nicht anders denn als Zeugnisse für junge zufällige Localanknüpfungen verschiedenartigen Ursprungs zu verstehen, wogegen die süddeutsche Dichtung ein durchaus geschlossenes geographische Ganze darstellt. Zudem kennt die der ThS. zu Grunde liegende Form der Sage Eckes und Vasolts Riesennatur gar nicht mehr; da nun aber ein Teil der ThS. auf einem Liede beruht, das mit den süddeutschen Fassungen sich berührte, so führt die Annahme rheinischer Heimat zu der seltsamen Consequenz, dass das rhein. Lied nach Tirol gelangt, dort erst — im Liede! — ins dämonische gezogen worden, und so nach Alemannien gekommen sei, eine Annahme die an der ursprünglichen naturmythischen Bedeutung Vasolts und der anderen Gestalten scheitert, und der notorischen Abschwächung des dämonischen Wesens der drei Königinnen im Liede widerspricht[1]; dagegen ist es selbstverständlich und leicht begreiflich, dass die Dämonen der Hochgebirgswelt in Niederdeutschland, von ihrem natürlichen Hintergrunde losgerissen, verblassen und zu menschlichen Wesen herabsinken mussten, wozu ja bereits die süddeutsche Dichtung (gegenüber der Volkssage) den Anfang macht. Endlich ist noch in Betracht zu ziehen, dass auch die sonstigen Sagen, in denen Dietrich in Verbindung mit mythischen Wesen erscheint, auf süddeutschen, speciell alpinen Ursprung hinweisen (Laurin, Dietrichs Gefangenschaft bei Riesen, Virginal etc.).

Aber die übereinstimmende Partie des Eckenliedes und der ThS. trägt ferner den Erweis ihrer süddeutschen Heimat in sich: Ecke beruft sich auf das Schwert Ruotliebs, was die ThS. als Rozeleifr widergibt, also eine von niederdeutschem Standpunkt aus begreifliche falsche Umsetzung des als Ruotlieb bekannt gewordenen Namens, dessen Tenuis man als vermeintlich niederdeutsche Umbildung in die „richtige" Form zurückzuversetzen meinte. Das Eckenlied hat den richtigen Namen erhalten, der zudem aus einem zuerst in Baiern auftretenden Roman stammt, dessen Kenntnis bei einem oberdeutschen Dichter bzw. teilweises Übergehen in die volkstümliche Sage

---

[1] Es liessen sich natürlich noch andere Gedankenexperimente aufstellen, deren breite Vorführung zwecklos wäre, da sie alle auf unnatürliche Constructionskünsteleien hinauslaufen.

Oberdeutschlands ebenso begreiflich ist, als beides in Niederdeutschland unbegreiflich wäre.

Nach allen diesen entscheidenden Momenten ist die Frage, ob die Erwähnung eines Ölbaums in der ThS. einen weiteren Beweis für die süddeutsche Heimat liefert, oder anders zu erklären sei, von keinem besonderen Belang. Nach der ThS. bindet Dietrich sein Pferd vor dem Kampfe an einen Ölbaum; die Stelle befindet sich gerade in der engeren Partie, welche auf eine auch im Eckenlied benutzte gemeinsame poetische Quelle zurückweist. Gerade dieser Umstand spricht nun m. E. auch dafür, dass der Ölbaum nicht erst von einem niederdeutschen Dichter in das, wie wir gesehen haben, süddeutsche [gegen DHB. V, XLIII] Lied eingesetzt worden sein wird, sondern dass er in diesem enthalten war; ein Zufall, dass ein Dichter in gedankenloser Verwendung eines ihm unbekannten Baumes gerade die Pflanzenwelt des ursprünglichen Sagenlocales getroffen hätte, ist nicht ganz ausgeschlossen[1], aber doch sehr unwahrscheinlich, und m. E. darf auch der Ölbaum als Beweis für die Beibehaltung kleiner Züge des zugewanderten Liedes gelten.

In die durch die ThS. vertretene niederdeutsche Sagenform ist eine Reihe von Zügen aus der Wolfdietrichsage eingeflossen. Die 9 Königinnen sind Töchter des Drusian (Drasian) zu Drekanflis. Dieser Drusian ist der Drasian der Wolfdietrichsage, und mit ihm ist dann auch seine Burg Altenfelse (= Al-

[1] Der Ölbaum wird nämlich noch zweimal in der ThS. genannt, in c. 104 (bei Dietrichs und Vasolts Abenteuer mit dem Elefanten) und c. 195 (beim Kampf Vidgas mit dem Riesen im Bertangawald). Es scheint also allerdings, dass in der niederdeutschen Spielmannspoesie die Verwendung des Ölbaums eine typische gewesen wäre (obzwar ich es für sehr wahrscheinlich halten möchte, dass der Verfasser der ThS. die beiden anderen Erwähnungen selbständig nach dem Modell der ersten angebracht hat, um den exotischen Reiz der Erzählung zu erhöhen); aber die nächste Quelle für die Kenntnis des Ölbaums müssten doch wol eben süddeutsche Lieder gewesen sein, wie z. B. ein süddeutsches Eckenlied, wo typische oder originale Erwähnung so treffend mit der Natur übereinstimmt. Ähnliche Verstösse gegen die Pflanzengeographie finden sich auch in Frankreich, (s. Gaston Paris, Histoire poétique de Charlemagne 80; P. Paris, Romans de la Table ronde II 306: Hertz, Spielmannsbuch 333, Heinzel, Ostgot. Heldensage 86), u. a. auch Ölbäume in nördlicheren Landschaftsbildern; aber in Frankreich liegt eine solche Verschiebung der pflanzengeographischen Grenze in der Poesie doch noch näher als in Deutschland, und auch dort müssen südlichere Werke zuerst die Kenntnis und typische Anwendung des Baumes in die nordfranzösische Poesie gebracht haben.

dinflis) in die Sage geraten, aber der Ortsname hat seine Stelle verloren und wird mit Jarl Lodvig in Verbindung gebracht (s. Holthausen a. a. O. S. 489). Dass erst der Redactor diese Contaminationen verschuldet haben sollte, ist unwahrscheinlich. Ein weiterer Einschlag aus der Ortnit-Wolfdietrichsage in die ndd. Form der Eckensage dürfte der Kampf Dietrichs und Vasolts mit dem Elefanten sein; er ist wol eine verworrene Erinnerung an das Motiv, dass Ortnit einem Elefanten zu Hilfe kommt, wie in Wolfd. B erzählt wird, und zwar in grösserer Ausführlichkeit und mit dem bekannten Motive von dem dankbaren Thiere; die Trümmerhaftigkeit und zwecklose Isoliertheit der Episode in der Dietrich-Ecken-Vasoltsage der ThS. zeugt von ihrer Unursprünglichkeit an dieser Stelle. Ein Zusammenhang des Elefantenkampfes mit dem Kampfe Eckes und des Kentauren ist kaum denkbar, da jeder verbindende Faden fehlt, vielmehr ist diese letztere Episode ein unabhängiger Einschub der süddeutschen Eckendichtung, dessen Quelle und Zweck in der epischen Ökonomie unklar ist. Im Anschluss, aber in keinem epischen Zusammenhang mit der Eckensage, wird in der ThS. aus einer Sagenquelle, die auch in Virginal benutzt ist, der Drachenkampf und die Befreiung Sistrams (Rentwins in Virg.) durch Dietrich [über diese Sage s. bei der Ortnit-Wolfdietrichsage] erzählt, und aus der gleichen gemeinsamen Sage stammt wol auch die unmittelbar sich anschliessende rätselhafte Episode mit Jarl Lodvig (der in der ThS. später noch einmal als Wirt Dietrichs bei dessen Heimkehr nach Italien erscheint). Trotz grosser Verschiedenheiten im Einzelnen lässt sich doch die Einkehr Dietrichs nach der Befreiung Sistrams in einer Burg, deren Besitzer Dietrich noch nie gesehen hat und hoch ehrt, kaum anders erklären, als dass in Virginal, wo Dietrich nach der Rentwinepisode auf dem Schlosse des Vaters Rentwins, Helferich von Lune, einkehrt, der ihn mit hohen Ehren empfängt, eine wieder anders bearbeitetete Form desselben Sagenzuges vorliegt; ob ThS. oder Virginal der ursprünglichen Sagenform näher geblieben sind, ist kaum entscheidbar, aber das Verwandtschaftsverhältnis des Geretteten zu dem Wirte in Virginal möchte auf Ursprünglichkeit mehr Anspruch haben als das Fehlen dieser Beziehung, da in letzterem Falle die Episode gar keinen poetischen Zweck hat. Ein kleiner Erzählungszug scheint aus diesem Verhältnis seine Beleuchtung zu erhalten. Sistram erhält (in der ThS.) in der Burg Lodvigs sein Ross, das sich verlaufen hatte, zurück, in Virginal geht der Wirt zu Fuss vor die Burg, und lässt dann nach dem Zusammentreffen von der Burg ein Ross herabbringen (Str. 184), vermutlich doch wol für seinen Sohn Rentwin, der seines durch den Drachen verloren hat (Dietrich und Hildebrand sind beritten). Ob hier auf Seiten Virginals die Verwischung eines älteren Motives oder auf Seiten der ThS. die Erdichtung eines neuen Motives auf Grund eines ziemlich gleichgiltigen Erzählungsdetails in dem Liede, das auf die ndd. Sage von Einfluss war, vorliegt, ist schwer zu entscheiden; für Zufall scheint das Zusammentreffen in diesem Zusammenhange zu merkwürdig.

2. Dietrichs Gefangenschaft bei Riesen.

In zahlreichen Quellen findet sich, in verschiedenartiger Ausführung, das Motiv, dass Dietrich in die Gefangenschaft von Riesen gerät und daraus durch einen seiner Helden befreit wird.

1. In dem 2. Walderefragmente des 9. Jhds., das inhaltlich sicher auf die alemannische Sagenform, wahrscheinlich auch auf eine poetisch feste Überlieferung derselben Gegend zurückgeht, wird in einer Anspielung erzählt, Widia habe Deodric aus Klemmen losgemacht, so dass er durch die Gefilde der Unholde, Riesen, davoneilen konnte: d. h. also, Dietrich war in die Gewalt von Dämonen geraten, von ihnen ins Gefängnis geworfen worden, Widia aber befreit ihn und ermöglicht ihm die Flucht aus dem Dämonenlande. Dafür erhält er ein Schwert und reiche Schätze (vgl. Heinzel, Ostg. Hs. 72 ff.).

2. In Alphart (Str. 252 ff.) spielt Witege Heimen gegenüber auf seine Verdienste um Dietrich und Heime an; beide hätten zu Mûtâren einen schrecklichen Tod gefunden, wäre er ihnen nicht bald zu Hilfe gekommen.

252 3. dar an solt dû gedenken, dû ûz erwelter degen,
wie ich dir kam ze helfe unde vriste dir dîn leben.
253. Daz tet ich zuo Mûtâren, dâ half ich dir ûz nôt.
dâ müestestû zewâre den grimmeclîchen tôt,
dû und der von Berne beide genomen hân,
wan daz ich iu beiden sô schiere ze helfe kam.

3. In breiter, mit anderen Episoden und Motiven verquickter Darstellung (s. S. 224 ff.) erzählt Virginal, dass Dietrich auf einer Ausfahrt sich verirrt und gegen die Veste Mûter kommt, wo Herzog Nîtgêr haust, in dessen Diensten 12 Riesen

stehen. Einer dieser Riesen, Wicram, schlägt ihn verräterisch nieder und bringt ihn auf die Burg, wo Nîtgêr Dietrich aus Furcht vor seinen Drohungen in ein Gefängnis werfen und mit einem eisernen Ring fesseln lässt. Die Riesen wollen ihn verhungern lassen, doch des Herzogs schöne Schwester Ibelîn fasst Liebe zu Dietrich und erweist sich ihm in seiner Not behilflich. Hildebrand wird durch einen Brief, den Ibelîn auf Dietrichs Bitten schreibt, von Dietrichs Not verständigt; er holt aus Bern die Wülfinge und kommt mit Heime, Witege, Wolfhart, Dietleib und anderen Helden vor die Burg; die Riesen werden in Einzelkämpfen erschlagen, und Dietrich, der selbst am Kampfe teil genommen hat, da ihm Nîtgêr Waffen verschafft hat, wird befreit. Auf Ibelîns Bitten wird Nîtgêr, der im Gedichte eine zweideutige Rolle spielt, ohne geradezu Dietrichs Feind zu sein — er leidet gewissermassen selbst unter dem Terrorismus seines riesischen Gesindes —, im Besitze der Burg gelassen. Dietrich stellt Ibelîn zum Lohne eine standesgemässe Verheiratung in Aussicht. Dieselbe Episode enthält auch 'Dietrichs erste Ausfahrt' mit kleinen Abweichungen (s. unten die ausführlichere Analyse); sie ist Virginal oder einer nah verwandten Form entlehnt (Wilmanns ZfdA. XV 306).

4. Das mhd. Gedicht Sigenot (DHB. V) erzählt, dass Dietrich von dem Riesen Sigenot, den er im Walde getroffen hat, gefangen genommen und in ein tiefes Verliess geworfen wird. Hildebrand ist Dietrich nachgegangen, trifft Sigenot und wird ebenfalls von ihm gefangen, doch erschlägt er den Riesen und befreit Dietrich.

5. Von einer Gefangenschaft Dietrichs bei Zwergen erzählt 'Laurîn'; Dietrich wird im Berge, wohin er der Einladung Laurins folgte, mitsammt Hildebrand, Wolfhart und Witege durch einen Trank betäubt und in den Kerker geworfen; Dietrich löst jedoch seine Bande durch die Glut seines Feuerathems und zerschlägt seine und seiner Genossen Eisenketten (vgl. Anm. zu 1237); durch Hildebrands List gelingt es ihnen, aus dem Kerker zu kommen, und zusammen mit Dietleib, den seine Schwester begünstigt, werden sie der Zwerge und der Laurîn dienenden Riesen Herr.

6. Ganz fern steht in ihrer überlieferten Form die an eine Gefangenschaft erinnernde Einschliessung Dietrichs und seiner Mannen durch das Heer Valdimars in einer alten verfallenen Burg, wo ihnen der Hungertod droht; durch die Ankunft Mark-

graf Rüdigers und Attilas, denen Ulfrad (Wolfhart) Kunde gebracht hat, werden sie befreit. (ThS. c. 296 ff.).

Von diesen sechs verschiedenen Berichten beziehen sich der erste, zweite und dritte augenscheinlich auf dieselbe Sage; der erste und zweite zeigt Witege als Befreier Dietrichs, was nach dem höheren Alter des zweiten und seiner schlagenden Übereinstimmung mit dem dritten gewiss als der ältere, doch noch im 13. Jhd. bekannte Typus gelten darf, der in Form 3 in der Herabdrückung Witeges zum blossen Teilnehmer einer Expedition abgeblasst erscheint. Daneben muss sich aber schon bald der Typus entwickelt haben, in dem Hildebrand als der Befreier galt. Dies beweisen die Beziehungen der Virginalepisode zu der altnordischen Hrólfssaga Gautrekssonar, die Heinzel (Ostg. Hs. S. 74 ff.) scharfsinnig aufgedeckt hat. Hrólfr Gautreksson wird vom zauberkundigen Irenkönig Hrólf in einer Schlacht besiegt, (mit zwei Genossen) gefangen und in ein Verliess gesetzt, wo er verhungern soll (genau so wollen die Riesen in Virginal Dietrich verhungern lassen). Die Tochter des Irenkönigs, Ingibjörg, nimmt sich jedoch des Gefangenen an. Die Angehörigen Hrólfs, seine Gemahlin þorbjörg, sein hitziger Bruder Ketill, sein Ziehbruder Ingjald und sein Freund, der Reichsverweser þórir Járnskjöldr, der, wie auch sein Name besagt, im Besitze eines grossen und schweren eisernen Schildes ist, rüsten sich ihm zu Hilfe zu kommen. þórir eilt voraus, und es gelingt ihm, Hrólf zu befreien. Das Heer der anderen drei kommt nach, Hrólf wird überfallen, aber auf Bitten Ingibjörgs verschont, und diese Hrólfs Freunde Asmund vermählt. Die Ähnlichkeiten sind schlagend und erstrecken sich, wie Heinzel nachweist, sogar auf Einzelheiten: wie þorbjörg hier mitzieht, so in Virginal Hildebrands Gattin Uote; der grosse schwere Eisenschild þórirs wird in Virginal (und zwar nur in dieser Sage d. h. in der Form Virginal wie in der von Dietrichs erster Ausfahrt) auch Hildebrand beigelegt, und der hitzköpfige Ketill weist als Charakter Ähnlichkeit mit dem ungebärdigen Wolfhart auf. Weiter zurück als die Saga, deren Abfassungszeit sich nicht genau bestimmen lässt (13.—14. Jhd.), führen die Anspielungen der Hyndluljóđ, wo im Gefolge Hrólfs des Alten Broddr haurfi, Gunnar bálkr, Grímr arđskafi, Járnskjöldr þórir und Ulfr gínande genannt werden (s. Bugge, Arkiv 1, 251 ff. Heinzel a. a. O.) und als ostgotische Helden durch die Abkunft von Jörmunrek bezeichnet sind. Das

Gedicht ist ca. 930—75 in Norwegen enstanden, die Stelle mit den Beziehungen auf Hrólf und seine Genossen scheint freilich eine Interpolation zu sein (Jónsson, Lit.-hist. I, 200 ff.). Immerhin ist Zusammenhang mit den Personen der Saga kaum abzuweisen, wenn auch mehrere davon der Saga nicht bekannt sind; in dem Úlfr gínandi aber dürfte (nach Detter, Zwei Formaldasögur S. XL) wegen Úlf = Wolf, und wegen des Beinamens, der eine heftige Gemütsart andeutet, Wolfhart zu erkennen sein, und der Name ist der deutschen Sage noch näher geblieben, während die Saga einen nordischen dafür einsetzt und nur noch die Rolle an Wolfhart erinnert. Über weitere Coincidentien s. Abschn. IV, 2.

Die Partie der Saga und die in Virginal benutzte Sage müssen also auf ein und dieselbe Form der Sage zurückgehen — die im Norden auf einen Hrólf übertragen und mit mannigfachen Zuthaten (über diese s. Detter a. a. O. XXXV f.) erweitert worden ist —, in der Hildebrand eine hervorragende Rolle (nach der nordischen Saga die hervorragendste, da er allein der unmittelbare Befreier ist [über diese Rolle s. S. 214]) gespielt hat, und mit der das weitverbreitete Motiv von der Hilfe, die einem Gefangenen durch eine in ihn verliebte Verwandte des Gegners geleistet wird (es genügt hier auf die Zusammenstellung der schon recht ansehnlichen Literatur über dieses Motiv bei Heinzel, Über die Walthersage S. 91, zu verweisen), bereits verbunden war. Dass dieses Motiv gerade durch französischen Einfluss in Deutschland bekannt geworden wäre (wie Heinzel aus seiner Häufigkeit im altfranzösischen Epos und seiner Seltenheit im deutschen schliesst), scheint doch mindestens in vorliegendem Falle recht zweifelhaft, wenn man bedenkt, dass die Quelle der Virginalepisode schon im 10. Jhd. nach dem Norden gedrungen sein muss, wenn man nicht mit Heinzel S. 91 annehmen will, dass die Sage, die der Verfasser des Hyndlaliedes kannte, dieses Motiv noch nicht gehabt habe. Aber dass die Sage zweimal nach dem Norden gekommen wäre, einmal ohne das Liebesmotiv, das zweitemal mit demselben, und dass beidemal die deutschen Sagenfiguren mit denselben nordischen Namen identificiert worden wären, bzw. das zweitemal ihre Identität mit den übertragenen nordischen Namen erkannt worden wäre, hat doch keine Wahrscheinlichkeit für sich. Die weite, ethnisch unbegrenzte Verbreitung des Wandermotives von der hilfreichen Tochter oder Schwester des Feindes gestattet überhaupt ohne fallweise specielle Indicien nicht, im allgemeinen einen Schluss auf ethnographische Mittelglieder zu ziehen, und an der Hálfssaga haben wir einen Beleg, dass es sich auf germanischem Gebiete auch ohne französischen Einfluss an einen Stoff angesetzt hat (s. Liebrecht, Zur Volkskunde 39 ff.).

Dieser gemeinsame Grundtypus von Virginal und Hrólfssaga zeigt sich durch die Verbindung des Typus von Dietrichs Gefangenschaft mit dem Motiv der hilfreichen Frau im Hause des Feindes als jüngere Form gegenüber dem noch ganz dem Gebiete mythisch-heroischer Sage angehörigen einfachen Typus von der Befreiung Dietrichs aus Riesengewalt durch Witege. Die (von Heinzel S. 75 nebenbei aufgeworfene) Frage, ob das mythische Element von der Hrólfssaga abgestreift oder in der deutschen Überlieferung dazu gekommen sei, erledigt sich von selbst sowol im Hinblick auf Form 1 als auf die inneren Indicien in unserer Form; denn da nach den bis ins Detail gehenden Parallelen für beide literarischen Denkmäler dieselbe Sagengestalt als Quelle vorausgesetzt werden muss, so läge, bei Bewahrung des ursprünglichen Verhältnisses in der Hrólfssaga — der als abgeleiteter, notorisch umformender und willkürlich den Stoff behandelnder Quelle von vornherein wenig Vertrauen geschenkt werden kann — in Virginal eine neue Mythisierung vor, ganz unabhängig von der älteren durch Form 1 bezeugten mythischen Form; aber noch in Virginal zeigt sich gerade schlagend, dass der menschliche Typus der Gegner Dietrichs ein jüngerer ist; denn der Dichter weiss mit Nîtgêr nicht viel anzufangen: N. verhält sich passiv, zeigt öfters Missbilligung über das Verhalten der Riesen, waffnet selbst Dietrich zum Kampfe, während er ihn anderseits doch nicht in Freiheit setzen liess, alles deutliche Reste unvollkommener Verschmelzung des neu associierten menschlichen Typus mit dem älteren dämonischen (vgl. auch S. 222. 241 f.).

Zeigt sich nun diese Form des Typus überhaupt als eine jüngere, so wird damit das chronologische Zeugnis für die Priorität Witeges in der Helferrolle auch durch die inneren Indicien bestätigt. Es ist ja auch ganz leicht verständlich, dass man in jüngerer Zeit Hildebrand, dem treuesten von Dietrichs Mannen, diese Rolle zuteilte und Witege, der durch innere Umformungen des historisch-poetischen Ermanarich-Dietrichcyklus später zu einem Feinde Dietrichs geworden war, was auch auf die von diesem Cyklus unabhängigen Dietrichsagen mehr oder minder zurückwirken musste, entweder ganz durch Hildebrand ersetzte oder seine Hilfe zu blosser Teilnahme an einer allgemeinen Hilfeleistung der Wülfinge herabdrückte; eine Übertragung von Hildebrand auf Witege dagegen verstösst gegen alle psychologische Wahrscheinlichkeit und hat das chronologische Zeugnis gegen sich. Wenn in der zweiten Form (Alphart) Heime als der mit Dietrich gefangene und durch Witege befreite erscheint, so weist vielleicht auch die Mehrzahl der Gefangenen in der Hrólfssaga auf diese Form; jedenfalls aber geht dies auf das alte, bereits vom Wandererlied bezeugte enge Freundschafts-Verhältnis Witeges und Heimes zurück. Man könnte sich versucht fühlen zu vermuten, dass gerade Heimes Befreiung ein sehr alter Zug sei, der schon der selbständigen, nur an Ermanarich angelehnten Witege-Heime-Sage angehört habe, und dass Dietrich nach der Verbindung der Dietrich- und Ermanarichsage erst secundär in diesen Typus kam, anfangs Heimen zur Seite gestellt, und später in Varianten isoliert, was das Fortleben der ersteren Form nicht ausschlösse; doch fehlt zur Begründung dieses Gedankens weiteres Vergleichsmaterial, und das Eintreten Heimes erklärt sich besser an der Hand der Zeugnisse aus der historisch-poetischen Sphäre (s. unten Abschn. IV, 2). Über die vierte Form des Typus, die Sigenotsage (die nur in dem mhd. Gedicht behandelt ist, auf das die zahlreichen späteren Anspielungen gehen) s. gleich unten.

Ein gewisser Zusammenhang mit dem besprochenen Typus lässt sich auch in Laurîn (5) nicht verkennen, doch sind hier verschiedene andere Motive so stark aufgewuchert, dass der Grad der Verwandtschaft aus der einzig uns vorliegenden Form nicht mehr bestimmbar ist. Die sechste Form endlich, die historisch gehaltene Episode der ThS., steht scheinbar vollständig ab, ist aber doch, wie in Abschn. IV, 2 gezeigt ist, mit Wahrscheinlichkeit als historisierte Umformung des verdunkelten alten Motivs in Anspruch zu nehmen. Unter den Einzelheiten der epischen Ausgestaltung scheint ein Motiv, das der sächsischen Spielmannsdichtung aus der altfranzösischen Epik zukam, enthalten zu sein: der Zug, dass sich ein Held (hier Wolfhart) aus einer belagerten Burg durch die Feinde durchschlägt und viele von ihnen tötet, ist in der altfrz. Dichtung besonders häufig (Rajna, Origini dell' epopea francese 409; Heinzel, Ostg. Hs. 79. 85). Man könnte allerdings auch an Vermittelung der Wolfdietrichsage, wo Wolfdietrich belagert wird und sich durchschlägt (Wolfd. A 436 ff.), denken (Heinzel a. a. O.), aber alles nähere weicht ab, und während der Hauptheld dort der Entkommende ist, bleibt Dietrich und erharrt den Entsatz. Schon wegen dieser grundsätzlichen Verschiedenheit ist eine Übernahme des Motivs aus der Wolfdietrichsage ausgeschlossen.

Das Verhältnis der Sigenotsage zu diesem Typus bedarf einer eingehenderen Untersuchung. Das Lied ist in zwei Hauptformen erhalten, einer älteren in der Lassbergischen Handschrift (hrsg. v. Zupitza im DHB), und einer jüngeren Umarbeitung in zahlreichen Drucken und Handschriften (s. Zupitza DHB V, XXXI), über die Steinmeyer (Altdeutsche Studien 65 ff.) gehandelt hat; zu dieser Umarbeitung gehören auch das Dresdner Heldenbuch (DrHB) und der von Schade herausgegebene Druck (Sch.). Schon im älteren Sigenot sind zwei Partien unterscheidbar, deren erste (Kämpfe Dietrichs und Hildebrands mit Sigenot bis zum Tode des Riesen Str. 25), bedeutend kürzer und sprunghafter erzählt als die zweite (Befreiung), vermutlich die verkürzende Umarbeitung eines älteren Gedichtes ist; die zweite Partie ist in das jüngere Sigenotlied ziemlich unverändert übernommen worden, die erste dagegen stark umgedichtet und erweitert, zum Teile unter dem Einflusse und nach dem Muster des Eckenliedes und zwar einer durch das Dresdner Heldenbuch und die Drucke vertretenen Redaction (s. Steinmeyer a. a. O. 88 ff.). Nach dem älteren Sigenot findet Dietrich den Riesen Sigenot schlafend im Walde und weckt ihn „unsanft“ (nach der jüngeren Form [DrHB und Sch.] durch einen Fusstritt)[1]. Der Riese besiegt Dietrich und wirft ihn in ein tiefes Verliess, das von Würmern wimmelt. Hildebrand, der seinem Herrn nachgegangen ist, wird ebenfalls von dem Riesen gefangen genommen und in den hohlen Berg geführt, wo Sigenot mit vielen Zwergen haust. Da erblickt er an der Wand das Schwert Dietrichs, reisst es an sich und tötet den Riesen. Hildebrand geht vor den Berg zu dem Verliess, wo Dietrich gefangen liegt,

[1] Der Eingang erinnert an Widga, der den Riesen Etgeir im Walde schlafend findet und mit einem Fusstritt weckt (ThS. c. 195). Die Ähnlichkeit liegt aber in dem ganzen märchenhaften Vorstellungskreise und beruht auf keinem stofflichen oder literarischen Zusammenhange. Solche allgemeine Ähnlichkeiten der Situation finden sich eben überall; so entspricht dem Typus, der im jüngeren Sigenotliede erscheint, dass ein Held (Dietrich) einen Zwerg befreit, den ein wilder Mann entführt, u. a. auch eine Scene der Amlóđasaga (Beiträge zur Volkskunde S. 85), wo niemand an Zusammenhang denken wird.

zerschneidet sein Gewand und knüpft es zu einem Seile zusammen, das er zu Dietrich hinablässt; aber es reisst; da geht er in den Berg zurück und findet dort den Zwergenherzog Eggerich[1] schlafend; er weckt ihn, und Eggerich weist ihm eine grosse Leiter, auf der Dietrich seinem Gefängnisse entsteigt. Beide danken Eggerich und reiten nach Bern zurück. Die jüngere Bearbeitung setzt vorn eine Einleitung an, nach der Dietrich durch Hildebrand von Sigenot hört und den Entschluss fasst, auszureiten, um ihn zu bestehen. Auf dem Wege sieht er eine Hinde, der er nachjagt und die er erlegt. Damit ist er aber in den Bereich der Riesen gekommen, denn bald darauf sieht er einen wilden Mann, der einen jämmerlich schreienden Zwerg entführt. Das Motiv, dass Dietrich durch Verfolgung eines Thieres in die Nähe von riesischen Feinden kommt, findet sich auch in einer Form der Virginalsage (S. 228) und ist vielleicht aus dieser übernommen; in ideellem Zusammenhange steht das Motiv mit dem Typus, dass ein Hirsch oder eine Hinde einen jagenden Helden in die Unterwelt oder zu Dämonen führt (Rassmann I 159 II 688; ZA. 12, 331 ff. Vogt, Beiträge zur Volkskunde 209). Dietrich gerät mit dem Wilden in Kampf, doch ist dieser durch ein Zauberkraut unverwundbar; erst als der Zwerg Dietrich eine Wurzel giebt, die den Zauber aufhebt, erschlägt Dietrich den Gegner. Der Zwerg erzählt Dietrich, dass der wilde Mann den hohlen Berg, darinnen tausend Zwerge wohnten, in Besitz nehmen wollte und darum jeden Zwerg, der vor den Berg kam, tötete; so sei es schon vielen ergangen; er nennt sich Baldung, Alberichs, des früheren Herrschers, Sohn[2]. Dietrich fordert ihn auf, ihm den Weg zu Sigenot zu weisen, was der abratende Zwerg schliesslich auch thut; nur einen wunderbaren Stein nimmt er noch von dem Zwerge an, der die Kraft hat, dem, der ihn trägt, die Würmer eines Schlangenturms vom Leibe zu halten. Das Motiv des dankbaren Zwerges das hier angesetzt ist, ist offenbar ganz jung in der Sage, denn die Steinschenkung ist augenscheinlich ex eventu gedichtet; immerhin ist dieser Zusatz der jüngeren Form nicht uninteressant, denn er

---

[1] Im Schadeschen Drucke ist der Name und Stand des Zwerges vergessen; aber das Dr. HB. kennt noch den „Herzog Eckenreich".

[2] „vnd hab von Albrecht den vrsprunc" (Schade Str. 46); darin wird doch wol Alberich stecken. Das Dresdner Heldenbuch nennt den Zwerg Waldung und hat die entspr. Zeile (Str. 47) noch entstellter „vnd leit euch in der Elb vrsprung".

zeigt das in jüngerer Sagenpflege erfolgte Aufwuchern von Märchenmotiven auf dem alten Grunde, das in den verschiedenen Gestalten der Ortnit-Wolfdietrichgedichte in besonders hohem Grade wahrnehmbar ist, wo das üppig aufgegeschossene bunte Unkraut verwilderten und ins Phantastische gewendeten Märchenglaubens die alte einfachere Heldensage fast vollständig verdrängt und erstickt hat; auch das Motiv vom hilfreichen Zwerg ist dort bis zum Überdruss wiederholt; im Detail führt aber nichts auf einen literarischen Zusammenhang zwischen der Episode des jüngeren Sigenot und den Wolfdietrichepen.

In die Sigenotsage ist anspielungsweise das Abenteuer Dietrichs mit Hilde und Grim eingeflochten, auf das auch im Eckenlied angespielt wird, während die ThS. eine vollständige Erzählung davon bringt. Ist auch kein oberdeutsches Lied erhalten, das dieses Abenteuer selbständig behandelt, so ist doch durch die ThS. die Existenz eines Einzelliedes bezeugt, das freilich zu den jüngsten Erzeugnissen der Heldendichtung gehört haben muss, da die ganze Erzählung, wie Dietrich durch den Kampf mit dem Riesen Grim und seinem Weibe Hilde in Besitz des Helmes Hildegrim kommt, nur ein wilder Schössling etymologischer Sagenbildung ist. Nach der Darstellung der ThS. (c. 16. 17) ist dies das erste Abenteuer, das jung Dietrich besteht. Er reitet mit Hildebrand auf die Jagd und fängt bei dieser Gelegenheit den Zwerg Alfrik (Alpris B), der, um sein Leben zu lösen, ihm verrät, dass das Riesenpaar Hilde und Grim in einem Erdhause an einem Felsabhange (in einem Berge B) Schätze hüte; doch seien sie nicht zu besiegen ausser durch das Schwert Naglhring, das Alfrik selbst geschmiedet habe und das nun im Besitze der Riesen sei; Dietrich legt ihm auf, dieses Schwert als Lösegeld herbei zu schaffen, was der Zwerg auch thut. Mit Hildebrand dringt Dietrich in das Riesenhaus. Dietrich kämpft mit Grim, Hildebrand aber wird von Hilde, die ihn umschlingt, hart bedrängt; nach dem Falle Grims kommt Dietrich Hildebrand zu Hilfe und zerschlägt Hilde, aber die Stücke wachsen wieder zusammen, und so geht es ein zweites mal; erst als Dietrich zwischen die Stücke tritt, endet der Zauber. Die Sieger nehmen nun Gold und Kostbarkeiten mit, und Dietrich trägt fortan den in der Höhle gefundenen Helm Hildegrim, den das Riesenpaar nach seinen Namen benannt hatte. Nach dem *älteren* Sigenot war Grîn „der rechte Oheim“ (Str. 6) Sigenots, der ihn an Dietrich, welcher Grîns Helm trägt, rächen will; Dietrich beruft sich darauf, er habe in Notwehr gehandelt: Grîns Weib habe ihn so schwer gedrückt, dass er ohne Hildebrands Hilfe wol dem Tode verfallen gewesen wäre; der Kampf findet (nach Str. 7) ebenfalls im Hause statt. Nach Str. 7 des Eckenliedes *Fassung L*, [übereinstimmend S 3, D 5] hat Dietrich Hilte und Grîne um einer Brünne willen erschlagen (was aber nach DrHB, Str. 8, das Brünne und Helm nennt, Entstellung des ursprünglichen sein muss); die That war (nach der Auffassung des sprechenden, Ebenrôts) nicht eben ehrenvoll, denn wäre Grîne erwacht, so würde Dietrich nie entkommen sein. Vasolt aber berichtigt, und sagt, der Kampf sei ehrenvoll gewesen; Hilte drückte ihn so sehr, dass ihm Hildebrand helfen musste[1], darauf erschlug Dietrich den Riesen und das Weib auf einem grünen Plane (Str. 12). Von diesen drei Formen (vgl. DHB V, XXXIV) stimmen ThS. und Sigenot gegen das Eckenlied darin überein, dass der Kampf im Hause des Riesenpaares stattfindet, und dass Dietrich den Helm Hildegrîn in diesem Kampfe erbeutet; das Eck. *L.* und ält. Sig. dagegen stehen in der Angabe, dass Dietrich der Bedrängte und Hildebrand der Helfende war, zusammen gegen die ThS., wo das Umgekehrte berichtet wird; übereinstimmend aber berichten ThS. und Eckenlied, dass Dietrich beide Riesen tötet, und auch in Sigenot ist wol der Vorgang so gedacht. Nur Sigenot eigen ist die Verwandtschaft Sigenots mit diesem Riesenpaar, nur dem Eckenliede eigen die Brünne statt des Helmes; die zahlreichen Sonderzüge der ThS. gehen aus der Inhaltsangabe hervor. Die drei Fassungen können nicht aus einander abgeleitet werden und sind als selbständige Varianten anzuerkennen. Nach der Verläumdung Ebenrots im Eckenliede zu schliessen, muss die Sage, wie sie der Dichter kannte, eine Situation gehabt haben, welche Anlass zu der verläumderischen Entstellung bieten konnte, Dietrich habe Grîmen schlafend erschlagen; die ThS. steht dem ganz gegenüber, aus Sigenot ist nichts für diese Frage zu entnehmen; dagegen haben die zwei anderen Fassungen des Eckenliedes diese Anspielung erweitert, entweder aus der Anspielung selbst oder aus der vollständigeren Sage schöpfend: nach dem DrHB. Str. 8 und nach dem Drucke des Eckenliedes traf Dietrich den Riesen und die „Maid“ im Wiesentaue; Greym erwacht (nach letzterem) erst von den Schlägen

[1] Die Erwähnung Hildebrands fehlt in S und D; über D vgl. S. 220.

des wilden Weibes, das mit Dietrich gleich anbindet. Darnach muss also in einer Form der Sage, eben der durch das Eckenlied (DS) repräsentierten, Dietrich das Riesenpaar schlafend auf einem Anger gefunden haben. Eigentümlich ist, dass die Riesin in den jüngeren Zeugnissen als Jungfrau bezeichnet wird (Eckenlied DrHB und Drucke, und im jüngeren Sigenot ebenfalls, sogar direkt als Schwester Grims, s. Steinmeyer a. a. O. 91). Während nun aber in der *Fassung L* des Eckenlieds und Sigenots Dietrich der Bedrängte ist, stimmt die *Fassung D* des Eckenlieds und die *jüngere* Form des Sigenot mit der ThS. darin überein, dass es Hildebrand ist (DrHB. Eckenlied Str. 12, Sigenot 3. 4. 108, im Nürnberger Druck Str. 2. 3. 106) — ein Umstand, der sowol den Bericht der ThS. als dieser jüngeren Fassungen gegenseitig als echt sagengemässe Variante sichert, und zugleich zeigt, dass für die Sagengeschichte das höhere oder niedere Alter der literarischen Fassungen keineswegs ausschlaggebend ist.

Für das verhältnismässig junge Alter dieser Sage ist die etymologisierende Namengebung bezeichnend. Dietrichs Helm heisst Hiltegrîm (d. i. Kampf-Larvenhelm) nicht nur in den Gedichten, die von Dietrichs Kampf mit Hilte und Grîn etwas zu erzählen wissen, und nicht nur im mythologisch-märchenhaften Dietrichcyclus, sondern auch in Zeugnissen, die von ersterem nichts wissen und zu der historisch-epischen Branche gehören (vgl. Biterolf 9237, Alphart Str. 42. 431); die allgemeine Bedeutung Helm hat sich noch im Wunderer erhalten, wo auch der Helm des Wunderers Hildegrîn genannt wird (s. HS. S. 296; die andere, dort angeführte Stelle, wo Hildegrin einen Karfunkel im Helm eines Heiden bedeutet, scheint aber doch auf einer Entstellung aus dem Typus von Dietrichs Hildegrîn zu beruhen). Der Name ist also weiter verbreitet, älter und allgemeiner als die Sage, und es ist daher nicht statthaft, an eine ältere Sage zu denken, die erst durch die etymologisierende Bildung ihre Namen gewechselt hätte; vielmehr ist die Benennung von Dietrichs Helm Voraussetzung der ganzen Sagenbildung, die zudem durch das verkehrte Geschlecht, da sie zu dem alten Femininum Grîm einen männlichen Riesen erfindet (DHB. V, XXXIV), ihren jungen Ursprung verrät. Eine allgemeine Ähnlichkeit zeigt der Kampf Ortnits mit Helle und Runze (Wd. B, 486 ff.), doch fehlt hier die Mitwirkung eines zweiten Helden und die Gewinnung des Helmes, ein so grundsätzlicher Unterschied, dass jede gegenseitige Ableitung ausgeschlossen ist; die Ähnlichkeiten sind nicht grösser, als sie sich eben aus einem allgemeinen moule épique der Riesensagen von selbst ergeben.

Dieses epische Modell hat in der Hilde- und Grimsage seine eigentümliche und nicht ungeschickte Ausbildung als selbständige Sage erfahren, wie die ThS. beweist, deren verschiedene Nebenmotive keineswegs norddeutsche oder gar nordische Zuthaten sind. Dass der Riese nur durch ein Schwert, das ihm gehört, besiegt werden kann, ist ein uraltes mythisches und märchenhaftes Motiv (vrgl. Beowulf v. 1558 f.; Ztschr. f. d. Phil. 26, 6; Cosquin, Contes populaires de Lorraine I 13); Verwechslung freilich liegt im Namen des Schwertes vor; Nagelring ist in der deutschen Heldensage durchaus Heimes Schwert (Biterolf 10551, 10121 u. ö., Alphart 272. 450, Rosg. C 221, D 342; nach Laurin 1577, vrgl. die Anm. Müllenhoffs und DHB I, LII, trägt es Wolfhart) und auch in der ThS. schenkt es Dietrich nachmals Heimen. Dass Alfrik (Alberich) hier in die Handlung verflochten ist, wird man gewiss nicht mit HS. S. 88 auf den Horterwerb Siegfrieds beziehen dürfen; auch im Eckenlied erscheint ein Zwerg als Fertiger und zugleich Dieb[1] eines Schwertes, das Ruotlieb zufällt, und zwar ist es nach dem Zeugnisse der ThS., das auch für eine süddeutsche Form der Sage gilt, eben Alberich. In der Fassung S des E.-l. tritt Alberich als Dietrichs Freund auf, denn er wird wol der Zwerg Albrian sein (HS. 238). Auch im tirolischen Ortnit erscheint Alberich und gibt Ortnit ein Schwert und einen Helm, wenn auch damit schwerlich Hildegrim gemeint sein wird, wie HS. S. 251 angenommen ist. Jedenfalls aber weisen diese Anklänge darauf hin, dass Alberich als Schwertfertiger, Schwertschenker und Schwertdieb in tirolisch-alpinen Sagen bekannt gewesen ist, und dass die Wage der Wahrscheinlichkeit in der Frage, ob Alberich in diese Episode der Dietrichsage in Norddeutschland oder in den Alpengegenden verflochten worden ist, sich sehr zu Gunsten der letzteren Annahme neigt; ich habe kein Bedenken, den Bericht der ThS. als Inhalt eines Liedes zu bezeichnen, das eine Variante des süddeutschen Liederstockes

[1] Diese Vorstellung wird HS S. 63 „seltsam und dunkel" genannt; aber sie entspricht doch einem sagenmässigen Typus; ZfdPh. 26, 12 habe ich eine Parallele aus nordischer Zwergensage beigebracht, wo ebenfalls ein Zwerg als trügerischer Dieb der von ihm selbst geschmiedeten Waffen erscheint.

ist, aus dem auch Sigenot und Eckenlied ihre Kenntnis geschöpft haben.

Aus dem negativen Zeugnis der ThS. und des Eckenliedes erhellt unzweifelhaft, dass die Verbindung Sigenots mit Hilde und Grim keine primäre ist, und dass — da die Sigenotsage einen ganz altertümlichen Typus zeigt und nicht erst der Hilde- und Grimsage zuliebe erfunden sein kann — die Ausscheidung dieses Bestandteiles aus ihr gerechtfertigt ist. Damit tritt die hohe Altertümlichkeit der Form der Sage in noch helleres Licht, und die direkte Zugehörigkeit zu dem alten Typus von Dietrichs Gefangenschaft bei Riesen als gleichberechtigte Variante, nicht als Abklatsch, wird damit sicher gestellt. Darauf führt nun noch eines: in Virginal ist das Motiv der Feindschaft der Riesen gegen Dietrich Blutrache für getötete Verwandte; so auch in Sigenot. Die Namen Hilde und Grîn, bezw. die Sage von diesen beiden ist jung eingetreten; das Motiv aber ist nach Ausweis von Virginal schon in einem älteren Sagenstadium vorhanden gewesen, und daran konnte sich die junge Sage anheften. So weisen die Formen der Virginal und des Sigenot auf eine gemeinsame ältere Stufe der Sage — nicht der literarischen Formen derselben! — zurück, die sich durch Einführung des Motivs der Blutrache — wenigstens nach den vorliegenden Zeugnissen darf man wohl sagen „Einführung", doch ist es vielleicht Erhaltung, da die Feindschaft der Riesen und Dietrichs in der alten Mythe eben auch auf grundsätzliche Gegnerschaft zurückzuführen ist, die Blutrache mit sich bringen konnte — und durch die Ersetzung Witeges durch Hildebrand von den anderen Formen unterscheidet; dass sich Virginal durch die Contamination des menschlich-novellistischen Motivs von der altmythischen Grundlage entfernt hat, tritt auch von dieser Seite betrachtet in helles Licht.

3. Poetischer Cyklus von Riesen- und Drachenkämpfen Dietrichs (Virginal).

Aus reicher Kenntnis verschiedener zum Teile sehr alter märchenhaft-mythischer Dietrichsagen und der üppig wuchernden Zwergen- und Riesenmärchen der Alpenlandschaften schöpfend, hat ein Dichter es unternommen, einen poetischen Cyklus solcher Sagen, in deren Mittelpunkt er den jugendlichen

Dietrich stellt, in halbhöfischem Geschmacke und unter Einfluss der Artusromane zusammenzustellen, wobei nicht nur freie Analogieerfindungen unterliefen, sondern auch die volkstümlichen Elemente eine Umbildung und Umgestaltung in diesem Sinne sich gefallen lassen mussten, eine Arbeitsmethode, die im 13. Jhd. nichts unerhörtes ist; Strickers Daniel zeigt (unter Vorwiegen höfischer Motive) ähnliche Benutzung und Verballhornung volkstümlicher Märchen und Sagen, die hier um einen erfundenen Helden gruppiert werden, und noch umfangreicher ist diese Benutzung von Märchengestalten und -Situationen in den Werken Pleiers, deren volkstümliche Motive (aus den Alpengegenden Salzburgs, Tirols und der anstossenden Schweiz) E. H. Meyer (ZA. 12, 470 ff.) nachgewiesen hat; auch die Wolfdietrichgedichte sind voll solcher Motive. Es entspricht diese eigentümliche Mischgattung, die von der heroisch-epischen klassischen Reinheit des Nibelungenliedes oder auch noch der Epen von Alpharts Tod, Dietrichs Flucht und Rabenschlacht und anderer stark absticht, einer ähnlichen Erscheinung der altnordischen Literatur, den märchenhaften Fornaldarsögur, wo der alte heroische Kern von solchen märchenhaften Episoden des Volksglaubens ganz überwuchert ist, und auch die Art, wie diese Motive subjectiv umgebildet sind (vrgl. meinen Aufsatz ZfdPh. 26, 2 ff.), erinnert lebhaft an diese ideell verwandten mhd. Werke. Wie bei Wolfdietrich ist es aber auch hier der sagenhafte Mittelpunkt, die Anreihung an eine heroische Sagenperson, die dem Gedichte Virginal seinen Platz unter den Quellen der Heldensage anweist, und im Vergleiche zu den Episoden der Wolfdietrichsage überwiegt hier der echt sagenmässige Inhalt bedeutend.

Es sind drei Überlieferungen, die hierher fallen, Virginal (DHB. V) [V], Dietrichs erste Ausfahrt (hrsg. von Stark, Litt. Verein Nr. 52) [DA], und Dietrich und seine Gesellen (im Dresdener Heldenbuch) [DG]. Ihr Verhältnis hat Wilmans (ZA. XV 294) untersucht und klargelegt. Darnach liegt allen drei Versionen dieselbe Quelle, ein altes Gedicht, zu Grunde, das zweimal verschieden überarbeitet worden ist; die eine Überarbeitung liegt vor in Virginal; sie betraf nur den ersten Teil des Gedichtes (bis zu der Botschaft Bibungs an Dietrich und Hildebrand, entsprechend der ersten dritthalbhundert Strophen von Virginal), woran hier eine Fortsetzung gefügt ist; die andere Umarbeitung des ganzen alten Gedichtes ist selbständig nur im

Auszuge des Dresd. HB. erhalten, beide Umarbeitungen aber, d. h. Virginal und die Quelle des Dresdner HB., sind miteinander unter Zugrundelegung der letzteren in ein Gedicht contaminiert worden, Dietrichs erste Ausfahrt.

Die Hauptzüge des Cyklus[1] sind folgende: 1) *Vorgeschichte* (teils direct, teils in Erzählung handelnder Personen mitgeteilt). Einer jungfräulichen Königin Virginal [in DG. fehlt der Name], die zu Tirol in dem Berge Jêraspunt [der Name fehlt in DG.] wohnt, dienen viele edle Jungfrauen und Zwerge. Der Heide (Riese) Orkîse [Orgeis DA.; — Origreis Str. 100, 116, Origenes Str. 104, missverständlich auch Araban (da er aus Arabien kommt) Str. 16: DG.], der von einer heidnischen Königin gerüstet ist (ausführlicheres und mehr Detail über Orkîses Verhältnis zu ihr in DA. DG.), verwüstet mit seinen Gesellen das Land der Königin; er bedrängt sie schon lange und holt sich jährlich als Opfer eine Jungfrau aus dem Berge, die ihm preisgegeben werden muss und durch ihn den Tod findet [direct als Menschenfresser wird er DG., DA. geschildert]. — Weitere Angaben über den Riesen machen DA., DG.: sein Vater heisst Teriufas (DA.; Terevas DG.); in der Version DG aber herrscht ziemliche Verwirrung, die in Str. 116 so weit geht, dass Origreis als Vater des Terevas gilt, dem dann noch ein Sohn zugeschrieben wird; auch ein Sohn des Orgeis, Janapas [DA.; Janibus DG.] spielt in einer späteren Episode von DA. DG. — in Virginal fehlt sowol die Episode als seine Person — eine Rolle. In DA. wird die Feindschaft des Heiden noch durch ein besonderes Motiv begründet; die Königin hat den Zwerg Elegast aus dem Berge verbannt, und dieser begibt sich zu dem Heiden und reizt ihn aus Rachsucht gegen Virginal auf. — Die Kunde von der Bedrängnis der Königin kommt auch nach Bern [nach DA. (Str. 34) sendet Virginal selbst Botschaft und Bitte um Hilfe], worauf Hildebrand und Dietrich sich aufmachen, ihr zu helfen; es ist Dietrichs erste Ausfahrt.

2) *Der Kampf mit Orkîse u. s. Gesellen.* Im Walde trennen

[1] Die grössere Ausführlichkeit, mit der hier auf den Inhalt der Überlieferung eingegangen wird, ist wie beim Eckenliede und bei Sigenot durch die Notwendigkeit veranlasst, den ganzen Bestand der Denkmäler übersichtlich vorzuführen, da die Ausgaben im V. Bande des DHB in dieser Richtung vollkommen im Stiche lassen.

sich Dietrich und Hildebrand — auf sehr ungeschickte Weise vom Dichter damit motiviert, dass sie eine klagende weibliche Stimme hören und Hildebrand voraneilt, Dietrich aber harren heisst; ebenso sonderbar ist dann, dass Dietrich, der in Hildebrands Abwesenheit mit Mannen des Heiden ficht, von diesen hört, Orkîse sei erschlagen, was Hildebrand nach der Ökonomie der Handlung nur gleichzeitig gethan haben kann; wie denn überhaupt die chronologische und pragmatische Disposition des oft sich selbst widersprechenden Dichters stärkste Seite nicht ist. Hildebrand wird von den Klagerufen zu einer Lichtung im Walde geführt, wo die durch das Loos zum Opfer bestimmte Jungfrau der Königin des Heiden harrt. Ihr Name variirt als Gamazitus, Matikus, Martikus, Martikos in V; Madius DA; Macitus DG; nach DG (Str. 25. 43) ist sie die Tochter der Königin, womit DG allein steht; die beiden anderen Versionen kennen sie nur als Verwandte (Muhme) der Königin (V, 344. DA 530). Sie erzählt Hildebrand ihr Schicksal und warnt ihn vor Orkîse; Hildebrand tröstet sie und erwartet bei ihr die Ankunft des Gegners. Die Hunde des Heiden eilen heran und zerren die Jungfrau am Kleide; Hildebrand fängt sie und hängt sie mit den Schwänzen an die Bäume[1] [die Hundeepisode nur in DA, DG]; mit einem Hornstoss kündigt sich Orkîse an. Es kommt zum Kampfe zwischen ihm und Hildebrand. Aus dem Berge, wo man den Kampflärm vernimmt, wird ein Zwerg gesandt, den die Jungfrau mit guter Kunde, ein Retter habe sich gefunden, zurücksendet. Hildebrand schlägt endlich nach heissem Kampfe dem Heiden das Haupt ab. Die Jungfrau fordert nun Hildebrand auf, zur Königin zu kommen, allein er schlägt diese Bitte ebenso ab wie ihre Aufforderung, seine Wunden durch sie heilen zu lassen, und entschuldigt sich damit, dass er zuerst Dietrich wiederfinden müsse. Die Jungfrau verlangt ebenfalls Dietrich zu sehen, Hildebrand nimmt sie vor sich auf sein Ross und reitet zu der Stelle zurück, wo er Dietrich gelassen. Dieser hat inzwischen Kämpfe mit verschiedenen Streifschaaren des Orkîse bestanden; eben befindet er sich in einem verzweifelten Kampfe gegen eine grosse Übermacht, da kommt Hildebrand, geleitet von dem Waffenschall,

[1] Wie Siegfried [Rg. I 3 und Seyfr.-l.] die Löwen, oder (entfernter) Dietrich im Eckenliede (L 164, 10), was aber auf keinen literarischen Zusammenhang deutet.

schlägt die Angreifer nieder und befreit Dietrich aus seiner gefährlichen Lage. Er führt nun Dietrich zu der Jungfrau, die er an einem Quell hat warten lassen, sie begrüsst Dietrich voll Freuden und ladet ihn zu Virginal ein. Um der Königin zu ermöglichen, zum würdigen Empfange der Helden Vorbereitungen zu treffen, eilt sie voraus. Die Königin ist hocherfreut und heisst alle Jungfrauen sich rüsten; die Jungfrau will nun die Helden wieder holen, die Königin lässt das aber nicht zu, sondern entsendet den Zwerg Bîbung (Wiburg, Willung, identisch wol auch Wiwurck Str. 25, DG) mit diesem Auftrage.

3. *Drachenkämpfe, Rettung Rentwins, Einkehr auf der Burg Arône.* Dietrich und Hildebrand werden im Walde von Drachen angefallen und geraten während des Kampfes mit dem Gewürme von einander ab. Hildebrand schlägt eben auf ein Geniste voll wilder Würmer in einem hohlen Berge los, da kommt der alte Drache seinen Kindern zu Hilfe. Aus seinem Munde ertönt die Stimme eines Menschen, der um Hilfe ruft. Auf Hildebrands Angriff lässt der Drache den Mann aus dem Munde fallen und greift Hildebrand an, wird aber von ihm getötet. Der wunde Ritter liegt in Ohnmacht; nachdem er sich erholt hat, erzählt er, dass ihn der Wurm im Walde schlafend gefunden und bis an die Arme verschluckt habe; er nennt sich Rentwîn (Rotwein DA), Sohn Helferichs [1] von Lune (in DA, DG entstellt) und der Markgräfin Portalaphe (Partolape DG, Portelaf DA). Hildebrand ist hocherfreut, denn Portalaphe ist seine Brudertochter. Rentwin will Hildebrand gleich auf die nahegelegene Burg von Ârône (Oran DG) zu seinem Vater führen, doch Hildebrand reitet zuerst zu Dietrich und nimmt Rentwin, dessen Ross die Drachenbrut verzehrt hat, zu sich in den Sattel. Sie treffen Dietrich in hartem Kampfe mit einem grossen Drachen; sein Schwert ist ihm zerbrochen, da stösst er dem Wurme den Schild in den Rachen. Hildebrand bietet ihm sein Schwert an, doch Dietrich weist es zurück; dagegen nimmt er Rentwins Schwert aus dessen Händen an und erlegt das Untier [2]. Vom Kampfgetöse herbeigelockt, erscheint Helferich,

[1] In Str. 53 und 55 von DG verfällt der Epitomator in den Irrtum, den Namen des Vaters für den Sohn zu gebrauchen.

[2] Der Epitomator (DG) hat diese Partie ganz verstümmelt; Hildebrand bietet Dietrich Rentwins Schwert an, Dietrich wirft es weit weg „vnd lieff den wurm ane, das sie es all peid sahen do“. Damit schliesst die Schilderung des Drachenkampfes,

der den Sohn und die beiden berühmten Helden auf seine Burg führt, wo sie von der Mutter und Schwester[1] Rentwins freudig begrüsst und hoch gefeiert werden. Der Zwerg Bibung, den Virginal nach Dietrich ausgesandt hat, kommt zunächst auf den Platz des Drachenkampfes und wendet sich dann nach Arone, wo er den Helden den Gruss und die Einladung der Königin meldet. Sie versprechen, bis ihre Wunden geheilt seien, zu kommen. Bibung reitet nach kurzem Weilen wieder heim und meldet der Königin die Botschaft (so in DA und DG; in Virginal — die Fortsetzung setzt hier ein — ausführlicher und umständlicher: Bibung bleibt vierzehn Tage in der Burg und wird dann mit einem vom Burgkaplan aufgesetzten Briefe heim gesandt. Am fünften Morgen kommt er zu Jeraspunt an, ein Kaplan liest den Brief vor, der eine ausführliche Schilderung aller Thaten enthält, die Dietrich und Hildebrand vollbracht haben; weiteres schildert und erzählt Bibung, und meldet auch, dass Helferich seine Tochter mit Baldung von Tirol, dem Neffen König Imians von Ungarn, bei dem Feste, das Virginal zur Feier der Ankunft der Helden veranstalten will, verloben wolle. Noch einmal reitet Bibung nach Arone, um sich zu vergewissern, ob die Helden kommen; wie er in die Nähe der Burg kommt, sieht er den glänzenden Zug aus der Burg dringen, da kehrt er um und eilt schleunigst wieder zurück, um der Königin die Freudenbotschaft zu melden. — Die nochmalige Entsendung Bibungs und seine Umkehr beim Anblick des festlichen Auszuges auch in DA, doch aus V entnommen, nur an späterer Stelle, da die Episoden 4 und 5 vorher eingeschoben sind).

4. *Zweikampf Dietrichs mit Libertîn* (nur in DA—DG). Während Dietrich nach Bibungs Abreise noch auf Arone weilt, kommt ein Ritter, Fürst Libertîn (Libertein DA, Lieberdein DG) von Palerne (von Palner, auch der „Paldner“ genannt DG) und fordert Dietrich, von dessen Mannheit er so viel gehört, dass ihn gelüstet, sich mit ihm zu messen, zum Zweikampfe heraus, und reizt ihn noch weiter dazu durch den Hinweis darauf, dass er seinen „Oheim“ (gemeint ist nur Verwandter überhaupt, nach Nib. L. 2220 ist er der Schwester-

dessen Ausgang der Bearbeiter seinem Streben nach Kürzung des alten Gedichtes geopfert hat.

[1] Ihr Name wird nur in V genannt und zwar schwankt die Hs. zwischen Valentrins, Valiklius, Volentrins und Volentrin.

sohn Dietrichs, während andere Quellen ihn wieder anders auffassen, s. HS S. 116 ff.) Sigstab vom Rosse gestochen habe, so dass er wie tot dalag und weggetragen werden musste. Dietrich sticht ihn im Tjoste beim dritten Gange vom Sattel, so dass er ohnmächtig und blutend aufgehoben werden muss. Er wird sorgfältig gepflegt und Dietrich schliesst mit ihm Freundschaft; fortan will Libertîn von Dietrich nicht weichen und ihn überallhin begleiten.

5. *Janapas von Ortneck* [nur in DA—DG]. Dietrich mit Hildebrand und Libertin samt Helferich und Rentwin brechen von Arone auf, um zu Virginal zu ziehen. Sie kommen auf Wildspuren und stellen mit ihrem Gefolge eine Jagd an. Zwei gewaltige Tiere, ein Eber und ein Hirsch, werden aufgetrieben; Dietrich eilt allein dem Eber nach, während die anderen den Hirsch verfolgen. So werden sie getrennt und weit in unbekannte Bergwildniss hinein gelockt. Erst am anderen Tage holt die Gesellschaft den Hirsch bei einem See auf lichter, wasserdurchströmter Aue ein; Hildebrand erschlägt ihn. Neben dem Flusse erhebt sich eine hohe, steile Burg, auf welcher der Heide Janapas, der Sohn des Orgeis, treulos und wild wie sein Vater, haust. Janapas sendet einen Ritter namens Kober hinab und lässt die Fremden nach ihren Namen fragen. Als er erfahren, dass Hildebrand, der Mörder seines Vaters, dabei sei, ladet er sie als Gäste in sein Schloss ein. Die vier Helden lässt man eintreten, ihr Gefolge aber muss vor dem Thore harren. Die Zugbrücke wird aufgezogen, und gegen die im Burghof Gefangenen werden vier Löwen losgelassen, doch sie werden von den vier Helden erschlagen. Nun dringt Janapas mit 50 Heiden auf sie ein, aber auch diese erliegen alle, Jan. wird von Hbr. erschlagen. Die Helden lassen das Gefolge ein, das ebenfalls Kämpfe bestanden hat, und durchsuchen die kostbar gezierte Burg. In einem Gemache finden sie die Mutter des Janapas und alle ihre heidnischen Jungfrauen tot; sie sind vor Schreck gestorben. Drei schöne christliche Jungfrauen empfangen sie freudig; sie sind von königlichem Geschlecht und gehörten zum Hofstaate der Königin Virginal; durch das Los waren sie Orgeis verfallen, der sie hieher gebracht hatte. Ihre Namen sind Rosilia, Portecilia und Potbrünne; Rosilia ist Virginals Muhme. Hildebrand heisst die Burg besetzen und begibt sich mit den andern drei Fürsten und den drei Jungfrauen in den Wald, um Dietrich zu suchen. Dieser

hatte den Eber weit verfolgt, ehe er ihn erreichte und erschlug. Er lässt sein Horn erschallen, doch antwortet ihm keiner von der Jagdgesellschaft. Dagegen kommt ein ungefüger Riese, der sich die Jagdgerechtsame im Walde anmasst, aus einem hohlen Berge und greift Dietrich an. Nach hartem Kampfe, in dessen Verlaufe er Dietrich in seine Löwengrube drängt, wird er besiegt, doch von Dietrich auf seine Bitten verschont. Dietrichs Genossen kommen auf die Kampfstätte. Die Jungfrauen begrüssen Dietrich freudig und heilen seine Wunden. Auch der Riese wird geheilt und muss mit aufgebundenem Eber mit ihnen ziehen. Sie kehren alle nach Arone zurück, wo sie freudig empfangen werden. Nach vierzehn Tagen mahnt Hildebrand zum Aufbruch gegen Jeraspunt. Inzwischen sendet Virginal Bibung aus, dass er sich nach den eingeladenen Gästen umsehe. Er kommt vor Arone und sieht sie eben ausziehen, kehrt schleunigst um und meldet dies der Königin. In DG weicht — abgesehen von dem durch die Kürzung veranlassten Fehlen und der Unklarheit verschiedener Detailangaben — manches ab. Die Fürsten brechen auf, um zu Virginal zu kommen. Ein Bote des Janibus von Ordenck, Knaber, begegnet ihnen, fragt nach ihren Namen, und meldet sie seinem Herrn, der die Gäste verräterisch einladet; der Kampf mit den Löwen (ohne die bestimmte Zahlenangabe) und mit den 50 Heiden wird übereinstimmend geschildert, nur erfährt man nicht, wer Janibus tötet; auch hier stirbt die Mutter des Heiden vor Leid; von den heidnischen Jungfrauen ist nicht die Rede. Die drei erlösten Jungfrauen heissen Rossilia, Potrune und Porcillia; letztere ist die Muhme der Königin. Während aber nach der bisherigen Darstellung Dietrich mit anwesend war, vermisst ihn im Widerspruche damit (in Str. 105) Hildebrand; die Burg wird besetzt und die Gesellschaft zieht mit den drei Jungfrauen aus, ihn zu suchen. Es folgt die Erzählung von dem wilden Schwein, dem Dietrich nachgesetzt hat, und dem Riesen wie in DA, nur schliesst sich unmittelbar daran der Zug zur Bergkönigin, wohin alle ohne weiteres Abenteuer unverweilt gelangen. Ist die Teilnahme Dietrichs am Kampfe mit Janibus zweifellos ein Confusionsfehler des Überarbeiters, so hat DG in diesem unmittelbaren Zuge zu Virginal dagegen unzweifelhaft das Correctere bewahrt; DA muss zu der Rückkehr nach Arone greifen, um auf die folgende — in DG fehlende — Episode von Dietrichs Gefangenschaft in Müter einzulenken, die aus V eingeschoben ist, und zwar in ungeschicktester Weise: in dem ganzen Einschub verschwinden die drei Jungfrauen und Libertîn — der Form V fremde Elemente — aus der Handlung und tauchen dann ebenso unvermittelt, im Widerspruch zu dem unmittelbar vorhergehenden Stücke aus V (das vermutlich einer anderen Redaction, die von der erhaltenen leicht abwich, entnommen ist), aber im Anschluss an die Janapasepisode, wieder auf, ein sprechendes Zeugnis (Wilmanns, a. a. O. 306) für die Ungeschicklichkeit der Contamination.

6. *Dietrichs Gefangenschaft auf Mûter*. [Nur in V und — daraus entnommen — in DA]. a) Dietrich will als erster zu Virginal kommen und reitet ungewaffnet im Festgewand seinen Begleitern und Genossen voraus, gerät aber auf eine unrechte Strasse, die ihn gegen die Burg Mûter (Mauter DA) führt. Ein Riese Wîcram (Wikeram DA) stellt sich ihm in den Weg; auf Dietrichs Frage, ob er vor Virginals Schloss sei, klärt er ihn auf, dass er sich vor Mûter befindet, wo Herzog Nîtgêr (Neitiger DA) und seine Gattin Simelin (Rabina DA) herrschen. Der falsche Riese lässt ihn scheinbar ungehindert ziehen, wie aber Dietrich sein Ross wendet, schlägt er ihn mit seiner Stahlstange nieder; Dietrich verspricht ihm reiches Lösegeld, wenn er ihn nur gefangen nimmt, muss aber schwören sich über den Riesen nicht zu beklagen und dessen That niemanden zu erzählen. Der Riese trägt Dietrich in die Burg; das Ross folgt seinem Herrn nach. Der Herzog ist anfangs gegen Dietrich nicht unfreundlich, hält ihn aber nach seinen Reden doch für gefährlich und lässt ihn in einen eisernen Ring schliessen; die Riesen verhöhnen ihn. b) Unterdessen ist der Zug der Ritter und Frauen, an der Spitze Hildebrand, mit Helferich, seiner Gattin und Tochter zu Virginal gekommen. Sie werden freudig bewillkommnet, und nach Dietrich gefragt. Hildebrand erschrickt darüber, da Dietrich schon vor acht Tagen hier angekommen sein müsste. Helferich vermutet, Dietrich sei gegen Mûter gelangt, und dort von den 12 Riesen Nîtgêrs, die schon vielen Schaden gethan haben, gefangen genommen worden. Gerne würde er dem Herzog Fehde ansagen, aber er fürchtet, die Riesen möchten Dietrich in ein noch verborgeneres Gefängnis schleppen (töten DA). „Ein Ritter" (*der wunderkün weigant*, nach dem Zusammenhange Helferich selbst, DA) sagt, die Riesen hausen in einer Höhle bei einer Mühle am Fusse der Burg; dorthin solle man reiten und trachten

sie so zu überraschen, dass sie Rede stehen müssen. c) Nîtgêr hat eine schöne jungfräuliche Schwester, Ibelîn (Lorina DA); diese nimmt sich des gefangenen Dietrich an, tröstet ihn, und nimmt ihm heimlich die Eisenfesseln nachts ab. Dietrich klagt ihr sein Leid, dass man ihn verhungern lassen wolle; Ibelin ist darüber erstaunt, da doch ihr Bruder von jeder Mahlzeit Dietrich Speise und Trank zuschicke, erfährt aber, dass der Riese Wicram, der bei Tage das Gefängnis bewacht, alles aufesse. Sie klagt das ihrem Bruder, der darüber erzürnt ist und Wicram zu Rede stellt. Wicram entschuldigt sich damit, dass er Rachepflicht gegen Dietrich habe; dieser habe mit Hildebrand, Witege, Wolfhart von Lamparten und Dietleib, Biterolfs Sohn, zu Britanje[1] das Land verwüstet, drei Burgen gebrochen und 200 Riesen, Wicrams Verwandte, erschlagen. Nîtgêr erfährt dadurch, dass der Gefangene Dietrich ist, verweist dem Riesen scharf, dass er Dietrich gefangen, und droht ihm mit Verbannung. Wicram begibt sich zu den übrigen Riesen, beklagt sich bei ihnen über die Unannehmlichkeiten, an denen allein Dietrich schuld sei, und fordert sie auf zu beratschlagen, wie man ihn des Nachts wegschleppen und töten könne. Der Sohn Wicrams Grandengrûs (Pisrandengruss DA) nimmt eine Stahlstange und begibt sich in den Kerker Dietrichs, um ihn zu töten, wird aber von Dietrich mit einem Steine, mit welchem sonst die jungen Ritter spielen, erschlagen. Dietrich erfasst die Stahlstange des Gefallenen und setzt sich gegen die heranstürmenden Riesen zur Wehr. Der Herzog hört den Lärm, eilt auf den Schauplatz und schilt die Riesen heftig. Auf seinen Befehl ziehen sie mit der Leiche des Grandengrûs ab und bestatten sie vor der Burg, wobei sie ein so entsetzliches Geschrei erheben, dass in der Burg Angst und Entsetzen entsteht. Dietrich beruhigt Ibelin [und erzählt ihr seine Abenteuer auf dem Zuge zu Virginal (nur V)]; sie verspricht ihm, einen Brief durch einen Boten nach Jeraspunt zu schicken, worin seine Freunde aufgefordert werden, ihm zu helfen. Der Bote Ibelins, Beldelîn [in DA wird kein Name genannt] reitet nach Jeraspunt, wo er den Brief Ibelins abgibt. Die Helden beraten, wer zu Hilfe zu holen sei; [alles folgende nur in V: auf Baldungs Rat wird beschlossen, auch Imian von Ungarn zu Hilfe zu rufen; Virginal sendet Bibung zu ihm. Beldelin kehrt mit Briefen

[1] zuo Pritemen, Handschrift; im land Britania DA.

und Botschaft von der Königin und Hildebrand an Ibelin und an Dietrich, aus Jeraspunt nach Muter zurück und erstattet Ibelîn Bericht; besonders ausführlich schildert er ihr den grossen Eindruck, den ihm Hildebrand mit seinem 12 Klafter weiten riesigen Eisenschilde, den vier Ritter kaum lüften konnten, gemacht hat (eine ähnliche Schilderung in anderem Zusammenhange auch in DA 601 = Virg. 593: zwei Ritter heben den Schild mit Mühe; eine andere Stelle wo die Schwere des Eisenschildes geschildert wird, steht V 354. 355 = DA 540. 541: „kaum ein Wagen" — V hat falsch „ein Mann" — ertrüge den Schild). Dietrich lässt durch Ibelin Nîtgêr melden, dass ein grosses Heer zu seiner Befreiung anrücken werde, wenn er ihn nicht freilasse. Der Herzog will davon nichts wissen, schilt aber seine Riesen wegen des Ungemachs und der Fährlichkeiten, in die sie ihn gebracht haben. Auf einen Hornstoss Vellenwalts kommt der alte Riese Hülle aus dem Walde und will Dietrich an den Leib. Ibelin erbittet von ihrem Bruder Schutz für Dietrich, als er ihr diese Bitte abschlägt, waffnet sie ihren Schützling selbst und löst seine Bande. Dietrich tötet den Riesen, schlägt ihm das Haupt ab, und lässt es in das Thal zu den Riesen kollern, die über diesen neuen Verlust voll Trauer und Zorn sind. — Bibung überbringt seine Botschaft an Imian, der Biterolf und Dietleib zu sich berufen lässt, und reitet, ehe die Helden aufbrechen, zu Virginal zurück (bis hierher steht V allein)]. d) Hildebrand reitet [in V nach Bibungs Rückkunft, in DA unmittelbar nach der Botschaft Ibelins] nach Bern, um die Wülfinge zu holen; auf die Bitten Portalaphes und Virginals verspricht er auch Uoten mitzubringen. In Bern bietet Hildebrand die Mannen auf [unter ihnen werden genannt Bloedelîn, Hâche, Schiltwîn V]. [Wolfhart reitet nach Raben und fordert Witege und Heime auf, mitzuziehen, wozu sie gerne bereit sind: nur V; doch erfährt man aus Str. 619 DA, dass Wittich und Heime mitkommen wollen]. Wolfhart wartet nicht ab, bis alle versammelt sind, sondern reitet in das Gebirge voraus. Ein ungeheurer Wurm fällt ihn an, doch erschlägt ihn Wolfhart. Ein Zwerg, dessen er ansichtig wird, zeigt ihm einen hohlen Berg, wo viele Zwerge wohnen [die ebenfalls der Königin Virginal unterthan sind, V]; er bewirtet ihn kostbar und weist ihm wieder den Weg nach Bern. [Witege und Heime kommen an, V]. Der Zug bricht auf [und gelangt zu Virginal. Am dritten Tage nach ihrer Ankunft bei Virginal kommt Imian mit seinem Heere an, und vereint ziehen sie nun unter der Führung Hildebrands und Helferichs nach Mûter: nur V; in DA geht der Zug direkt von Bern nach Mûter]. e) An einem Sonntagmorgen kommt das Heer vor Mûter an. Ibelin verkündet Dietrich die Freudenbotschaft. Nîtgêr verwünscht die Riesen, die ihn in diese Not gebracht. Zwischen den Riesen und den Helden wird Verabredung getroffen, dass am nächsten Tage die Kämpfe (Zweikämpfe) stattfinden sollen. Auf Ibelins Bitte wird Dietrich von Nîtgêr freigelassen und begibt sich auf die Wiese unterhalb der Burg, wo er freudig begrüsst wird und ebenfalls einen Zweikampf übernimmt. Die Riesen werden alle erschlagen[1]. Auf Bitten Ibelins und Simelins wird Nîtgêr begnadigt und sein Land ihm als Lehen belassen. [Er schliesst sich mit seiner Gattin und Ibelin dem dem Zuge an, der zu Virginal aufbricht; Bibung kommt mit abermaliger Einladung von Virginal und wird als Verkünder der baldigen Ankunft der Helden vorausgesandt. Nur V].

7. *Kämpfe auf dem Zuge von Mûter zu Virginal.* [Nur in V und DA.] Auf der Fahrt geraten sie unter Riesen und Würmer, und müssen mit ihnen fechten. Wieder findet eine

---

[1] Reihenfolge der kämpfenden Paare:

V	DA
1. Îmiân — Adelrant	1. König Morilean*** — Adelrant
2. Heime — Vellenwalt	2. Heime — Fellenwalt
3. Witege — Wolferât	3 Wittich — Wolferant****
4. Wolfhart — Velsenstôz	4. Wolfhart — Felsenstoss
5. Dietleib — Bœmrian mit dem Barte	5. Dietleib — Morean mit dem Barte
6. Blœdelîn — Aspriân	6. Plodlein — Asprian
7. Gêrwart — Senderlîn	7. Gerwart — Morein
8. Gêrnôt — Wolfrât*	8. Gernot — Galerant
9. Reinolt — Ulsenbrant	9. Reinolt — Waldeprant
(Dietrich wird von Nîtgêr entlassen.)	
10. Dietrich — Wicram	10. Dietrich — Wicram
11. Hildebrand — ungenannt**	11. Hildebrand — ungenannt

Der zwölfte Riese Grandengrus (Pisrandengruss DA) ist von Dietrich schon früher im Kerker erschlagen worden. Es ist eine Gedankenlosigkeit des Dichters, wenn Gernot (Str. 717 V = 677 DA) sagt: nun liegen acht Riesen tot, ich will mit dem neunten fechten.

* Schon in 3 genannt. ** Vielleicht Mambolt (Mamerolt DA 574), der früher (Str. 388) erwähnt worden ist? Zupitza Anm. zu 747.
*** Entspricht Imian, aber man erfährt nicht, wie er unter die Wülfinge geraten ist.
**** Doch Str. 573 Wolferat.

Reihe von Zweikämpfen statt[1], und darnach kämpfen nach einander Wolfhart, Rentwin, Helferich, Hildebrand und Dietrich mit Würmern. Nun ist das Land von Heiden, Riesen und Gewürm gereinigt und Dietrich kann endlich ungehindert zu Virginal gelangen.

8. *Schluss.* Dietrich wird bei Virginal [wohin er nach DG unmittelbar nach der Janapesepisode gelangt] hoch gefeiert und heiratet die Königin, die er mit sich nach Bern führt [so DA, DG; in V wird die Anlage des ganzen Werkes zum Schlusse verlassen, indem hier Dietrich auf die Botschaft, dass Bern bedroht sei, da man ihn für verschollen hält, den freudenreichen Ort verlässt und von der Königin scheidet].

Die Entstehung des Gedichtes durch Anreihung verschiedener Elemente an einen Faden durch einen Dichter und durch Erweiterungen in der Tradition ist auf Schritt und Tritt an dem Verlorengehen des Fadens und ungeschickten Wiederaufnehmen kenntlich; die Composition, sowie die locale und chronologische Disposition gehen wiederholt ganz in die Brüche (über derartige Widersprüche, Unklarheiten und andere Compositionsfehler vgl. Zupitza in den Anmerkungen; Wilmanns ZfdA. XV 299 ff.). Der verbindende rote Faden, der Auszug Dietrichs mit Hildebrand, um einer von Riesen — die sich die Costümierung in Sarazenen und Heiden gefallen lassen müssen — bedrängten Bergkönigin zu helfen, braucht nicht Erfindung des Dichters sein, sondern kann auf einer Localsage beruhen. Der Name Virginal scheint, nach einer ansprechenden Idee Vogts, zu dem Stamme von mhd. *Virgunnia*, got. *fairguni* [vgl. Noreen, Urg. Lautlehre, S. 131] zu gehören und Bergfrau zu bedeuten; das sieht nicht

[1]

V	DA
1. Îmiân — Glockenbôz	1. Morilean — Glockenbos
2. Dietleib — Videlnstôz	2. Dietleib — Baldegrein
3. Heime — Klingelbolt	3. Heime — Amerolt
4. Witege — Rûmeroc	4. Wittich — Malgeras
5. Bloedelîn — Rûmenwalt	5. Plodlein — Ösenwalt
6. Reinolt v. Meigelân — Schellenwalt	6. Reinolt v. Meilant — Schellenwalt
7. Schiltwîn — Bitterbûch	7. Schiltwein — Felstenstrauch
8. Stûtvuhs — Wolresmage	8. Straussfus — Strandolf
9. Sigestap — Bitterkrût	9. Sigstab — Belerant
10. Ortwin — Gîselrant	10. Ortwein — Geiselbrant
11. Biterolf — Hôhermuot	11. Dietrich — Schrotenhelm

nach Erfindung aus, wenn man es mit der sonstigen abenteuerlichen Namenbildung und Namengebung, die dem Dichter zur Last fällt, vergleicht. Auch das Motiv von der Unbezwingbarkeit der übermenschlichen Jungfrau in der Brautnacht gehört in den Kreis echt volkstümlicher mythischer Vorstellungen und hat gewiss nichts mit einer etymologischen Erklärung des Namens Virginal aus virgo zu thun. An einen trümmerhaften Rest von Erinnerung an die Verbindung, in der Thorr mit Fjörgyn steht, zu denken, worauf die Namenübereinstimmung leiten könnte, ist kaum statthaft, oder doch höchstens eine unbestimmbare Möglichkeit[1]. Ob die Fassung des Schlusses mit Heirat oder jene andere mit dem Scheiden Dietrichs von der Königin nach ihrer Erlösung das ursprünglichere bewahrt hat, lässt sich a priori nicht entscheiden; denn entspricht ersteres der ganzen Anlage des Gedichtes, so dass der abweichende Schluss geradezu als Bruch der Composition und Abirren vom deutlichen Endziel der Handlung empfunden werden muss, so darf doch auch nicht ausser Acht gelassen werden, dass der Schluss der Fassung V der historischen Dietrichsage, in deren pragmatischer Form für eine solche Ehe kein Platz war, gerechter wird. An sich ist es natürlich möglich, dass ein Umarbeiter einen primären Bruch der Handlung, den der erste Dichter im Banne der Kenntnis der historischen Dietrichsage nicht hatte vermeiden können, beseitigte, indem er die natürlichen Consequenzen der Handlung zog — d. h. dass es keine Sage von einer Verbindung Virginals mit Dietrich gab, sondern die ganze Beziehung Dietrichs zu ihr Erfindung eines Dichters ist, da die Sage d. h. die traditionelle Dichtung nicht mit jener Rücksicht auf die anderen Dietrichsagen gearbeitet haben kann, wie der subjectiv erfindende Kunstdichter; ebenso gut aber konnte ein Umarbeiter die unbekümmert um historischen Zusammenhang dichtende Sage von einer Heirat Dietrichs mit einer Bergkönigin abändern, da er sie mit seiner Kenntnis der historischen Dietrichsage nicht vereinbaren konnte. Wer

[1] Es verhält sich damit ebenso wie mit dem Motiv von Dietrichs (zeitweiser oder immerwährender) Stirnwunde mit dem Pfeilstumpf; ganz allgemein genommen eine merkwürdige Übereinstimmung mit dem Motive des Thorr-Hrungnirmythus; aber die Umgebung, in der das Motiv auftaucht, verbietet jede ernstliche Benutzung der theoretisch vorhandenen Möglichkeit, dass ein solches Motiv zu der historischen Sage von Vinithar oder Theodorich dem Westgoten nach ihrer Übertragung auf Dietrich aus dessen mythischem Kreise sich gesellt haben kann.

die Dichtung, wie sie uns vorliegt, nach ihrer Grundanlage verfolgt, wird indes nicht in Zweifel sein können, dass die technische Disposition des Werkes unbedingt auf die Heirat berechnet ist, und dass der Schluss der Fassung V eine Änderung darstellt. Das beweist zunächst nur für den poetischen Behandler; auf die Sage selbst aber weist der Umstand, dass auch andere Quellen — alles solche aus dem mythischen Dietrichkreise oder compilatorische Werke, die von ersteren Kenntnis zeigen und wol daraus schöpfen — von einer Heirat Dietrichs vor der Verehelichung mit Herrad wissen (S. 123). Vergleicht man die über blosse Namenangabe oder Anspielung hinausgehenden zwei epischen Hauptformen dieser ersten Liebessage Dietrichs — Virginal und 'Hertlin' (s. S. 249) — so ist eine Verwandtschaft des Typus unverkennbar: beides sind Königinnen, — im ersten Falle eine mythische, im zweiten eine menschliche, — die dämonischen Wesen abgerungen werden; zugleich aber sind diese Formen so verschieden im epischen Detail, dass für eine nicht willkürlich ins blaue theoretisierende Kritik die gegenseitige Unabhängigkeit dieser epischen Formen zweifellos ist — selbst wenn man an der Annahme festhalten will, dass sowol Virginal als Sigenot und Goldemar von Albrecht von Kemenaten herrühren, was mir ganz unbeweisbar zu sein scheint. Auf welche Form die Anspielung in Sigenot geht, und woher die getrübte Nachricht der ThS. von Gudilinda stammt, ist unentscheidbar. Zusammengehalten mit dem oben erwähnten Umstand, dass nur Quellen des mythischen Kreises, bzw. solche zusammenfassende Werke, die von jenen Kenntnis haben, von dieser ersten Heirat Dietrichs berichten, während die historisch-epischen Quellen davon nichts wissen, scheint daraus mit Sicherheit hervorzugehen, dass es in der That volkstümliche Sagen von einer Verbindung Dietrichs mit einer mythischen Königin oder einer dämonischen Wesen abgerungenen Jungfrau in verschiedenen Versionen gegeben hat, und dass somit der Ordner oder Dichter des Virginalepos seinen Rahmen nicht erfunden hat, sondern ihn als selbständige einfache Erzählung vorfand.

Das epische Schema der Sage lässt sich durch Vergleichung mit Varianten noch halbwegs erkennen; es ist kein anderes als das der Episode des Eckenliedes mit dem Waldfräulein und das des Wunderers, nur episch anders ausgestaltet und mit anderem Schluss versehen; der Dichter hat es aber in das höfisch-abenteuerliche gewendet und offenbar in Details stark verändert. Denn in einer selbständigen Sage von Dietrich konnte Hildebrand bei der Hilfe, die Dietrich Virginal leisten soll, nicht diese active Rolle spielen, hinter der Dietrich ganz zurücktritt; die einzige active Heldenthat, die Dietrich zugeschrieben wird, ist der Kampf mit dem grossen Drachen, und selbst diese Scene ist in ihrer vorliegenden Gestalt durch Contamination (Rentwin) entstellt. Gewisse Ähnlichkeiten mit der Ecke-Vasoltsage im Detail müssen sich schon auf Grund der nahen Verwandtschaft der Typen ergeben[1], so das Auftreten des Orkîse, der eben nichts anderes als ein verkappter Winddämon ist[2]. Wo direkte Nachahmung durch den Dichter vorliegt, ist leicht zu erkennen: z. B. die Ausrüstung und Aussendung des Orkîse durch eine zauberkundige arabische Königin. Hier liegt klar Umbildung der Eckenscene vor, da diese im Mythus begründet, jene aber sinnlos ist: wie kommt der Sarazene nach Tirol? Der Vergleich des Originals und der Nachbildung ist instructiv in mehr als einer Beziehung; er zeigt, in welcher Richtung sich die Phantasie solcher höherer Bänkelsänger bewegte, wo sie frei schufen, und liefert ein neues Indicium dafür, dass die Aussendung Eckes durch die Jochgrimmer Frauen der Sage, nicht der Erfindung des Sängers entstammt, da wir sonst auch hier arabische Wunderfürstinnen mit unmöglichen Namen antreffen würden. Er legt ferner die Frage nahe, ob es geraten war, Ecke und Virginal demselben Dichter zuzulegen; psychologisch ist es kaum möglich, dass derselbe Dichter, der den Mythus so frisch und lebendig in die Sphäre episch-menschlichen Geschehnisses übergeführt hat, wie der Dichter des Eckenliedes, einen ähnlichen volkstümlichen Stoff so geschmacklos verballhornt hätte wie der Dichter der Virginal, wenn wir die abenteuerliche Tünche nicht erst auf Rechnung von Überarbeitungen setzen wollen, was an sich zwar recht wahrscheinlich ist, im übrigen aber noch immer

---

1 Eine Zusammenstellung übereinstimmender Detailzüge hat Stark (Lit. Ver. 52, S. XI ff.) gegeben; ganz haltlos sind seine Ansichten über ihr Verhältnis und die Einbeziehung des Siegfriedliedes in litterarischen oder stofflichen Zusammenhang.

2 Der Name ist nicht, wie DHB V, XXVII vermutet wird, aus dem Ländernamen Orkeis in Wolframs Wh. gebildet, sondern im Kerne ebenso echt wie die Figur: *Orkîse* ist der Unhold, Waldgeist *Orco* der romanischen und angrenzenden deutschen Alpengebiete: vgl. den Ourk als wilden Jäger, der Totenfleisch verteilt, bei Zingerle, Sagen aus Tirol, 2. A., Nr. 4. Über Orco, ogre s. auch Alpenburg, MSTir. S. 45; Grimm M. 261. 402.

kein Beweis für die Autorschaft Albrechts wäre. Eigentümlich der Virginalsage ist das Motiv von dem jährlichen Opfer einer Jungfrau, das dem menschenmörderischen Bedränger gebracht werden muss, ein bekanntes Folklore-motiv (es genügt auf Sidney Hartland, The Legend of Perseus, Chapter XVI—XVIII, Bd. III 1 ff. und auf Cosquin I 77. 78 II 58. 260 zu verweisen, wo die Verbreitung dieses Typus in arabischen, afghanischen, japanischen [vergleiche ferner Brauns, Japanische Märchen S. 50 ff. 112 ff.], chinesischen, indischen, germanischen, romanischen, slavischen, griechischen etc. Märchen belegt ist), das nebenbei bemerkt zu den wenigen gehört, von denen uns der Zufall uralte Zeugnisse erhalten hat, da schon die altgriechische Heldensage es aus dem Märchenschatze aufgenommen hat (Andromeda im Perseus-, Hesione im Herakles-, die Menschenopfer an Minotauros im Theseus-mythus); auch in der Tristansage und sonst im höfischen Epos (Iwein 6085 ff.) taucht das Motiv vom Menschenzinse (an Morolt) in abgeschwächter Form auf. Vor der methodelosen Manier, ein übereinstimmendes Motiv in einem Werke des Mittelalters und in einer klassischen Sage aus letzterer schnurstraks abzuleiten, mag ein Blick auf diese Verbreitung warnen; an Einfluss irgend einer Fassung der Tristansage wird niemand denken können, da in unserer Sage das Motiv seinen barbarischen, wilden Grundtypus weit besser und reiner erhalten hat als in der ganz abgeschliffenen Form blosser Vergeiselung in der Tristansage. Auffällig und beachtenswert ist, dass in zahlreichen Versionen des Motivs der Unhold, dem die Jungfrau preisgegeben werden muss, ein Drache ist, den der Befreier tötet. Erinnert man sich daran, dass auch in der eigentlichen Virginalsage Dietrich einen Drachenkampf zu bestehen hat, der im Gegensatz zu den sonstigen Drachenkämpfen des Gedichtes mit schönem echt epischem Detail [Schwertverlust — Verteidigung mit dem Schilde — hilfreiche Darbietung eines Schwertes durch einen Begleiter (letzteres contaminiert mit der Rentwînsage)] erzählt wird, so kann man die Vermutung kaum unterdrücken, dass gerade im Drachenkampfe ein echter alter Bestandteil erhalten ist, der ursprünglich anders gewendet war und eine bedeutendere Rolle zu spielen hatte. Es wird nun klar, wieso der Dichter der Virginal dazu kam, Hildebrand als den Bekämpfer des Riesen einzusetzen. Eine tirolische märchenhafte Sage hat Dietrich in den Kreis des Motives von der einem Ungethüm (Drachen) ausgelieferten

Jungfrau eingesetzt; zugleich war aber Dietrich als Helfer und Retter in den, heute noch in den Alpen lebenden, Mythenkreis von den durch Wald- und Sturmdämonen verfolgten Jungfrauen eingedrungen und als solcher populär. Daraus mussten sich verschiedenartige Analogiebeeinflussungen und Varianten ergeben, die der Dichter des Epos aufgriff und mit einander derart combinierte, dass er die Rolle des Helfers in der mythologischen Form (Sturmriese als Bedränger) Hildebrand, in der märchenhaften (ein Drache als Bedränger) Dietrich zuteilte. Eine Parallele zu solcher Übertragung von Dietrich auf Hildebrand bietet gerade unsere Dichtung noch an einer zweiten Stelle, indem sie in der Rentwînsage Hildebrand als Befreier auftreten lässt, während nach der echten Sage Dietrich der Retter ist (ThS. und die Darstellung des Basler Münsters). Der Vergleich mit der Märchengruppe lehrt endlich, früheres anderweitig gewonnenes bestätigend, dass der Ausgang der Sage die Heirat sein musste; dass nicht die Befreite, sondern die Königin die Braut ist, darf nicht befremden; wir haben ja nicht das Märchen selbst, sondern ein neues Produkt der Volksphantasie auf Grundlage des Märchens vor uns, und müssen daher Abweichungen im Detail erwarten.

Auch die Janapasepisode, die durch die Verwandtschaft des Janapas mit Orkîse und der einen Jungfrau mit Virginal nur lose mit dem Grundstock von Virginal verbunden worden ist, ist offenbar in ihrem Kerne ein Märchen von drei gefangenen Prinzessinnen; nach der Schilderung des Palastes und nach der Einführung von Löwen möchte man versucht sein, an irgend eine orientalische (etwa durch Italien nach Tirol gekommene) Wandererzählung zu denken, doch ist es mir nicht gelungen, eine unmittelbare Quelle ausfindig zu machen, so zahlreich natürlich Anklänge im einzelnen in der Märchenliteratur sind. Auch Nachahmung einer Romanscene ist nicht ausgeschlossen, denn auch in den höfischen Abenteuerromanen fehlt es nicht an ähnlichen Elementen. So erinnert entfernt in einigen Zügen (wunderbar ausgeschmücktes Schloss im Besitze eines Zauberers, gefangene Jungfrauen, Kampf mit einem Löwen und vorher mit einem keulenbewaffneten Bauern etc.) die Episode des *Schastel marveil* in Parzival an unser Abenteuer; aber anderes ist wieder so stark abweichend, dass eine Beziehung dieser beiden Scenen auf einander unstatthaft erscheint. Noch entfernter steht die Befreiung der Jungfrauen durch Iwein (Iwein

6085 ff.) u. a. m. Erschwert wird die Identification der Janapas-Scene mit irgend einer Quelle durch das hohe Maass subjectiver Ausschmückung; vielleicht liegt überhaupt nur Analogieerfindung vor.

Über die ursprünglich selbständige Sage von Dietrichs Gefangenschaft bei Riesen ist schon oben vom Gesichtspunkte ihres Gehaltes als selbständige mythische Sage gehandelt worden; es erübrigt hier nur noch auf einige accessorische Bestandteile des epischen Details in ihrer vorliegenden contaminierten Form einzugehen. Wieso die Sage in einem Mûter (Mûtâren, Alph.) localisiert wurde und wo dieses zu suchen ist, entzieht sich unserer Kenntnis. Dass das österreichische Mautern nicht gemeint sein kann, ist klar, da nach V 551 Mûter *nâhe an Walhen lant* liegt (Zupitza, Einl. S. XXVI); dass aber Mûtâren und Mûter dieselbe Localität bezeichnen und die Anspielung in Alphart auf denselben Sagentypus geht, ist unzweifelhaft und schon von Martin DHB. II, XXIX hervorgehoben worden. Die nachträglichen Versuche Zupitzas a. a. O., beides zu trennen, und die Anspielung in Alphart auf eine verlorene Sage zu beziehen, in der Dietrich mit Astolt und Wolfrat[1] auf dem österreichischen Mutaren einen ähnlichen Kampf bestanden habe, wie Biterolf im gleichnamigen Gedichte, leiden von vornherein an Unwarscheinlichkeit[2], und die willkürliche Annahme einer verlorenen Sage scheitert an dem reichen oben angeführten Material über den Typus von Dietrichs Gefangenschaft, das den Zusammenhang der Anspielung mit diesem Sagenkreise sicher stellt. Ob die Sage ursprünglich Mautern an der Donau meinte, wie Martin und Heinzel (a. a. O.) wollen, ist doch wol zweifelhaft, und bei den durchgängigen Beziehungen dieser mythischen Dietrichsagen zu den Alpengebieten (Tirol) ist es viel warscheinlicher, dass der Dichter von Alpharts Tod sich durch das unbekannte Mûter an Mûtâren erinnert fühlte, und diese Form einführte, als dass ein ursprüngliches Mûtâren nach Tirol versetzt und die Form entstellt worden wäre. Der Name wird rein fictiv sein; Äusserungen Zingerles über anklingende tirolische Localitäten s. bei Zupitza DHB V, XXVII.

---

[1] Die Übereinstimmung, dass einer der Riesen auf Mûter Wolfrat heisst weist Zupitza selbst als blossen Zufall zurück.

[2] Wie Heinzel, Ostgot. HS. S. 72, bei seiner Behandlung des Stoffproblems mit Recht ausdrücklich betont.

Nicht ganz zufällig wird es sein, dass gerade in Alphart, dessen Dichter Kenntnis der Mûter-Sage zeigt, ein Herzog Nîtgêr in Beziehung zu Dietrich erscheint; er befindet sich unter den Helden, die mit Hildebrand Dietrich nach Bern zu Hilfe kommen; dass er Hildebrand Oheim nennt (333, 1) und Dietrich von ihm sagt „der sol mîn ôheim sîn“ (400, 2) kommt nicht in Betracht. Die Ansicht Martins (S. XXVIII), er sei mit dem Herzog von Mûter vielleicht identisch, möchte ich für richtig halten, in der Form, dass der Dichter des Alphart (oder wenn man so will, der Fortsetzung) den Namen aus der Mûter-(Virginal)-Sage kannte und ihn nun zur Anschwellung seiner Heldenreihe mit aufnahm; in direkten Widerspruch mit der Sage kam er dadurch nicht, denn Nîtgêr versöhnt sich ja schliesslich mit Dietrich und empfängt sein Land von Dietrichs Hand zu Lehen; er konnte daher ganz wol von einem Dichter einmal zum Teilnehmer an einem Zuge, der Dietrich Hilfe bringen soll, gemacht werden. Wie die Mûtersage zu diesem Namen kam, und ob er in der Sage alt und localsagenhaften Ursprungs oder nur vom Dichter erteilt worden ist, erfahren wir freilich aus diesem Zusammentreffen nicht. Ohne jeden Zusammenhang mit der Frage ist es, dass Biterolf und die Klage einen König Nîtkêr (Nîtigêr) als Vater einer Jungfrau in Helches Gefolge — nach der Klage fällt er durch Giselhers Hand — kennen (HS. S. 125. 126); er steht in einem anderen Sagenkreise, und was wir von ihm erfahren, weist nicht eine Spur von Bezug auf den Herzog Nîtgêr zu Mûter auf. Ganz fabulose Namen sind Simelîn (Rabina) und Ibelîn (Lorina). Die spätere Einflechtung dieser menschlichen Figuren mitsamt dem Motiv der Liebesnovelle, deren Personen sie bilden, in die mythische Riesensage ist schon oben erörtert worden; dies tritt auch noch klar in dem Zuge hervor, dass Dietrich, trotzdem er auf Nîtgêrs Burg weilt, doch durchaus als Gefangener der Riesen gilt. Anderseits musste sich das Novellenmotiv von der hilfreichen Schwester des harten Burgherrn Änderungen gefallen lassen; die gewöhnliche Annahme, dass die rettende Jungfrau hässlich ist, wurde fallen gelassen, und der ebenso typische Ausgang, dass der Lohn für ihre Hilfe darin besteht, dass der Befreite sie heiratet, ist ebenfalls zu Gunsten des Zusammenhanges der Dietrichsage, und vielleicht schon speciell der Virginal-Dietrichsage, nicht übernommen worden. Dass diese Verschmelzung älter ist als die uns vorliegende Form der Virginalgedichte, ergibt die Sagenwanderung nach Skandinavien (s. oben S. 212).

Zu den jüngeren Ausgestaltungen des Kernes der Episode, Dietrichs Gefangenschaft bei Riesen und seiner Befreiung, scheint die Specificierung der Kämpfe in elf Zweikämpfe zu gehören; aber Spuren deuten allerdings auf ein höheres Alter dieses Motivs (s. S. 262). Eine offenbare Dittologie ist die Wiederholung der elf Zweikämpfe nach dem Aufbruch von Mûter. Eine willkürliche Erfindung des Dichters nach dem Muster der ersten Reihe im Streben nach Häufung ist sehr wol möglich; warscheinlicher aber ist, dass hier Varianten derselben Scene vorliegen, die beide vom Überarbeiter aufgenommen worden sind, der die andere so gut es ging in den epischen Zusammenhang als selbständige Episode einreihte. Die abweichenden Namen der Riesen sprechen nicht dagegen; denn selbstverständlich musste der Überarbeiter, wenn einige Namen in den zwei Reihen stimmten, sie ändern, da er trotz seiner sonst oft zu Tage tretenden Flüchtigkeit, die sich in Personwidersprüchen genug oft zeigt, doch nicht die unmittelbar vorher getöteten Riesen nun hier wieder auftreten lassen konnte. Dafür aber sprechen die z. T. abweichenden Namen der Helden, die den Kampf bestehen; Îmîan bzw. Morilean, Heime, Witege, Dietleib, Reinolt, Blœdelîn stimmen in beiden Reihen; dagegen stehen in der ersten Reihe Wolfhart, Gêrwart und Gêrnôt sowie Dietrich und Hildebrand isoliert gegenüber den Helden der zweiten Reihe: Schiltwîn, Stûtvuhs, Sigestap, Ortwîn und Biterolf [in DA fehlt dieser und an seiner Stelle erscheint Dietrich] Eine unmittelbare Nötigung, diese Reihen zu uniformieren, lag ebenso wenig vor, als anderseits ein Anlass, sie vollständig zu differenzieren; denn im epischen Zusammenhange konnte es ja der Leser zur Not begreifen, dass aus der grossen Schaar der Helden hier neue auftauchen; eine durchgeführte Differenzierung anderseits hätte unnatürlich scheinen müssen, da die Haupthelden dadurch bei den zweiten Kämpfen als müssige Zuschauer figurieren würden. So konnte denn der Überarbeiter ruhig diese nicht ganz zusammenfallenden Parallelreihen neben einander stehen lassen. Bei eigener Erfindung der zweiten Reihe wäre die Mengung von Helden der ersten Reihe mit anderen unvermittelt neu auftauchenden schwerlich zu erwarten. Sonderbar ist die Elfzahl der Kämpfe, und es möchte kaum zu gewagt sein, sie als ein Verderbnis aus einer Zwölfzahl der ältesten Dichtung zu bezeichnen, welche bei ähnlichen Motiven gern verwendet wird (Rosengarten — Kämpfe im Bertangenwalde (12 + 1) in der norddeutschen Sage). Unmittelbarer Zusammenhang mit dem Gedichte vom Rosengarten ist nicht nachweisbar, die älteren Formen des Gedichtes gehen ja dem Rosengarten chronologisch voran, da schon die älteste Rosengartendichtung eine Vorstufe der erhaltenen Virginal gekannt hat (s. Holz, Die Gedichte vom Rosengarten S. CXIII); principiell wären natürlich Kreuzungen in späteren Stadien nicht ausgeschlossen; wenn in Virginal (Fassung V, aber nicht Fassung DA und DG) König Imian den Ritter Êliant nach Steiermark ausschickt, um die Helden zu einem Turnier aufzufordern, dessen Preis für die Sieger *ein vriuntlich umbevanc von der megede einer* sein soll, so könnte das als eine Nachahmung des Rosengartenmotivs aufgefasst werden; die Stelle ist entschieden jung und die ganze Partie eine der jüngsten, doch liegt die Idee in dieser abgeblassten Form so sehr im höfisch-ritterlichen Gedankenkreise, dass darauf nichts zu bauen ist, zumal es fraglich ist, ob die Chronologie überhaupt nur die Möglichkeit eines solchen Einflusses für diese Scene ergibt. Auch für umgekehrten Einfluss des Virginalgedichtes in der Episode von den Riesenkämpfen auf die Zwölfkämpfe im Gedicht vom Rosengarten spricht nichts; die Zusammensetzung der Gegner Dietrichs im Rosengarten ist durchaus abweichend (Riesen, Könige und Helden); und auf den einzigen übereinstimmenden Asprian (Gegner in V Blœdelîn, in Rg. I (A) und II (D) Witege) ist nichts zu geben; die teilweise Übereinstimmung im Kataloge der Helden auf Seite Dietrichs in Virginal und im Rg. beweist nicht literarische gegenseitige Einflüsse, da die Verbindung dieser Namen mit Dietrich teils Gemeingut der Heldensage war [1], teils auf variirende Gruppierungen in verschiedenen älteren Sagenformen zurückgehen mag [2]. Literarische Beziehungen der literarischen Formen

[1] Es stimmen: Hildebrand, Dietleib, Witege, Heime, Wolfhart, Ortwin; letzterer (in Rg. A. der junge genannt) ist gewiss ein Held, von dem uns zwar reichere Sagenkenntnis abgeht, der aber von der Sage, nicht durch Willkür, zu Dietrich gestellt war; das Zeugnis aus Alpharts Tod, das Grimm HS. S. 263 anführt, ist zu streichen, da es auf falscher Lesart beruht; ein Ortwîn in DFl. und Rab. auf Seite Dietrichs wird bis auf einmal ausdrücklich als Ortwin von Metz bezeichnet, fällt also nicht — oder nur misverständlich — mit diesem Ortwin zusammen; vgl. HS. S. 223, 234, 263.

[2] Übereinstimmungen in dieser Gruppe zeigen deutlich, dass literarische Beziehungen ganz ausgeschlossen sind: z. B. sind Gêrnôt (Rg. I, II, III), Rienolt von

dieses Riesenkampfmotivs existieren also bestimmt nicht; die Frage nach der Sagenverwandtschaft und traditionellen Berührung der vorliterarischen Sagen wird unten erörtert werden.

Dagegen lässt sich beim Dichter oder Überarbeiter des Virginalepos Kenntnis der Sage von Riesenkämpfen Dietrichs, welche in der Literatur in zwei stark differenzierten Versionen als Rosengartenkämpfe und als Isungenkämpfe erscheinen, nachweisen.

Wicram erklärt in Virginal (V und DA) seinen Hass gegen Dietrich damit, dass dieser mit Hildebrand, Witege, Wolfhart [a. d. 2. Stelle durch Heime vertreten in V u. DA] u. Dietleib seine riesische Verwandtschaft zu Britanje erschlagen habe (Str. 377 ff. u. 715 V, 563 ff. u. 646 DA). Zupitza denkt an eine Anspielung auf die Kämpfe in Goldemar, und meint gar, das entstellte „zuo Pritemen" (in V) sei in Trûtmunt zu ändern, ein Einfall, gegen den schon die Lesart *Britania* in DA spricht. Von Riesenkämpfen Dietrichs und seiner Helden in Britannien ist uns allerdings nichts bekannt, und man kann darnach überhaupt in Frage stellen, ob der Kampf, auf den hier angespielt wird, nicht eine blosse Erfindung des Dichters ist. Bei der Vorliebe des Dichters oder Überarbeiters für abenteuerliche, unerhörte Namen würden wir aber im Falle eigener Erfindung schwerlich Britannien hier genannt finden, und die Art, wie darauf angespielt wird, scheint doch eine ausgeprägte Sage, nicht eine vage Erfindung — eine solche würde der redselige Verfasser wol auch weitschweifiger ausgemalt haben — zu verraten, deren Verbindung mit Wicram natürlich nur dem Dichter, nicht der Sage zuzuschreiben ist. Nach der ThS. kämpft nun Dietrich mit seinem Gefolge allerdings gegen ein dämonisches Geschlecht (die Isungen) im Bertangaland, auch bloss Bertanga genannt, das an andern Stellen der ThS. mit Brittanga, Britannia gleichgestellt bzw. verwechselt wird. Es ist nun keineswegs meine Ansicht, dass Britannien das ursprüngliche sei, oder dass die Verwechslung von Britannien mit Bertanga (Brittanga)-land in der ThS. (oder schon in einzelnen ihrer Quellen?) mit dem Britanje des süddeutschen Gedichtes genetisch zusammenhänge. Aber die Thidrekssaga beweist, wie nahe diese Verwechslung bzw. Umge-

Mailand (Rg. II) und Studenvuhs (Rg. I und II [auch als Stüefinc erscheinend]) im Rg. Gegner der österreichischen Helden, in Virginal aber stehen sie auf Seite Dietrichs (Gêrnot als Nr. 8 der ersten Reihe, Rienold Nr. 9 I, Nr. 6 II, und Stûtvuhs als Nr. 8 der zweiten Reihe).

staltung des unbekannten Namens in „Britannien“ lag, und dass derselbe volksetymologische Vorgang auch anderwärts stattfinden konnte; könnte man aus den Lesarten der ThS. auf wirklich existierende Nebenformen der niederdeutschen Tradition schliessen, so würde Brittanga vielleicht den Schlüssel zu der seltsamen Form Pritemen geben, und Britanje wäre dann erst ein weiterer Schritt in der Umgestaltung des ursprünglichen Bertangen. Jedenfalls ist es warscheinlich, dass sich in dieser Anspielung Kenntnis der Sage von den Zwölfkämpfen Dietrichs und seiner Helden im Bertangenlande gegen dämonische Wesen verrät, die zum Aufbaue der Dietrich-Isungensage in der Form der ThS. einerseits, des Rosengartens anderseits Bausteine geliefert hat (s. S. 253 ff.). Selbst wenn wir die Sage von den Kämpfen im Bertangenwalde für eine norddeutsche halten wollten, wozu kein Grund vorliegt, so läge doch in der Annahme, dass eine norddeutsche Sage in Süddeutschland bekannt geworden sei, nichts unwarscheinliches oder unbelegbares (s. S. 83. 113. 179. ff.). Nach dem Anlass zu fragen, der den Verfasser bewog, diese Sage anspielungsweise mit Wicram lose zu verknüpfen, mag überflüssig erscheinen, da es psychologisch nahe lag, für Wicrams Feindschaft eine Motivation zu suchen; vermutlich aber war schon in der Sage — seit wann ist unbestimmbar — das Motiv gegeben, dass die Gefangenschaft Dietrichs der Rachsucht eines Riesen, dessen Verwandte Dietrich getötet hatte, entspringt; denn auch ein ferne stehender Schössling dieses Sagentypus, Sigenot, hat dasselbe Motiv der Blutrache, nur dass der Dichter des Sigenot diese Andeutung zu einer Contamination mit der Hilde und Grînsage benutzt, während der Virginaldichter den Bertangenzug Dietrichs einsetzte, beides willkürliche Contaminationen, zu denen ein nicht näher ausgeführtes Motiv der Sage Anlass bot (vgl. S. 222). Wir werden mit dieser Anspielung auf die Existenz einer dritten Variante der Zwölf(Elf)kämpfe geführt, die mit der Isungensage zusammenfällt, aber schon stark verblasst war und vom Dichter umgestaltet worden ist. Dass diese Variante ehemals in ebenso naher Beziehung zu Dietrichs Gefangenschaft stand wie die Elfkämpfe, die der Dichter berichtet, und dass sie nur eine Parallele zu diesem darstellt, war dem Dichter natürlich nicht bewusst (Vgl. S. 262).

Die verschiedenen Drachenkämpfe Dietrichs und seiner Helden in Virginal sind oder scheinen in der vorliegenden Form nur willkürliche Fabeleien des Dichters, mit Ausnahme des

Drachenkampfes Dietrichs zu Beginn des Epos, der aber aus einem Märchentypus geflossen ist (s. S. 239), und der Rentwinsage, in der willkürlich Hildebrand für Dietrich eingetreten ist, wie die ThS. (c. 105) und die Darstellung am Basler Münster (s. Wackernagel, ZfdA. VI 156 ff.) beweisen; doch ist Dietrich hier wol nur durch Personverschiebung in der Sage für Wolfdietrich eingetreten, und diese Sage (die bei der Ortnit-Wolfdietrichsage behandelt werden soll) hat ebenfalls keinen Platz in der eigentlichen Dietrichsage; endlich scheint der seltsame, ziemlich unvermittelt dastehende Bericht des Epos über Wolfharts Ausfahrt in den Wald und seinen Drachenkampf, sowie seine Einkehr bei Zwergen die Verballhornung einer wirklichen Einzelsage — die aber schwerlich von Wolfhart erzählte — zu sein, deren ursprüngliche Gestalt und Stellung in der Sage sich jedoch unserer Erkenntnis vollständig entzieht. Für echte alte Sagen von Drachenkämpfen Dietrichs bleibt nach Abzug dieser Eindringlinge nicht viel übrig, und es ist sogar fraglich, ob der Dichter auch nur in der Idee, dass Dietrich mit Drachen kämpfte, sich auf ältere Volkssagen stützte. In jüngeren Zeugnissen ist zwar oft von solchen Drachenkämpfen Dietrichs die Rede (HS. S. 43. 258. 274. 280. 313. 329.); aber die Erwähnungen im Wunderer und bei Hermann von Sachsenheim (HS. 43) meinen gespenstische Drachenkämpfe nach dem irdischen Entschwinden Dietrichs und entspringen dem kirchlich-anekdotenhaften Vorstellungskreis von der Verdammnis Dietrichs (s. S. 269), und die Anspielungen im Wolfdietrich D VIII 142 (HS. S. 258) sowie in den Rosengärten (HS. S. 274 und 280, vgl. Holz, Die Gedichte vom Rg. S. CXIII) gehen auf die Virginalepen zurück, ebenso die noch jüngeren Zeugnisse. Die Dietriche von Wurmlingen und ihre Geschlechtsagen von Drachenkämpfen, die Uhland (Schr. VIII 334 = Germ. 1, 304 ff.) mit der Dietrichsage in Verbindung bringen will, sind als Zeugnis für Sagen von Drachenkämpfen Dietrichs von Bern unverwendbar; ganz in der Luft hängen die Andeutungen über eine Drachensage Dietrichs in volkstümlicher Überlieferung bei Laistner, Nebelsagen 302 f. So sind wir für dieses Motiv ausschliesslich auf die Virginalepen angewiesen, wo es freilich üppig wuchert, aber keine Gewähr volkstümlich-sagenhaften Ursprungs in sich trägt; denn die frische, vielfach noch ganz naturmythische Schilderung des Auftretens, Hausens und der ganzen Art der Drachen, die vielfach noch ihren Ursprung in mythologischer Personifikation der

„siedenden und donnnernden“ Waldbäche der Alpen verraten (s. Uhland VIII 530 f., Laistner, Nebelsagen 76 und 256 mit weiteren Nachweisen und Literatur über den Drachen als Giessbach), bezeugt nur, dass der Dichter bei Schilderung der Drachen ganz in der naturmythischen Vorstellungswelt seiner Heimat zu Hause ist und mitten darin steht; ein episches Motiv von Dietrichs Drachenkämpfen ist aber nirgends vorhanden, alles ist nur Erwähnung fabelhafter Heldenthaten, die sozusagen nebenbei abgethan werden, ohne Vorgeschichte, ohne Ergebnis oder Folgen, Momentscenen ohne jede epische Verbindung. Dass es andere episch ausgebildete volkstümliche Sagen über Dietrichs Drachenkämpfe gegeben hat als solche, in die er erst infolge Sagenübertragung eingetreten ist, kann daher durch Virginal nicht als bewiesen gelten, und eine Möglichkeit, diese Seite von Dietrichs Thätigkeit mit dem Donnergotte, der den Flutdrachen bekämpft, zu parallelisieren (Uhland 8, 518), ist somit kaum vorhanden.

4. Kleinere episodische Sagen.

a) *Dietrichs Kampf mit dem Wunderer.*

Einen Kampf Dietrichs mit dem Wunderer, einem dämonischen Jäger, der einer Jungfrau mit Hunden nachhetzt und sie zerreissen will, haben zum Stoffe ein fragmentarisch erhaltenes Spruchgedicht (Ain spruch von aim konig mit namen Ezell; Erzählungen aus altdeutschen Handschriften gesammelt durch A. von Keller, Bibliothek des Litter. Vereins in Stuttgart, Bd. XXXV, 1855, S. 1 ff.)[1], das Gedicht Etzels Hofhaltung im Dresdener Heldenbuch (ed. v. d. Hagen und Primisser, Der Helden Buch II 55 ff.); Fragmente eines formell etwas abweichenden alten Druckes bei von d. Hagen, Heldenbuch (8⁰) II 531, vgl. I, LXVIII), und ein Fastnachtsspiel (Keller, Fastnachtsspiele II (LV. XXIX) Nr. 62)[2]. Der Kern des in höfischem Costüme (Tafelrunde bei Etzel; die Jungfrau heisst Sælde!) erscheinenden Stoffes ist eine Sagendoublette zu Dietrichs Kampf mit dem Windriesen Vasolt, die aber keineswegs aus dem

[1] Eine neue Ausgabe kündigt Warnatsch an (Beiträge zur Germ. Mythologie, Programm des Gymn. zu Beuthen O/S. 1895, S. 11.)

[2] Über das Verhältnis dieser Fassungen zu einander vgl. Steinmeyer, ZfdPh. III 242; Zimmerstädt, Untersuchungen über das Gedicht Der Wunderer (Programm des Luisenst. Realgymn. zu Berlin 1888).

Eckenliede geschöpft ist (wie Zupitza DHB V, LI angenommen hat), sondern der Volkssage entnommen und vom Bearbeiter in höfischem Geschmack umgearbeitet worden ist; denn der Sagentypus gehört der niederen Mythologie an, wo er als Jagd des Sturmriesen, des wilden Jägers, des Grönjette u. s. w. auf ein weibliches Wesen in zahlreichen Varianten üppig wuchert (vgl. M. 775. 787. Meyer, Germ. Mythologie §§ 164. 168. 325 mit reichhaltigen Nachweisen). Trotz der höfischen Verschnörkelungen ist der ursprüngliche mythische Charakter des Typus hier in der Menschenfresserei des Wunderers, in dem besänftigenden Speiseopfer, das dem Winddämon gegeben wird u. a. Zügen sehr treu, ungleich treuer noch als im Eckenliede, gewahrt (vgl. ausser den o. a. Stellen auch Warnatsch, Beitr. z. germ. Myth. 10 ff.). Der Name Wunderer bezeichnet, als *wunderære* aufgefasst, den Wunderverrichtenden, und wird in der altdeutschen Poesie Gott, Christus und Helden (z. B. Erek) beigelegt s. M. 861, III 303. Die Verwendung für den bösen Dämon scheint danach unpassend, und dessen Art als Winddämon legt den Gedanken nahe, darin eine volksetymologische — nicht aber erst vom Dichter vorgenommene — Umbildung bzw. Entstellung zu sehen (Warnatsch a. a. O., der den Namen als ursprüngliches „Winderer“ erklärt — wogegen doch die bedeutenden sprachlichen Schwierigkeiten stehen, die W.s Erörterungen nicht ganz beheben — und diesen dem nordischen Beinamen des Sturmgottes Óđinn, Viđrir (von veđr, Wetter) als begriffliche Parallele an die Seite stellt); doch liegt die Annahme eines Herabsinkens der Bedeutung von *wunderære* aus einer alten höheren Sphäre immerhin noch näher. Ein interessantes äusseres Zeugnis für die nach inneren Indicien und durch die Parallelen unzweifelhafte Selbständigkeit und Volkstümlichkeit dieser Sagenvariante bietet die noch heute in Schlesien lebende, schon aus dem 17. Jhd. bezeugte Redensart, "der wunder möcht ein' fressen"[1], wo, wie das Geschlecht zeigt (das nicht etwa dialektisch für „das Wunder“ ist), eine Person gemeint ist, offenbar der menschenfressende Wunderer, von dem das Gedicht erzählt, das als Quelle einer volkstümlichen dialektischen Redensart des colonisierten Ostens niemand im Ernste wird erklären wollen.

[1] Ich entnehme die Kenntnis derselben einer im Archiv des Schles. Gesellsch. f. Volkskunde befindlichen handschriftlichen Mitteilung von cand. Bartsch.

b) *Zwergensagen (Laurîn, Goldemar, Walberan).*

În dem kleinen, zierlichen Epos Laurîn wird erzählt, dass Dietrich mit Witege — denen später Hildebrand, Dietleib und Wolthart folgen — ausfährt, den Rosengarten des Zwergenkönigs Laurîn zu suchen, dass er durch die Rohheit Witeges, der die Rosen zertritt, mit Laurîn in einen Kampf gerät, ihn besiegt und von ihm in den Berg eingeladen wird. Zugleich erfahren die Helden, dass Künhild (über die entstellten Namenformen der Hdss. [darunter Simild] s. die Anm. Müllenhoffs zu v. 753) die Schwester Dietleibs, die auf unbegreifliche Weise verschwunden war, von Laurîn entführt worden ist und bei ihm weilt. Laurîn betäubt die Helden durch einen Schlaftrank und wirft sie in einen Kerker; es gelingt ihnen, sich zu befreien, sie besiegen das Heer der Zwerge und die fünf Riesen, die Laurîn dienen. Laurîn wird nach Bern geführt, nimmt dort den christlichen Glauben an und versöhnt sich mit Dietrich, mit dem er fortan treue Freundschaft hält. Ähnlich ist die Sage von Goldemar, die aus dem Bruchstück eines mhd. Gedichtes (DHB V [G], einer Anspielung in Reinfrid von Braunschweig (HS Nr. 80) [R], und dem Anhang zum HB (a. a. O.) erschlossen werden muss. Darnach reitet Dietrich in den Wald bei dem Gebirge Trûtmunt, wo Riesen hausen; im Walde bewohnen Zwerge einen hohlen Berg, Dietrich ersieht bei ihnen eine schöne Jungfrau, aber wie er heran kommt, verbirgt man sie vor ihm. Der Zwergenkönig Goldemar wird nun von Dietrich nach der Herkunft der Frau gefragt [soweit G.]. Goldemar hatte eines Königs von Portugal Tochter, Hertlin, nach dem Tode ihres Vaters gestohlen *(dannoch belyb sy vor Goldemar maget)*; die Mutter war vor Leid gestorben. Dietrich nimmt ihm die Geraubte wieder *mit grosser arbeit* und heiratet sie (Anh. z. HB.). Nach den Anspielungen in R dürfte Dietrich die Wülfinge herbeigeholt (doch vgl. S. 252) und mit ihrer Hilfe die Jungfrau im Kampfe befreit haben, denn in R (v. 25, 274 ff.) ist die Rede von

. . . . risen, mit den Goldemâr,
daz rîche keiserlîch getwerc,
den walt vervalte und den berc
hie vor den Wülfingen.

Auch in Virginal wird auf einen Kampf angespielt, in welchem Dietrich, Wolthart, Hildebrand, Witege und Dietleib 200 Riesen zu Britanje erschlagen haben; eine Anspielung auf Laurîn ist schon durch die ganz abweichende Zahl (5 Riesen, Laurîn) ausgeschlossen; aber auch die Beziehung auf die Goldemarsage, die Zupitza (DHB V, XXVII) angenommen hat, ist wegen der abweichenden Localangabe ganz unzulässig; die Stelle ist oben in anderem Zusammenhange behandelt worden.

Die allgemeine Ähnlichkeit des moule épique beider Sagen springt in die Augen: hier wie dort ein Zwergenkönig, der eine vornehme Jungfrau raubt; Dietrich und die Wülfinge kämpfen sie ihm und seinen verbündeten Riesen wieder ab. Im einzelnen aber weichen die Erzählungen so stark ab, dass eine Ableitung der Sage von Goldemar aus Laurîn oder umgekehrt nichts für sich hat. Ähnlich ist die Entführung der Liebgart durch den Zwerg Billunc und ihre Befreiung durch ihren Gatten Wolfdietrich, der mit Riesen und Zwergen kämpft (Wolfd. B. Str. 795 ff.; auf die mehrfachen Varianten dieses Motivs in den Wolfdietrichgedichten braucht hier nicht eingegangen zu werden), aber hier ist der Gatte der Befreier, und Teilnahme anderer Helden fehlt. Literarischer Zusammenhang mit den Gedichten von Laurîn oder Goldemar ist darum ausgeschlossen oder doch unwahrscheinlich; denn das epische Modell von der Entführung einer Jungfrau durch einen Zwerg und ihrer Befreiung ist ja weitverbreitet und kann sehr wol von verschiedenen Spielleuten unabhängig aufgegriffen worden sein (über die Beliebtheit dieses Motivs gerade bei Spielleuten s. DHB III, LXIII), und Wolfd. B fällt ebenfalls in bairisches Sprachgebiet und weist durch genaue Kenntnis Tirols und des angrenzenden Oberitaliens so recht auf die Hauptpflegestätte des Zwergenglaubens, die tirolischen Alpen zurück, specielle Übereinstimmungen mit G. und L. aber fehlen. Ein Spiel des Zufalls wird es wol sein, dass im Dr. HB., Wolfd. Str. 321 ein Herzog Trautenmunt für die von Wolfdietrich befreite Königin so lange sorgt, bis Wolfdietrich aus der Schlacht mit den Zwergen zurückkommt; undenkbar wäre es übrigens nicht, dass in diese späte Version ein Anklang an die ähnliche Episode der Dietrichsage unter — in mündlicher Tradition nicht unbegreiflichem — Misverständnis des Ortsnamens Trûtmunt als Personenname und freier Verwertung eingekommen wäre; aber das gilt (eventuell) nur für diese jüngste Fassung.

Die Sagen von Laurîn und Goldemar stehen in ihren Elementen durchaus auf volkstümlichem Grunde. Der Mädchen in den Berg entführende Zwerg oder Elbe ist ein wohlbekannter Typus der niederen Mythologie (es genügt auf M. 385. Elfenmärchen CIV f. EHMeyer, Germ. Myth. § 163. 167, zu verweisen). Auch der Rosengarten der Zwergkönige ist eine geläufige Vorstellung (s. EHMeyer, Germ. Myth. § 166, Verhandl. d. Philol. Vers. zu Leipzig 1873, 194 ff.); vom Rosengarten des Zwergenkönigs Laurîn bei Meran, Bozen und sonst erzählt noch heute das Volk in Tirol (Alpenburg, Sagen und Mythen Tirols 127; Deutsche Alpensagen 246; Zingerle, Sagen, Märchen und Gebräuche aus Tirol 66: DHB I, XLIV, vgl. Uhland 8, 534). Der Name Laurîn führt direkt auf ein Gebiet, wo sich bayrische Sprache und welsche Zunge berührten, also Südtirol; denn er setzt einerseits den bayrisch-dialektischen Übergang von *û* zu *au* voraus, da der Stamm *lûr* (*lûren*) in dem Worte enthalten ist; *lûr* als Name bedeutet „ein mit halbgeschlossenen Augen aus dem Verborgenen hervorspähendes, bald schalkhaftes, bald arglistiges Wesen" (Hertz a. u. a. O. 240) und ist allgemein verbreitet als Zwergen- und Albenname (Lûrlenberg, der Kobold Lüring etc.); die Endung *în* setzt anderseits wol voraus, dass das Wort auch bei den romanisierten Deutschen Südtirols bekannt geworden und dort zum Deminutiv umgestaltet worden sei (Lurino), das auch bei den deutschen Bewohnern Aufnahme fand: s. W. Hertz, Über den Namen Lorelei, in den Sitzungsberichten der philos.-philolog. und hist. Klasse der kgl. bair. Akad. der Wissensch. zu München 1886, 207—251. Vgl. ferner Laistner, Germania 31, 418 ff. und Rätsel der Sphinx 1, 78 ff. (der als Etymon die Wurzel *lu*, lösen annimmt und den Wortsinn als „erschöpfenden, ermattenden, gliederlösenden Dämon, Alp" fasst). Der Name Luaran, der in einer Salzburger Urkunde aus der Mitte des 11. Jhds. vorkommt (s. Müllenhoff, ZfdA. 7, 531, 12, 310, DHB I, XLIII), ist wol (wie Müllenhoff annimmt) identisch (Hertz a. a. O. S. 250 will ihn fern halten), wenn auch die formelle Bildung etwas abweicht; er bedeutet doch auch nichts anderes als den kleinen Lur (Laistner a. a. O.). Er ist auch in die Freiburger Handschrift des jüngeren Textes von Laurîn (die jetzt verloren ist) eingedrungen, während alle anderen die Form Laurîn bieten. Auch der Name Goldemar für Zwerge ist in volkstümlicher Überlieferung belegt, s. Grimm, Elfenmärchen LXXXIII, XCVIII, HS S. 196. M. 375. 386. 421. Die weitere Verfolgung dieser mythischen Typen geht über das Gebiet der Heldensage hinaus.

In Laurîn wie in Goldemar ist nun Dietrich in diesen mythologischen Sagenkreis eingetreten, und diese Doppelheit des

Beleges bei gegenseitiger Unabhängigkeit der Quellen verbürgt in gewissem Grade die Wahrscheinlichkeit, dass nicht erst die betreffenden Dichter beide eine unabhängige Erfindung damit vollführt haben (wie Müllenhoff für Laurîn anzunehmen geneigt war), sondern dass das Eintreten Dietrichs in diesen Sagenkreis bereits vor ihnen Gegenstand traditioneller Sagen gewesen ist. Dafür spricht auch, dass in der Laurînsage zweifellos auch noch ein vom Dichter kaum mehr verstandenes Element der Dietrichsage steckt, die Gefangenschaft Dietrichs bei dämonischen Wesen und seine Fesselung in Eisen, das freilich hier anders gewendet und stark verwittert erscheint; aber selbst der Zug, dass Dietrich durch Hilfe eines oder mehrerer seiner Genossen befreit wird, ist noch in dem stark umgebildeten Motive, dass Dietleib den Gefangenen zu ihren Waffen verhilft, erkennbar, und der Typus der hilfreichen Jungfrau wie in Virginal und Hrólfssaga schimmert noch in der Rolle Künhilds durch, wenngleich auch sie natürlich durch den Typus der geraubten Jungfrau wesentlich geändert ist. Ob das Motiv von Dietrichs Gefangenschaft auch in Goldemar vorkam, ist nicht leicht zu sagen; vermutlich kehrt Dietrich um und holt die Wülfinge; aber undenkbar wäre es nicht, dass er gefangen wird und die Wülfinge durch eine Botschaft — etwa von Hertlîn — benachrichtigt werden oder von selbst dem Verschollenen nachspüren und seinen Aufenthalt erkunden. Wenn hier der Befreier die Erlöste heiratet und in der Variante in Wolfdietrich der Gatte der Befreier ist, so wird der andere Ausgang in Laurîn, wo D i e t r i c h die Schwester D i e t l e i b s befreit und sie einem unbekannten Biedermann gibt, als willkürliche Entstellung des Typus erkenntlich (wie auch W. Müller MHS 187 annimmt). Eine Schwester Dietleibs wird auch in Biterolf erwähnt, aber nicht genannt, und Künhild ist der Sage sonst ganz unbekannt. Die Änderung hängt wol mit dem Bestreben des Dichters zusammen, der historischen Dietrichsage treu zu bleiben; da die Person der Entführten durch den Fortfall der Heirat mit Dietrich ausser jede Verbindung mit den handelnden Personen gekommen wäre, hat der Dichter sie auf andere Weise mit den handelnden Personen der Heldensage verknüpft, indem er sie zur Schwester Dietleibs machte und diesem eine hervorragende Rolle zuerteilte, eine sehr hübsche und glückliche Erfindung bzw. dichterische Umformung älterer Elemente. Das Gedicht Laurîn hat später eine Fortsetzung erfahren in 'Walberan'; Walberan, der Oheim Laurîns, der König über die Zwerge im Orient, hat von Laurîns Gefangennahme erfahren und rüstet ein Heer, mit dem er nach Italien fährt und Dietrich Krieg ansagt; es kommt zum Kampfe, der durch Laurîn beigelegt wird. Die dürftige Erzählung ist von Müllenhoff (DHB I, LIV) mit Recht als armselige Erfindung aus dem Gebiet echter Sage verwiesen worden. Mit den Erfindungen des Dichters in Laurîn zusammengehalten, zeigt sie aber sehr belehrend den Unterschied zwischen solchen objektiven Erfindungen, welche im Geiste der Sage gehalten sind und darum eine Bereicherung derselben darstellen, ja geradezu als Sage bezeichnet werden dürfen, und dem rein subjectiven Fabulieren ohne jeden sagenhaften Hintergrund.

5. Die Isungenkämpfe (Rosengartenkämpfe) Dietrichs.

In drei verschiedenen Erzählungscomplexen wird von einem Kampfe Dietrichs mit Siegfried berichtet. Die Rosengartengedichte *(I)* stellen ihn in Zusammenhang mit den Zweikämpfen, welche Kriemhild, die Besitzerin des Rosengartens zu Worms, zwischen Dietrich samt seinen Helden und den rheinischen Königen, Helden und dienenden Riesen veranstaltet; in allen 12 Einzelkämpfen unterliegen die rheinischen Kämpfer. In Biterolf *(II)* findet vor Worms ein Massenkampf gotisch-hunnischer Helden mit rheinischen Helden statt, wobei sich Dietrich ebenfalls mit Siegfried misst. In der ThS. *(III)* endlich finden wieder 13 Zweikämpfe der Dietrichhelden, auf deren Seite auch König Gunnar und Högni stehen, mit König Isung von Bertangenland und seinen 11 Söhnen, sowie mit Isungs Bannerführer Jung Sigurd statt, der Erfolg wechselt; Dietrich besiegt Siegfried. Die Zusammenstellung Dietrichs und Siegfrieds verrät auf den ersten Blick die Absichtlichkeit einer Erfindung, der zu echter Sage alles fehlt, und ebenso klar ist die Tendenz, die östlichen Helden gegenüber den rheinischen hervorzuheben — ein poetischer Ausdruck der Stammeseifersucht, wie er in dem dänischen Liede Kong Diderik og Holger Danske (DgF. Nr. 17), wo der deutsche Dietrich vom dänischen Holger besiegt wird, analog vorliegt. Damit ist natürlich für die Elemente, aus denen sich das epische Gewebe der Sagen zusammensetzt und in deren Zusammenhang der Dietrich-Siegfriedkampf gestellt worden ist, noch kein Fingerzeig gegeben und die Untersuchung auf ihren sagenhaften Wert nicht überflüssig gemacht. So wie die Erzählungen in den drei Quellen lauten, kann keine aus der anderen unmittelbar abgeleitet werden. Man hat zwar den Rosengarten für eine Nachahmung des Biterolf erklärt (DHB I, XXXI), doch ist diese Annahme unbeweisbar und unbegründet (s. Holz, Rg. Einl. S. CI). Holz nimmt eine Dichtung vom Kampfe Dietrichs mit Siegfried (*S) als gemeinsame Quelle für Rg. Bit. ThS. an, deren Motiv in Rg. mit den Resten eines Mythus vom Rosengarten[1], in ThS. mit der Isungensage, in Bit. mit verschiedenartigen Erfindungen und Motiven verknüpft worden ist; für die ThS. muss eine rheinfränkische Umarbeitung von *S als Mittelglied angenommen werden, da hier Dietrich nur durch Tücke und einen listigen Meineid siegt; dem Verfasser der ThS. oder der ndd. Dichtung kann eine derartige Herabziehung Dietrichs bei ihrer Vorliebe für ihn nicht zugeschrieben werden, es muss somit ein rheinfränkischer Bearbeiter von *S seinen Nationalhelden Siegfried dadurch zu entlasten gesucht haben (Holz a. a. O.).

Aber wir müssen weiter zurückgreifen, um die Sagenentwicklung zu verstehen. Mit Ausnahme von Bit. bildet der Kampf Dietrichs gegen Siegfried ein Glied einer Reihe von Zweikämpfen: 12 im Rg., 13 in ThS., und man darf hier auch an die zweimaligen Elfkämpfe Dietrichs und seiner Helden gegen Riesen in Virg. erinnern; auch in Waltharius werden 12 Einzelkämpfe der rheinischen Helden gegen éinen ausgefochten (11 einzeln, den 12. Angriff machen Gunther und Hagen gemeinsam; die genaue Zwölfzahl hat die ThS). Die Idee von Einzelkämpfen an sich kann überall entstanden sein, und auch die Zwölfzahl ist als beliebte runde Zahl leicht begreiflich; aber gewisse von diesen Gruppen scheinen einander doch näher zu stehen.

Gerade in dem räuberischen und zugleich feigen Charakter Gunthers in Walth., der nicht aus der historischen Sphäre der Burgundersage stammt, sondern auf Mythisches weist, verbunden mit einer Zwölfzahl von Kämpfen — und anderseits im Motive vom mythischen Rosengarten und den Zwölfkämpfen im Rg. liegt unverkennbar eine engere Zusammengehörigkeit (s. Heinzel, Über die Nibelungensage S. 13, Über die Walthersage S. 84),

[1] Gegen die beliebte unhaltbare Auffassung, dass das Rosengartenmotiv aus Laurin stamme, wendet sich Holz a. a. O. mit Recht, da es ein Gemeingut der niederen Mythologie ist (vgl. oben S. 251).

und wir dürfen daraus schliessen, dass die mythische Rosengartensage, welche auf die burgundischen Könige übertragen, bzw. ein Erbe der älteren Nibelungenschicht ist, und mit dieser Übertragung auf die Walthersage Einfluss genommen hat [weiteres muss der Besprechung derselben vorbehalten bleiben], bereits im 10. Jhd. den Typus von 12 gefährlichen Einzelkämpfen hatte[1]. In ThS. ist es ebenfalls eine mythische Persönlichkeit, in einem mythischen Local, dem Bertangenlande (Birtingswalde nach der dän. Kämpevise) [s. Grundtvig, DgF. I S. 91, Heinzel Nib. S. 13], König Isung, der Fremde zu Einzelkämpfen zwingt; nach der ThS. sind es eigentlich 13, aber Sigurd ist offenbar hier eine fremde Persönlichkeit, und die Saga weiss das auch noch: er ist als Fremder in das Land gekommen und scheidet nach diesen Kämpfen wieder von Isung, ein deutliches Zeugnis, dass er von Anfang an nicht zu den Isungen gehört; nur der König und seine Söhne haben in der echten Sage Platz: die Gegner der Helden sind darnach Angehörige des gleichen mythischen Geschlechtes. Da nun die Kämpfe im Bertangenlande auch dem Verf. der Virg. bekannt waren, liegt es nicht mehr so ferne, in den Elfkämpfen der Virginal Nachahmung der mythischen 12-Kämpfe Dietrichs und seiner Gesellen mit Riesen zu sehen (vgl. oben S. 245); aber die Schichtungen sind hier äusserst compliciert und kaum ins Reine zu bringen. Als episch-ausgebildetes Motiv der niederen Mythologie darf die Vorstellung von einem dämonischen König, der Fremde zu Zwölfkämpfen zwingt, gelten; eine Übertragung von Isung auf Gunther (Heinzel, a. a. O.) ist kein unbedingtes Postulat; der Mythus kann ebensogut von den Nibelungenfürsten (an deren Stelle die Burgunderkönige traten), als von den Îsungen erzählt worden sein — und schliesslich sind ja beides verwandte und sich zum teil deckende Begriffe (s. Heinzel, NibS. S. 19), und man trifft vielleicht das richtigere, wenn man hier von einem Albenmythus spricht, der in der mythischen Nibelungensage episch weiter ausgebildet war, dann nach Einflechtung der Burgunder aus der geraden Linie der Sagenentwicklung ausgeschieden und nur episodisch-isoliert beibehalten worden ist (weiteres bei

[1] Daher kann ich es nicht für richtig halten, wenn Holz a. a. O. S. CVIII die Ausbildung der 12-Zahl erst dem Dichter des Rosengartengedichtes zuschreibt; die Namen sind zum Teile freilich erst erfunden oder zusammengebettelt, aber das zeigt nur, dass die ältere Sage entweder keine individualisierten Namen hatte, oder dass diese in Vergessenheit geraten waren.

Besprechung der Nibelungensage), während er als Isungenmotiv auf anderen Gebieten ohne diese Verknüpfung fortlebte. Von den Nibelungen auf Gunther übertragen trat er mit der Walthersage in Verbindung; die Parallelform des Isungenmythus wurde mit Dietrich verknüpft; diese reine Form des Dietrich-Isungenkampfes setzt noch die ThS. voraus, und in dieser Vorstufe der literarischen Form war die Sage auch in Süddeutschland bekannt, und liegt (noch ohne Teilnahme Siegfrieds) der Idee der Elfkämpfe in Virginal zu Grunde. Die Nibelungenform mit Gunther und den rheinischen Helden an Stelle der Dämonen, (abgespiegelt in der Walthersage) musste aber von dem Hauptstrome der Siegfried-Burgundersage berührt werden und Siegfried zu Gunther als Teilnehmer an den Kämpfen treten; da nun hier zwei Sagen von Zwölfkämpfen vorhanden waren, und sich geradezu ergänzten, indem Dietrich und seine Gesellen gegen zwölf Gegner fochten, anderseits in der vorliterarischen Rosengartensage die 12 Herausforderer vorhanden waren (deren Kämpfe gegen Menschen von der Sage kaum speciell ausgebildet waren, sondern immanent zu dem Wesen dieser Vorstellung der niederen Mythologie gehörten), so konnten beide Sagenformen zusammenfallen, und Dietrich stand nun gegen Siegfried, ein Motiv, dessen sich die jüngere Zeit eifrig bemächtigte und das sie tendenziös ausbildete. Aus dieser vorliterarischen Form der Sage schöpfte dann der Biterolfdichter die Anregung zu seiner Erfindung, indem er die Einzelkämpfe in Massenactionen auflöste[1]. Von derselben vorliterarischen Form der Dietrich-Burgunderkämpfe ist dann auch die Dietrich-Isungenform, wie sie in der ThS. vorliegt, berührt worden, da sie Siegfried — sichtlich nur äusserlich — angliedert. Da die Verbindung Siegfrieds mit den rheinischen Königen im Rosengarten als Folge seiner Verbindung mit ihnen in der Nibelungen-(Burgunder)sage selbstverständlich und leicht begreiflich ist, seine Stellung zu Isung aber ohne jedes Vorbild ganz unerklärlich bliebe, ist eine selbständig entstandene Sagengestalt Isunge + Siegfried nicht denkbar. Dass aber der Einfluss

[1] Dass Siegfried nach Biterolf von Dietrich in seiner Jugend als Gefangener zu Etzel gebracht worden ist, worauf auch eine Stelle der Nibel. dunkel anspielt (s. HS. S. 82 f.), kann doch nur eine junge Vorstellung sein, die dem Streben entsprungen ist, Dietrichs und Siegfrieds Kampf noch tiefer zu motivieren, also eine tertiäre Motivbildung auf Grund einer secundären Vorstellung.

der Rosengartenkämpfe nicht durch unmittelbare Sagenberührung erfolgt ist, sondern nur durch weitläufige Traditionswanderung gewissermassen abgeschwächt, zeigt sich darin, dass Gunther und Hagen hier auf Seite Dietrichs stehen; ohne Zusammenhang mit ihrer Teilname an den Zwölfkämpfen der Rosengartensage wird dies kaum sein; die falsche Einreihung ist ebensosehr ein Kennzeichen ungenauer und unklarer Kunde, als ein Beweis für die Zähigkeit der Isungensage, die bei einem Schwanken über die Rolle Gunthers und Hagens durch ihre Geschlossenheit den Ausschlag geben musste, indem sie jene Fremden auf die Seite der Gegner hinwies; nur das Hauptmotiv: Dietrichs und Siegfrieds Kampf, war natürlich vor jeder Abänderung geschützt; es konnte entweder nur fallen gelassen oder unverändert beibehalten werden, sowol auf der Wanderung als bei der Einfügung. Ein erneuter Einfluss, diesmal schon von einer der literarischen Form des Rosengartens nahe stehenden Sagenversion ausgehend oder vielleicht durch mündliche Fortpflanzung eines Rosengartengedichtes selbst veranlasst, zeigt sich in der dänischen (ihrer Grundlage nach niederdeutschen) Kämpevise Kong Didrik og hans Kæmper (DgF. Nr. 7 mit den Nachträgen, s. die zusammenfassende musterhafte Behandlung Grundtvigs im IV. Bande, S. 602—678), indem hier in einigen Versionen (Dän. A. E.F.I. Schwed. A*.C*) der Mönch Alsing, d. i. Ilsam, auftritt. Wenn endlich im niederdeutschen Lied von König Ermanarichs Tod Dietrich selbzwölft auszieht, um Ermanarich in seiner Burg zu bekämpfen, so werden wir in der Zwölfzahl umso eher die Anwendung des der Sage geläufig gewordenen Motives (ohne weitere literarische oder genealogische Beziehungen auf irgend eine Form der Zwölfkämpfe) erkennen dürfen, als das Lied auf die Sage vom Auszuge der zwei rächenden Brüder zurückgeht und die Zwölfzahl also nichts ursprüngliches, sondern ein Act der Sagenübertragung ist.

Der hier vermutungsweise aufgestellte Entwicklungsgang der Sage[1] kann natürlich nur auf den Wert einer auf Indicien gegründeten Conjectur Anspruch erheben, da sowohl die älteren eigentlichen Entwicklungsglieder fehlen und nur aus Ablegern erschlossen werden können, als auch in den litterarischen Formen bereits Kreuzungen vorliegen. Das ganze Problem ist wol eines der compliciertesten, und seine endgiltige

[1] Anm. s. S. 258.

Lösung scheitert an dem Mangel erhaltener Zwischenglieder. Vollends unentwirrbar sind die Fäden, die von den traditionellen Vorstufen und den literarischen Formen in Einzelheiten, Auftreten und Paarung der Helden, hin- und herlaufen, da Willkür und Zufall bei der Namengebung mitgespielt haben. Die nicht auf naheliegender typischer Verbindung von Sagenhelden mit Dietrich beruhenden, sondern auffälligeren Über-

[1] Anm. zu S. 257.

Die Hauptzüge der Entwicklungsgeschichte lassen sich graphisch etwa so veranschaulichen:

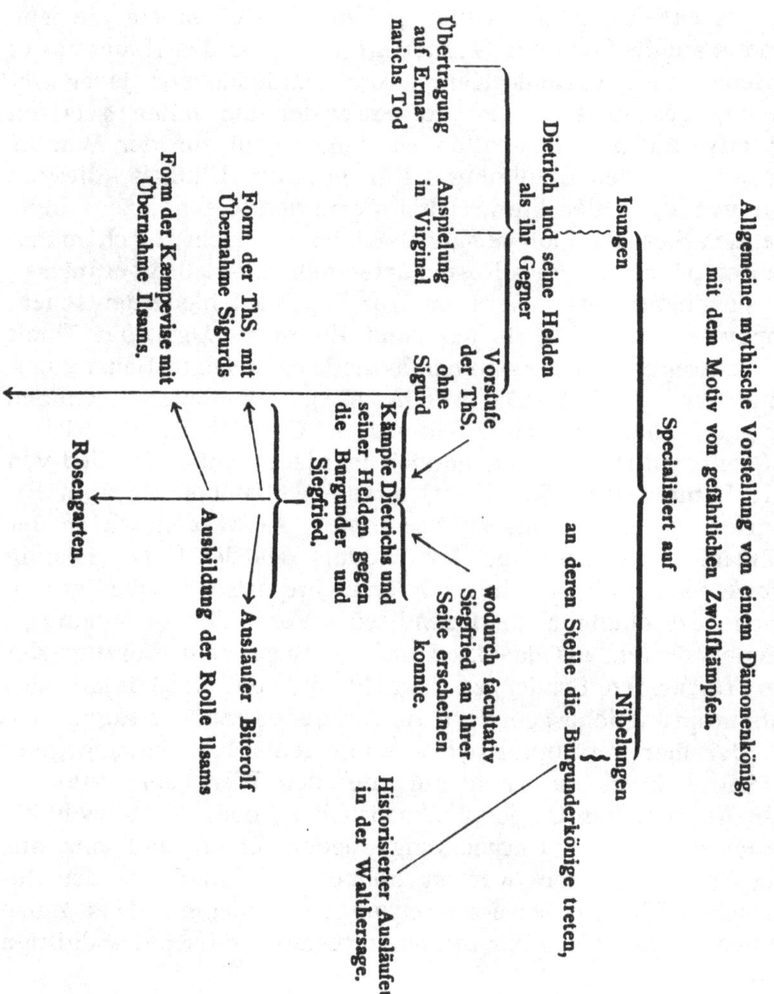

einstimmungen dienen nur dazu, die Unmöglichkeit, hier Ordnung zu schaffen, ins Licht zu rücken. Es genüge hier auf einen solchen Fall hinzuweisen. In König Ermenrichs Tod tritt als einer der Zwölfkämpfer König Blödlin auf, der jüngste und allerstärkste. Ebenfalls als Teilnehmer an Dietrichs Elfkämpfen erscheint er, häufig „der Starke" genannt, in V und DA (in beiden Reihen) und neben ihm ebenso in beiden Reihen Reinolt von Meiland, der im ndd. Liede aber auf Seite Ermanarichs steht. Er ist dem Namen nach identisch mit Etzels Bruder in der Nibelungensage, der auf historischem Untergrunde ruht. Wenn er in DFl. nur ein Mann Etzels (Rab. dagegen setzt ihn doch wohl als Bruder voraus, HS S. 233) ist, und auch die ThS. von seiner Bruderschaft zu Etzel nichts berichtet (HS S. 219), so ist das wol nur ein Vergessen. Man darf nun wohl wegen des historischen Bleda als sicher betrachten, dass der Name Blœdelîn zunächst Etzels Bruder angehört, und dass die Figur des Dietrichhelden somit die Verbindung der Dietrichsage mit Etzel voraussetzt; aber er muss isoliert und zu einer selbständigen Figur gemacht worden sein; sein Beiname der Starke in Virginal deutet auf dieselbe Sage hin wie in Ermanarichs Tod; vermutlich gab der Name seiner volksmässigen Etymologie nach den Anstoss zur Associierung des beliebten Märchen- und Sagentypus vom männlichen Aschenputtel, dem thörichten jungen Helden, der sich gleichwol als der stärkste erweist. Sein Auftreten in V und in Erm. T. mitsamt Reinold von Meiland kann ich nicht für zufällige parallele Association halten, aber das Mittelglied fehlt und Vermutungen sind ebenso billig als unbegründbar. Der Name ist in gewissen Gegenden Deutschlands zu einer gewissen Zeit umgedeutet, und unter Bewahrung der volksetymologischen Bedeutung durch ein Synonym ersetzt worden (wie Grundtvig vermutet): für Blœdelîn trat auch Ganselîn, Genselîn ein, das in dänischen Kæmpevisen in deutscher Form als Genselîn, in dänischer Übersetzung als Gesseling mit verschiedenen Depravierungen erscheint (s. Grundtvig, DgF I 79). Dieser Genselin tritt nun an Stelle Bloedelîns merkwürdigerweise sowohl in der Nibelungensage (DgF N. 5, I S. 34), als auch in der Dietrichsage, wo er unter den Mannen Dietrichs erscheint; zwar in dem Liede Kong Didrik og hans Kæmper erscheint er nach der Tabelle DgF IV 651 nur in der schwed. Version B*, wo er eingedrungen sein kann, und in Vedels willkürlichem Texte, aber die ältesten Formen der (in ihrem sonstigen Inhalt anderswohin fallenden) Vise Greve Genselin (DgF Nr. 16, vgl. dazu insbesondere IV 731 ff.) zeigen ihn doch in einer Berührung mit dem König Isin und seinen 11 Söhnen (den Isungen), woraus wir schliessen dürfen, dass er der echteren älteren Sage als Teilnehmer an Dietrichs Fahrt gegen die Isungen bekannt war (Grundtvig DgF. I S. 223), ein Zug, der dann merkwürdig mit seinem Auftreten in Dietrichs Gefolge bei den Elfkämpfen in Virginal stimmt, und abermals für einen Augenblick den verbindenden Faden hervortreten lässt, den zurückzuverfolgen wir doch nicht im Stande sind[1].

Die Kämpevise Kong Didrik og hans Kæmper hat übrigens nicht den ganzen Stoff erhalten, der in ThS. aus nahverwandter aber vollständigerer Quelle berichtet wird: gerade die Zwölfkämpfe fehlen; dass sie erst in der Tradition verloren gegangen sind und nicht etwa hier eine andere Auffassung der Sage vorliegt, beweist eine in einigen Versionen noch erhaltene Strophe (s. Grundtvig, IV 673), wie auch die Exposition notwendigerweise die Zwölfkämpfe in sich schliesst. Sonderbar umgestaltet ist die Sage in der Vise Kong Diderik i Birtingsland (DgF Nr. 8), wo man eigentlich nicht mehr von einer einheitlichen Sage reden kann; ja es scheint sogar das Lied aus Bruchstücken verschiedener Viser componiert zu sein (DgF I 123). Dietrich zieht mit seinen Helden gegen König Isac von Birtingsland; er bricht mit Hviting und Vidrik in die Burg ein und der König mit seinen Mannen wird niedergemacht; seine zauberkundige Mutter tritt dem Helden Hviting Herfredson entgegen und verwandelt sich schliesslich in einen Kranich, doch Hviting fliegt ihr in Vogelgestalt nach und zerreisst sie. Die Vogelverwandlung erinnert an den Kampf der Ostacia gegen Dietrich und Isung, wie Grundtvig bemerkt, doch weist er einen Zusammenhang mit Recht ab, da weitere Ähnlichkeiten fehlen; dagegen vermutet er mit Recht in diesem Einbruch Dietrichs und seiner Helden in die Burg und in der Tötung des feindlichen Königs einen Nachklang des ndd. Liedes von Ermanarichs Tod, dessen Vorstellungen hier mit der Isungensage contaminiert und um den Helden Hviting und dessen Sage gruppiert sind (über diesen vgl. DgF I S. 76, III 772, IV 655).

Nach der ThS. und der Kämpevise (Nr. 7) besteht Witege beim Einritte der Helden in das Land der Isungen den Grenz-

[1] Klarer liegt die Sache in einem ähnlichen Falle bei Dietleib s. S. 323.

wächter, einen Riesen Etgeir (Langben, eine allgemeine Riesenbezeichnung, nach der Vise; doch deuten an anderen Stellen die Formen der Varianten auf Bewahrung des ursprünglichen Namens: Risker ist wol nach Bugges scharfsinniger Vermutung DgF II 637 Risi Aetgeir[1], als Akivar in der færöischen Form IV 618), und tötet ihn. Von diesem Kampfe weiss die sonstige deutsche Tradition nichts, aber wie er zweifellos nach ndd. Sage erzählt ist, so gehört er gewiss auch zu dem ursprünglichen Sagenbestand, da ein gefährlicher Wächter am Eingange des Dämonenreiches gerade im Rosengarten-Kreise wol bezeugt ist (s. Heinzel, Über die Walthersage S. 85), und diese Sagenüberlieferung wurzelt daher ganz in der Rolle Witeges als mythischer oder mythisierter Riesenbekämpfer. Dieselbe Sage liegt wol auch dem (schon stark umgewandelten) Zuge der Rosengartengedichte zu Grunde, dass Witege mit Asprian kämpft und ihn besiegt; Asprian aber ist nach ThS. der Bruder Etgeirs. Im übrigen aber darf auf diese willkürliche Verwendung von Riesennamen kein besonderes Gewicht gelegt werden; kann doch in deutscher Sage der Wächter des Isungenreiches unmöglich Atgeir (Etgeir) geheissen haben, und das Auftreten Asprians und Widolts in König Rother beweist hinreichend, dass die Poesie und Sage nur mit Namen operierte, die als Riesennamen geläufig und bekannt waren, und sie bald da, bald dort ansetzte; der Riesenstammbaum der ThS. kann daher nicht als etwas ursprüngliches und altes gelten, und auch Uhlands Versuch, den alten Riesenstamm zu reconstruieren (8, 541 ff.), geht im wesentlichen zu weit; die Betrachtung der mythologischen Seite dieser Riesengestalten und ihre sonstige Verbreitung kann nicht Gegenstand dieses Werkes sein und steht ausser Zusammenhang mit den hier behandelten Problemen der Sagendichtung. Dürfte der gewagte Gedanke aufgeworfen werden, dass die ThS. in dem Zuge, dass die von den Isungen Besiegten gebunden werden und dass Widga (wie vorher Amlung und Thetleif) durch einen Sieg alle seine gebundenen Freunde (darunter Heime) loskauft — Dietrich kämpft erst später — eine anders gestaltete und mehrfach von jüngerer Formierung durchbrochene Erinnerung an das alte Motiv von den Riesenbanden, in die (Dietrich und) Heime fallen und aus denen Witege sie erlöst, erhalten habe? Die Verhältnisse liegen doch anders

[1] Ähnlich scheint sich in abgerissener unzusammenhängender Tradition auch der Riesenname Asprian als Esben gehalten zu haben (DgF I 78, III 772).

und lassen sich ungezwungener erklären. Aber wir brauchen nicht zu diesem vermutlich nur trügerischen Schluss zu greifen, um die Isungensage als alten Bestandteil der mythischen Dietrichsagen zu erkennen. Nach den obigen Erörterungen wird es nun weniger gewagt scheinen, diese Isungenkämpfe als eine verblasste Variante der alten Riesensage von Dietrich, bei der Witege eine hervorragende Rolle spielt, zu bezeichnen. Die Sagenentwicklung weist auf weit vor den literarischen Denkmälern liegende Vorstufen, und wenn wir noch in Virginal die Zwölfkämpfe (bzw. Elfkämpfe) mit Riesen unter Beteiligung Witeges in Zusammenhang mit der Sage von Dietrichs Gefangenschaft finden, so kann das nicht mehr für Zufall erklärt werden: wir erkennen den convergierenden Lauf von Linien, die in einem vor unserer, durch die erhaltenen Zeugnisse bedingten, Sagenkenntnis liegenden Ausgangscentrum zusammenfallen müssen.

6. Dämonisierung Dietrichs.

Eine mit den historisch-poetischen Sagen von Dietrich nur lose, eigentlich durch kaum mehr als den Namen Dietrichs zusammenhängende Sphäre von mythischen Begebenheiten und mythischem Charakter lässt erkennen, dass Dietrich an die Stelle eines, mythische Elementarmächte bekämpfenden, übermenschlichen Wesens getreten ist; noch in späteren Dichtungswerken ist die naturmythische Bedeutung der epischen Personen, die ihn bekämpfen, unvergessen; die Rolle, die Dietrich hier spielt, ist dieselbe, die in den skandinavischen Quellen Thôrr zugeteilt wird, und auch bei den Südgermanen dem Donnergotte beigemessen war, was schon im Wesen der mythischen Auffassung von Naturvorgängen begründet ist, und wie die Zeugnisse, welche selbst die Ungunst der literarischen und Kulturverhältnisse in Deutschland nicht ganz vernichten konnte, beweisen. Die epischen Erzählungsformen solcher naturmythischer Kämpfe weisen hier wie dort in ihrem moule épique grosse Ähnlichkeit auf, und die Spuren einiger von Dietrichs Sagenkämpfen weisen bis knapp an die Grenze des Heidentums und Christentums in den Hochalpengegenden zurück; dass Reste alter Mythen noch auf traditionellem Wege auf Dietrich übertragen worden sein können, ist darnach sehr wahrscheinlich; daneben aber fanden Neubildungen von Mythen mit Dietrich an Stelle des übermenschlichen Bekämpfers von Elementardämonen aus derselben Phantasiethätigkeit und Naturauffassung statt, also Mythenbildung, die genetisch genau so vor sich gegangen ist wie die Mythenbildung heidnischer Zeit mit Götternamen: diese Sätze — die im vorhergehenden eingehendere Begründung erfahren haben — fassen das Mindestmass der mythischen Beziehungen dieser Sphäre der Dietrichsage zusammen. Über diesen festen Boden hinaus nach specielleren Übereinstimmungen mit Donar-Thôrrmythen in Einzelzügen und Einzelmotiven zu suchen, ist wiederholt versucht worden, und insoferne nicht unberechtigt, als die allgemeine mythische Basis die Wahrscheinlichkeit auch specieller *survivals* ergiebt; aber zu wirklicher Constatierung geht uns näherliegendes Vergleichsmaterial ab, und Schlüsse nach dieser Richtung werden darum immer unsicher und subjectiv ausfallen müssen. Fasst man alles, was an mythischer Ideengrundlage, an epischen Ausdrucksformen mythischer Vorstellungen, an eventuellen *survivals*, und an mythischen Neubildungen von Motiven oder Erscheinungsformen in diesem Sagencyclus vorhanden ist, zusammen, so wird man zwar Dietrich selbst nicht einen verkappten Donnergott, und auch nicht seine Hypostase nennen dürfen, wol aber stehen wir unzweifelhaft auf dem Boden einer mythischen Heroensage, deren Held einen historischen Namen trägt, und dürfen von einer Mythisierung oder Heroisierung Dietrichs (im terminologischen Sinne der Mythologie) sprechen.

Abzuhalten davon ist ein anderer Vorgang, der an einzelnen Punkten der Vorstellungen von Dietrich eingetreten ist, seine Dämonisierung, die Beilegung einzelner Sagenmotive oder Züge, die ihn nicht als wohltätiges mythisches Wesen kennzeichnen oder aus einer solchen Rolle hervorgegangen sind, sondern aus einer Auffassung seiner Person resultieren, die ihn als bösen Dämon im Sinne christlich-kirchlicher Anschauung hinstellt. Soweit solche tendenziöse Züge in die Volkssage eingedrungen sind, sind sie meist in ihrer Tendenz geschwächt, zum Teile auch wieder mythisch umgebildet worden, und können in letzterem Falle secundär zu der ersten Gruppe gerechnet werden; hie und da kann man sogar in Zweifel sein, ob ein mythischer Zug dämonisiert und depraviert, oder ein dämonischer mythisiert und veredelt worden ist. Diese accessorischen Dämonisierungen, die übrigens nicht alle gleichzeitig und wol auch nicht auf dem ganzen Gebiete der Sagenverbreitung Geltung erlangt haben, betreffen vor allem die Geburt und das Ende Dietrichs.

Über Dietrichs Geburt berichtet der Anh. z. HB, dass ein böser Geist (Machmet) sich zu seiner schwangeren Mutter in Abwesenheit Dietmars legte und ihr prophezeite, ihr Sohn werde der 'stärkste Geist' werden, der je geboren ward, darum werde Feuer aus seinem Munde schiessen, wenn er zornig sei. Der „Teufel" baut in drei Nächten eine starke Burg, das ist die Burg zu Bern (HS S. 331). Der Bericht ist in einem Zuge nicht ganz echt: der Geist übt hier nur einen supranaturalen Einfluss auf das ungeborene Wesen aus, ist aber nicht sein fleischlicher Vater. Dem Verfasser widerstrebt es offenbar, den Nationalhelden von einem Teufel abstammen zu lassen; dass die Abweichung — mag sie subjectiv sein oder einer allgemeiner verbreiteten Form dieser Sage entsprechen — jedenfalls Umdeutung einer wirklichen Abstammung von einem Dämon ist, bezeugen die anderen erhaltenen Formen dieses wolbekannten Incubus-Typus, der mehrfach an historische oder sagenhafte Personen geknüpft worden ist: Ortnit ist der Sohn Alberichs, welcher die kinderlose Königin in ihrer Kemenate unsichtbar beschleicht (Ortnit Str. 173; Anh. z. HB); nach norddeutscher Sage ist Hagen der Sohn eines Alben, der sich Aldrians Gattin, als sie im Garten schlummert, gesellt. Von Chlogios Gemahlin wird schon in der merowingischen Stammsage (Hist. epit. c. 9) erzählt, dass eine *bestia Neptuni Minotauro similis* sie, als sie zum Baden ans Meer gieng, aus den Wellen auftauchend überfiel und mit ihr den Meroveus zeugte; dieselbe Sagenform hat sich (doch wol erst spät) an die Langobardenkönigin Theodelinde angeschlossen: Das Meerwunder im Dresdner HB, ferner in einem Meisterliede und einem Spruchgedichte des Hans Sachs, und abgeblasst im Decamerone III 2; s. Drescher, Stud. z. Hans Sachs I 61 ff., II, LII. Das Motiv stammt aus der niederen Mythologie, wo der Typus vom buhlenden Alp in verschiedenen Formen reich vertreten ist.

An Zusammenhang solcher Erzählungen von der Abstammung einzelner Helden mit dem Glauben an die göttliche Abstammung germanischer Königsgeschlechter, den W. Müller annimmt (MHS. 40), ist nicht zu denken; die altgriechischen Mythen, in denen der zeugende Gott der Frau in Gestalt ihres Gemahls erscheint (Müller a. a. O.), sind zwar sicherlich Nachbildungen dieses Typus der niederen Mythologie in der Sphäre des Götterglaubens, beweisen aber nichts für die germanischen Erscheinungsformen dieses Typus.

Das ausdrückliche Zeugnis des Anh. z. HB für die Übertragung dieser Sage auf Dietrich steht vereinzelt da; das Vorhandensein dieser Vorstellung von einer teuflischen Abstammung Dietrichs und wol auch von der epischen Erzählungsformel dafür setzt aber wol schon die Thidrekssaga (c. 391) voraus trotz ihres sonstigen Schweigens darüber, wenn Hagen auf den Vorwurf, er sei ein Albensohn, Dietrich den Sohn des Teufels selbst nennt. Gewagter aber ist es, mit Grimm (HS 117) Eckes zornige Äusserung gegen Dietrich

der tiuvel ist in dir gehaft,
der viht ûz dînem lîbe,

als Anspielung auf diese Sage zu fassen; des Teufels Sohn sein ist doch etwas anders als der Ausdruck 'der Teufel ficht aus dir'[1]. Ganz unzulässig ist es, aus der Nichtnennung von Dietrichs Vater im Nibelungenlied und der Klage (mit HS a. a. O.) eine absichtliche Zurückhaltung des Dichters wegen der teuflischen Abstammung anzunehmen. Das älteste Zeugnis für die Existenz dieser Anschauung bleibt somit die Thidrekssaga. Ob die Associierung des Sagentypus von der Albenabstammung unabhängig von der kirchlichen Auffassung Theodorichs als eines verdammten Ketzers erfolgt und der Albe erst unter ihrem Einflusse zum Teufel geworden ist — die Albenabstammung braucht nicht von vornherein Ausdruck einer schlechten Meinung von Dietrich zu sein, vgl. Ortnit — oder ob die kirchliche Auffassung das massgebende Moment für die Associierung und gleichzeitige Umbildung des Albentypus ins teuflische war, was wol das wahrscheinlichere ist, in keinem Falle gehört dieser Typus in den mythischen Vorstellungskreis von Dietrich.

Eine andere Formel für Dietrichs dämonische Abstammung scheint vorzuliegen in dem Chron. imper. et pontif. Bavar. aus dem 13. Jhd. (HS[3] Nr. 53[b], S, 464), wonach Dietrich der Sohn einer *belua marina*, einer Meerunholdin, gewesen sein soll. Aber das Zeugnis ist nur ein scheinbares und löst sich bei

[1] Zur formelhaften Anwendung vergl. z. B. nur Alphart 159: und wærestû (sc. Alphart) der tiuvel, ich wolt dich ouch bestân; 165: ez ist niht ein ritter, ez ist ein tiuvel her gesant (sc. Alphart); 238: oder welhen übelen tiuvel (sc. Alphart) hân ich hie bestân. [Vgl. auch Nib. 2248 (Hagen), 1938 (Volker), Kriemhilt als *vâlandinne*, Hagen in der Kudrun als *vâlant aller künege* u. ä. m. *Sijmons*].

näherer Betrachtung in einen alles Sagengehaltes baren Irrtum auf. Denn wenn dann weiter erzählt wird, dass Dietrich, von ihr selbst gerufen, gewappnet in das Meer zu beständigem Aufenthalte zu ihr gegangen sei und an Sabbaten ans Land steige, um mit Witege zu fechten, der lebendig zur Hölle gefahren sei, so liegt hier nur eine verworrene Erinnerung an die Sage von der Rabenschlacht vor (Heinzel, Ostg. Hs. S. 65; im Widerspruche hiermit ruft Heinzel S. 98 die merowingische Stammsage als Parallele an), wobei Dietrichs Ende auf Witege und Witeges Abstammung von einer Meerfrau und sein Sprung in das Meer auf Dietrich übertragen ist.

Der Anh. z. HB setzt den Feueratem Dietrichs in Verbindung mit seiner Abstammung vom Teufel. Dass das nur eine seçundäre Combination ist, ergibt sich aus den zahlreichen sonstigen Zeugnissen für den Feueratem, die von Dietrichs teuflischer Abstammung nichts berichten und bei denen ein Wissen davon weder wahrscheinlich noch beweisbar ist [HS S. 117. 118. 235 Anm. 4. 304 ff.; 319. 321. 354. 355; im færöischen Liede ist Dietrich gar ein giftspeiender Drache geworden: S. 368; in einer schonischen Kirche war Dietrich (im 15. Jhd.) mit einem Strahlenbüschel, das ihm aus dem Munde geht, abgebildet: S. 477]. Grimm macht die Beobachtung, dass dieser Feueratem dem „edleren" Epos unbekannt sei (HS 117; vgl. ferner Müllenhoff ZfdA. XII 335), und zieht daraus den unerlaubten Schluss, er sei ein Ausdruck höllischer Abkunft gewesen (so auch Heinzel, Ostg. Hs. 97 f.); aber Kenntnis dieser letzteren Sage bei den betreffenden Dichtern ist durchaus unbeweisbar, und zu behaupten, dass die Vorstellung an sich nur aus dem Ideenkreise höllischer Geburt habe entspringen können, wäre unrichtig: denn Feuerhauch eines Helden kommt in germanischen Sagen auch sonst vor, im Havelok, hier gerade als Zeichen edler königlicher Abstammung [s. Heinzel, Ostg. Hs. 98], und ist doch genetisch betrachtet nichts anderes, als ein sinnlicher Ausdruck für die Furchtbarkeit des Zornes (wie Müllenhoff a. a. O. richtig erklärt), wie ja bei Dichtern von „heissem Zorn", „vor Zorn brennen" u. ähnl. oft genug die Rede ist[1].

---

[1] Vgl. poetische Ausdrücke wie: wan er al umb und umbe bran unde was von zorne rôt (Flore, Mhd. WB. I 252b); daz sîn gemüete in zorne bran (ib. III 906a); der vil heize gotes zorn (ib.); von zorne begunde er brinnen (sc. Wolfdietrich) u. a. ähnl., die in die psychologische Schaffensstätte einer solchen Vorstellung führen.

In dieser sinnlich-concreten Auffassung eines bildlichen poetischen Ausdrucks (mit Müllenhoff a. a. O.) etwas roheres zu sehen, ist kaum gerechtfertigt; und der Gegensatz zwischen dem „edleren" Epos und den anderen Dichtungen in diesem Punkte beruht gewiss nicht auf ästhetischer Motivkritik, sondern einfach auf Nichtkenntnis oder Abstreifung eines mythischen Zuges, der im Nibelungenliede, das alles mythische so viel als möglich meidet (man denke an die Verhüllung von Siegfrieds Drachenkampf), nicht zu den rein menschlichen Verhältnissen zu passen schien, und ist somit eher als Gegensatz zwischen historischen und mythischen Sagen zu formulieren. Die märchenhaft-mythischen Dietrichsagen sind gerade die Heimstätte dieser Vorstellung, und aus ihnen heraus ist sie zum Teile auch Sängern historisch-epischer Dietrichstoffe bekannt geworden und wurde von ihnen teilweise aufgenommen. Der geistige Prozess, der in der sinnlichen Auffassung des Bildes liegt, ist nicht eine secundäre („rohe") Steigerung, vielmehr ein primitiver Denkprozess, der zu den allergewöhnlichsten Vorgängen der Mythologie gehört, die Objektivierung der metaphorischen Denkform. Wir haben hier somit keine Dämonisierung sondern eine Mythisierung Dietrichs vor uns, die erst secundär hie und da (ausgesprochenermassen nur im Anh. z. HB) durch Umdeutung dämonisiert worden ist. Eine solche Mythisierung konnte natürlich jederzeit eintreten und ist nicht an die heidnische Zeit gebunden; es kann daher nicht für sicher gelten, dass zwischen Dietrichs Feueratem und dem Blitzschnauben Thors im Gewitterzorne (M 147) ein directer Zusammenhang herrscht; aber jedenfalls liegt die Annahme bei der Stellung, die Dietrich in den Kämpfen gegen die Wetterdämonen einnimmt, nicht ausserhalb der Grenzen der Wahrscheinlichkeit.

Ob die seltsame Erzählung der ThS., dass Herburt Dietrichs Antlitz hässlich und furchtbar an die Wand malt (c. 238), mit Grimm (HS 117) und Heinzel (a.a.O. 96) auf Dietrichs dämonische Abstammung zu beziehen ist, ist höchst zweifelhaft; dass es sich hier um einen Betrug des Werbers handelt, der die Jungfrau von dem Bunde mit Dietrich abschrecken und sie für sich gewinnen will, hat Müllenhoff unter Hinweis auf c. 14 der ThS (ZfdA. XII 330) mit Recht bemerkt.

Dämonisierende Züge haben sich besonders reich an den Hingang Theodorichs angeschlossen (s. die Zusammenstellung bei Massmann, Kaiserchronik III 946 ff., HS S. 42 ff. 54. 320.

338. 475, Müllenhoff, ZfdA. XII 331 ff., Schneege, Theodorich der Grosse in der kirchlichen Tradition des Mittelalters und in der Deutschen Heldensage, Deutsche Zeitschrift für Geschichtswissenschaft, XI, 1894, S. 18 ff.). Der nationale und religiöse Hass der Italer gegen den arianischen Gotenkönig hat bald sein Bild entstellt, ihn zum gottlosen Tyrannen gestempelt und seinen natürlichen Tod als eine Strafe Gottes für die „Ermordung" des Boethius und „Feindschaft" gegen die Kirche erklärt, und aus den römischen Quellen ist dieses ultramontane Zerrbild auch in die gelehrt-mönchische Geschichtschreibung des Mittelalters übergegangen (vgl. Schneege a. a. O. 22 ff.). Aus diesem Vorstellungskreise ist die Legende erwachsen, ein Einsiedler auf der Liparischen Insel Vulcano habe gesehen, wie die „heiligen" Männer Johannes und Symmachus Theodorich nach seinem Tode in den Feuerschlund eines Vulkans geschleudert hätten (ältestes Zeugnis: Dialoge Gregors des Grossen † 604), was dann mit allerhand Variationen (nach der Kaiserchronik wird er von Teufeln in den Vulkan gestürzt) weitere Verbreitung erfahren hat (*Typus A*). Bei Otto von Freisingen (12. Jhd.) findet sich nun unter Bezug auf Gregor — während sonst für die späteren kirchlichen oder kirchlich gefärbten Berichte die Historia Romana des Paulus Diaconus die (mittelbare) Quelle ist s. Müllenhoff a. a. O. S. 334 — die Bemerkung: daher sei nach seiner Meinung die Fabel entstanden, die im Volke gangbar sei (vulgo dicitur), dass Dietrich auf einem Pferde sitzend lebend in die Hölle (ad inferos) gefahren sei (*Typ. B*). Wir kennen diese Sage noch aus anderen Berichten: nach der ThS. erscheint ein Hirsch, den Dietrich im Bade sitzend erblickt und zu verfolgen wünscht; ein schwarzes Ross steht plötzlich bereit, er schwingt sich, nur mit seinem Bademantel bekleidet, auf seinen Rücken und es trägt ihn mit Windeseile davon, so dass ihm niemand folgen kann. Dietrich erkennt, dass es der Teufel selbst ist, auf dem er reitet, und verschwindet für immer. Der hier erzählte Vorgang findet sich dargestellt in einem Relief der Basilica di San Zenone maggiore in Verona, mit dabei stehenden Versen, wol aus dem 12. Jhd. stammend: Dietrichs Name wird nicht genannt, aber die Erzählung der Verse, dass der König nackt aus dem Bade steigt, um den Hirsch zu verfolgen, zeigt durch ihre Übereinstimmung mit der ThS. bestimmt, dass Dietrich gemeint war. Im deutschen Text der Gesta Romanorum wird eine ähnliche Geschichte von einem König Antiochus

(od. Symmachus) erzählt, der von einem armen Ritter ein schwarzes Ross, einen schwarzen Hund, einen schwarzen Falken und ein schwarzes Horn verlangt und sie auch bekommt (vgl. den Vers der Darstellung: Nisus, equus, cervus, canis huic datur, hos dat avernus); bei der Verfolgung eines Hirsches wird er von diesem Ross in die Hölle geführt. Zweifellos liegt hier dieselbe Sage vor, auf die sich die Veroneser Darstellung bezieht. Ob eine herrenlose Fabel auf Dietrich übertragen worden ist, oder die abweichenden Namen Antiochus (Symmachus) nur Verdunkelungen der zuerst über Dietrich erfundenen und auf ihn gemünzten Fabel darstellen, ist bis jetzt nicht klargestellt; jedenfalls aber ist die Übertragung oder Erfindung in Italien vor sich gegangen (Müllenhoff ZfdA. XII 333). Vor allem aber ist sie in Verona localisiert gewesen, wo sie noch im J. 1466 der böhmische Herr Leo von Rozmital bei seinem Reiseaufenthalte vernahm (Müllenhoff, ZE LII 2, HS³, 128ᵇ). Ihre Verbreitung in Deutschland bezeugt ausser Otto von Freisingen und ThS. auch noch eine Äusserung des Felix Hemmerlin (1389 bis nach 1457), der von Theodorich sagt: et est iste, de quo dicit fabularius Thuricensis: Theodoricus de Verona, equo sedens, cum canibus venando cervum vivus in infernum ingrediendo fugant; wer der fabularius ist, ist unbekannt (Jänicke, ZE LXXVIII). In voller Ausführlichkeit, mit etwas abweichenden Details (der Teufel selbst auf einem schwarzen Rosse erscheint Dietrich zu Rom, nimmt den nackt aus dem Bade steigenden zu sich auf das Ross und verschwindet; von Jagd nach einem Hirsch ist nicht die Rede) wird diese Legende in einem spanischen Libro de los enxemplos aus dem 14. Jhd. erzählt (R. Köhler, Germ. 18, 147, HS³ Nr. 124ᵇ, S. 475). Der zum Totenreich entführende Hirsch scheint auch sonst ein bekanntes mythisch-märchenhaftes Motiv (vgl. Rassmann I 159, II 688, Vogt, Beitr. zur Volkskunde 209) zu sein, aber dass hier eine alte germanische Vorstellung vorliege, die nur kirchlich umgedeutet worden wäre, ist ganz ausgeschlossen; der Typus B ist gewiss nichts anderes als eine jüngere anekdotenhaft umgebildete Form des Typus A. Eine weitere Fortbildung des Typus B bezeugen Hermann von Sachsenheims Moerin und Etzels Hofhaltung: Dietrich wird von einem Ross, das der Teufel selbst ist, in die Wüste Rumenei geführt und muss dort bis zum jüngsten Tage mit Gewürme streiten (*Typ. C*); vielleicht geht auch eine Aeusserung Michael Behaims über Ungeheuer in der Wüste Rumenî auf diese Sagenform; gemeint ist die Romania deserta in Kleinasien, nicht die Romagna (Jänicke, ZE LXXVII).

Eine junge localsagenhafte Umbildung des Typus B in anderer Richtung liegt in der schwedischen Didrikssaga vor (*Typus D*). Dietrich lässt in einem unterirdischen Hause ein schwarzes Ross aufziehen und reitet heimlich, vom Bade aus, auf ihm fort, um Witege aufzusuchen, der sich auf der Insel Fehmarn angesiedelt hat. Er erschlägt ihn in seinem eigenen Hause, stirbt aber auf der Rückreise zu „Hofferdh“ (nach Hyltén-Cavallius Hofweier südlich von Offenburg) in Schwaben an seinen Wunden. Dänen waren nach des Verfassers Berufung die nächsten Gewährsmänner der Sage, aber diesen ist sie gewiss von Deutschland aus zugekommen. Dass wir hier vor einer jüngeren Neudichtung stehen, zeigt schon der Ritt auf dem schwarzen Rosse (Typ. B), der von der Saga nicht ungeschickt umgedeutet und motiviert wird, aber die Naht, an der dies Stück mit dem alten Stoff verbunden ist, deutlich erkennen lässt.

Sicher nicht ohne Beeinflussung durch den Typus B ist die Versetzung Dietrichs in das wilde Heer erfolgt (*Typus E*), von der bereits der Kölnische Mönch Gottfried (HS. Nr. 35) zu erzählen weiss: Im Jahre 1197 erscheint ein gespenstischer Reiter auf schwarzem Pferde an der Mosel, der sich als Theodorich zu erkennen gibt und dem römischen Reiche schwere Zeiten voraussagt. So erscheint Dietrich noch heute in der Volkssage mehrfach als wilder Jäger und ist als solcher selbst in den Glauben slavischer Stämme gedrungen (Müllenhoff ZfdA. 12, 334; HS, S. 45; Myth. 177. 781 f. III 283). Wenn auch diese Versetzung in das wilde Heer auf rein volkstümlichem Grunde erwachsen sein könnte, so spricht doch die Wahrscheinlichkeit dafür, dass die Anwendung dieses Motivs erst durch die Vorstellung, dass Dietrich durch ein schwarzes Ross entführt worden ist und nach seinem Tode ruhelos für seine Sünden büssen muss, veranlasst worden ist. Aber die Germanisierung des legendarisch-tendenziösen Typus B zeigt schön, wie das Volk darnach ringt, den fremden Giftstoff fanatischen Hasses, der ihm seine Idealgestalten vernichten soll, auszuscheiden und zu überwältigen. Dasselbe Streben bezeugt die letzte Form der Hingangssage im Anh. z. HB (*Typ. F*), wornach ein Zwerg Dietrich an seinem Lebensende erschienen sei und ihn weggeführt habe; niemand weiss ob er noch lebe oder tot sei und wohin er gekommen.

Die Vorstellung ist uralt heidnisch s. Yngl. Saga c. 15. Mogk, Grundr. I, 1004, aber kaum ohne Veranlassung der kirchlichen Vorstellung von Dietrichs Ende, die sie germanisiert und mildert, associiert worden (Müllenhoff, ZfdA. XII 334). Ein älteres Zeugnis für sie gibt das Gedicht vom Wartburgkrieg, wo (in Nachahmung Walberans) ein Bruder Laurîns, Sinnels, im fernen Osten erwähnt wird; die Zwerge leben auf christliche Weise in Freundschaft mit Dietrich. Vor Dietrichs Lebensende fordert ihn Laurîn auf, sich in Sinnels Reich zu begeben, wo er noch nach tausend Jahren leben werde. Um die Leute zu täuschen, soll Dietrich einen feurigen Berg herrichten lassen und durch denselben eine gute Strasse in Sinnels Land. So verschwindet der Berner, und die Leute glauben, er sei in einen Vulkan gefahren: offenbar eine Combination des Typ. A, des Sturzes in einen Vulkan, mit dem Typ. F, der Entführung durch einen Zwerg (DHB I, LVI—LVIII). „Dass aber Laurin zu ihrem Träger gemacht wird, so dass er nun Dietrich den letzten Liebesdienst erweist, ist“ wie Müllenhoff a. a. O. schön bemerkt, „hübsch und sinnreich, und der Abschluss, den sowol seine als Dietrichs Sage damit erhält, vollkommen“.

---

4. Helden des Dietrichsagenkreises.

Hildebrand. Witege und Heime. Dietleib.

1. Hildebrand und die Wülfinge. Mangel eddischer und angelsächsischer Zeugnisse für Hildebrand. — Gotische Elemente: Gensimund. — Ptolemäus. — Die Sage vom Kampfe des Vaters mit dem Sohne. — Verbreitung und Gruppierung des Motivs. — Heroische Gruppe. — Parallelen in der heroischen Gruppe: Vorhergehende Kämpfe. — Erkennungszeichen. — Umkehrung der epischen Formel für den Zusammenstoss des Vaters und Sohnes im Hildebrandslied, veranlasst durch die cyklische Verbindung mit der Dietrichsage. — Motiv des Zauberschwertes. — Verratsmotiv. — Tod des Sohnes durch den Vater. — Nordische Zeugnisse. — Jüngere Form der Hildebrandssage. — Der Kampf mit Amelung in der ThS. — Heribrant. — Der Stammbaum der ThS. — Uote. — Die Wülfinge. — 2. Witege und Heime. — Vidigøja als Sarmaten-Hunnenbekämpfer. — Verbindung mit Ermanarich. — Paarung mit Heime. — Die Gefangenschaft Witeges und ihre Beziehungen zur Dietrich-

Sage. — Die Befreiung durch einen als Bären verkleideten Helden. — Wildifer. — Vizleo. — Zweifelhafte Zeugnisse für Heimes mythische Natur. — Abstammung Witeges von einer Meerfrau. — Angliederung Witeges (und Heimes) an Dietrich. — Verschiebung der Sage auf Grund der Doppelstellung. — Die Sage von Witeges und Heimes Ankunft bei Dietrich. — Verräterrolle Witeges. — Witege als Töter jugendlicher Helden: 1. Alphartsage. 2. Nudungsage. 3. Fall der Etzelsöhne und Diethers: ältere und jüngere Formen dieses Typus. — Wolfharts Fall in der Rabenschlacht. — Entwicklung dieser Motivgruppe. — Einfluss der Nudungsage auf die Alphartsage. — Verbindung Witeges mit einem Kampfgenossen. — Die Entwicklung des Elsântypus. — Niederdeutsche Sonderepisoden: Räubersagen — Moniage Heimes — Dietrichs und Witeges Kampf auf Fehmarn. — 3. Dietleib. Die Überlieferung und die sonstigen Zeugnisse. — Kritik derselben. — Niederdeutsche Heimat und ursprünglicher Kern der Sage.

In den zahlreichen Denkmälern der Dietrichsage ist um Dietrich eine Schaar von Helden gruppiert, von denen einige vielen Quellen gemeinsam sind, andere nur vereinzelt genannt werden, einige stark hervortreten, während man von anderen kaum mehr als den Namen erfährt. Gewisse Denkmäler, z. B. Dietrichs Flucht und Rabenschlacht, schwelgen in Namenanführungen, die sich zum Teil als Zusammenstoppelungen aus fremden Sagenkreisen verraten, zum Teil aber auch rein fingiert sind. Nicht selten mag auch der Name von Geschlechtern oder Herren, welche den Spielleuten hold gesinnt waren oder deren Gunst der Spielmann erwerben wollte, unter die Helden der Sage versetzt und so mit einer Glorie umgeben worden sein, die manchem sanges- und sagenfrohen Edlen höher dünken mochte als der Glanz seiner historischen Ahnenreihe; so sind z. B. die Herren von Tenglingen in die Rothersage gekommen, so französische Edle in das afrz. Rolandslied (s. Hertz, Spielmannsbuch s. XXXII). Nicht wenige von diesen für uns glanzlosen und toten Namen stammen doch auch aus einer für uns verlorenen reicheren Sagenkenntnis und sind ehedem Träger einer ausgebildeteren Sage gewesen, als die Anspielungen der Dichter erraten lassen, wie z. B. Jubart (s. S. 171), Sigestap u. A. Ein specielles Eingehen auf jede einzelne Figur dieses reichen Heldenkreises, der sich um Dietrich schliesst, liegt nicht in der Absicht dieses Abschnittes, da die unvollkommene Kenntnis, welche uns die Quellen gewähren, vielfach kaum mehr als eine dürftige Personalstatistik zulassen würde, für die es genügt auf die Zusammenstellung in Grimms Heldensage zu verweisen. Ich muss mich nach dem leitenden Gedanken dieses Werkes und nach dem beschränkten Raume damit begnügen, die Helden ehedem selbständiger und bedeutender Sagen, Hildebrand, Witege-Heime, und Dietleib zum Gegenstand der Darstellung zu machen.

1. Hildebrand und die Wülfinge.

Dass Hildebrand in der Edda nirgends genannt wird, kann nicht Wunder nehmen, da überhaupt nur ein junges Lied und die darauf basierte Einleitungsprosa eines anderen spärliche Kenntnis von Dietrich bezeugt. Auffallender ist das gänzliche Schweigen der angelsächsischen epischen Zeugnisse — auch die von Binz, Beitr. XX, 212 f. angestellte Untersuchung über Zeugnisse für die Dietrichsage aus ags. Ortsnamen ergibt für Hildebrand nur ein negatives Zeugnis —, während ihnen doch Dietrich nicht unbekannt war und sie auch ein Geschlecht der Wylfingas erwähnen (Wídsíđ v. 29. Beówulf 461. 471); dass ein Krieger der Wylfinge Heađoláf heisst, darf schwerlich (mit Binz S. 214) an Hadubrant denken lassen. Einen Rest angelsächsicher Überlieferung wollte Müllenhoff (ZE Nr. V, 2, vgl. auch HS 287) darin erkennen, dass im altfranz. Gedichte von Horn und Rimenild zwei saracenische Heerführer Hildebrant und Herebrant heissen. Aber die Namen können auch auf anderen Wegen (direct aus Deutschland) in die altfranzösische Dichtung gedrungen sein — ohne jede Sagenkenntnis, als blosse Namen — und die Folgerung Müllenhoffs ist unhaltbar[1]. Soweit man also aus dem Erhaltenen schliessen kann, war Hildebrand den Angelsachsen vollständig unbekannt. Obwohl dadurch streng genommen nur bewiesen wird, dass keine Sage von ihm nach England gedrungen war, wie ja auch die Kenntnis der Dietrichsage bei den Angelsachsen nicht eben umfangreich und bedeutend gewesen zu sein scheint, so kann doch darin auch die Andeutung liegen, dass damals, als die Dietrichsagen zu den Angelsachsen drangen, Hildebrands Person noch nicht mit Dietrich verbunden war. That-

---

[1] Auch Binz spricht sich gegen diese Hypothese Müllenhoffs aus. [Ebenso Kauffmann in seinem Aufsatze über das Hildebrandslied in den Philologischen Studien, Festgabe für Sievers zum 1. Oct. 1896, S. 162; die Abhandlung ist mir erst lange nach der Ausarbeitung dieser Partien der Dietrichsage (die in allem wesentlichen schon in das Frühjahr 1896 zurückreicht) zu Kenntnis gekommen].

sächlich gehört auch Hildebrand nicht von Haus aus mit Dietrich zusammen, und seine Sage führt auf ein ganz anderes Gebiet als die des historischen Ostgotenkönigs, wenn auch schon auf Seite der historischen Dietrichsage eine in ihrer Stellung und ihrem Wesen analoge Figur vorhanden gewesen ist, auf welche die Hildebrandsage übertragen worden ist. Hildebrands Stellung zu Dietrich ist die des treuen Erziehers und Waffenmeisters [1]. Von allgemeinen poetischen Parallelen abgesehen weiss gerade die gotische Geschichte von zwei solchen historischen Verhältnissen zu berichten, von der Treue des Saphrax und Alatheus gegen den Thronerben (Wietersheim 2², 33, worauf Heinzel Ostg. HS S. 66 verweist), und noch näher liegend von der Rolle Gensimunds, dessen Treue den unmündigen Amalerbrüdern Walamêr, Widemêr und Theodemêr Krone und Herrschaft erhielt, den Müllenhoff ZE II als Vorbild Hildebrands in Anspruch nimmt. Lässt sich auch eine Rolle wie die Hildebrands als rein poetische Schöpfung wohl begreifen, so lassen doch gerade die Worte, mit denen Cassiodor Gensimund feiert: *Gensimundus ille toto orbe cantabilis . . . . . ideo eum nostrorum fama concelebrat; vivit semper relationibus qui quandoque moritura contempsit. Sic quamdiu nomen superest Gotorum, fertur eius cunctorum adtestatione praeconium,* Gensimunds besondere Popularität und sein Fortleben im Sange erkennen, und da seine Dienste den Oheimen und dem Vater Dietrichs geweiht waren, so liegt diese historische Parallele am nächsten [2], und ist wie so mancher andere Zug vom Vater auf den Sohn übertragen worden. Ob schon von Ostgoten zur Zeit des italischen Reiches, ist zweifelhaft; der Anschluss Gensimunds an Dietrich wird wol am natürlichsten sich aus der partiellen Verschmelzung der Figuren des Vaters und Sohnes erklären, welche erst in nachgotischer Zeit vor sich gegan-

---

[1] Eine solche Rolle lag in den altgermanischen Lebensverhältnissen begründet; vgl. Uhland 1, 242 ff. [Kauffmann a. a. O. S. 156 ff. weist unter Berufung auf Waitz, Verfassungsgeschichte 2, 2, 69 ff. darauf hin, dass solche Meister (major domus) für die Erziehung der Thronfolger zu sorgen hatten, und bringt interessante Ausführungen über ihre Stellung und die Beliebtheit dieses Typus in der germanisch-epischen Poesie.]

[2] Diese historische Grundlage schliesst den Gedanken aus, dass Hildebrands Rolle als Beschützer Dietrichs erst einer Beeinflussung der Dietrich- durch die Wolfdietrichsage entsprungen sei, an die man bei der nahen Analogie Berchtungs (Berchters) von Meran sonst denken könnte; zudem ist hier gerade umgekehrte Beeinflussung wahrscheinlich (s. Müller MHS 195, Heinzel Ostgot. HS 67).

gen ist; es bleibt daher auch unnachweisbar, wann der Name Hildebrand für Gensimund eingetreten ist; vermutlich geschah dies erst in der deutschen Sage und der Name gehörte von Anfang an zu der Sage vom Kampfe zwischen Vater und Sohn, welche auf Gensimund übertragen worden ist. Einen Anhalt für den Namen Hildebrand in gotischer oder doch von gotischer Sage ausgegangener Tradition scheinen allerdings die Gesta Theodorici aus dem 7. Jhd. zu bieten (HS Nr. 5 b, Massmann, Kaiserchronik 3, 803), wo ein bis zum Lebensende treuer Freund und kluger Berater Dietrichs, Ptolemäus, genannt wird, was J. Grimm (Reinhart Fuchs XLIX) in einen deutschen Wîgand, Wîghart, Wîghere, Uhland, Germ. 1, 338, Anm. 127 in Hildebrand zurückübersetzen will; aber die Stellung des Ptolemäus als Senator des byzantinischen Kaisers, an dessen Hofe er dauernd weilt, hat mit dem beständigen Begleiter Dietrichs nichts gemein und weist auf eine andere Entstehung der Fabel, auf blosse Anekdote.

Auf den Waffenmeister und Erzieher Dietrichs, wie er sich in nachgotischer Zeit bei deutschen Stämmen aus dem historischen Gensimund entwickelt, ist eine Sage übertragen worden, die bei den deutschen Stämmen vielleicht von Anfang an unter dem Namen Hildebrands lief, und aus der dieser Name stammen dürfte, der Kampf mit dem eigenen Sohn und dessen Tod durch die Hand des Vaters, das einzige Ereignis von dem die Sage zu berichten weiss, in welchem Hildebrand der Mittelpunkt der Sage ist. Im Hildebrandsliede erscheint dieselbe bereits fest mit der Dietrichsage verbunden, Hildebrand und Gensimund sind bereits zusammengefallen und der tragische Kampf bildet hier und in allen folgenden Sagenformen eine Episode der Rückkehr Dietrichs aus dem Exil. Dass diese Sage kein integrierender Bestandteil der Gensimund-Rolle sein kann, lehrt die weite Verbreitung des Motivs bei zahlreichen arischen Völkern (Uhland, 1, 164; 7, 548; Rh. Köhler, Weim. Jahrb. IV, 473, Revue critique 1868, 413; Liebrecht, Zur Volkskunde 214. 406; weitere Literatur s. u.). Der Kampf des Vaters mit dem Sohne tritt schon in der althellenischen Sage auf (Odysseus und Telegonos; eine Mythe vom Kampfe des Zeus mit Herakles s. Liebrecht, Zur Volkskunde S. 406; dass auch in der Oedipussage dieses Motiv ein Element der Sagenbildung abgegeben hat, bemerkt u. a. Nutt a. unten a. O. mit Recht); er bildet ferner eine der grossartigsten Episoden des iranisch-persischen Sagencyklus von Rustem, wo Rustem Sohrab tötet;

er wird als tragische Episode im Ulstercyclus von Cuchulain berichtet, der seinen Sohn Conlaoch fällt (s. L'Épopée Celtique en Irlande par D'Arbois de Jubainville I [Cours de Littérature celtique V] 1892, S. 51 ff.), und auch sonst ist das Motiv auf keltischem Boden nachgewiesen: R. Köhler verweist (Revue critique 1868, 413 ff.) auf Campbell, Popular Tales of the West Highlands III 184, Nutt, Papers and Transactions of the second International Folk-Lore Congress 1891, London 1892, S. 128 auf einen Kampf zwischen Finn und Oisin, und auch der Kampf zwischen Vater und Sohn im Lai de Milun der Marie de France und im Lai de Doon (Romania VIII 61) geht vielleicht auf altes keltisches (bretonisches) Sagengut zurück[1]. Auf slavischem Boden (russisch, serbisch) hat dasselbe Motiv mehrere Sprossen getrieben, von denen Ilja aus Murom's tragischer (versionsweise auch mit Versöhnung endender) Kampf mit seinem Sohn (nach anderen Versionen mit seiner Tochter) der berühmteste ist (über die slavischen Parallelen s. O. Miller, Herrigs Archiv 33, 257[2], Bistrom, Z. f. Völkerpsychologie und Sprachwissenschaft VI, 132 ff., Rambaud, La Russie épique 55 f. Vesselofskij, Archiv f. slav. Phil. 3, 587 ff., Hubad, Ausland 1881, S. 890 f. vgl. ferner AfslPh. Suppl. S. 272; Talvj, Volksl. d. Serben I² 288 (von den Brüdern Predrag und Nenad); eine Hildebrandsballade der transsylvanischen Zigeuner s. Wislocki, Magazin f. Litt. d. Ausl. 1880 Nr. 19. Sehr verbreitet, doch in abgeschwächter Form, ist das Motiv im altfranzösischen Epos und in der Sphäre seines Einflussbereiches (Rh. Köhler, Revue critique 1868 Nr. 52, pag. 413; Nyrop, Den Oldfranske Heltedigtning pag. 70; Nyrop-Gorra, Storia dell' Epopea francese S. 69; Stengel, Ausg. und Abhandlungen III 105; Bibl. Norm. III, XCVI), wohin einige englische Zeugnisse und in Deutschland Biterolf gehören; Ortnits Kampf mit Alberich gehört ideell

---

[1] Vgl. übrigens auch Ahlström, Studier i den fornfranska Laislitteraturen, Upsala, 1892, S. 92. R. Köhler in Bibl. Norm. III, XCVI.

[2] Orest Miller hat dieses Thema übrigens später zum Gegenstande einer ausführlichen Untersuchung gemacht in seinem Buche: Ilja Muromec i Bogatyrstvo Kievskoe, Petersburg 1869 (XXVI und 830 S.), das ich leider, da es russisch geschrieben ist, nicht einsehen konnte. Dambergs wunderliche Hypothese, dass der Kampf Iljas mit seinem Sohne u. a. durch die Peringskiöldsche Ausgabe der Thidrekssaga literarisch beeinflusst sei (Versuch einer Geschichte der Iljasage, Helsingfors 1887), wird im AfslPh. Suppl. S. 283 als „blosse Phantasien" gekennzeichnet. Den Hinweis auf diese zwei Werke und auf Bistroms oben cit. Abhandlung verdanke ich Herrn Geh.-Rat. W. Nehring.

auch zu dem Motivkreise, doch vielleicht nicht in diese romanhafte französische Sphäre. Auch die nordische Áns Saga Bogsveigis kennt das Motiv (Uhland 7, 198).

Gemeinsam ist diesen verschiedenen Stoffen nur die abstracte Idee des Motivs: Kampf von Vater und Sohn; nach der Ausführung desselben lassen sich ideell verschiedene Gruppen unterscheiden: nach dem Ausgange stehen sich die tragische (z. B. altgriechische, russische, iranische, keltische, altgermanische) und die mit Versöhnung endende Form (wie z. B. in den romanischen Typen) gegenüber, von welch letzterer wieder ein Teil auf Milderung eines älteren tragischen Stadiums beruht (jüngere Hildebrandsform, Varianten des Ilja-Typus); nach der Zuteilung von Sieg und Fall steht die Gruppe mit dem Tode des Vaters (z. B. Odysseus und Telegonos) gegenüber dem Falle des Sohnes durch den Vater (russ., iran., kelt., germ.); wieder andere Gruppen ergeben sich nach der Begründung, wieso Vater und Sohn sich nicht kannten: der Vater hat lange im Exile oder in der Fremde geweilt (z. B. Hildebrand, Biterolf), oder der Sohn ist bei einem Liebesabenteuer in der Fremde gezeugt, und kommt mit einer feindlichen Absicht in das Land, wo der Vater lebt (pers. kelt. slav.); das Zusammentreffen ist ganz zufällig (z. B. Hildebrand) oder der Sohn ist aut der Fahrt, um den Vater zu suchen (z. B. Biterolf); weitere Nebenmotive schaffen wieder andere Gruppen: der Sohn erkennt oder ahnt den Vater und sucht ihn vergebens aufzuklären (z. B. Sohrab) oder umgekehrt (z. B. Hildebrand), oder beide Gegner wissen von ihrem nahen Verhältnis nichts (z. B. Biterolf); auch die Umstände des Zusammentreffens variieren, besprochener Zweikampf oder zufälliges Zusammentreffen im Getümmel (wie in verschiedenen romanischen Belegen) u. s. w. Vor allem aber ist nicht zu verkennen, dass sich ein Teil der Zeugnisse durch ihr Alter und ihren Charakter als heroische Formen von den rein romanhaften Typen, bei denen es sich nur um eine interessante in Wohlgefallen sich auflösende Situation handelt, stark scheiden, und dass ein tragischer Ausgang bei den heroischen Formen ebenso integrierend zu sein scheint, wie ein versöhnlicher bei den romanhaften, zu denen sich abschwächende jüngere Formen der ersten Gruppe gesellen. Bei dieser Mannigfaltigkeit der Ausbildung im Einzelnen und der Auffassung einerseits, bei dem rein menschlichen Charakter des Motivs, das überall entstehen konnte, wo die

Poesie des Helden- und Kampflebens vorhanden war, erscheint es weder notwendig alle Formen aus derselben concreten Formel abzuleiten, noch zu einer Motivwanderung seine Zuflucht zu nehmen; in jeder Poesie, die kriegerische Heldenthaten besingt und deren Seele Kampf und Fall ist, musste als das erschütterndste und den Gemütsanteil der Hörer am meisten ergreifende Motiv der Kampf zwischen Vater und Sohn erscheinen, wie Uhland 1, 170 ff. bemerkt, und auf dasselbe Motiv mussten auch phantastisch-abenteuerliche Litteraturrichtungen wie die frz. Romane und Chansons im Streben nach Erregung des Interesses geraten. Weder scheint es berechtigt, mythische Vorstellungen für die Conception der einfachen abstracten Idee des Kampfes zwischen Vater und Sohn anzurufen [1], noch mit Liebrecht ZV. 406 als realen Untergrund für die Bildung der epischen Formel einen prähistorischen Rechtsbrauch — Übertragung des Erbes vom Vater auf den lebenden Sohn, wenn letzterer seinen Vater im Ringen oder Fechten besiegen kann — anzunehmen, abgesehen davon, dass dessen allgemeinere Verbreitung durch die von Liebrecht beigebrachten Zeugnisse nicht genügend gestützt ist.

Durch die Polygenesie des nackten Motivs aber ist natürlich ein Versuch, gewisse Gruppen als enger zusammengehörige epische Formeln mit einer Situations- und Expositionsähnlichkeit nachzuweisen, die mit einander durch Motivwanderung und selbständige Ausgestaltung, Stoffwanderung, oder durch directe literarische Übernahme oder Nachahmung zusammenhängen, keineswegs ausgeschlossen. So sind jedenfalls die altfranzösischen Zeugnisse des romanhaften Typus durch die geographisch-sprachliche Einheit und Zugehörigkeit zu derselben Literaturrichtung von vornherein als ebensoviele Zeugnisse für die Existenz eines beliebten Romantypus aufzufassen, eines moule épique, das nicht jedesmal selbständig entstand, sondern immer wieder neu angewendet wurde, und eine Specialstudie würde wol auch öfter literarische Zusammenhänge ergeben; die Fabel des Gedichtes Biterolf ist selbstverständlich keine Neubildung, sondern Nach-

---

[1] Wie nahe der Gedanke liegt, zeigt auch z. B. Shakespeares Richard III., wo (Act V, Scene 4) der Dichter Richmond zur Illustrierung der Gräuel des Bürgerkrieges die Worte in den Mund legt, dass der Vater den Sohn, der Sohn den Vater getötet habe.

ahmung frz. Vorbilder und ähnliches mehr. Aber dieses romanische moule épique wird selbständig entstanden sein, unbeeinflusst von dem alten heroischen Typus, von dem keine speciellen Fäden zu ihm herüber reichen. Die fünf Hauptvertreter der heroisch-tragischen Form des Motivs: Odysseus-Telegonos, Rustem-Sohrab (erhalten in der Behandlung des 10. Jhd.), Hildebrand-Hadubrand (8. Jhd.) Cuchulain-Conlaoch (literarisch rückverfolgbar ins 8. Jhd.), Ilja aus Murom (dessen Verbindung mit Wladimir doch mindestens auf das J. ca. 1000 zurückweist) — sind aber geographisch und sprachlich so weit von einander getrennt, dass hier weder die Anwendung eines unmittelbar gemeinsamen, in einer reichen, zusammenhängenden Literaturrichtung gepflegten moule épique, noch auch literarische Stoffwanderung oder gar unmittelbare gegenseitige Abhängigkeit bzw. Nachahmung angenommen werden kann, wenn man sich nicht in dem beliebten modernen Luftschlösseraufbau gefällt. Anderseits ist die Ähnlichkeit — von der Odysseussage abgesehen — im Aufbau und selbst in Einzelheiten eine so grosse, dass hier schon nicht mehr von epischer Formel, sondern nur von einer vollständig ausgebildeten Erzählung die Rede sein kann, und eine vollständig unabhängige Autogenese der einzelnen Versionen — deren Möglichkeit allerdings nicht in Abrede gestellt werden kann — ist daher kaum glaublich; aber die Annahme einer mündlichen Stoffwanderung in extenso oder in nuce mit selbständiger einzelethnischer Weiterbildung hat ebenfalls ihre Bedenklichkeiten, und das bedenklichste dabei ist, dass gerade diejenigen Versionen, welche geographisch, sprachlich und kulturell am entferntesten von einander liegen, die keltische und die persische, die auffallendsten und grössten Übereinstimmungen zeigen, s. Alfred Nutt, Problems of Heroic Legends, (am oben angeführten Orte S. 113—134), S. 127 f. mit beachtenswerten methodologischen Betrachtungen. Nutt kommt zu dem Schlusse, dass eine allgemein arische heroische Sage zu Grunde liegt, und dass die genaueste Übereinstimmung zwischen der irischen und persischen Sagenform vermutlich die Erhaltung der ursprünglich gemeinsamen epischen Form bedeutet, die in der slavischen, germanischen und hellenischen Form durch Umbildungen abweichender gestaltet worden ist. Wie skeptisch man gegenüber den Annahmen gemeinarischer Herkunft von Mythen und Sagen auch sein mag, so scheint in vorliegendem Falle dieser Schluss vielleicht zulässig zu sein. Berücksichtigt man, dass alle Versionen in die heroisch-mythische Überlieferung der betreffenden Völker gehören und dass die besungenen Helden, mit vielleicht nur scheinbarer Ausnahme der germanischen Version, bei der sich dies nicht nachweisen lässt, zugleich Träger von anderen Sagen sind, die deutlich in die Mythologie hineinragen — dies gilt von Rustem und Odysseus ebensowohl wie von Ilja und Cuchulain —, so wird, was für das abstracte Motiv an sich oben als a priori nicht notwendige theoretische Voraussetzung bezeichnet worden ist, im Concreten für diese episch ausgebildete arische Sage allerdings sehr wahrscheinlich, dass sie auf mythische Anschauungen zurückgeht, und die heroisierte Form eines alten gemeinsamen Mythus darstellt, der auf Vorstellungen der Jahreszeitenmythen zurückgeht[1].

Ob wir die aussergermanischen Versionen als Zeugnisse unabhängiger gleicher Entwicklung oder als unmittelbare Verwandte der germanischen Version betrachten, in jedem Falle bieten sie zur Erhellung unsicherer Partien der germanischen Überlieferung Analogien, deren Wert weder überschätzt werden soll noch unterschätzt werden darf. Auf einige Punkte der Sage, über die uns das Hildebrandslied im Dunkeln lässt, und über die die Analogien einiges Licht werfen, sei hier hingewiesen. Am meisten Gewicht haben nach der obigen Ausführung die zwei äusserlich am weitesten abstehenden Versionen, die keltische und die persische, da ihre Übereinstimmungen am ehesten das alte gemeinsame bezeichnen. Unsicher bleibt nach dem Hildebrandslied, ob dem Einzelkampf des Vaters und Sohnes Zusammenstösse des Heeres oder andere Zweikämpfe vorausgiengen. Rieger hat (Germ. 9, 313) darauf aufmerksam gemacht, dass es zu den beliebtesten Motiven der arischen Heldensage gehört, dass der stärkste Held sich eine Zeit lang vom Kampfe seiner Genossen zurückhält, und erst im letzten Momente durch eine innere oder äussere Nötigung gezwungen, zu den Waffen greift, s. Karna, Achilles, Hagen in der Walthersage, Rüdiger und Dietrich in der Nibelungen-

[1] Dass das uralte Motiv vom Kampfe der personificierten Jahreszeiten in den Frühlings-Spielen und Festen vom Standpunkte der Freude über den siegreichen Einzug des Sommers behandelt wird, ist ganz natürlich, und würde nicht gegen diese Erklärung sprechen.

sage; er vermutet aus verschiedenen — nicht gleichwertigen — Gründen, dass Hildebrand erst dann zu den Waffen gegriffen hat, nachdem in einer Reihe von Zweikämpfen Hadubrant gesiegt hatte; erst dann sei für ihn die Nötigung vorhanden gewesen, gegen den eigenen Sohn zu fechten. Lambel hat (Germ. 10, 338) diese Ansicht durch einen Hinweis auf die keltische Version gestützt, wo Cuchulain erst dann von König Connor zum Kampfe gegen Conlaoch berufen wird, nachdem dieser bereits seine Unwiderstehlichkeit in siegreichen Kämpfen gegen Connors Mannen dargethan hat. Auch die persische Version lässt Rustem erst eigens vom Schah Keikawus aufgerufen sein, und nach einem ersten ergebnislosen Kampfe mit dem Sohne meidet ihn Rustem und lässt ihn im Heere der Iranier wüten. Die Analogien sind stark, wenn auch für das Lied nicht zwingend; der Zwang, unter dem Hildebrand bewusst gegen den eigenen Sohn die Waffe erhebt, ist im Gedichte durch die in den Reden des Sohnes enthaltene Unterstellung der Feigheit begründet; aber für die Sage, die der Dichter bearbeitete, könnte der Analogie-Schluss immerhin wol gelten dürfen; die Begründung im Hildebrandsliede würde darnach einem variierten Sagenstadium angehören.

Ein anderer Punkt ist unlängst von D'Arbois de Jubainville (L'épopée celtique en Irlande I, XXXV f.) berührt worden. Sowol in der persischen als in der keltischen Version spielt ein Kleinod (eine Spange im persischen, ein grosser Daumenring, später als Kette aufgefasst im Keltischen) eine wichtige Rolle; es ist das Erkennungszeichen, das der Vater der Geliebten hinterlassen hat und an dem er den Sohn erkennen soll; doch erfolgt diese Erkennung an dem Kleinod zu spät (auch in russ. Verss. hinterlässt Ilja für den Sohn einen Ring, der zur Erkennung führt vgl. Rambaud a. a. O.), im Persischen nach der tötlichen Verwundung, im Keltischen nach dem Tode des Sohnes. D'Arbois de Jubainville erinnert nun an die Armspange, die Hildebrand dem Sohne anbietet zum Zeichen seiner Huld. Das sei unmittelbar vor dem Kampfe unmotiviert [1] und es liege hier ein Missverständnis der Sage vor. Man braucht den falschen Schluss, das Hildebrandslied

[1] „Le cadeau fait à Hadubrand par son père au moment de se battre avec lui est presque ridicule", womit jedoch der Autor den Zusammenhang der Stelle verkennt.

sei die Bearbeitung des keltischen Liedes, das auch am Main und an der Donau einst erklungen sei (!!), nicht mitzumachen und kann doch anerkennen, dass hier ein Punkt berührt wird, der immerhin auf seine Analogien in der Sage hin geprüft zu werden verdient. Freilich ist diese Prüfung a. a. O. am unrechten Ende angefasst. Dass Hildebrand seinem Sohne einen Armring anbietet, setzt allerdings einen tieferen Sagenzusammenhang voraus[1]. Das Angebot erfolgt in unmittelbarem Zusammenhange mit der leidenschaftlich erregten Anrede Hildebrands an seinen Sohn: „Das wisse der grosse Gott oben im Himmel, dass du trotzdem [vorher sagt Hadubrand, er glaube nicht, dass Hildebrand noch lebe] noch nie mit einem so nahe verwandten Manne verhandelt hast" (zur Auffassung des Textes vgl. Kögel, Littgesch. I 1, 220 f.). Damit löst Hildebrand den Ring vom Arme und bietet ihn Hadubrand an. Will Hildebrand damit seine Vaterschaft beweisen? Der Zusammenhang der Handlung mit den Worten scheint darauf zu weisen. Aber auch als Zeichen blosser freundlicher Gesinnung ist das Angebot verständlich und die Analogien sind doch im Detail zu abweichend, um zu erlauben, dieses Motiv in das Lied hinein zu interpretieren; dagegen scheint es nicht unwahrscheinlich, dass auch die germanische Sage auf einer älteren Stufe dieses Motiv besessen hat, das hier frei umgebildet ist und anderen Zwecken dienlich gemacht worden ist.

Eine solche Umgestaltung des Motivs war aber in der That notwendig durch eine einschneidende Änderung, welche die Sage erfuhr, und bei der verschiedene alte Motive sich verändern und umgestalten mussten.

Ein anderer Zug lässt sich nämlich durch die Analogie sämtlicher anderen Versionen als Änderung erweisen. Im griechischen, slavischen, persischen und keltischen ist es der Sohn, der aus der Ferne (wo ihn der Vater gezeugt) in das Land als Feind kommt, und der Vater ist der Verteidiger des Landes.

Die Abweichung der deutschen Sagenform ist aber nicht blos constatierbar, sondern auch erklärbar: sie hängt offenbar

[1] Über die sachlichen Schwierigkeiten und Unklarheiten dieser Stelle vgl. auch Luft, Die Entwicklung des Dialoges im alt. H.L., Berlin 1895, S. 19 ff., dessen Erklärung ich mich allerdings nicht anschliessen kann.

zusammen mit der Verschmelzung der Figuren Hildebrands und Gensimunds, mit der Übertragung des arischen Heroenmythus auf den greisen Waffenmeister Dietrichs; da mit dieser Verschmelzung auch das Motiv 30-jährigen Exils des grauen Helden gegeben war, musste sich die alte Sage dem Modell der Dietrichsage fügen, und die Stellung des Vaters und Sohnes die umgekehrte werden. Mit dieser Contamination mussten aber auch die Reste des Mythischen in der Sage schwinden und rein menschlichen Verhältnissen Platz machen, wenn solche in der deutschen Form vor der Contamination noch vorhanden waren. Nach der keltischen Version muss Cûchullain vor Conlaoch fliehen und bedarf erst einer magischen Lanze, um ihn zu töten. Auch Rustem entgeht nur durch List dem Tode von Sohrabs Hand und verlangt von der Gottheit die in der Jugend ihr anvertraute Kraft, in deren Besitze er dann Sohrab mit Leichtigkeit fällt. Merkwürdiger Weise ist auch in der skandinavischen Variante der Hildebrandssage (s. u.) das Motiv eines Zauberschwertes vorhanden [1]. Darnach möchte es in der That scheinen, als ob die skandinavische Version einen Zug erhalten hätte, der in dem Liede abgestreift worden ist. Doch ist das Motiv wahrscheinlich eine nordische Zuthat und weicht so vollständig von jenem pers.-kelt. Motive ab, dass der Analogieschluss hier wol unberechtigt ist; in der Handlung des ahd. Liedes ist jedenfalls für dieses Motiv kein Platz mehr. — Nach der germanischen Fassung muss sich die Frage erheben, weshalb Hildebrand, wenn er schon den Kampf mit dem Sohne zu übernehmen gezwungen ist, ihn nicht nach der Besiegung schont. Kögel (Ltg. 1, 1, 234) macht darauf aufmerksam, dass nach der Darstellung der ThS. (c. 408) der Sohn, vom Vater bedrängt, sein Schwert als Zeichen der Unterwerfung anbietet, dass er aber, als Hildebrand es annehmen will, verräterisch nach seiner ausgestreckten Hand schlägt. Hildebrand aber hält den Schild vor und spricht verächtlich: diesen Schlag hast du wol von deinem Weibe, aber nicht von deinem Vater gelernt, und dringt nun so gewaltig ein, dass der Sohn zur Erde fällt und Hildebrand ihm sein Schwert vor die Brust setzt. Auch im

[[1] Aus der skandinavischen Version. und aus dem Namen Hildibrand hat Kauffmann a. a. O. 162 ff. darauf geschlossen, dass auch in der alten germanischen Sage Hildebrand seinen Sohn mit einem Zauberschwert getötet habe.]

jüngeren Hildebrandslied wird — aber offenbar ist die der ThS. entsprechende Scene ausgefallen, denn Motivation und Zusammenhang fehlen — erzählt, dass der Junge dem Vater einen Schlag gibt, über den Hildebrand erschrickt; er springt sieben Klafter zurück und sagt: 'den Schlag lehrte dich ein Weib'; da man starke Schläge nicht von einem Weibe lernt, muss, wie Kögel richtig bemerkt, eben der verräterische Schlag gemeint sein. Der versöhnliche Ausgang dieser jüngeren Versionen stimmt schlecht zu diesem beispiellosen Verrat; sie haben aber nach Kögels Meinung eben einen alten Zug bewahrt, der ehedem erklärte, warum der Vater dem Sohne als Verräter das Leben nicht schenken konnte. Zu dieser Erklärung bietet die russische Version eine auffallende Analogie. Ilja besiegt seinen Sohn und verschont ihn, worauf die Erkennung folgt; aber der Junge schiesst dann später auf den schlafenden Vater einen Pfeil, der an einem eisernen Kreuz, das der Vater trägt, abprallt; da steht der Alte im Zorne auf und tötet den Verräter. Man kann sich diese Übereinstimmung sehr verschieden zurechtlegen; doch sollen die verschiedenen Möglichkeiten hier nicht weiter verfolgt werden, und die Parallele mag als blosse Notierung ihren Platz finden.

Ein Punkt endlich, wo die Übereinstimmung der keltischen, persischen und russischen Version (die griechische weicht, wie auch sonst, ab) unzweifelhaft beweisenden Wert hat, ist der Ausgang der Sage: nach allen vier aussergermanischen Versionen endet sie tragisch, nach den drei nächstverwandten mit dem Tode des Sohnes. Schon aus dieser Übereinstimmung würde sich für den verlorenen Schluss des Liedes der gleiche Ausgang folgern lassen. Aber schon der Ton des Liedes selbst genügt zu beweisen, dass es einem tragischen Ende zueilt; ein so gewaltiger Gefühlsausbruch wie der Hildebrands vor dem Kampfe — dessen Bedeutsamkeit durch die sonstige Knappheit des Liedes (s. Heinzel, Über den Stil der altgerm. Poesie S. 30) erhöht wird — ist in der alten heroischen Poesie als blosse spannungerregende Phrase, die dann durch den Ausgang doch Lügen gestraft würde, undenkbar und unmöglich. Zu dem Zeugnis der analogen Versionen und dem inneren Stilzeugnis tritt bekräftigend auch noch das Zeugnis der skandinavischen Variante.

In einer vísa, die in der Ásmundarsaga kappabana dem sterbenden Hildebrand in den Mund gelegt wird, zählt Hildebrand die Helden auf, die er getötet, und bezieht sich dabei auf die Abbildungen auf seinem Schilde, der ihm zerbrochen zu Häupten steht: dort liegt der traute Sohn, den er, nicht mit Willen, des Lebens beraubt habe:

Liggr þar inn svási sonr at höfði,
eptirerfingi, er ek eiga gat,
óviljandi aldrs synjaðak

und entsprechend sagt Hildigerus, der hier Hildebrand vertritt, bei Saxo (ed. Müller, 358, H. 244):

medioxima nati
illita conspicuo species cælamine constat,
cui manus hæc cursum metæ vitalis ademit.
unicus hic nobis hæres erat, una paterni
cura animi, superoque datus solamine matri.
sors mala, quæ lætis infaustos aggerit annos,
et risum mœrore premit sortemque molestat.

Die Wichtigkeit dieses Zeugnisses ist schon oft betont worden (Uhland, Schr. 6, 122 ff., Rieger Germ. 9, 314 u. ä. m.). Näheres erfahren wir bei Saxo nicht, dessen prosaischer Bericht überhaupt dieses Vorkommnisses gar nicht gedenkt; nach der Saga tötet Hildebrand in einem Anfall von Berserkerraserei den Sohn, der ihm begegnet, eine offenbare Erfindung des Sagaschreibers, der zu der Andeutung der Verse eine Geschichte erfand; ein äusseres Kennzeichen für die junge Erfindung liegt darin, dass so, wie die Saga erzählt, der Tod des Sohnes gar nicht auf dem Schilde stehen könnte, da Hildebrand unmittelbar nach seiner That zu dem für ihn tötlich endenden Zweikampf eilt[1]. Die Verse selbst sind entschieden junge nordische Dichtung, nicht Ableger eines alten deutschen Liedes (vgl. Finnur Jónsson Lit.-hist. II 139 ff.), was aber nicht ausschliesst, dass sie älter sind als die erste Formierung der Saga, wie ja ihr sagenhisto-

[1] Diese chronologische Unmöglichkeit hat Detter (Einleitung seiner Ausgabe in „Zwei Fornaldarsögur", S. LIII) hervorgehoben, und schliesst aus diesem Umstande, dass die Strofe verderbt sein müsse; der Tod des Sohnes könne nicht, wie jetzt dem Zusammenhange nach, auf dem Schilde dargestellt gewesen sein, und die Verse 1—3, die vom Schilde handeln, könnten mit Vers 4—6, die vom Tode des Sohnes sprechen, ursprünglich nicht zusammenhängen. Dass dieser Fehler auf der Erfindung des Sagaschreibers beruht, nicht aber in der Überlieferung der Verse, zeigt schon Saxo, wo in den Versen ebenfalls der Tod des Sohnes durch den Vater als eine Darstellung des Schildes erwähnt wird, die Erfindung des Sagaschreibers aber fehlt. Im gleichen Sinne spricht sich Rieger, Germ. 9, 314 [und neuestens Kauffmann a. a. O. S. 166] aus.

rischer Inhalt bedeutend älter ist als die sonstige Erzählung vom Falle Hildebrands in einem Bruderkampf, der bei Saxo und in der Saga in verschiedener Umgebung erscheint. Sowol die Saga als Saxo schöpfen aus einer gemeinsamen Quelle, deren Verse in beiden gut erhalten sind, deren sonstige Darstellung aber bei Saxo und in der Asmundarsaga, so wie sie uns jetzt vorliegt, stark abweichend behandelt ist (vgl. F. Jónsson a. a. O. 149, Olrik, Sakses kilder II 246)[1]. Neben dem direkten Zeugnis für die Hildebrandssage enthalten Saxo und die Saga den Kampf Hildebrands mit seinem Bruder, wobei der Bruder nichts von der Verwandtschaft weiss, Hildebrand aber — wie die Saga nur unklar andeutet, Saxo aber direkt sagt — den Bruder kennt und den Kampf vermeiden will; Motiv und Situation lassen an eine durch Verdunkelung der Überlieferung oder wahrscheinlicher durch bewusste Neudichtung nach dem Muster des älteren Motivs entstandene Umbildung der Hildebrandssage denken[2] (CPB I 190, Detter a. a. O. S. XLIII ff., und schon früher mit z. T. abweichenden Gründen Rieger, Germ. 9, 315), wozu noch in der Saga einige Züge deutscher Herkunft in der Localisation des Kampfes am Rhein und an der Mosel (Máshella), in der Auffassung Hildebrands als eines Hunnenhelden u. ähnl. treten (Detter a. a. O.). [Doch ist es zweifelhaft, ob man auf diese Localisierungen Gewicht legen darf, da in jüngerer Sagaliteratur der Schauplatz der Begebenheiten gerne nach Deutschland verlegt wird, s. Kauffmann a. a. O. S. 165 f. Aber Hildebrand als Hunnenheld ist doch wol mehr als Zufall.] Das Motiv der Erzählung, dass Hildebrand von einem Zauberschwert fällt, an das Zwerge einen Fluch geknüpft haben, wird auch in den vísur berührt. Aber es wird wol mit dem Brudermord zusammengehören (Detter a. a. O.) und darum nicht für eine deutsche Form in Anspruch genommen werden können. Ebenso bleibt unsicher, ob mit Rieger (a. a. O.) die dem Bruderkampfe vorhergehenden anderen Kämpfe, denen Hildebrand nur zusieht, als Nachahmung der deutschen Sage, d. h. als Beweis dafür angesehen werden dürfen, dass auch in der alten deutschen Sagenform Hildebrand erst nach Niederlagen anderer Kämpfer sich gezwungen gesehen hat, gegen

[[1] S. jetzt die eingehende scharfsinnige Besprechung des Verhältnisses bei Kauffmann a. a. O.]

[[2] Gegen diese Ansicht spricht sich Kauffmann a. a. O. aus.]

den Sohn die Waffen zu ergreifen. Kenntnis der Namen Heribrand und Hildebrand (sowie Hadubrand) in Verbindung mit einander zeigt auch Frá Fornjóti a) hversu Noregr bygdist, (FAS II 10), wo ein Hildebrand als Vater Vígbrands, und dieser als Vater eines Herbrand genannt wird, und *Víg*brand gewiss *Hadu*-brand (Detter, Seite LXVI) ist[1]; der Hildebrand der Sögubrot (HS Nr. 97) beweist nicht mehr, als dass der Name bekannt war, während jene Verbindung der drei Namen allerdings auf Sagenkenntnis — wenn auch nicht mehr unmittelbar beim Verfasser — schliessen lässt. Eine andere Sagenrolle Hildebrands ist im Norden auf þórir Járnskjöldr übertragen (s. S. 212); sie gehört der Dietrichsage an, und ist mit der betreffenden Partie derselben nach Skandinavien gekommen. Die eigentliche Hildebrandssage, die — wenn man von den deutschen Lokalisationen der Asmundarsaga absieht — allerdings in den skandinavischen Formen kein direktes Zeugnis für die Verbindung mit der Dietrichsage enthält, wird aber gleichwol schwerlich aus der noch unverbundenen Sagenform stammen, da in diesem Falle die Wanderung vor das 8. Jhd. gesetzt werden müsste, während doch die Verse und damit die Sage sich nicht über das 12. Jhd. zurück verfolgen lassen, und überhaupt derartige Gedichte in Sagas nicht für die Zeit der heroischen Dichtung in Anspruch genommen werden dürfen (vgl. Jónsson, Lit.-hist. II, 139). Da aber die Sage von Hildebrand als Befreier Dietrichs mit der von seinem Kampfe mit dem Sohne in keiner Verbindung steht, so sind diese beiden Einwanderungen sicher auch weder gleichzeitig noch an einem Eintrittspunkte erfolgt, so wenig als die Kenntnis des Verfassers der Gdkv. III von Dietrich auf die Einwanderung eines grossen Sagencomplexes hinweist (Vgl. S. 162).

Noch jünger als diese sporadischen Zuflüsse deutscher Sage in den Norden ist die Wanderung der jüngeren Form der Hildebrandsage durch sächsische Vermittlung nach Norwegen (ThS.). Der Bericht der ThS. setzt bereits die Umwandlung der Sage voraus, nach der Hildebrands Sohn Alebrant vom Vater niedergeworfen wird, sich zu erkennen gibt, und den Vater nun zu Ute führt (in einer Klasse der Drucke wird hier noch das Motiv vom Erkennen der Gatten durch den Ring eingeführt, das — jeder Gedanke an das alte Kleinodmotiv

[1] Die Anführungen in HS Nr. 97 sind der schlechten alten Ausgabe entnommen und unvollständig; „Fundinn Noregr" ist in FAS. der Titel von Frá Fornj. h.

der arischen Sage ist ausgeschlossen — im vorliegenden Falle der Möringer Ballade entstammen dürfte (M.-Sch. DM II[3], 23). Das jüngere deutsche Lied steht mit dem ahd. Fragment in keiner literarischen Beziehung — obwol es auch so ein interessanter Beweis dafür bleibt, wie sich der episch begrenzte Stoff eines Einzelliedes in derselben Abgrenzung traditionell immer wieder erneuert hat; — die erhaltenen Hdss. und Drucke führen genealogisch auf eine Bearbeitung des 14. Jhds. zurück (Steinmeyer a. a. O. 20 ff.). In welchem literarischen Verhältnis das Lied, das der ThS. zu Grunde liegt, zu dieser späteren Bearbeitung steht, ist nicht zu ermitteln. In dieselbe Zeit wie die Vorlage der ThS., vielleicht auch noch etwas weiter zurück, würde eine Anspielung in Wolframs Willehalm führen (HS Nr. 42), doch ist es nicht sicher, ob sie bereits ein besonderes Lied voraussetzt (Steinmeyer a. a. O.); auch für die Sage ergibt sich wenig daraus. Höchst wahrscheinlich ist auch Hildebrands scherzhafter Kampf mit Alphart in Alpharts Tod die Nachbildung der jüngeren Sagenform von Hildebrands Kampf mit Alebrand (wie schon Edzardi, Germ. 25, 65 andeutet), und spricht dann allerdings für die Existenz eines besonderen Liedes, das somit für c. 1250 bezeugt wäre. Die Schwächung der alten Tragik liegt im Zuge modernerer Zeiten begründet; auch auf russischem Boden kommen Varianten der Iljasage mit versöhnlichem Ausgange vor, ein Ausschlag gleicher psychologisch-kultureller Faktoren.

In der ThS. geht dem Kampfe zwischen Vater und Sohn ein ganz ähnlicher Kampf zwischen Hildebrand und dem jungen Amlung vorher. Hierin liegt zweifellos eine Nachbildung der Hildebrand-Alebrand-Scene vor (Edzardi, a. a. O.), aber diese Verdoppelung wird das Resultat eines Missverständnisses sein, das auf Rechnung des Sagaschreibers zu setzen sein dürfte, der die Stellung des im Gedichte auftretenden Herzogs Amelung[1] falsch auffasste, und aus Varianten eine neue Parallelerzählung sich zurechtzimmerte. Darauf führt der Zug der Saga, dass Amelung droht, Hildebrand den Bart auszuraufen, was in der Alebrandscene der ThS. fehlt, in den deutschen jüngeren

[1] Nach Steinmeyer a. a. O. ist für den Archetypus des jüngeren Liedes Abelon anzunehmen, was doch nicht ausschliesst, dass es Verderbnis aus Amelung ist; will man Abelon als ursprüngliche Form annehmen, so müsste die nahe liegende Änderung zu Amelung schon früh in alten Varianten vorgekommen sein.

Fassungen des Hildebrandliedes aber einen Zug, der von Alebrand erzählt wird, bildet, also deutlich Zerdehnung des einen Liedes in zwei Doubletten[1].

Dass Hildebrands Vater Heribrant hiess (wie im ahd. Fragment), wissen auch Wolfdietrich D und der Anhang zum Heldenbuch; auch 'Fra Fornjóti, a' zeigt Kenntnis davon; die Doppelung von Hildebrand mit Herebrant in dem altfrz. Gedichte dagegen wird wol zufällig sein. Dass die sonstigen deutschen Denkmäler davon nichts erwähnen, scheint bedeutungslos zu sein, und man wird kaum mit HS S. 287 Gewicht darauf legen dürfen, dass der Name „in einer gewissen Periode nicht zum Vorschein kommt". Wenn man nicht an zufälliges Schweigen glauben will — wozu es doch an Belegen nicht fehlt, so wird z. B. im Nibelungenlied und in der Klage Dietrichs Vater Dietmâr nicht genannt, obwol kaum im Ernste bezweifelt werden kann, dass er der Sage bzw. den Dichtern bekannt war —, so kann man daraus höchstens schliessen, dass die Sagenkenntnis verschiedener Verfasser bzw. in verschiedenen Landschaften nicht gleich ausgebreitet war, was ja von vornherein natürlich und unzweifelhaft ist. Eine wirkliche Nichtkenntnis darf man höchstens dort erschliessen, wo ein Herbrant unter den Helden erscheint, ohne als Vater Hildebrands genannt zu werden, so in Virginal, wo Herbrant ein Berner Ritter im Gefolge Hildebrands ist, in Dietrichs Flucht, wo Herbrant neben Hildebrant genannt wird, und in der Partie der ThS., wo ein Herbrand im Heere Dietrichs erscheint (s. HS 120. 257. Rassmann II 360). Andere Partien der ThS. dagegen setzen für ihre Quelle noch das richtige Verhältnis voraus, das durch Missverständnisse des Sagaschreibers freilich stark verdunkelt ist.

In C. 15 der Thidrekssaga wird folgender Stammbaum mitgeteilt:

Ein Herzog von Venedig [ohne Name A, Eirek B, Ragball [I] S]

	Boltram AS (Hertram B)	Reginbald [II] B (Regbald S) (Einginbald A)
	|	|
nur A, fehlt B.	Reginbald [III]	Hildibrand
	|	
	Sintram	

[1] Rassmanns Meinung (II 636), Amelung sei aus dem der ThS. zu Grunde liegenden Liede in das Hildebrandslied übergegangen — also Vermischung zweier Sagenformen zu einer — stellt den natürlichen Zusammenhang auf den Kopf.

Nach S (c: 12) aber ist Hildebrand der Sohn des „ersten“ Herzogs Ragbald (I), womit der Verfasser freilich sehr nachgehinkt kommt, da er vorher nur von den 2 Söhnen des Ragball I gesprochen, und Sintram der Sohn Regbalds II. Nach c. 83 der ThS. ist Boltram [Bolstram A] (für den sich Hildebrand ausgibt) der Sohn des Jarls Reginbald (der Name fehlt hier in S) von Venedig, und nach c. 106 ebenso Sistram (M, Sintram ABS) der Sohn Reginbalds (Reynebalds S) des Jarls (MS, Herzogs AB) von Venedig, so dass sich deutlich ergibt, dass Reginbald III eigentlich identisch ist mit Reginbald I, dessen wahren Namen nur die schwedische Bearbeitung erhalten hat, und dass Boltram und Sintram Brüder sind, was wir auch aus anderer deutscher Quelle bestimmt wissen[1]; in Cap. 15 ist also Reginbald, der gemeinsame Vater, fälschlich zu einer anderen Person gemacht und mit seinem Sohne Sintram thörichter Weise an Boltram genealogisch als Sohn und Enkel angehängt worden (darnach müsste der „Gefährte“ Boltrams in c. 83 sein Enkel sein!), was jedoch die Hs. B nicht mitmacht. Der Stammbaum vereinfacht sich somit in diesem Zweige zu:

Reginbald
/ \
Boltram Sintram.

Der andere Zweig lässt sich ebenfalls ohne jede Schwierigkeit erklären. Nach c. 106 ist Hildebrand der Blutsverwandte, frændi, Sintrams. Nun heisst c. 83 der Vater Sintrams Herinbrand (Hellebrand S), der Vater Hildebrands c. 15 aber Reginbald (II); offenbar ist die Verwandtschaft beider eine Vetterschaft und die Väter (als Brüder) sind verwechselt; Herinbrand gehört zu Hildebrand und Reginbald zu Sintram, wodurch sich Reginbald II als identisch mit Reginbald I und III erweist. Der zu Grunde liegende Stammbaum ist somit sehr einfach gewesen:

x
/ \
Reginbald Heribrand
/ \ |
Baltram Sintram Hildebrand

[1] Da der Name Boltram in der ThS. offenbar aus dieser Baltram-Sintramsage stammt, so steht diese Hildebrandgenealogie, nach der Hildebrand der Vetter Baltrams ist, gewiss nicht, wie Rassmann II 361 will, in Zusammenhang mit der Genealogie in Wolfdietrich D, wo Baltram Berchtungs Schwager ist, Hildebrand aber Berchtungs Enkel. Dass beidemal ein Baltram in Verbindung mit Hildebrand auftritt, wird Zufall sein.

Der Sagaverfasser hat aber durch Differenzierung des einen Reginbald in drei verschiedene Personen und sonstige Verwechslungen einen wahren Rattenkönig von Widersprüchen und Unmöglichkeiten daraus geschaffen. Es ist nicht uninteressant, selbst an einem so untergeordneten Punkte sein Verfahren zu controlieren; genau so verfährt er ja an anderen Stellen mit Sagen, die er — veranlasst durch Parallelvarianten und Missverständnisse — auseinanderreisst und zu Doppelactionen umgestaltet (s. oben die Amlung-Episode; die Wilzenkämpfe S. 175; die Harlungensage S. 80 ff.; ein weiteres Beispiel S. 295 ff.).

Der Name von Hildebrands Mutter, Amîe, in Wolfdietrich D ist nur genealogisierende Erfindung. Auch der ungleich berühmtere Name seiner Gattin Uote (von älteren Denkmälern kennen ihn Wolfram (HS S. 71), Alpharts Tod, Virginal, Dietrichs Flucht, Rosengarten D und F, und ThS.; ebenso ist er jüngeren Denkmälern z. B. der Umarbeitung von Laurin, dem jüngeren Hildebrandslied, Anh. z. HB etc. geläufig s. HS.[3] Register s. v.) wird wol, wie die Figur überhaupt erst später poetisch ausgebildet ist, verhältnismässig spät in der Sage aufgekommen sein; es ist ein ganz poetisch-fictiver stehender Name für Ahnfrauen, Stammmütter von Heldengeschlechtern, wie in der Nibelungen- und Kudrunsage (J. Grimm, ZfdA. 1, 21; HS. S. 120).

Zahlreich sind in mhd. Denkmälern die Zeugnisse, in denen das Heldengeschlecht der Wülfinge genannt wird, dem Hildebrand und eine Reihe von Helden angehört, deren Namen zum Teil mit Wolf componiert sind; so der Neffe Hildebrants, Wolfhart, ferner Wolfwîn, Wolfbrant, Wülfing etc. [s. HS[3], Register]; hie und da wird sogar eine Verwandtschaft Dietrichs mit den Wülfingen angenommen (vgl. HS. 119. 264). Über die Entstehung des Namens erzählt Wolfd. D. X Str. 117 ff., dass Hildebrant von Wolfdietrich um dessen Namens willen die Verleihung eines Schildzeichens mit drei Wölfen erbeten habe, und daher führen alle Angehörige dieses Geschlechtes den Namen Wülfinge — eine junge etymologische Sage, welche die späte Verknüpfung mit Wolfdietrich voraussetzt. Wylfingas kennt schon Beowulf und Wídsíđ, und nach den dortigen Andeutungen lässt sich erschliessen, dass damit ein gotisches oder den Goten nahestehendes Volk südlich der Ostsee oder an der Südküste der Ostsee gemeint ist, das im Wídsíđ noch in den alten Sitzen an der Ostsee gedacht ist (Müllenhoff ZfdA. 11, 282, 23, 170, 'Beowulf'

S. 90). Auch die Eddalieder von Helgi Hundingsbani, dem berühmtesten Ylfing, kennen ein Geschlecht der Ylfingar; durch die Contamination der Helgisage mit der Vǫlsungensage ist der Name auch auf Sigmund übergegangen und der Sammler erklärt daher (Prosa zu HH II) Vǫlsungar und Ylfingar fälschlich für identisch[1]. Dass die Ylfinge der Helgilieder mit den ags. Wylfingas und weiters mit den gotischen Wülfingen des mhd. Epos zusammen fallen (s. dagegen aber Uhland, 8, 143) und auf ein und dieselbe Gegend, die Südküste der Ostsee deuten, hat Müllenhoff ZfdA. 23, 170 wahrscheinlich zu machen gesucht; bei Saxo wird der Gegner Helgis, Hunding, ein sächsischer Fürst genannt, und die Hundinge kennt auch Wídsíđ, wie es scheint, ebenfalls an der Südküste der Ostsee (Müllenhoff ZfdA. 11, 278, 23, 128), woraus Müllenhoff schliesst, dass der Kampf zwischen den Ylfingen und Hundingen ebenda vorgegangen sei. Aber der Kämpfer der Ylfinge in diesem Kampfe hat im südgermanischen Epos gewiss nicht Helgi geheissen (Müllenhoff a. a. O. 23, 128) und was die Helgilieder sonst berichten, gehört zweifellos nur nordischer Sage an. Bei der Unsicherheit der Identificierung dieser nord.-ags. Wylfinge mit den Wülfingen des mhd. Epos und den sonstigen sehr schwankenden Schlüssen, welche das dürftige Material zulässt, muss unentschieden bleiben, ob Hildebrand wirklich von Anfang an zu diesem Geschlechte gehört, und wie Dietrich mit ihm in Verbindung gekommen ist. Trennt man die nord.-ags. Wülfinge von den mhd., so würde sich letzterer Name am leichtesten als eine ursprünglich epische Bezeichnung der Mannen Dietrichs aus der Exilsage erklären; die vertriebenenen heimatlosen Helden konnten nicht treffender als Wülfinge genannt werden.

2. Witege und Heime.

Bei Jordanes ist an zwei Stellen von einem Vidigoja die Rede: cap. 5 wird er unter den vom Volke besungenen Helden und zwar unmittelbar hinter dem westgotischen Herzog Fridigern genannt, und cap. 34 wird unweit der Residenz Attilas

[1] In nordischen genealogischen Stammtafeln werden die Ylfingar noch öfter erwähnt s. Hyndluljóđ 11. 16 mit Bugges Anm. zu d. St. und sonst. Über Ylfingar in nordischen Stammtafeln s. Uhland, Schriften 8, 139 ff., Sijmons, PBB, 4, 176 ff., Heinzel, Über die Hervarar Saga S. 93 ff.

— zwischen Theiss und Donau, vermutlich im Jazygenbezirk (Wietersheim II[2] 230 Anm. 1, 231 f.) — der Ort genannt, wo vor langer Zeit Vidigoja, der tapferste der Goten, der List (Tücke) der Sarmaten unterlegen war. Darnach war dieser Vidigoja ein westgotischer Held, denn die Ostgoten sind nicht vor der Hunnenzeit mit Sarmaten zusammengestossen, wol aber die Westgoten schon bedeutend früher; die Epoche Vidigojas fällt nach diesen Indicien etwa um das Jahr 330; aber auch die Ostgoten wussten offenbar von ihm zu erzählen, denn die zweite Angabe wird von Jordanes in der Wiedergabe des Gesandtschaftsberichtes von Priskos angeführt, wo sie aber im Originale fehlt, und kann also nur von Cassiodor, der sie aus der ostgotischen Tradition geschöpft haben muss, eingeschaltet sein (s. Müllenhoff, ZE III).

Mit dem Sagenhelden mhd. Witege, vollere und ältere Form Witegouwe (die missverständlich als selbständige Figur in DFl. Rab. und Anh. z. HB erscheint, HS S. 217. 218. 326), ags. Wudga und in den Walderefragmenten in anglisierter deutscher Form [s. Binz, Beitr. 20 S. 187] Widia [über die Namenformen und sonstigen Namenbelege s. Müllenhoff ZfdA. 12, 256 ff.], hat dieser historische, oder doch für historisch angesehene Gotenheld nicht nur den Namen gemein, sondern auch die Gegnerschaft zu den Hunnen, die auf leicht verständliche Weise für die Sarmaten eingetreten sind. Wenn im Wídsíð Kämpfe der Goten mit den Hunnen am Weichselwalde erwähnt werden und unmittelbar darauf nach einigen anderen Namen Wudga und Hâma genannt werden als „nicht die schlechtesten Gefolgsleute“ Ermanrichs, deren sausender Speer oft in die Schaar der Feinde geflogen sei, so muss man (mit Müllenhoff, ZfdA. 11, 293) diese Kämpfe eben auf die Hunnenkriege beziehen; und noch die mhd. Sage hat trotz aller Umgestaltungen in den epischen Einzelzügen doch die allgemeine Vorstellung festgehalten, dass Witege ein Gegner der Hunnen ist und dass er bei einer Schlacht zwischen den Goten Ermanrichs und den Hunnen (Dietrichs Helfern) sein Ende findet.

Vidigoja ist also, wie aus dem ags. Zeugnisse erhellt, schon früh zu Ermanarich associiert worden, wahrscheinlich (wie Müllenhoff ZfdA XII 256 vermutet) infolge der Identificierung der Sarmaten mit den Hunnen, den Gegnern Ermanarichs. Eine deutliche Spur der Unursprünglichkeit der Association enthält noch Wídsíð, wenn Wudga und Hâma im Gefolge Ermanarichs als *wræccan*, Vertriebene, Fremde bezeichnet werden[1]; die Sage, die der Verfasser des Wídsíð gekannt hat, stand also noch auf dem halben Wege der Verschmelzung; sie wusste, dass Wudga und Hâma nicht von Haus aus zu Ermanarich gehörten, und wird ihren Aufenthalt bei ihm auch noch zu motivieren gewusst haben.

Zu Vidigoja-Wudga ist hier ein zweiter Held, Hâma, mhd. Heime getreten, für den jede historische Anknüpfung fehlt; auch ihn sondert die Bezeichnung *wræcca* deutlich als Fremden von Ermanarichs Gefolgskreis ab. Die Verbindung beider Helden, die in diesem ältesten Zeugnisse uns entgegen tritt, ist in den mhd. Gedichten auch sonst vielfach bezeugt; in Virginal werden sie, trotzdem ihre hier freundliche Stellung zu Dietrich eine Contamination mit den Wülfingen sehr nahe gelegt hätte, doch noch merkwürdig scharf von diesen getrennt und müssen aus Raben besonders berufen werden; auch die Thidrekssaga hat ihre Zusammengehörigkeit noch festgehalten, obwol sie sonst unter dem Einflusse einer jüngeren Sagenentwicklung steht und einen Antagonismus beider Helden kennt. Besonders wichtig ist das Zeugnis von Alpharts Tod, wo sie als engverbundene, durch Treueschwüre sich gegenseitig verpflichtete Waffenbrüder erscheinen, und wo Witege auf eine Gefangenschaft Heimes mit Dietrich zu Mutaren anspielt, aus der er sie errettet hat. Dass damit auf die Riesenkämpfe Dietrichs angespielt wird, ist oben schon erörtert worden. Witege und Heime erscheinen darnach als Notgestalden, welche auch Kämpfe mit mythischen Wesen zu bestehen hatten. Von Riesenkämpfen Witeges weiss auch die ThS. zu berichten; bei den Kämpfen Attilas mit Osantrix wird er vom Riesen Vidolf niedergeschlagen, und von einer Heerschaar gefangen genommen (c. 136 f.), aber von Vildifer und Isung befreit, wobei die Brüder Aventrod und Vidolf den Tod finden (c. 140—144). Später erlegt Witege den dritten der Riesenbrüder, Etgeir, im Bertangenwalde (c. 193—199); der vierte, Aspilian, findet seinen Tod durch den hochbejahrten Heime bei anderer Gelegenheit (c. 430—433). Es ist fraglich, ob man mit Müllenhoff (ZfdA. 12, 279; vgl. auch Uhland 8, 504 ff., 541 ff.) in allen diesen Erzählungen trümmerhafte Überreste der altmythischen Grundlage

[1] Dass diese Bezeichnung nicht von der später entstandenen Vorstellung, nach der Heime und Witege Überläufer von Dietrich zu Ermanarich sind, ausgehen kann, ist ganz klar, da Widsíð von Dietrich gar nichts weiss. Vgl. Koegel, Ltg. I 1, S. 150.

— die uns in Waldere bezeugt ist — erkennen darf; aber die Rolle Witeges in den Isungen-Rosengartenkämpfen ist allerdings vermutlich sehr alt, viel älter als die literarischen Denkmäler dieser Sage, und auch in einer anderen Beziehung deuten bisher unbeachtet gebliebene Zusammenhänge auf verschollenes und trümmerhaft gewordenes altes Sagengut.

Der Bericht der ThS. ist gerade in den Partien über die Slavenkämpfe höchst verworren und widersprechend. Insbesondere liegen, wie schon früher bemerkt, über den Tod des Osantrix und die vorhergehenden und nachfolgenden Ereignisse deutlich zwei Schichten, unverschmolzene stark abweichende Varianten derselben Erzählungsreihe, nebeneinander: die eine beginnt mit c. 135 ff.: Krieg Dietrichs und Attilas gegen Osantrix, Widgas Gefangenschaft und Befreiung durch Isung und Wildifer, und Osantrix' Tod bei dieser Gelegenheit — die andere mit c. 291 ff.: Krieg Dietrichs und Attilas gegen Osantrix, Osantrix' Tod (in der Schlacht), unmittelbare Fortführung des Krieges durch Waldimar, den Bruder Osantrix', wobei Dietrich hart belagert und erst durch ein Entsatzheer befreit wird. In beiden Formen ist dasselbe erzählt, der Krieg mit dem Wilzenkönig und sein Tod, in beiden wird ein Held der Dietrichsage (Witege, Dietrich) von den Gegnern gefangen bezw. durch ein Belagererheer eingeschlossen, in beiden erfolgt die Befreiung durch die Freunde des Gefährdeten bzw. durch Anrücken eines Heeres derselben. Offenbar sind diese zwei deutlichen Parallelberichte zwei Versionen derselben Erzählungsreihe, und es ist ganz besonders instructiv, zu sehen, wie dieselben Ereignisse einmal episch-sagenhaft als persönliche Actionen, das anderemal historisiert und in allgemeine Actionen aufgelöst, vorgeführt werden; da wir ausserdem positiv nachweisen können (s. S. 177 ff.), dass hier die Sagenbegebenheiten in den Rahmen junger historischer Ereignisse gezwängt und durchgehends historisiert worden sind, wodurch Zersprengungen und Umgestaltungen des Sagenstoffes mit Notwendigkeit erfolgt sein müssen, so ist es keine constructive Hypothese, sondern ein von den Thatsachen gestützter Inductionsschluss, dass diese beiden Parallelberichte zusammengehöriges auseinandergerissen und die derart isolierten Züge dann umgebildet haben, dass die Gefangenschaft und Befreiung Widgas dasselbe Ereignis ist wie die historisierte Einschliessung Dietrichs und die Befreiung durch Aufhebung der

Belagerung. Vergleicht man nun die übrigen Sagenversionen dieses Typus, so bricht auch im Einzelnen eine auffallende Ähnlichkeit durch: wie Witege von dem Riesen Widolf mit der eisernen Stange niedergeschlagen, und in der Betäubung (von einer Schaar seiner Gegner) aufgelesen und gefangen genommen wird, so Dietrich vom Riesen Wicram in Virginal; wie Witege mit eisernen Fesseln im Gefängnis gehalten wird, so Dietrich in Virg., Hrólfssaga (und Laurîn), und auch die Klemmen (nearva), in denen nach Waldere Dietrich von den Riesen gehalten wird, mögen leicht direkt als Fesseln vom Dichter gemeint sein; und wenn es erlaubt wäre so weit zu gehen, so könnte man anderseits in der historisierten Variante die Gefahr des Verhungerns, der Dietrich (und seine Mannen) in ihrer Einschliessung ausgesetzt sind, wie die Saga c. 296. 299 berichtet, aus dem Motive, dass Dietrich von seinen Kerkermeistern dem Hungertode preisgegeben werden soll (Virg. und Hrólfssaga) ableiten. Diese eingehenden Parallelen zeigen, dass wir hier jedenfalls auf dem altsagenhaften Boden von Dietrichs Riesenkämpfen stehen. Es ist ursprünglich Dietrich gewesen, der von den Riesen gefangen genommen und hart gefesselt wird; dass nicht er allein, sondern wie in Alphart, Hrólfssaga (und Laurîn) mit ihm einer oder mehrere seiner Helden gefangen waren, darf aus der (historisiert verallgemeinerten) Gefolgsschaar geschlossen werden, mit der er nach der zweiten Version der ThS. eingeschlossen wird, und ist Voraussetzung für die Möglichkeit einer Zersprengung der Sage in zwei Reihen mit Dietrich einerseits, Witege anderseits als Held der Begebenheiten. Dass Witege der Mitgefangene gewesen sei, könnte wol eine specielle Umbildung der Sage sein — auch in Laurîn befindet sich Witege unter den Gefangenen, doch darf man darauf wol nicht zu viel Gewicht legen —, aber bei der tiefgehenden Zerrüttung dieser Sagenpartien in der ThS. ist ein blosses Missverständnis trümmerhafter Kunde bei den norddeutschen Spielleuten oder vielleicht überhaupt erst beim Redaktor der ThS., durch das Witege, der Befreier, an Stelle eines anderen mit Dietrich gefangenen Helden (in Alph. Heime) trat, wahrscheinlicher.

Die Zugehörigkeit dieser Vidgaepisode zu dem Dietrichsagenkreise bestätigt eine weitere Parallele. Vidga (nach obiger Erörterung eigentlich Dietrich) wird durch Wildifer und den Spielmann Isung befreit, wobei ersterer sich als Bär verkleidet und von Isung an den Hof des Osantrix gebracht wird. In der

Hrólfssaga (c. 41. 42) kommt der Befreier Dietrichs, Hildebrand (Þórir), ebenfalls (allein) in Verkleidung an den Hof des Irenkönigs, und zwar wie die Saga sagt, als Tröll, dämonisches Ungeheuer[1], umhüllt von einem zottigen Pelzmantel, so dass weder Hände noch Füsse zu sehen sind (und befreit dann — die Details sind Eigentum der nordischen Umformung — die Gefangenen, noch ehe das Hauptheer anrückt). Wenn in ThS. (hier an ungehöriger Stelle, c. 132, von der Verwandlung abgetrennt, was der rationalistischen Auffassung der Verwandlung als einer Verkleidung zuzuschreiben ist; der Goldring dient offenbar zur Verwandlung, s. Martin, Q. F. 65, S. 67), wie in der Hrólfssaga ein goldener Ring am Arme des als Ungeheuer verkleideten Menschen erwähnt wird, so mag das Zufall sein. Dass die nordische Saga für die Bärenverkleidung die Tröllverkleidung gewählt hat, ist für diesen Zusammenhang gleichgiltig; die Übereinstimmung des Motivs bezeugt abermals, dass nicht Witege, zum mindesten nicht er allein, sondern Dietrich der von einem Getreuen in Bärenverkleidung befreite ist. Wer dieser Getreue war, erfahren wir nicht; denn der Name Wildifer ist gewiss nicht ursprünglich, ja überhaupt kein echter Name, sondern entstammt der Rolle, die der verkleidete Held spielt. Wildifer wird zwar in ThS. c. 181 mit vildigöltr, Wildeber übersetzt und mag auch von den Gewährsmännern des Sammlers so aufgefasst worden sein, aber der Zusammenhang mit der Rolle ist so deutlich, dass er zur Annahme einer missverständlichen Deutung aus 'Wilde-Bär' zwingt (s. Grimm, M. 655, HS Nr. 16, Uhland, Schr. 8, 513, Martin, QF. Nr. 65, S. 68). Das Eintreten des Motivs der Bärenverkleidung des befreienden Helden in die Dietrichsage ist nicht innere selbständige Entwickelung, sondern der Akt einer Associierung; ein Bären-Schwank, der in seiner Grundidee auf altmythische Vorstellungen und Festbräuche zurückgeht, hat epische Ausbildung erfahren, und ist auch in die Heldensage eingedrungen; wie niederdeutsche Spielleute ihn hier in die Dietrichsage einführten, so ist er anderseits in die Karlsage gedrungen, wie das mittel-niederländische fragmentarisch erhaltene Gedicht Van Bere Wisselauwe beweist, das Martin Q. F. Heft LXV herausgegeben und in seinen literarisch-

[1] Vorher träumt der Königstochter vom Kommen dieses Trölls. In der erweiterten Redaction C wird dafür „Graubär“ eingesetzt (s. Detters Ausgabe, S. XVII), was zwar ein allgemeiner nordischer Traumtypus ist, aber doch nicht ohne Beziehung auf die Erscheinung des in zottiges Fell gekleideten Trolls gewählt ist.

sagenhaften Beziehungen erläutert hat (S. 35 ff.). Auf die gemeinsame — von der Heldensage bzw. Karlssage unabhängige — Grundlage weist die hier wie dort vorkommende Benennung des Bären Vizleo (ThS.) — Wisselau (mndl. Frgm.); die Benennung ist merkwürdig, da es der tschechische Eigenname Václav, Wenzel ist [M 655, Uhland 8, 513, Martin a. a. O. S. 68]. Martin meint, es liege hier vielleicht die historische Erinnnerung an einen hilfreichen Slavenfürsten zu Grunde; das würde voraussetzen, dass die Einschaltung in die Karlssage erst nach dem moule épique der Bärenepisode der ndd. Dietrichlieder erfolgte, was zwar nicht unmöglich, aber doch unerweislich und nicht wahrscheinlich ist; denn dass im mnl. Gedicht ein Riese Espriaen erscheint, der in der ThS. der Bruder der handelnden Riesen dieser Episode ist, muss nicht auf diesen Zusammenhang hinweisen, da der ndl. Karlkreis auch sonst Kämpfe Karls mit Aspriaen (ohne diese Episode) kennt (s. Martin a. a. O. 66) und der Name bzw. diese Figur eine weitere Verbreitung hatten als blos in dem Zusammenhange dieser Episode der ThS., wo Aspr. gar nicht einmal handelnd auftritt. Übrigens hängt die Deutung davon nicht ab. Uhland deutete die Benennung als Bär der böhmischen Wälder; ich weiss nicht, ob ich damit seine Meinung gebe, wenn ich glaube, dass der Name kulturhistorisch daraus zu erklären sein wird, dass das deutsche Mittelalter die gezähmten Bären oft aus dem wald- und wildreichen Böhmen bezogen haben wird und dass böhmische Tanzbärenführer und Musikanten auch in Deutschland herumzogen und der beliebte nationale Name von ihnen selbst ihren drolligen Pfleglingen in gutmütig-kosender Weise gegeben worden, oder erst von den Deutschen als typischer Name für die Bärenführer auch auf das Tier ausgedehnt worden ist. Die Beziehungen des Kampfes des Bären mit dem Riesen zu Frühlingsfesten (bei Maifesten erschien in Dänemark der gadebasse, ein als Tanzbär vermummter Mann) und zu Sagen wie vom schretel und wazzerber oder Märchen können hier nicht weiter verfolgt werden (vgl. darüber a. a. O.). Die unzweifelhaft darin enthaltenen mythischen Elemente kommen nicht der Witege-Dietrichsage zu Gute, da die Verbindung dieses Motivs mit ihr erst secundär ist. Da die Hrólfssaga diese Verbindung voraussetzt und anderseits der deutsche Stoff sich schon im 10. Jhd. an Hrólf angesetzt zu haben scheint, wird sich diese Variante der Sage von Dietrichs Gefangenschaft und Befreiung schon im 10. Jhd. in Norddeutschland gebildet haben. In die Darstellung der ThS. bzw. deren Quellen sind dann noch verschiedene Namen eingeflossen, die nur durch cyklische Verbindung und Beeinflussung in diese Riesensage von Dietrich-Witege geraten sind (Isung, Vidolf, Aventrod, etc.). Der Gewinn dieser Untersuchung für die Witegesage beschränkt sich also darauf, dass thatsächlich in den jung überlieferten Kämpfen mit Osantrix, Vidolf etc. Elemente älterer epischer Typen enthalten sind, die auf Dietrichs mythische Riesensage zurückgehen, wobei Witege wie im ags. Walderefragmente eine Rolle spielte. Auch Witeges Kampf gegen einen Riesen im Bertangenwalde scheint alt (S. 261), und so wird für Heimes Kampf mit Aspilian dasselbe Verhältnis: Fortdauer älterer Elemente und eines älteren moule épique in umgestalteter Form, das für Witege nachweisbar ist, als Möglichkeit durch die Analogie annehmbar, aber nur als Möglichkeit. Für Witege steht jedenfalls so viel fest, dass er schon im 9. Jhd. bei den Angelsachsen (aus deutscher, auf mindestens das 8. Jhd. weisender Quelle stammend) als Riesenbekämpfer bekannt war. Ob der Vidigoja des Jordanes dieselbe Person ist, wie der Riesenbekämpfer und Freund Heimes, ob also Mythisierung dieser Persönlichkeit vorliegt, oder ob die Thaten eines anderen rein mythischen Helden auf seinen Namen übertragen worden sind, ist eine unentscheidbare Frage, da uns jeder Anhaltspunkt für diese Partie der Stoffgeschichte fehlt; in jedem Falle greift das mythische hier ein. Viel schwieriger ist die Entscheidung bei dem im Wídsíđzeugnis mit Vudga verbundenen Helden, Heime, zu treffen.

Heimes Kampf mit dem Riesen Aspilian in der ThS. und seine Beteiligung an den Rosengartenkämpfen vermögen über die ursprüngliche Sphäre, der er entstammt, keine Auskunft zu geben, da beides zu junge Überlieferungen sind, die für seine Person nicht zurückverfolgbar sind und daher die Möglichkeit späterer Übertragung offen lassen. Wenn Heime in einzelnen Versionen des Rosengartens, im Anh. z. HB und in der schwedischen Didriksaga 4 Ellbogen oder Mehrhändigkeit zugeschrieben wird (s. HS S. 282, M 321, Rassmann II 370), so hat gewiss W. Grimm (HS 441) mehr Recht, dies eine Steigerung zu nennen, als Jacob (M. 321), wenn er von einer Bewahrung des ursprünglichen Riesentypus spricht; die M a. a. O., ferner 437 und N 153 beigebrachten Parallelen bezeugen nur, dass ein volkstümlicher Typus der niederen Mythologie auf Heime übertragen worden ist. Dass die spätere Zeit leicht dazu neigte, die Helden ins Riesenhafte hinüberzuziehen, ist ja bekannt; so fällt in dänischen Volksliedern im Worte kæmpe die Bedeutung von Riese und Held zusammen, so werden Helden in späteren Zeugnissen auch Giganten genannt (vgl. z. B. HS 116[b], aus dem 14. Jhd., wo Dietrich, Hildebrand etc. gygantes genannt werden, HS Nr. 135, wo Siegfried als gigas bezeichnet wird u. a. m.). Auch ein Drachenkampf eines riesischen Heimo, wobei dieser — doch nicht in allen Versionen — einen Hort gewonnen, wird in junger Überlieferung erzählt und ist öfter für einen mythischen Heime in Anspruch genommen worden (ZfdA. 12, 378, M 3, 290; HS S. 179. 490; Uhland 8, 545 mit weiterer Litteratur); aber es fragt sich da zunächst, ob der Haimo dieser tirolischen Localsage wirklich der Heime der Heldensage ist, und sollte dies zutreffen, so wäre doch die Überlieferung nicht anders zu beurteilen, denn als eine junge localsagenhafte Wucherung, die Localsagen an den Namen Heimes geknüpft hat; für die Heldensage fliesst daraus kein Gewinn[1]. Unverwendbar zur Constatierung des ursprünglichen Charakters Heimes ist auch die Nachricht der ThS., Heimir (diese Namensform verdankt der südgermanische Held in der ThS. der Contamination mit dem nordischen Heimir) habe Studas geheissen und seinen Namen daher bekommen, dass ein Wurm so geheissen, der grimmiger sei als alle anderen, und darum sei er wegen seiner Grimmigkeit nach diesem genannt worden. Ein Missverständnis scheint hier zu Grunde zu

[1] Der neueste und wol dauernd letzte Versuch einer Verwertung für die Heldensage ist eine Programmarbeit von P. Passler: Zur Geschichte der Heimesage (Gymnasialprogramm von Horn, 1893). Vgl. die Ablehnung dieser Constructionen durch Seemüller, Anz. 21, 332 ff. Seemüller hat neuestens eine treffliche Monographie über diese tirolische Haimosage geliefert, die leider an einem für Germanisten ziemlich entlegenen Orte gedruckt ist: Zeitschrift des Ferdinandeums für Tirol und Vorarlberg XXXIX (1895) pg. 1 ff., Die Wiltener Gründungssage. Der hier an der Hand der reicher als bisher angezogenen und sorgfältig kritisch-genealogisch verfolgten Quellen gegebene Nachweis, dass das ganze Anwachsen der tirolischen Haimosagen erst vom 15. Jhd. an beginnt und durchaus verfolgbar ist, schliesst endgiltig allen Schlüssen auf die Heldensage die Möglichkeit ab; die ganze, hauptsächlich im 16. Jhd. vor sich gegangene Sagenbildung hängt mit der Heldensage nur so weit zusammen, als man vermutlich schon im 13 Jhd. Heimes Moniage nach Wilten verlegte und dort sein Grab zeigte [Albert v. Stade HS Nr. 59[b]]; als solcher localisierter Held und Büsser ist er später Gegenstand weiterer Fabeleien und Localsagen geworden, die nichts mehr mit ihm als Person der Heldensage zu thun haben (s. a. a. O. insbesondere S. 120 ff.).

liegen, da ahd. heimo, ags. hâma das Heimchen heisst; die Hds. B sagt gar, dass der Wurm „heima“ auf Äckern liege und der kleinste aller Giftwürmer sei; damit ist offenbar das harmlose Heimchen gemeint, das für einen Giftwurm zu erklären purer Unsinn ist, wenn nicht ein Aberglaube dahinter steckt. Dass 'heimo' einmal 'Wurm' bedeutet habe (M 321. 574) ist ganz unerweislich, und ein Irrtum Grimms ist es, wenn er sagt, Heime solle nach Erlegung des Wurms den Namen bekommen haben. Weder ein Drachenkampf noch eine Spur mythologischen Charakters Heimes lässt sich aus diesem Missverständnis erschliessen. Ebenso unverwendbar für mythische Erklärung ist der Name von Heimes Vater im mhd. Epos; nach Biterolf heisst er Madelgêr, nach Alph. und Anh. z. HB aber Adelgêr, und es ist höchst zweifelhaft, ob man den Zwerg Madelgêr, den Sohn einer Meerminne in Morolf, mit Madelgêr, Heimes Vater, identificieren darf; heisst doch im Rolandsliede ein Regensburger Schmied und in DFl. ein Recke Ermanarichs ebenso (M 321. Uhland 8, 544, ZfdA. 9, 554, HS. S. 160). Aus den Überlieferungen ist also eine mythische Grundlage für Heime durchaus unerschliessbar, und ebensowenig ergibt sich für eine historische Erklärung; das Zeugnis für Heime in Beowulf (s. S. 74) ist wegen seiner Mehrdeutigkeit und Kürze unidentificierbar. Der einzige Fingerzeig, den die erhaltenen Zeugnisse für den Ursprung geben, ist seine Verbindung mit Witege. Ob er darum für einen mythischen Heros gehalten werden darf, ist aber höchst zweifelhaft.

Wir haben oben gesehen, dass Witege (und mit ihm Heime, wie das Alphart-Zeugnis beweist) durch Riesenkämpfe in die mythische Sphäre getreten ist; die ältesten Zeugnisse, Jordanes und Wídsíð, lassen aber nur Akte von epischer Poetisierung eines historischen Helden erkennen; die Zeugnisse — und über sie hinaus dürfen wir nicht zu Constructionen greifen — beweisen, dass die Mythisierung Witeges (als Riesenbekämpfer) erst in der Sphäre der Dietrichsage eingetreten ist; die mythischen Kämpfe gehören somit der Dietrichsage an, und ob man nun annimmt, dass der historische Vidigoja-Witigo mythisiert wurde, oder, wie ich mit Sijmons glaube, dass auf ihn und seinen Namen die Thaten eines anderen mythischen Riesenbekämpfers übertragen worden sind, in jedem Falle ist diese mythische Schicht erst auf der historischen abgelagert, und kann also für den Genossen, der aus der historischen Schicht durch seine Verbindung mit Witege in die mythische mit hinübergezogen worden ist, nichts beweisen.

Etwas anders stände es, wenn man für Witege eine vom Eintritt in die Dietrichsage unabhängige mythische Sphäre als Ausgangspunkt nachweisen könnte. Man hat in dieser Beziehung schon öfter auf das eigentümliche Verhältnis hingewiesen, dass nach der ThS. und Rabenschlacht (ebenso auch im Chron. imp. in verworrener Abspiegelung dieselbe Vorstellung s. o. S. 265; HS. S. 464) Witeges Ahnfrau ein Meerweib ist. Damit ist aber für die primäre Ursprungsfrage kein Fingerzeig gegeben. Denn die ThS. hat den Stammbaum: Wilcinus mit der Meerfrau — Wade — Wieland — Witege, setzt somit mehrfache secundäre Combinationen voraus; wenn sich auch für Süddeutschland die Kenntnis dieser Genealogie in voller Ausdehnung nicht erweisen lässt, so spricht doch die höchste Wahrscheinlichkeit dafür, dass Witeges Abstammung von der Meerfrau nur das Ergebnis der Sagencontamination ist, nach der er zum Sohne Wielands, und dieser wieder in einem anderen Akte von Sagencontamination zum Sohne des Meerriesen Wade (vgl. Müllenhoff, ZfdA. 6, 65 ff.) gemacht worden ist, dessen Geburt durch eine Meerfrau ein ganz natürlicher Ausdruck seiner mythischen Natur ist; die genealogische Verbindung des Wilcinus mit dieser Meerfrau ist nur ein junger Auswuchs, der das Verständnis der mythischen Reihe: Meerfrau — Meerriese blos verdunkelt, und keine notwendige Voraussetzung. Dass die Reihe Meerfrau — Wade — Wieland — Witege einmal auch in Süddeutschland vollständig bekannt gewesen sein müsse, ist nicht notwendig anzunehmen; die Verbindung Witeges mit Wieland, die aus Niederdeutschland nach Süddeutschland drang, genügt zu erklären, dass damit auch die Vorstellung von einer Meerfrau als Ahnmutter bekannt und bewahrt wurde. Eine binnenländische süddeutsche Sagenbildung hätte gewiss nicht darauf verfallen können, einen Helden von einer Meerfrau abstammen zu lassen, und wenn in der Rabenschlacht die Meerfrau Wâghild die Ahne Witeges ist, so zeigt sich deutlich, dass jene norddeutschen Zwischenglieder — und somit junge Sagencontaminationen — Voraussetzung sind, und dass also keine primäre Vorstellung vorliegt, die man (mit Uhland 8, 544) auf einen mythischen Charakter Witeges als Wasserdämon deuten dürfte. Für Witeges Freund Heime ist somit auch hieraus nichts zu gewinnen.

An die zwei ältesten Akte der Sagenbildung: Verknüpfung des historisch-sagenhaften Vidigoja mit Ermanarich und Verbindung mit einem Helden Heime — wobei es unbestimmbar bleibt, ob ersteres die Voraussetzung für letzteres ist, oder ob Heime schon von Vidigoja mitgebracht wurde, worauf die Sonderung beider von Ermanarich allerdings deutet —, für die Widsíđ das gemeinsame älteste Zeugnis ist, schliessen sich abermals zwei, in ihrer Reihenfolge ebenfalls unbestimmbare Akte an, die Verbindung Witeges mit Wieland, indem er als Spross jenes Rachebundes gedacht wird, und seine Verbindung mit Dietrich: das älteste Zeugnis für beide Akte ist der ags. (auf Alemannien zurückweisende) Waldere. Über die Verbindung Witeges mit Wieland s. oben S. 32 ff. Der Anlass, der dazu führte, Witege (und Heime) als Freunde und Mannen Dietrichs aufzufassen, ist kaum mit Sicherheit konstatierbar. Die sog. ostgotische Heldensage ist, wie wir gesehen haben, in den inneren Alpengegenden, besonders in Alemannien, aus den Trümmern und Resten gotischer historisch-epischer Tratidionen aufgebaut. Der grösste Teil derselben ist an Dietrich angeschlossen worden, ein kleinerer an Ermanarich. Nicht undenkbar wäre es nun, dass Vidigoja ebensogut an Dietrich angegliedert worden ist, wie in anderen Sagen an Ermanarich, d. h. dass derselbe gotische Sagenrest an verschiedenen Stellen zum Aufbaue verschiedener, zunächst von einander unabhängiger Sagen verwendet wurde. Die theoretische Möglichkeit ist unzweifelhaft, und bei dieser Annahme würde sich die Doppelheit der Stellung Witeges und Heimes, die in den späteren Zeugnissen bald auf Dietrichs, bald auf Ermanarichs Seite stehen, ungezwungen erklären. Was die süddeutschen Stämme von den Goten in Bezug auf Vidigoja übernommen haben, war ausser dem Namen sein Tod in einer Schlacht gegen die Sarmaten-Hunnen und sein kriegerischer Ruhm als Sarmaten-Hunnenbekämpfer, und diese Rolle ist ihm auch in der Heldensage geblieben. Wenn man dies festhält, so ergibt sich für seine Anknüpfung allerdings nur ein Punkt: Theodorich war (durch Übertragung der Stellung seines Volkes und seines Vaters zu den Hunnen) in der alten süddeutschen Exilsage ein Freund und Schützling Attilas geworden; Ermanarich aber war ein Gegner der Hunnen; nur an ihn also konnte man Witege als Hunnenbekämpfer anschliessen. Aber es ist zu beachten, dass Witege als gotischer Held doch auch zu dem gotischen König Dietrich gestellt werden konnte in jenen Sagen, in denen Dietrich nicht als Exulant, sondern als unbestrittener Herrscher von Bern gilt, also gerade in einer Sagenschicht, welche auf älteren Vorstellungen basiert als die Exilsage, und man darf nicht vergessen, dass die einzelnen Sagen von Dietrich nicht in pragmatischem Zusammenhange standen; das ist selbst in der mhd. Epik noch immer nicht der Fall. Ein Hindernis für die Angliederung Witeges an solche Sagen liegt also in seiner Rolle als Hunnenbekämpfer keineswegs; er trat als gotischer Held in Beziehung zu Dietrich, und mit ihm tauchte er in die mythische Sphäre. Gerade in dieser sehen wir ihn (mit Heime) denn auch als Freund Dietrichs. Auf Grund seiner Stellung zu den Hunnen war er nun in anderen Sagen auch zu Ermanarich in Beziehung getreten; als nun die beiden Sagen einander durch Annahme einer Verwandtschaft Dietrichs mit Ermanarich nahe gerückt wurden, musste sein Erscheinen auf beiden Seiten zur Entstehung von motivierenden Sagen, die hierin Ordnung zu schaffen suchten, Anlass geben. Nun kann man natürlich auch annehmen, dass erst durch dieses Zusammenrücken der Dietrich- und Ermanarichsagen Witege (und Heime) in die Helden Dietrichs aufgenommen wurden; Voraussetzung dazu wäre die Annahme einer Periode der Sagenvorstellung mit friedlichem Nebeneinander von Ermanarich und Dietrich als Ohm und Neffe; eine solche kann es vielleicht auch gegeben haben, da ja noch bis ins 8. Jhd. hinein Odoaker als Gegner Dietrichs galt; aber die Annahme, dass ein Held, wenn er einmal mit Ermanarich verbunden war, unter die Mannen Dietrichs gezählt worden sei, ist schwerer begreiflich, als der Vorgang, dass eine Sagenfigur, die von Anfang an weder zu Dietrich noch zu Ermanarich in einer Beziehung steht, als gotischer Held aber zu beiden gestellt werden konnte, von verschiedenen Sagen aufgegriffen und angegliedert worden ist (und mit ihm sein Freund Heime).

Ob man die letztere oder die erstere Erklärung für richtiger ansieht, in jedem Falle ist eine Verbindung von Witege und Dietrich nach der Ausbildung der Vorstellung von Dietrichs und Ermanarichs Feindschaft unmöglich; diese ist aber spätestens im 10. Jhd. erfolgt, und es ergibt sich auch von dieser Seite her für das Alter von Dietrichs und Witeges Riesenkämpfen ein beachtenswerter chronologischer Fingerzeig, der genau mit den aus anderen Indicien gewonnenen Daten (s. S. 201 ff. 210. 213. 298 f.).

übereinstimmt[1]. Mit der neuen Stellung Ermanarichs zu Dietrich wird auch in dieser Sagensphäre Witege als Freund Dietrichs unmöglich, und die Verbindung mit Ermanarich muss den Vorrang behalten, da der Hunnenbekämpfer nichts mehr mit dem Anführer hunnischer Heere gegen die Goten gemein haben kann. Ein Schwanken der Sagenauffassung war unmöglich, und ist auch nicht eingetreten: nirgends findet sich eine Spur davon, dass es eine Sagenform gegeben hätte, in der Witege auf Seite Dietrichs gegen Ermanarich focht. Selbst in der ThS., wo Witege in jeder Weise gehoben erscheint und sogar vor Ausbruch der Feindseligkeiten Dietrich warnt, ficht er in der Rabenschlacht doch im Heere Ermanarichs. Ein pragmatischer Ausgleich zwischen den älteren und neueren Vorstellungen musste aber eintreten, und so liess man denn Witege und Heime zu Ermanarich übergehen (vgl. Heinzel, Ostg. Hs. S. 58), und da alles Licht der Sage auf Dietrich, aller Schatten auf Ermanarich fällt, wird auch ihr Bild dadurch verdunkelt; sie werden Verräter; aber ihr früheres makelfreies Charakterbild konnte aus der Sage und Dichtung nicht verschwinden, der ältere Typus steht traditionell und fortwirkend neben dem neuen, und daraus ergeben sich jene verschiedenartigen Mischungen und Schwankungen in der Auffassung sowol der realen Geschehnisse wie des Charakterbildes, die wir aus unseren mhd. Epen kennen.

Dass die Sage nach der Verschmelzung der Dietrich- und Ermanarichcyklen Witeges und Heimes ersten Aufenthalt bei Ermanarich nicht festgehalten hat, ist aus mehrfachen Gründen begreiflich; zunächst hätte dies eine äusserst complicierte Construction zur Erklärung, weshalb sie von Ermanarich zu Dietrich, und dann von Dietrich nochmals zu Ermanarich abgefallen seien, erfordert; sodann mussten, wo immer nur ein halbwegs pragmatischer Zusammenhang in Dietrichs Geschichte gebracht wurde, die mythisch-märchenhaften Abenteuer Dietrichs in seine Jugendzeit verlegt werden, und damit war die Vorstellung gegeben, dass Witege und Heime, die Teilnehmer an diesen Abenteuern, zunächst bei Dietrich sich aufgehalten hatten.

[1] Dies gilt natürlich nicht für alle Sagen, in denen Witege an Dietrichs Seite erscheint, und für alle Einzelheiten derselben, sondern zunächst nur für die auch sonst soweit rückverfolgbare Riesensage und für die Entstehung des Typus von Dietrichs und Witeges Freundschaft an sich; war einmal diese Sagenform gegeben, so konnten dann auch später noch neue Sprossformen daraus erstehen.

Endlich aber, und dies ist wol das ausschlaggebende gewesen, darf man nicht vergessen, dass die Dietrichsage der attrahierende Teil gewesen ist, dem sich die Ermanarichsage einordnen musste; das zeigt ja schon die Verkümmerung aller Elemente der Ermanarichsage, welche sich in den neuen Zusammenhang nicht fügen wollten, wie auch der Mangel an selbständigen Ermanarichepen in mhd. Zeit; da nun die Verhältnisse der Dietrichsage ausschlaggebend waren, und sowol in dieser, als in der Ermanarichsage die Helden vorkamen, musste ihre Stellung zu Dietrich als die erst massgebende betrachtet werden, und die zweite, die wegen des Schwergewichtes des alten Motivs von Witeges Hunnenfeindschaft nicht einfach beseitigt werden konnte, als Akt des Übertritts aufgefasst werden. Diese Entscheidung zeigt — wie man nach diesen Erörterungen nunmehr wol schliessen darf — abermals, dass die Doppelheit ihrer Stellung von Anfang an durch divergierende Association gegeben war; wären sie erst nach Verbindung der Ermanarichsage mit der Dietrichsage zu Dietrich gekommen, um dann nach kurzer Zeit wieder zu Ermanarich gestellt zu werden, so würde eine solche kurzlebige Verbindung mit Dietrich entweder gar keine Spuren in der Dietrichsage zurückgelassen haben, oder aber anders motiviert sein, und hätte die Erinnerung an ihr älteres Verhältnis zu Ermanarich nicht so vollständig vernichten können. Dass Vermischung älterer und neuerer Vorstellungen wie z. B. im Rosengarten D, wo ein Ereignis aus der Rabenschlacht (Nudungs Tod durch Witege) vorausgesetzt wird, oder in Virginal, wo Heime ein Banner trägt, das ihm Ermanarich im Kampfe vor Raben gegeben, nicht Reste einer Auffassung sind, nach der Witege und Heime erst bei Ermanarich, dann bei Dietrich, und zuletzt wieder bei Ermanarich sind, sondern einfach auf ungeschickter Einreihung von Vorstellungen beruhen, die der Dichter aus anderen Sagen kennt, liegt auf der Hand (vgl. meine Zusammenstellungen ähnlicher Fälle in PB. Beitr. XVI 152); von Sage ist hier keine Rede, so wenig als man z. B. aus demselben psychologisch-stilistischen Fehler des Dichters von Helreið Brynhildar, der Brynhild (nach ihrem Tode auf dem Scheiterhaufen Sigurds) von einer Riesin vorwerfen lässt, sie habe Gjúkis Geschlecht vernichtet, eine nordische Sage ableiten darf, nach der Brynhild die Gjúkungen überlebt habe.

Wie sich die Dichter die Vorstellungen von Witeges und

Heimes Verhältnis zu Dietrich und von ihrem Übergange zu Ermanarich pragmatisch zurecht legten, ist nur selten erschliessbar. Das Bewusstsein, dass sie nicht direkt in den Sagenkreis von Dietrich gehören, zeigt sich besonders klar im Rosg. A 228, vgl. HS S. 273, wie sie ja überhaupt nie den Wülfingen zugezählt werden. Nach der ThS. kommen sowol Witege als Heime in früher Jugend an Dietrichs Hof und führen sich durch einen Zweikampf bei Dietrich ein — ein weitverbreitetes Motiv von dem aus einem Kampfe hervorgehenden Freundschaftsbund zweier Helden (s. S. 142), für das man nicht auf Dietrichs Kampf mit dem Avaren zurückzugreifen braucht (S. 140); auch die mhd. Sage weiss in Betreff Heimes davon zu berichten (Alph. Str. 7) und dieses Zeugnis wird wol auch für Witege einen Analogieschluss gestatten, umsomehr, als in Virg. auch von einem obscuren Helden Libertîn dasselbe berichtet wird, offenbar also das Motiv in der Dietrichsage beliebt war. Ein direktes Zeugnis für Witeges Zweikampf mit Dietrich enthält eine Anspielung im Gedichte vom üblen Weibe (Müllenhoff ZE XXVIII). Nach der ThS. wird Witege mit Einwilligung Dietrichs der Vasall Ermanarichs durch Heirat mit Ermanarichs Schwägerin (c. 275), und Heime wird später bei Ermanarich genannt, ohne dass die Saga den Übertritt zu ihm erwähnte. Auch diesen friedlichen, von beiden Seiten keineswegs als Verrat aufgefassten Übergang zu Ermanarich mit Bewilligung Dietrichs — vor dem Bruche zwischen Oheim und Neffe — bestätigt für Süddeutschland Alpharts Tod Str. 26, und das Zeugnis gilt gewiss zugleich für Witege, da Heime ihn in Str. 42 zugleich in dieser Verbindung nennt; es ist eine widersprechende Interpolation, wenn in Str. 41 gesagt wird, Sibichs böse Ratschläge hätten diesen Übertritt verschuldet (s. meine Bemerkungen PBr. Beitr. XVI, S. 174 ff.); eine weitere Bestätigung für diese Vorstellung bietet Rosengarten D Str. 621 ff., wo Witege von Dietrich Entlassung erbittet und erhält.

Anderwärts freilich erscheint er als schwarzer Verräter. Für diese Vorstellung von Witege ist gewiss nicht bloss der Übergang zu Ermanarich — der ja auch, wie die eben angeführten Zeugnisse zeigen, eine mildere Beurteilung zuliess — massgebend gewesen, sondern dazu kam noch als ausschlaggebend die Übertragung eines älteren Verratmotives auf ihn, der Rolle des Tufa, zu deren Übernahme er als Überläufer nunmehr vortrefflich geeignet war. Nach dem oben gesagten kann diese Übertragung nicht vor dem 10. Jhd. erfolgt sein; unter welchem Namen die Tufaepisoden bis dahin fortlebten, ist ganz unbestimmbar. Hat man vielleicht schon frühzeitig bei den deutschen Nachbarn der Goten den Verrat Tufas und die Übergabe von Ravenna durch Witigis zusammengeworfen und den Namen des letzteren beibehalten? In der That kennen die Gedichte DFl. und Rab. einen Witegîsen, der an Ermanarichs Seite ficht und DFl. 8661 neben Witege genannt wird. Aber der gotische Name hätte die Lautverschiebung mitmachen müssen, darf somit nicht zu dem mhd. ähnlich klingenden Namen gestellt werden, und die Übergabe Ravennas an Belisar durch den Gotenkönig muss wohl aus dem Spiele bleiben.

Eine besondere epische Ausgestaltung erfährt die Rolle Witeges nach Vollzug aller vorgenannten Contaminations- und Umformungsakte durch ein in zahlreichen Formen vertretenes Motiv: Witege tötet einen jugendlichen Helden im Kampfe, und zwar ist Witeges Rolle nach der Auffassung der Sage hierbei entweder geradezu tückisch und hinterlistig, oder es wird ihm doch sein Kampf vom Standpunkte der Sage aus, die ihn eben als Gegner ihrer Helden aufzufassen gelernt hat, zum Vorwurfe gemacht.

Die Formen dieses Typus sind folgende:

1 a). Alphart, der Pflegesohn Uotens, reitet beim Ausbruch der Feindseligkeiten zwischen Ermanarich und Dietrich auf die Warte, und wird dort von Witege und Heime bestanden. Heime spielt die edlere Rolle, er weigert sich, Alphart zu zweit zu bekämpfen, und wird erst durch Witeges Bitten und Drohungen sowie durch die Furcht, nach Witeges Tode einzeln mit Alphart kämpfen zu müssen, dazu bewogen. Witege aber muss selbst in dem ungleichen Kampfe zweier gegen einen noch seine Zuflucht zu Tücke nehmen; gegen das Versprechen, nur von vorne zu kämpfen, schlägt er Alphart hinterlistig von hinten eine Wunde, und bohrt dem Gefallenen sein Schwert durch den Leib (Alpharts Tod).

Ein Zeugnis für diese Sage (oder bloss für das Gedicht von Alpharts Tod?) bietet auch Rosengarten D Str. 624: der Dichter weist beim Abschied Witeges von Dietrich darauf hin, dass das später dem jungen Alphart zu leide gereichen solle (diese Anspielung ist vermutlich erst in der letzten Überarbeitung D^3 eingedrungen s. Holz, Index S. 264 s. v. Alphart)

1 b). Eine andere Variante bezeugt Dtrs. Flucht. In

Rabenschlacht Str. 10 wird erwähnt, dass Dietrich im Exile (vor der Rabenschlacht) den Tod Alpharts oft beweint habe; das bezieht sich auf die Vorgänge, die in der Flucht erwähnt werden, wo Alphart in einer Schlacht durch Bitrung (an anderer Stelle durch Reinher) fällt (s. Martin DHB II XXIV; HS. 213).

Über Alphart, der zu den Wülfingen gehört, erfahren wir aus dem Gedichte Alph. Tod noch, dass er der Bruder Wolfharts, der Neffe Hildebrands und Ilsams ist, dass er mit Amelgart von Schweden, die Hildebrand aus ihres Vaters Lande mit gewaffneter Hand entführt hat, vermählt ist (eine uns sonst unbekannte Sage); sein Vater, den er früh verloren haben muss, da er in Hildebrands und Utes Pflege aufwächst — die Nennung des Namens Sigehêr unter den Helden Dietrichs im Heldenkataloge ist nur eine Gedankenlosigkeit des Dichters oder Interpolators, der Vollständigkeit erstrebt —, heisst Sigehêr. Als Wolfharts Bruder wird er auch im Rosengarten D und F genannt; Wolfharts Vater ist aber (Rg. D) Amelolt[1], der in Rg. A Hildebrands Bruder, in Rg. D der Mann seiner Schwester heisst, doch nennen sich beide auch Brüder; als dritter Sohn Amelolts gilt in Rg. D Sigestap. Auch der Anhang zum HB nennt Amelolt den Vater Alpharts, Wolfharts und Sigestaps. In Alpharts Tod wird zwar Amelolt auch genannt, doch ohne Beziehung zu Alphart, und auch Sigestap ist nicht ausdrücklich als sein Bruder genannt, obwol manches darauf hindeutet (s. Martin DHB II XXIV).

2). Witege hat den jungen Helden Nuodunc erschlagen: Nib. (HS S. 111), Rosg. D Str. 320 (nur in C wird dies ausdrücklich gesagt, doch ist die Anspielung in D: Witege erbittet und erhält von Rüdiger Verzeihung für seinen Sohn Nuodunc, ebenfalls gleichbedeutend) und ThS. Nach ThS. zieht er im Gefolge der Etzelsöhne aus, ist in der Rabenschlacht ihr und Diethers Bannerführer und fällt vor ihnen durch Witege. Auch in Biterolf befindet er sich in Gesellschaft der Etzelsöhne, aber von seinem Schicksale wird hier nichts erwähnt. In Alphart wird ein Nuodunc am Hofe Dietrichs genannt, doch erfahren wir nichts näheres über ihn. Rabenschl. und DFl. kennen einen Nuodunc unter den Helden Etzels, er kämpft aber hier gegen Fruote von Dänemark; nähere Angaben fehlen (HS S. 233).

[1] Ein Irrtum, beruhend auf der Erneuerung v. d. Hagens, ist die Angabe der HS S. 213 und S. 264, dass Alphart sich im gleichnamigen Gedichte einmal Amelolts Sohn nenne.

Nach Biterolf und Rosengarten DF ist er Rüdigers Sohn; im Nib.-L. weint Gotelinde, Rüdigers Gattin, sehr bei der Erinnerung an ihn, es wird also wol dasselbe Verhältnis vorausgesetzt. Nach ThS. (c. 370, nach MB; A verschweigt das; in S fehlt das Cap.) ist er Gotlinds Bruder, eine Entstellung, die sicher auf die Verwandtschaft im Sinne der anderen Zeugnisse hinweist.

3a). Witege tötet die zwei jungen Söhne Etzels und ihren Genossen Diether, den Bruder Dietrichs, die er zur Zeit der Rabenschlacht auf einsamer Heide antrifft; er sucht den Kampf zu vermeiden, warnt sie, zeigt sich so lange als möglich schonend und beklagt die grausame Notwendigkeit (Rabenschlacht).

3b). Dasselbe Ereignis ist aber ein Vorgang in der grossen Rabenschlacht selbst nach dem Berichte der ThS. (c. 333), nach dem Zeugnisse in Meier Helmbrecht (HS Nr. 51; ausdrücklich heisst es, Helches Söhne und Diether hätten ihr Leben vor Raben „in sturme“ verloren, als Witege sie erschlug, was doch wol auf den allgemeinen Kampf geht, nicht auf ihren speciellen) und nach den Angaben des Anh. z. HB (HS S. 335): Frau Helchens zwei Söhne, *dye erschlůge Wittich in dem streit vor Rafen*; an einer anderen Stelle (HS S. 331) wird erwähnt, dass Diether in seiner Jugend erschlagen wurde. Die Trennung dieser Angabe von der andern ist gewiss nur Zufall und Verwirrung, und nicht Nachklang abweichender Sagen. Endlich spricht auch Vasold in Ecken Ausfahrt (ed. Zupitza Str. 198. 199. Druckredaction s. HS S. 238) vom Tode Diethers auf der Ebene von Raben durch Witege, wobei der Berner zugleich an Frau Helchens Kinder denken muss, und von Witeges Verfolgung durch Dietrich bis in das Meer. Ob der Kampf als isolierte Episode oder als eine Begebenheit des allgemeinen Kampfes gedacht ist, lässt sich nicht erkennen. Dagegen bricht auch in der Rabenschlacht noch hie und da die Vorstellung durch, dass das Ereignis in der Schlacht selbst stattgefunden hat. Seltsamer Weise wird nämlich, während doch die Schilderung des Kampfes auf der Heide nur Witege vorführt, in Str. 1123 gesagt, dass Witege und sein Schwestersohn Rienolt die Kinder angetroffen hätten — dennoch erliegen sie alle drei „von sîn eines hende“, was allerdings nicht ein unmittelbarer Widerspruch sein muss —, und Str. 930 ff. erscheint Rienolt an der Seite Witeges auf der Flucht vor Dietrich und wird von diesem erschlagen. Eine Mischung zweier Vorstellungen liegt hier zweifellos vor, doch erklärt sich diese nicht genügend durch die Annahme eines jungen Einschubes der Rienoldepisode (DHB II, XLII), vielmehr liegt hier Contamination zweier Sagenformen vor (s. Wegener, ZfdPh., Ergzbd. S. 570), von denen eine einen Helfer Witeges kannte; auch in ThS. ficht zugleich mit Witege ein zweiter Held gegen die Etzelsöhne, Runga, der allerdings im Kampfe von Diether erschlagen wird; auch an Alpharts Tod durch Witege und einen zweiten Helden (Heime) darf wol als ähnliches Motiv erinnert werden. Diese Form setzt aber wol voraus, dass der Kampf in der Schlacht stattfand (Wegener a. a. O. S. 577). Es zeigt sich nun eine merkwürdige Stellung der Zeugnisse in Bezug auf diese Lokalfrage: Fall in der Rabenschlacht bezeugen Meier Helmbrecht, ThS., Anh. z. HB und (erschliessbar) Rabenschlacht Version II; Fall auf der Heide abseits der Schlacht ist nur in Rabenschlacht Vers. I bezeugt; das unbestimmbare Zeugnis des Eckenliedes wird darnach wol ebenfalls zu der ersten Gruppe zu ziehen sein. Jedenfalls ist die Isolierung des Kampfes somit als jünger entstandene Sagenform zu betrachten. Die Rolle Rienolds in Rabenschl. ist sonst unbezeugt, dagegen seine Person vielfach belegt. Überwiegend — und damit sind wir auf echtem Sagenboden — steht er in den Zeugnissen auf Seite Ermanarichs. Ein Bruderpaar Rienolt und Randolt aus Meilân auf Seite Ermanarichs — doch ist Rienolt mit Wolfhart verwandt — kennt Biterolf, ebenso Alph. Tod. Nach DFl. 3329 ff. wird Rienolt von Meilân auf Seiten Ermanarichs von Wolfhart in einer Schlacht erschlagen (Randolt erscheint hier als Held von Ankône ohne Verwandtschaft mit Rienolt; die Rabenschlacht kennt ihn gar nicht); im Rosg. D erscheint ein Rienolt von Meilân auf Seite der rheinischen Helden. Auch im nd. Liede von König Ermenriks Tod ist Reinhold von Meilân bei Ermanarich. In der ThS. kämpft er tapfer in der Schlacht von Gronsport (Rabenschlacht) für Ermanarich und flieht als letzter (ebenso in Alph. Tod). Sonderbar aber ist, dass hier auch seiner Blutsverwandtschaft mit Ulfard (Wolfhart) und eines Kampfes zwischen ihm und Wolfhart in dieser Schlacht gedacht wird, bei dem Wolfhart fällt — also dieselben Vorstellungen wie in Biterolf (Verwandtschaft beider) und in DFl. (Kampf beider, doch hier mit umgekehrtem Ausgange). Vermutlich hat uns die ThS. hier einen älteren Typus der Wolfhartsage erhalten: in Formen der Dietrichsage, welche von Einflüssen der Nibelungensage weniger berührt worden sind, wird Wolfhart seinen Tod wirklich in der Rabenschlacht gefunden haben; wo sich Einfluss der Sagencontamination mit der Nibelungensage geltend macht, wird er für den ruhmvolleren Kampf mit den Nibelungen aufgespart. -- Wenn Rienold in Virginal (als Reinolt von Meigelân) auf Dietrichs Seite erscheint, so erklärt uns wol die Blutsverwandtschaft mit Wolfhart, also mit den Wülfingen, diese Stellung; er muss bei dem Ausbruche des Conflktes zwischen Ermanarich und Dietrich auf Ermanarichs Seite geblieben sein; ein Analogon ist wol der Herzog Wülfing, der in Alph. Tod auf Seite Ermanarichs gegen sein eigenes Geschlecht kämpft — Züge, die den Kampf zwischen Ohm und Neffe, von Amelungen gegen Amelungen, eben als Bruderkrieg treffend kennzeichnen. Ob der Mann Thidreks, Reinald, der in ThS. c. 90 nebenbei einmal erwähnt wird, mit unserem Rienolt identisch ist, lässt sich kaum entscheiden. [Doch s. Nachtrag.]

Im allgemeinen zeigt sich in allen diesen Formen eine grosse Ähnlichkeit in der Idee: Witege tötet einen oder mehrere junge Helden (Alphart, Nuodunc, die Etzelsöhne und Diether) entweder allein (so Nuodunc und nach einer Version die Etzelsöhne und Diether) oder (so letztere nach anderer Version, und Alphart) unter Beistand eines zweiten Helden (Runga, Rienolt, Heime). Es ist schwer zu sagen, was hier ältere, was jüngere Vorstellung ist, wie weit unabhängiges Aufkommen, wie weit Nachahmung und Übertragung vorliegen; doch lässt sich in diesen Formen, wenigstens mit ziemlicher Wahrscheinlichkeit, die Verzweigung eines ursprünglichen Typus annehmbar machen.

Das Motiv, dass Witege der Töter der Etzelsöhne in einer Schlacht der Hunnen gegen die Goten ist, zeigt in instructiver Weise die Übereinanderlagerung verschiedener Schichten. Historisch getrennte Thatsachen und Traditionen von solchen sind:

1. Vidigaujas Kämpfe gegen die Sarmaten-Hunnen.
2. Ermanarichs und der Goten Kämpfe gegen die Hunnen.
3. Der Kampf der Goten gegen die Etzelsöhne und der Fall eines derselben.

Da die Gegner überall dieselben sind, war ein Zusammenfallen von 1 und 2 nur natürlich, und als sich der poetische Typus (4): Kämpfe Ermanarichs gegen die mit Dietrich verbündeten Hunnen ergeben hatte, musste 1 und 2 mit 4 identificiert und 3 in diese Contamination eingereiht werden, wenn es nicht, was mir wahrscheinlicher scheint, schon früher an 1 und 2 angereiht war. Noch ein fünftes Element ist vielleicht hinzugekommen: die unverbundene Ermanarich-Sage kannte bereits den Auszug zweier jugendlicher Helden gegen Ermanarich und ihren Tod bei diesem Unternehmen (Sarus und Ammius). Eine Erinnerung an diese Sage haben P. E. Müller und Martin (DHB II XXV) wirklich in der Sage vom Falle der Etzelsöhne sehen wollen. Ausschlaggebend kann dieses Motiv nicht gewesen sein, da der historische Hintergrund (den Heinzel zuerst nachgewiesen hat) hier näher liegt; aber als die Ermanarichsage in die Dietrichsage übergeleitet wurde, und sich ihr anpassen musste, könnte in der That dieses Element zur Verstärkung und Erhaltung des vorhandenen historischen Motives beigetragen haben[1]. Doch ist seine Heranziehung zum Verständnisse der Sagenbildung weder notwendig, noch ist es in irgend einem Zuge nachweisbar. Da die Elemente, aus denen Witeges Kampf mit den Etzelsöhnen erwachsen ist, zu den ältesten historischen Bestandteilen der Sage gehören, darf man wol den Tod der Etzelsöhne (*a*) in der Rabenschlacht (*b*) durch Witege allein (*c*) als den ältesten Typus dieser Motivfamilie auffassen; das älteste Zeugnis, die Anspielung in der Klage (s. o. S. 163 f.) setzt wenigstens *a* und *b* voraus, und die Sage, die der Anspielung zu Grunde liegt, wird wol auch *c* gekannt haben. Da ferner Nuodungs Tod in der mhd. Epik nur sporadisch und trümmerhaft in Anspielungen erwähnt, aber schon im Nibelungenlied vorausgesetzt wird, dürfte diese Variante auch dem Ursprunge nach älter sein als der Tod Alpharts und Diethers durch Witege, der literarisch jedenfalls erst später bezeugt ist. Wenn die ThS. Nudung in der Rabenschlacht unmittelbar vor dem Kampfe Witeges mit den Etzelsöhnen und Diether fallen lässt, so hat sie vielleicht gerade in dieser unmittelbaren Aneinanderrückung beider Begebenheiten uns einen Fingerzeig für die Entstehung dieser Sprossform erhalten: er wird ihr besonderer Schützer (wie in ThS. Hjalprek) gewesen sein. Diether wird zum erstenmale in Meier Helmbrecht (1236—50) genannt; ob der Existenz und dem Falle eines Bruders Dietrichs in der Sage irgendwelche ältere Traditionen zu Grunde liegen, ist unsicher; auf eine Möglichkeit dafür ist oben S. 123

[1] So Lämmerhirt ZfdA. 41 (ausgegeben 18. Nov. 1896), S. 3. Anm. in einem Aufsatze über Rüdiger, den ich erst nach Ausarbeitung meines Mscr. zu Gesicht bekommen habe. Die Möglichkeit, dieses Motiv in der oben angedeuteten Weise anzugliedern, stand mir schon vorher vor Augen.

hingewiesen worden. Aber sein Fall in der Rabenschlacht an der Seite von Etzels Söhnen ist jedenfalls nur eine junge Steigerung des Motivs von Etzels Söhnen: Dietrich soll dadurch als mit betroffen erscheinen, und einerseits das menschliche Mitgefühl an seinem Unglück sich erhöhen; anderseits entlastet es ihn gegenüber Etzel[1]; zugleich ist es ein wirksames Motiv, um die Grösse der Feindschaft zwischen Witege und Dietrich zu steigern. Es entspricht der poetischen Ökonomie der Sage, wenn Nuodung im Gedichte Rabenschlacht fortgefallen ist, während das Nebeneinander von Nuodung, Etzels Söhnen und Diether in der ThS. als Häufung poetisch weniger wirksam, aber entwicklungsgeschichtlich treuer ist. Ganz jung ist die Lostrennung dieser Ereignisse von der Rabenschlacht und Verlegung auf eine einsame Heide. In Alpharts Tod endlich kann ich (mit W. Grimm HS 404, gegen DHB II, XXV) nur die jüngste Umformung des Typus erkennen. Der Anlass, bei dem er fällt, ist als die jüngste Stufe der Exilsage (Kampf bei der Vertreibung Dietrichs) oben S. 167 dargethan worden, und damit fällt auch auf seine Sage derselbe Verdacht; vielleicht ist es auch mehr als Zufall, dass noch die ThS. nichts von ihm weiss. Seine Sage ist in wesentlichen Punkten eine Nachahmung teils Nuodungs, teils der Etzelsöhne. Wie Nuodung fällt er durch Witege; in einer älteren Version der Alphartsage (1b) geschah dies in einer Schlacht bei einem Wiedereroberungsversuche Dietrichs, also ein anderes Analogon (dass der Dichter von DFl. in den Angaben über seinen Besieger schwankt, zeigt deutlich Vergessen und subjectives Raten, und wir dürfen für die Sage wol auch hier schon Witege voraussetzen), und es ist vielleicht mehr als Zufall, dass der Dichter von Alph. Tod zur Schilderung der darauf folgenden Schlacht Motive und Farben aus einem (älteren) Gedichte von der Rabenschlacht, jener Schlacht, in der Nuodung fällt, benutzt hat. Endlich zeigt sich Nachahmung auch darin, dass Alphart, obwol er als ganz jung geschildert wird, doch schon verheiratet ist, weil Nuodung eine trauernde Witwe hinterlässt. Dieser Widerspruch mit der Jugend Alpharts, die ihn noch unter Utes Pflege stellt, zeigt am deutlichsten die Copierung eines fremden Vorbildes in der Alphartsage[2]. Gleichzeitig mit der Umbildung

[1] Ich treffe in diesem Gedanken mit Lämmerhirt a. a. O. zusammen, der den Fall Diethers „einen wahren Ausgleich der Schuld des Berners“ nennt.

[2] Den Widerspruch der Jugend Alpharts und seiner Verheiratung hat Martin

der Nuodungsage bzw. mit der Neubildung einer Alphartsage nach diesem Vorbilde ist auch die Lostrennung von den Etzelsöhnen erfolgt; dass eine Form der Alphartsage Alphart noch eine Zeit lang an Stelle Nuodungs als Begleiter der Etzelsöhne gedacht hätte, ist unbeweisbar und durchaus unwahrscheinlich. Zwei Motive der Etzelsöhneversion sind aber allerdings massgebend für die spätere Ausbildung der Alphartversion gewesen. Der ältere Fall Alpharts in der Schlacht (1b) wird auch in die einsame Heide verlegt (1a), wohin Witege und Heime auf die Warte reiten, wie in der jüngeren Form der Sage vom Falle der Etzelsöhne Witege und Rienolt. Unabhängige Parallelentwicklung ist nicht ausgeschlossen, aber die Zweizahl, das Local, und die Umstände stimmen doch zu auffällig und machen die Annahme einer Beeinflussung der Alphartsage wahrscheinlich. In der Teilnahme Rienolds lag wol auch die Veranlassung, Heime als zweiten Teilnehmer in die Alphartsage einzuführen; seine altsagenhafte enge Freundschaft mit Witege ermöglichte dies jederzeit. Man könnte sich wol auch versucht fühlen, den umgekehrten Schluss zu ziehen und die Verlegung des Kampfes auf die Heide sowie die Teilnahme eines zweiten Helden (Rienolds) als Nachahmung der Alphartsage zu erklären; die Chronologie der zufällig erhaltenen literarischen Denkmäler der Sage würde nicht dagegen sprechen; aber bei dem durchgängig jüngeren Alter der Alphartsage scheint auch hier der erstere Schluss mehr Wahrscheinlichkeit für sich zu haben. Wäre Heime von Anfang an Teilnehmer Witeges gewesen, so wäre es nicht leicht verständlich, dass dieses zu den sonstigen Sagenvorstellungen so gut stimmende Motiv, das dadurch eine vorzügliche Lebenskraft erhielt, bei dem Nachahmer wieder zu Gunsten einer unbedeutenderen Sagenperson aufgelöst worden wäre; dagegen ist der umgekehrte Vorgang ganz begreiflich. Die poetische innere Wahrheit, welche die Sage mit dem Eintreten Heimes gewinnt, ist das Ergebnis engerer Motivierung bereits vorhandener Elemente.

Wie in der Gruppe: „Etzelsöhne (und später Diether) —

DHB II, XV, als unvereinbar mit dem Charakter der Heldensage hervorgehoben; ich habe dem Beitr. XVI 284 mit Unrecht widersprochen. Allerdings möchte ich auch heute noch glauben, dass dies kein Grund zur Athetierung der betreffenden Strophen ist und nicht auf einen Interpolator hinweist; der Widerspruch liegt in der Sagenbildung und erklärt sich als Rest der älteren nachgebildeten Sage.

Witege" beiderseits das einfache Schema der Gegner durch Hinzufügung von Nebenpersonen erweitert worden ist, indem einerseits den jungen Helden ein schützender Held zugeteilt worden ist, der durch Witeges Hand fällt (Nuodunc), anderseits Witege ein Helfer an die Seite gestellt wird — zwei Akte der Sagenbildung, die mit einander nicht zusammenhängen und nicht gleichzeitig erfolgt sind —, so ist auch in einer anderen Richtung und zu anderer Zeit eine ähnliche Personenvermehrung auf Seite der jungen Helden erfolgt, indem ihnen ein Held namens Elsân als Hüter zugeteilt wird. Auch diese Figur hat ihre Sagengeschichte. Der grobe, streitlustige und kriegerische Mönch Ilsân, Bruder Hildebrands (AD) und Wolfharts Vetter (F), der Rosengartengedichte, — der Mönch und Held Ilsam, Hildebrands Bruder, der einmal einen Oheim d. h. Verwandten Dietrichs erschlagen, in Alphart, — der Held Ilsunc, der in DFl. 8315 unter den Wülfingen erscheint, eine nur fälschlich differenzierte und als eigene Person aufgefasste andere Namensform für denselben Helden, der als Elsân in DFl. unter den Helden Dietrichs öfter erscheint (v. 3014. 5856. 6022. 7213. 9874) und von Dietrich zum Befehlshaber von Bern eingesetzt wird, — der Held Elsân, der — mit den Beinamen der starke, der alte, der guote — in Rab. unter den Wülfingen auftritt und Dietrichs Exil teilt (Str. 114), von Dietrich zum Wächter der jungen Etzelsöhne und Diethers berufen und über Bern gesetzt wird (Str. 283 ff.), gegen sein Dietrich gegebenes Versprechen doch den jungen Helden erlaubt, vor die Stadt zu reiten und sie durch ihre Schuld, da sie voraneilen ohne auf ihn zu warten, aus den Augen verliert (Str. 340 ff.), Dietrich ihren Verlust meldet (Str. 870 ff.), und dem Dietrich zur Strafe das Haupt abschlägt (Str. 1119 f.), — der wîse, edele, küene Ilsunc des Laurîn, der zu Bern an Dietrichs Hofe Hof- und Lehrmeister der Jugend ist [DHB I, LII] und Erzieher Laurîns zum Christentum werden soll, — der Elsân, den Wolfdietrich D (IX 221) als Hildebrands Bruder kennt und der auch von Frauenlob in engster Verbindung mit Hildebrand genannt wird [HS Nr. 80[b]], wie ihn auch der Anhang z. HB. ausdrücklich als „munich Ylsan, Hiltbrant bruder" nennt [HS S. 264] (sonstige Anspielungen in der späteren deutschen Literatur, die nur auf Kenntnis der literarischen mhd. Quellen zurückgehen s. HS Reg. s. v. Ilsan), — und der Munk Alsing der dänischen Kæmpevise Kong Didrik og hans Kæmper, in Varianten als Teilnehmer am Zuge in das Birtingsland genannt, —

sind nur Differenzierungen und Entwicklungen ein und derselben Sagenperson. Als Ausgangspunkt hat Müllenhoff DHB I, LII f. den Hof- und Lehrmeister an Dietrichs Hofe in Laurîn angenommen; dass er dort als Laurîns Unterweiser im Christentum auftritt, habe den Anlass zum Aufkommen seines späteren Moniage gegeben. Den letzteren Satz kann ich ebensowenig für richtig halten als die a. a. O. ausgesprochene Beziehung Ilsams auf tirolische Sagenpflege und dieAnsicht, dass er aus dem Gedichte Laurîn in die Rosengartengedichte übergegangen sei, ohne damit die umgekehrte Ableitung des Ilsung in L. aus dem Rg., die Holz (Einl. S. CVIII) aufstellt, zu billigen. Wenn auch der am letztgenannten Orte ausgesprochene Zweifel an dem Alter des jung überlieferten Schlusses von Laurîn, wo Ilsunc auftritt, zutreffend wäre, obwol Müllenhoffs Ansicht über die Echtheit desselben vor Erbringung eines gegenteiligen Beweises dadurch nicht für widerlegt gelten kann, so würde doch dieses Zeugnis auch als später Ausläufer älterer Sagenvorstellung, die von der epischen Ausbildung nicht berührt ist, von Wert sein: es zeigt uns den Helden in der an germanischen Fürstenhöfen wol bezeugten Rolle des Zuchtmeisters der Jugend, und auf diese Rolle werden wir durch die Rabenschlacht als Ausgangstypus zurückgeführt. Die Sage hat ihn vielleicht einmal als Diethers Zucht- und Waffenmeister gekannt — wir stehen ja in unseren Zeugnissen nur mehr vor den Trümmern alter Überlieferung —, analog der Stellung seines Bruders Hildebrand zu Dietrich. Als Hüter der drei jungen Könige tritt er dann in der Rabenschlacht in der That auf. Die Zuteilung dieser Rolle möchte ich als eine Verjüngung und Veränderung des Nuoduncmotives: Nuodunc als Bannerführer und Beschützer der drei Jünglinge, der in der Rabenschlacht fällt, betrachten; den Anlass zur Ersetzung Nuoduncs durch Ilsam aber erkenne ich in der Änderung der Sage vom Fall der Etzelsöhne (und Diethers), durch die diese Begebenheit von der Schlacht abgesondert und auf die Heide versetzt und isoliert worden ist. Die Rolle des Beschützers musste damit eine andere werden, da der Kampf der Jünglinge allein gegen Witege nunmehr als ergreifendes Motiv ausgebildet wurde und die Beteiligung des Beschützers an diesen Einzelkämpfen ein die Teilnahme des Hörers an ihrem Schicksale abschwächendes Moment gebildet hätte: sie werden von ihrem Hüter durch Zufall getrennt, und der Tod, den er nach dem alten Motive findet, ist nicht mehr ein Kampftod in der

Schlacht, sondern eine Strafe für seine Pflichtversäumnis. Wo der Kampf in der Schlacht festgehalten ist, fehlt Ilsam noch; wo Ilsam auftritt, ist von Nuodunc in diesem Zusammenhange nicht mehr die Rede, was natürlich nicht ausschliesst, dass die Sage von seinem Falle in der Rabenschlacht als isoliertes Factum weiter fortlebte oder dass er unter den Helden, die in der Rabenschlacht kämpfen, wie in „Rabenschl.“, erscheint; letzteres Gedicht hat sogar seinen Fall vollständig vergessen, so sehr überwucherte hier der neuere Typus. Die Entstehung des Moniage erklärt sich [wie schon Holz (Rg. Einl. S. CVIII) richtig andeutet, der nur darin irrt, wenn er dem Verfasser des Rg. die willkürliche Wahl Ilsams aus einem Gedichte von der Rabenschlacht und subjective Verknüpfung des Moniagetypus mit ihm zuschreibt — es handelt sich um Vorgänge der Sagenbildung, die der Dichtung des Rg. voraus liegen —] aus dieser Sage. Es muss Versionen gegeben haben, in denen die harte Strafe, die Ilsam erleidet, gemildert, und die Sage so gewendet worden war, dass Ilsam sich in ein Kloster flüchtete, um der Strafe zu entgehen. Eine Spur dieser Version liegt in Alpharts Tod vor, wo Ilsam sich vor Dietrichs unversöhntem Zorne fürchtet, da er einmal einen Oheim, d. h. einen Verwandten Dietrichs, vor Garten getötet hat. Eine solche Sage ist ganz unbekannt und kann nach allen sonstigen Verhältnissen nicht existiert haben; offenbar stehen wir hier vor einem Missverständnis des Dichters oder einer jungen Entstellung des alten Motives, dass ein Verwandter Dietrichs, sein Bruder Diether, durch die Schuld Ilsams sein Leben verloren hat; an Stelle der Todesstrafe ist aber Flucht in ein Kloster getreten. Die letzte Stufe der Sagenausbildung ist endlich das Aufgreifen dieser Situation und ihre Umgestaltung nach einem weitverbreiteten moule épique zu dem burlesken Moniage Ilsams, der im Rosengartengedichte klassische Ausbildung erfahren hat und in dieser typischen Form gewiss [DHB II XXVIII; Holz CVII] dem Verfasser des Gedichtes zuzuschreiben ist. Eben darum kann die Figur in Alpharts Tod nicht aus den Rosengartengedichten stammen, da sie auf einer viel ernsteren und primitiveren Stufe der Sagenbildung steht [s. meine Bemerkungen PBB 16, 191]; zudem setzt der Rg. gerade die Sagenstufe voraus, die Alpharts Tod uns bewahrt hat. In der charakteristischen Form des Rosengartens endlich ist der Typus über Norddeutschland nach Dänemark gekommen und erscheint dort als Munk Alsing in Varianten von Kong Didrik og hans Kæmper, ohne Namen in der Vise Den skallede Munk.

In der ThS. sind uns noch einige Episoden, in denen Heime und Witege eine Rolle spielen, erhalten. Zum Teile sind es zweifellos niederdeutsche junge Sagenanwüchse. Wenn Heime in die Räuberschaar des Ingram eintritt, die im Falsterwalde zwischen Dänemark und Sachsen ihr Wesen treibt, und wenn Witege mit der Räuberbande des Gramaleif bei seinem Zuge zu Dietrich in Kämpfe gerät, wobei das Local der Lyrawald, d. i. der Lurwald südlich von Soest[1], das Kastel Brictan d. i. Brechten im Kreise Dortmund ist, ferner Weser und Lippe erwähnt werden (Holthausen, PBB 9, 485), so weist dies klar auf Anknüpfung von Localsagen, ebenso das Motiv von der Rosstrappe. Einer von Gramaleifs Mannen, Studfus, den Witege nach der ThS. erschlägt, ist aber auch der oberdeutschen Sage bekannt. In Biterolf erscheint ein Stuotfuhs von Palerne als Bundesgenosse der Wormser Könige und wird von Dietrich erschlagen, und auf derselben Seite steht er als Stûdenvuhs von dem Rîne im Rg. A, kämpft mit Ilsam und wird wie es scheint von ihm getötet, als Stüefinc (D^1P Stuotvuhs) König aus Irland in D^2, und wird von Dietleib getötet (s. Holz im Index S. 270), wie er auch in Alpharts Tod als Stûdenfuhs von dem Rîne gegen Dietrich auf Seite Ermanarichs ficht. Dagegen ist Stûtvuhs von Rîne in DFl. und Rab. ein Held Dietrichs, und ebenso wird er unter den Kämpfern auf Seite Dietrichs gegen die Riesen in den zweiten Elfkämpfen in V und DA (als Straussfuss) genannt. (Vgl. HS S. 149 f.). Über den hoffnungslos verderbten bzw. volksetymologisch umgestalteten Namen und seine sonstigen Formen s. Müllenhoff ZE. XLIV. Seine Heimat am Rheine deutet wol in Verbindung mit der ThS. auf den Nordwesten Deutschlands, wo er ein seiner Stärke wegen (vgl. Biterolf 9155 ff.) gefeierter Localheld gewesen sein mag; sein Eindringen in die mhd. Epen hängt gewiss nicht mit der Witege-episode der ThS. zusammen, sondern ist unabhängig von dieser erfolgt, da ausser dem Namen alles abweicht. — Der Zug, dass die Räuber, die Witege anfallen, sich schon vorher über die Teilung seiner Waffen und Habe verständigen,

[[1] An den Lurngau im Pustertal als ursprünglich gemeintes und in Norddeutschland umgedeutetes Local der Sage denkt zweifelnd Seemüller, Z. d. Ferdinandeums 1895, S. 122.]

findet sich auch in Wolfdietrich A 510, D V, 3., ebenso im Seghelijn van Jherusalem und im Erec von Crestien (s. Heinzel, Über das Gedicht vom König Orendel S. 53 und 58) und ist offenbar ein Wandermotiv, das samt dem Motive der ritterlichen Räuber aus der frz. Epik in die deutsche Epik, speciell die nd. Spielmannspoesie, eingedrungen ist (s. Heinzel a. a. O. und Ostgot. HS S. 86).

Als junge Sonderbildung der Sage erweist sich auch die Feindschaft Witeges und Heimes in der ThS., die mit den sonstigen älteren wie jüngeren Zeugnissen durchaus in Widerspruch steht. Ein älteres Motiv mag die ThS. in der Vertauschung Mimings durch Hildebrand bzw. späteren Entwendung desselben durch Heime bewahrt haben, doch sind die sonstigen Spuren ähnlicher Sagen mehrdeutig und dunkel (vgl. darüber Heinzel, Über die Walthersage S. 9 ff.).

An Heime wird in der ThS. ein Moniage geknüpft; er tritt in das Kloster Vadincusan, tötet den Riesen Aspilian, der das Kloster bedroht (wobei das hübsche Motiv erzählt wird, dass er sein altes Ross, das die Mönche zum Steineziehen verwendet hatten, wiederfordert und erhält), folgt aber dann Dietrich, der ihn aufsucht, wieder ins Leben zurück und verbrennt schliesslich sogar das Kloster; nachmals findet er durch einen Riesen seinen Tod. Der Moniage eines alten Helden ist ein ursprünglich im altfranzösischen Epos ausgebildetes Thema, auch das Motiv des wiedergefundenen Pferdes stammt aus demselben (s. Heinzel, Ostg. Hs. S. 80 und 87 mit Litteratur und Nachweisen); dass wir auf jungem niederdeutschen Sagenboden stehen, beweist schon Vadincusan, das Prämonstratenserkloster Wedinchûsen, gegründet um 1170 (Holthausen, S. 491). Die ähnliche Verknüpfung Heimes mit dem Kloster Wilten bei Innsbruck (ältestes Zeugnis bei Albert von Stade aus d. M. des 13. Jhds., Hs Nr. 59[b]) bedarf in ihrem Verhältnis zu der ndd. Sage noch einer Aufklärung; aber da alle näheren Ähnlichkeiten fehlen — der Riesenkampf Haymos von Wilten ist erst viel später auf Grund von Localsagen in der tirolischen Überlieferung dazu gekommen —, so wird hier wol eine unabhängige Anwendung des beliebten weit verbreiteten Typus vorliegen. Doch war vielleicht, wie Seemüller (a. a. O. S. 122 f.) vermutet, das Motiv von Heimes Mönchsleben ursprünglich in Tirol entwickelt, und wurde in Niederdeutschland umgestaltet und ausgebildet; keinesfalls kann man — wenn man wirklich

Zusammenhang annehmen will — den umgekehrten Weg vermuten, da der Klosterzerstörer der ndd. Sage zu keiner Übertragung auf Wilten reizen konnte (a. a. O.). — Eine Spur von Heimes Moniage und Kampf mit dem Riesen vermutete Grundtvig DgF. I 216 in der Vise Den skallede Munk (Nr. 15), doch bieten sich auch andere Analogien, und Grimms Ansicht, dass sie auf den Ilsamtypus zurückgehe (Altdän. Heldenlieder S. 531), scheint eher das richtige zu treffen. Wenn Bugge Beitr. XII 70 f. den Moniage Heimes, der uns erst in Zeugnissen des 13. Jhds. für Deutschland bezeugt ist, und der den Einfluss der französ. Dichtung auf die deutsche Spielmannspoesie voraussetzt, schon in den Beowulf hineininterpretieren will, so steht dem alle innere und äussere Wahrscheinlichkeit entgegen.

Eine niederdeutsche Localsage endlich ist auch Witeges Kampf mit Dietrich auf dem Eiland Fimber (Fehmarn) s. Müllenhoff ZE. XXXI, der in der schwedischen Didrikssaga auf Grund dänischer (Zwischen-)Gewährsmänner berichtet wird. Die Dämonisierung der Sage von Witeges und Dietrichs Kampf am Seegestade, die uns das Chron. imp. et pont. bav. in entstellter und verkehrter Form mitteilt (s. S. 265), ist damit nicht zusammenzustellen, sondern eine selbständige Entwicklung.

3. Dietleib.

Was wir aus den deutschen Sagendenkmälern über Dietleib erfahren, sind dürftige und unzusammenhängende Reste einer älteren Tradition. Nach dem Gedichte Biterolf ist sein Vater Biterolf ein spanischer König und zieht auf Abenteuer aus. Sein Sohn Dietleib verlässt die Mutter Dietlind — die sonst nirgends genannt wird — und macht sich auf, den Vater zu suchen. Er kommt an Etzels Hof und bei einem Zusammenstosse der beiden im Getümmel eines Kampfes erkennt ihn der Vater am Klange seines alten Schwertes, das der Sohn führt. Dietleib ist mit Walther und mit Dietrich verwandt — was ebenfalls nur hier erwähnt wird. Etzel beschenkt Biterolf zum Lohne für seine Dienste mit Steiermark. In Laurîn erscheint Dietleib von Steiermark als Bruder Künhilds, der von Laurîn entführten Jungfrau, und nimmt am Zuge Dietrichs gegen Laurîn teil; sein Schildzeichen ist „*daz merwunder*“[1]. In DFl und Rab.

[1] Ohne Zusammenhang damit wird wol sein, dass ihm anderwärts gelegentlich ein Einhorn als Schildzeichen zugeschrieben wird (s. HS S. 140, 461).

erscheint er als Teilnehmer an Dietrichs Kämpfen (s. HS S. 215 nebst der Berichtigung S. 470); in Virg. Str. 377. 378 [DA 563. 564] wird er als Teilnehmer an den Riesenkämpfen Dietrichs und der Wülfinge in Britannien genannt, und nimmt an den Elfkämpfen vor Mûter und auf der Fahrt zu Virginal teil. In den Rosengartengedichten kämpft er auf Seite Dietrichs mit Walther A [mit Stüefing D, mit Schrûtân F]. Rosengarten A Str. 119 wird von ihm gesagt, er habe in Siebenbürgen im Kampfe mit einem „merwunder" Wunden davongetragen. Über diesen Kampf Dietleibs hat es ehemals ein besonderes Gedicht gegeben; im Gedichte vom üblen Weibe heisst es (ZE. XXVIII Nr. 5):

gehôrt ir ie wie Dietleip
mit dem merwîbe vaht
den langen tac unz an die naht?
daz leben im nieman gehiez.
si schôz ein stehelînen spiez
breiten unde wessen,
gesmit von siben messen,
als der tihtære sprach,
in die erde daz in niemen sach,
dô si sîn wolte râmen.
die sælde in dâvon nâmen
und sîn snelheit, diu waz grôz,
daz si in ze tôde niht enschôz.

Über sonstige gelegentliche Erwähnungen s. HS Register s. v. Dietleib. Obwohl er hie und da ohne weiters unter den Mannen Dietrichs genannt wird, ist doch im allgemeinen noch unvergessen, dass der steirische Held zu Dietrich nur in loser Beziehung steht. Einen ausführlichen Bericht über Dietleibs Jugend enthält die ThS. Thetleif wächst als Aschenlieger — ein bekannter Zug germanischer Sage (s. M 322) und zahlreicher Märchen — bei seinem Vater Biturulf und seiner Mutter Oda von Saxland in Tummathorp in Schonen auf, und bewährt seine Heldenkraft erst bei einem Überfalle, den Räuber im Falsterwalde (darunter Heime) auf seinen Vater machen; er reitet in die Welt, besteht in einem einsamen Schloss ein Abenteuer mit einem Jarl Sigurd, bei dem er einkehrt und dessen Tochter er beischläft, sucht sodann Dietrich unter falschem Namen auf, wird von ihm zu einem Feste Ermanrichs nach Rom mitgenommen, versetzt dort alle Waffen und Hengste, besiegt Walther in einem

Wettkampf und zwingt dadurch Ermanarich, als Gegenleistung für die Verschonung Walthers, die versetzten Rüstungen und Pferde auszulösen; er nennt sich darauf und wird von Dietrich unter seine Freunde aufgenommen. Er nimmt später (wie in Virg. und Rosg.) an den Zwölfkämpfen mit den Isungen teil; nach c. 240 heiratet er eine Tochter Drusians; er nimmt an den Kämpfen der Isungen gegen Hertnit und Ostacia teil, verwundet die als Drache über den Kämpfern schwebende Ostacia schwer, wird aber von ihr getötet. Von einer Beziehung auf Steiermark ist nicht die Rede; er führt vielmehr den Beinamen „der Dänische".

Die Erzählung der ThS. als Ganzes ist eine ziemlich willkürliche Composition verschiedenartiger Bestandteile. Das Aufwachsen Dietleibs als Aschenlieger und der Durchbruch seiner Heldenkraft gehört gewiss einer echten Sage an; dass dieser Durchbruch aber bei dem Überfalle der Räuber im Falsterwalde erfolgt, scheint eine junge novellistische Erfindung, und Heimes Teilname setzt schon cyklische ganz junge Verbindungen voraus. Die Abenteuer bei Jarl Sigurd und das Auftreten als verschwenderischer Knappe sind ganz jung und unsagenhaft; das einsame Kastell mit dem Horn auf dem Tisch, der nächtliche Besuch der Jungfrau, die Verschwendung des ritterlichen Knappen sind alles romanhafte Züge, die aus der französischen Dichtung in die norddeutsche Spielmannspoesie übergegangen sind (s. Storm, Sagnkredsene S. 130; Heinzel Ostg. Hs. 86). Blosses Fabulieren ist auch die Erzählung der näheren Umstände, unter denen er zu Dietrich in Beziehung getreten ist. Auf breiterem, wenn auch verhältnismässig jungen Sagengrunde dagegen ruht seine Teilname an den Kämpfen im Birtingwalde, da auch eine Anspielung der Virginal darauf weist, wie er auch in den im Grunde gleichbedeutenden Elfkämpfen vor und bei Muter als Kämpfer erscheint; wenn er ferner in ThS. bei einem Wettkampfe mit Walther kämpft, so kann dies nicht ohne Zusammenhang mit dem gleichen Factum in Rg. A sein; zu den Zwölfkämpfen Dietrichs in verhältnismässig früher Zeit associirt, ist er später mit diesen offenbar auch in die Rosengartensphäre hinübergezogen worden; wenn die ThS. ein Factum derselben bereits kennt, aber ausser Zusammenhang berichtet, so ist dies abermals ein Beweis, dass ihre Darstellung schon von einer vorliterarischen Form des Rosengartens entfernt beeinflusst ist; die ältere Stufe tritt in Dietleibs Kampf gegen einen Isung zu Tage, die jüngere Rosengartenstufe, sein Kampf mit Walther, ist nur fragmentarisch bekannt geworden und an anderer Stelle unter Ummodelung eingereiht. Seine Teilname an den Kämpfen der Isungen mit Hertnit ist nur das Produkt einer äusserlichen Sagencontamination, die an anderer Stelle zu besprechen sein wird. Unursprünglich ist endlich auch die Localisierung in Schonen und die Bezeichnung Dietleibs als Däne. Der dänischen Sagenüberlieferung (wozu die Vise Nr. 7, in der er variantenweise erscheint, nicht gehört) [Saxo] ist er ebenso fremd wie der nordischen überhaupt. Dass aber diese Nationalisierung (bzw. Entnationalisierung) nur von deutschen Spielleuten, die in Dänemark sangen, den Dänen zu liebe vorgenommen worden sei (Müllenhoff ZE. XXIII), kann ich nicht wahrscheinlich finden, s. unten. Dass gerade Tummathorp in Schonen zur Localisierung gewählt wurde, ist vermutlich nur aus dem Motive von seiner jugendlichen scheinbaren Thorheit geflossen, „weil man den Namen für einen *toerschen knaben* bezeichnend fand“ (Müllenhoff a. a. O.). Auf sächsischen Ursprung weist noch die Angabe hin, dass sein mütterliches Geschlecht aus Saxland stammte.

Aber auch die fast allgemeine oberdeutsche Vorstellung, dass Dietleib ein Steirer sei, kann auf Echtheit keinen Anspruch erheben; deutet doch gerade die Verleihung der Herrschaft über Steiermark an Biterolf durch Etzel und die Vorstellung, dass Biterolf und Dietleib aus der Fremde gekommen sind, beides in Biterolf, darauf hin, dass er dort nicht zu Hause war (Holz, Rosengarten CVII). Im übrigen weiss das Gedicht von Dietleib und Biterolf nichts echt sagenhaftes zu berichten. Was hier über Dietleib erzählt wird, ist meist Erfindung, und der Zug, dass Dietleib auszieht, seinen Vater zu suchen, sowie die Erkennung bei einem Gefechte Nachahmung französischer (wenn auch indirecter) Motive und Vorbilder (HS S. 139; über das Motiv vom Kampfe zwischen Vater und Sohn mit Erkennung in der frz. Dichtung s. die Literaturangaben S. 276). Seine Teilnahme an dem Zuge der Dietrichhelden und Hunnen gegen die rheinischen Könige setzt die Nachahmung eines vorliterarischen Typus von Dietrichs Kämpfen gegen die Rosengartenhüter voraus (s. S. 256); die Motivierung, die das Gedicht gibt, er habe sich wegen eines Angriffes rächen wollen, den er am Rheine von den Königen bei seinem Zuge aus Spanien zu Etzel erfahren, ist samt jenem Abenteuer unsagenhaft und wertlose Erfindung. Eigenartig und wertvoll dagegen sind die Zeugnisse für den Kampf Dietleibs mit einem Meerweibe, worauf Rg., das Gedicht vom üblen Weibe und Laurîn anspielen; der Ausdruck „*das* merwunder“, ohne dass im Gedichte selbst etwas davon erzählt würde, setzt die allgemeine Kenntnis der Sage voraus (DHB I, L f.). Die Versetzung nach Siebenbürgen ist nur eine Verlegung des wunderbaren Abenteuers in ein fernes halb unbekanntes Land; als Ursprungslocal setzt die Sage eine Meerlandschaft voraus. Müllenhoff (ZE. XXVIII 5) denkt bei dieser Sage an Thetleifs Kampf mit Ostacia in der ThS. Aber die Beziehung läge weit, das Meerweib bliebe dabei ganz aus dem Spiele, und die Teilnahme Thetleifs an diesen Kämpfen ist doch nur Produkt einer Sagencontamination. Darf man die Befreiung einer Jungfrau, die in Laurîn umgestaltet und verändert vorliegt, für einen alten Sagenzug halten? Sie lässt sich aus Motiven der Dietrichsage erklären, aber es ist nicht ausgeschlossen, dass in der Dietleibsage das Motiv vorhanden war, dass Dietleib eine von Dämonen entführte Jungfrau befreit; die Dietrichsage hat aber darauf einen so umgestaltenden Einfluss ausgeübt, dass es unmöglich ist, hieraus den Dietleib zugehörigen Typus abzusondern (vgl. S. 252).

Die ursprüngliche Sage aus diesen Trümmern mit irgendwelcher Sicherheit zu erschliessen ist unmöglich; aber wenigstens vermutungsweise darf der Versuch gewagt werden, die umgestalteten und isolierten Reste der echten Sage — die thörichtstumpfe Jugend und den Kampf mit einem Meerungeheuer — auf ihren ursprünglichen Zusammenhang zurückzuführen. Der Durchbruch der Heldennatur muss bei einem entscheidenden Anlass, wo gerade nur seine Kraft den Sieg erringen kann, erfolgt sein; dass der Anlass, den die ThS. erzählt, nicht alt und echt sein kann, ist schon oben bemerkt worden. Die Überlieferungen kennen aber eine andere Heldenthat, eben den Kampf mit dem Meerwunder; um diese dem Lande drohende Gefahr abzuwehren, wird Dietleib aus seiner Stumpfheit herausgetreten sein. Die Sage setzt eine Küstenlandschaft zu ihrer Entstehung voraus; ist nun die Verbindung Dietleibs mit Steiermark fremd und unursprünglich, so weist anderseits die Thidrekssaga mit ihrer Benennung „der Däne“ und mit der mütterlichen Abstammung Dietleibs aus Sachsen gerade auf eine Landschaft hin, die von Deutschen und Nachbarn der Sachsen bewohnt war, aber anderseits zu Dänemark gehörte, so dass der Held auch Däne genannt, oder von westfälischen Sängern als Däne aufgefasst werden konnte, auf Holstein und Schleswig, eine Gegend, aus der auch die Sage von Beowulfs stumpfer Jugend und von seinem Kampfe mit dem Meerungeheuer Grendel und mit dessen Mutter, einem „Meerwunder“, mit den Auswanderern nach England hinübergekommen ist; und in dieselbe Gegend weist die mythische Sage der ursprünglich an der Mündung der Elbe ansässigen Langobarden von dem Kampfe des Lamissio mit den streitbaren Wasserfrauen; über ihren Zusammenhang mit ingväonischen Sagen s. Müllenhoff, Beowulf S. 10. Einen Zusammenhang der Dietleibsage mit diesen Mythen auf Grund dieser Wahrscheinlichkeitsschlüsse auszusprechen wäre gewagt; aber der Typus einer naturmythischen Sage kann in derselben Gegend sich in verschiedenen Formen zu verschiedenen Zeiten äussern und epische Formen annehmen, und soviel ist jedenfalls wahrscheinlich, dass die echte alte Sage von Detlef, dem Bekämpfer eines Meerunholdes, auf die Dänemark benachbarten deutschen Landschaften an der Nordsee, wo das Meer jahraus, jahrein mit Sturmfluten verheerend gegen das Land braust, als Ursprungsort zurückweist.

Nachträge und Berichtigungen.

Zu S. 15, Note 1: In der S. 14, Anm. 1 angeführten Abhandlung macht Niedner S. 23 darauf aufmerksam, dass im Cod. reg. statt Völundr einmal Qnundr als Gatte der dritten Schwanjungfrau (Alvitr) genannt wird (Str. 2, Bugge: *en en þriþja, þeira syster, varþe hvitan hals onondar*), und vermutet, dass hier vielleicht der ursprüngliche Name des Helden der Schwanjungfrau-Episode erhalten sei, wofür auch die alliterierende Bindung der Namen Alvitr-Qnundr sprechen könnte. Diese Erklärung scheint mir jedoch an der durch Herz. Frdr. v. Schw. bezeugten Existenz der Wieland-Schwanjungfrau-episode in der niederdeutschen Sage (s. S. 25) zu scheitern; ist aber für die Heimat der Wielandsage wie für Norwegen (und vielleicht für England s. S. 9) die Verbindung Wielands mit dieser Sage gesichert, so hat die Annahme einer norwegischen Zwischenstufe mit einem Qnund als Helden keine Wahrscheinlichkeit für sich, und die Lesart des Cod. reg. wird kaum mehr zu bedeuten haben als einen Irrtum des Schreibers; für den richtigen Namen spricht auch die (allerdings nicht unentbehrliche) Alliteration zu *varþe*. — *Zu S. 24 oben*. Ausser dem aus Virg. angeführten Zeugnis für das Bekanntwerden nebensächlicher Züge der ndd. Wielandsage (soweit diese mit dem verwandtschaftlichen Verhältnis Witeges zu Wieland zusammenhängen) in Oberdeutschland war auch die Stelle in Rosengarten D, Str. 317 (erst in der jüngsten Bearbeitung eingedrungen) zu erwähnen, nach der Witege Schemminc „aus dem Berge von seinem lieben Vater“ mitgebracht hatte; dies stimmt z. T. mit ThS., wo Witege das Ross von seinem Vater erhält, z. T. mit den Vorstellungen des aus ndd. Sage schöpfenden (s. S. 26. 83) Anh. z. HB., welcher Wieland in einem Berge hausen lässt (HS. S. 217, R. II 379); eine Beziehung auf das von Wieland aus dem Berge Ballofa mitgebrachte Ross (s. über dieses S. 47, Note 1) ist absolut ausgeschlossen. — *Zu S. 61, Z. 12*: Eine nicht blos scheinbare, sondern thatsächliche Nachricht über die rötliche Complexion slavischer Stämme steht, wie ich nachträglich finde, bei Procopius, Bell. Goth. III, 14, der von den Sclavenen berichtet, dass ihre Haut- und Haarfarbe weder licht noch schwärzlich, sondern rötlich sei (τὰ δὲ σώματα καὶ τὰς κόμας οὔτε λευκοὶ ἐς ἄγαν ἢ ξανθοί εἰσι οὔτε πη ἐς τὸ μέλαν αὐτοῖς παντελῶς τέτραπται, ἀλλ' ὑπέρυθροί εἰσιν ἅπαντες). Die von mir als Gedankenexperiment probeweise versuchte und verworfene Combination der Bugge'schen Etymologie von „Rosomonen“ mit der Heinzel'schen Slavenhypothese könnte sich somit auf dieses Zeugnis stützen; doch halte ich sie nach wie vor für ausgeschlossen. — *Zu S. 64, oben*: Andere Etymologien (Sarus, Sarulo „der Anschlägige“, Hamadeo-Hamþér „der durch Zauber — Fähigkeit des Gestaltentausches vgl. *hamramr* etc. — gewaltige Held“) trägt jetzt Kögel vor in dem soeben erschienenen zweiten Teile seiner Ltg. S. 217 ff.; ebd. verschiedene Namenbelege; Sarhilo ist von Sarilo fernzuhalten. Im übrigen gibt der die Ermanarichzeugnisse behandelnde Abschnitt (S. 210—19) zu Änderungen meiner Darstellung (die schon lange gedruckt war, ehe der Band erschien) keinen Anlass. — *Zu S. 68, Schluss des zweiten Absatzes*: Die in HS. Nr. 17b, ZE. XXXIV, 2 mitgeteilte und erörterte Tegernseer Glosse *Ermanric* zu *Herminigeldus Leuvigildi regis Visigotorum filius* aus dem 10. Jhd. (vgl. jetzt auch die von Kögel, Ltg. I, 2, 211 citierte Monseer Glosse, Gl. 2, 257, 1: *Herminigeldus Ermanric*) habe ich an dieser Stelle übergangen, weil ich die Bedeutung dieses Zeugnisses unterschätzte. Sie ist auch in HS., ZE. und noch bei Kögel in ihren Beziehungen nicht richtig erkannt; Grimm und Müllenhoff lassen beide die Möglichkeit offen, dass der Glossator den Namen aus Jordanes kannte, letzterer mit dem Zusatz, dass diese Kenntnis allein ohne die lebende Sage den Glossator nicht bewogen haben würde, Herminigild auf Ermanric zu deuten. Die Sache steht jedoch anders; nicht Herminigild ist (wie HS. ZE. und Kögel a. a. O. annehmen) mit dem Glossem Ermanric gemeint, sondern dieses ist nur ein kurzer Ausdruck für den Sinn „vgl. die Geschichte des Ermanarich". Herminigild wurde nämlich von seinem Vater Leuwigild, gegen den er sich empört hatte, verbannt, und schliesslich auf Befehl seines Vaters enthauptet. Die unhistorische, aber zur allgemeinen Geltung gelangte kirchliche Tradition, der Leuwigild als Arianer und energischer Vertreter der königlichen Rechte unsympathisch war, erklärt das Verfahren Leuwigilds gegen den Sohn als Ausfluss des religiösen Hasses; Herminigild sei von seiner Gemahlin, der fränkischen Prinzessin Ingunthis, zum Katholicismus bekehrt worden und habe für seinen Glauben den Tod erlitten. Der Sinn des Glossems ist klar: nicht der katholische Märtyrer, sondern nur der grausame ketzerische Vater kann vom geistlichen Glossator mit Ermanarich, der seinen eigenen unschuldigen Sohn dem Tode weihte, verglichen worden sein. Daraus ergibt sich nun mit voller Bestimmtheit, dass hier auf die Sage angespielt wird, da Jordanes von einem Sohnesmord Ermanarichs nichts weiss, und die Glosse ist als Zeugnis des 10. Jhds. für die Sage von Ermanarich-Friedrich immerhin sehr beachtenswert, wenn sie auch nur das Zeugnis des Flodoard bestätigt. Unentscheidbar bleibt, ob dem Glossator ausser dem Sohnesmord noch ein weiteres tertium comparationis vorschwebte: sowohl in der Sage wie in der (traditionellen) Geschichte ist eine Frau, die zu dem Königssohn in naher Beziehung steht, die Ursache der über ihn verhängten Strafe, wenngleich in sehr verschiedener Weise. Wir hätten in diesem Falle eine Spur des sonst in Deutschland vergessenen Swanhildmotivs vor uns; doch ist diese Annahme weder wahrscheinlich noch beweisbar, und die Ermordung des Sohnes durch den grausamen Vater wird das einzige Ereignis der Sage sein, an das sich der Glossator bei der Familientragödie im Hause Leuwigilds erinnert fühlte. — *Zu S. 72, Z. 16*: Gegen die Folgerungen Schroeders aus den Endungen auf *-a* und der Synkope vgl. jetzt auch Kögel, Ltg. I, 2, S. 381, mit Belegen und Verweisen für das Vorkommen von schwachen Masculin-Endungen auf *-a* und Synkopen wie *Frītla* auf altsächsischem Gebiete; zu dem anglofriesischen Charakter des Merseburger Dialects vgl. a. a. O. S. 573 ff., wo auch Beispiele für die sw. Masc.-Endung auf *-a*, die in den Glossen zufällig nicht belegt ist, aus dem Merseburger Totenbuch angeführt sind. — *Zu S. 74, Z. 12 ff.*: Dieselbe Verbindung von Tücke und Freigebigkeit Ermanarichs zeigt ja auch das Zeugnis in QW (S. 70). Auch der Tannhäuser [dessen Zeugnis ich veranlasst durch Kögel, Ltg. I, 2, 212 hier nachtrage] spielt auf seine Freigebigkeit an, wozu HS. Nr. 56 mit Recht das Zeugnis von QW verglichen wird. — *Zu S. 102, Z. 18*: Den Zusammenhang der Namen Sibico-Bikki (sowie der Figuren) vertritt auch Kögel, Ltg. I, 2, S. 211. — *Zu S. 110, Note*: Es wird dort erzählt, dass bei einem Festmale ein Speisenträger mit dem einen Fusse strauchelt, sich aber schnell auf den andern stützt und so sein Gleichgewicht bewahrt. Ein Zuschauer bemerkt dazu: „da half der Bruder dem Bruder (*hllfði þar nú bróðir bróður*)“. Der sentenziöse Charakter dieses Ausspruchs bestärkt abermals meine im Texte dargelegte Auffassung von der Unmöglichkeit der Überlieferung von Erps Antwort in H (und V). — *Zu S. 122 Note, und S. 183*: Die (im Anschluss an Wattenbach ausgesprochene) Meinung, dass der Satz *et iste fuit Thideric* etc. ein ganz später Einschub sei (Grdr. II, 1, 187), hält Kögel auch noch in Ltg. I, 2, S. 219 fest; nach Schröders Erörterungen in ZfdA. 41, S. 32 (die Kögel bei der Abfassung dieser Partie noch nicht vorlagen) scheint die Skepsis hier doch unberechtigt zu sein; es handelt sich zwar um eine Glosse, aber eine alte und authentische. — *S. 188, Z. 9*: statt „DS“ muss es bloss „S“ heissen; in v. d. Hagens Abdruck von D sind allerdings diese Strofen enthalten, aber aus der Druckredaction eingesetzt (was mich bei der Correctur gegen mein eigenes Mscr. für den Augenblick irregeführt und zur Einsetzung von D in die Correctur verleitet hat; der Irrtum hat keine Folgen nach sich gezogen, sondern beschränkt sich auf diese Stelle). — *S. 199, Z. 12*: Das Citat aus Weinholds Abhandlung war wohl besser in der Originalseitenzahl zu geben: WSB, 26, S. 268. — *S. 245 Z. 5 v. u.*: statt *diesem* l. *diesen*. — *Zu S. 266, Z. 3 v. u.*: Nachträglich mag hier auch darauf hingewiesen werden, dass Ennodius in seinem Panegyricus von Theodorich sagt, er sei im Zorne „über alle Vergleichung blitzlodernd“, wie Uhland (1, 239) treffend übersetzt (*in ira sine comparatione fulmineus*); natürlich ist bei diesem rhetorischen Ausdruck an keinen Zusammenhang mit der in der Volksepik auftretenden Vorstellung zu denken. — *Zu S. 274, Note 2*: Die Frage nach Beziehungen der Dietrich- und Wolfdietrichsagen zu einander wird im II. Bde. behandelt werden. — *Zu S. 285-6*: In dem (am 15. Juli ausgegebenen) 2. Heft von Paul-Braune-Sievers' Beiträgen, XXII, 342 ff. hat RCBoer tiefeindringende Untersuchungen „Zur dänischen Heldensage“ veröffentlicht, die auch den Stoff der Asmundarsaga berühren und für die Beurteilung der Hildebrandsage in Asm. S. und bei Saxo sehr wichtig und, wie mir scheint, im wesentlichen von entscheidender Bedeutung sind. Für die Zwecke dieses Buches kommen die Ergebnisse dieser Stoffuntersuchungen nur soweit in Betracht, als aus ihnen eine andere Beurteilung der Hildebrandanklänge resultiert. Nach Boers Ausführungen haben wir zunächst anzuerkennen, dass bei Saxo nur insoweit von einem Einflusse der Hildebrandsage die Rede sein kann, als die drei Verse in dem Sterbegesang des Hildiger, welche vom Tode des Sohnes durch den Vater handeln (Str. III. 4—6 der Asm.-S.), aus einem Gedichte über Hildebrand stammen und durch Zufall mit dem Gedichte, das Saxo in lateinischer Paraphrase wiedergibt, verbunden worden sind. Da diese Interpolation vor der Spaltung der Überlieferung in einen dänischen und isländischen Zweig erfolgt sein muss (Boer, a. a. O.), mag das Gedicht, aus dem diese Verse stammen, doch älter sein, als im Texte angenommen ist, und könnte wohl auf eine von Deutschland ausgegangene poetische Tradition zurückgehen. Die Bemerkungen in Note 1 auf S. 285 sind daher, soweit sie einen ursprünglichen Zusammenhang dieser Verse mit dem Sterbegesang betreffen, hinfällig, doch aus einem anderen Grunde als dem von Detter hervorgehobenen; die Beurteilung der Erzählung vom Tode des Sohnes in der Sagaprosa erfährt dadurch keine Änderung. Ferner scheint mir durch Boer endgiltig bewiesen, dass die Form der nordischen

Sage, welche durch Saxo vertreten ist, in allem wesentlichen den echten Bestand repräsentiert, und dass die Beziehungen auf Hildebrand, welche in der Asm.-S. vorkommen, nichts ursprüngliches sind, sondern erst durch die Interpolation veranlasst wurden. Die nordische Sage, die bei Saxo erzählt wird, hat also mit der Hildebrandsage gar nichts zu thun, und Schlüsse aus ihrem Motivbestande auf letztere sind unzulässig; insbesondere muss die Annahme, dass der Bruderkampf der nord. Sage eine Umbildung oder Verdunkelung des Hildebrandsmotives sei, fallen gelassen werden. Bei diesem Stande der Dinge liegt der Wert der Asm.-S. als Zeugnis für die Kenntnis der Hildebrandsage nicht mehr im Stoffe, sondern in der Umgestaltung desselben gegenüber der durch Saxo repräsentierten Gestalt; die Übertragung auf Hildebrand setzt jedenfalls Kenntnis dieser Sagenfigur voraus, und wenn Hildebrand zu König Atli in freundschaftlichen Beziehungen steht und Hunnenheld (*Húnnakappi*) genannt wird (über die späte Einflechtung dieser Züge s. Boer, S. 349 ff.), so ist damit auch Kenntnis der deutschen Sagenform von Hildebrand als Genossen Dietrichs im Exil bei dem Bearbeiter erwiesen, ein nicht unwichtiges Zeugnis, da die Edda von Hildebrand nichts weiss. — *Zu S. 296 unten*: Die Besprechung der Nachricht der ThS. c. 350, dass König Isung Osantrix erschlagen habe, ist hier absichtlich unterblieben, da dieses Zeugnis in einem grösseren Zusammenhange im II. Bd. zu besprechen sein wird. — *Zu S. 312, Schluss des Absatzes*: Über den Zusammenhang des Reinald, der in ThS. c. 90 bei Thidrek erwähnt wird, mit dem Reinald späterer Partien (auf Ermanarichs Seite) habe ich mich doch wohl zu skeptisch geäussert. Es ist nämlich zu beachten, dass in ThS. c. 325 ff. Reinald mit Hildebrand zusammentrifft, und ihn an der Stimme erkennt („obwohl wir uns seit 20 Wintern nicht gesehen haben"), und dass beide trotz der bevorstehenden Schlacht zwischen Ermanarich und Dietrich sich als alte Freunde begrüssen. Offenbar ist die Vorstellung, dass Reinald zunächst bei dem jugendlichen Dietrich war, nach dessen Vertreibung aber bei Ermanarich verblieben ist; die zwanzig Jahre sind eben die Exiljahre. Die kräftige Art, wie Hildebrand in c. 90 Witege gegen ihn in Schutz nimmt, wird man darnach auf das Conto junger Detailausmalung in der derberen ndd. Spielmannspoesie setzen müssen, da sie dem Typus dieser selbst die Feindschaft der Herren überdauernden und im Kriege festgehaltenen Heldenfreundschaft (vgl. Glaukos und Diomedes in der Ilias) widerspricht. Auf frühere freundschaftliche Beziehungen Reinalds zu Dietrich deutet auch sein Gespräch mit Sifka c. 329, und der Umstand, dass er (in c. 284) von Ermanarich mit der Schatzungseinforderung in Dietrichs Land geschickt wird, offenbar aus demselben Grunde wie in Alph. Tod Heime, da ihm Land und Leute von früher her kund sind. Vielleicht ist in DFl. Randolt, der zu Dietrich entsandt wird, um ihn verräterisch einzuladen, der aber Dietrich warnt (s. S. 166), nur irrtümlich zu dieser Rolle gekommen und mit Rienold vom Dichter verwechselt, da diese Entsendung im Kerne mit dem Berichte der ThS. über Reinalds Aussendung übereinstimmt, und da das Verhältnis Rienolds zu Randolt, die nach Bit. und Alph. Tod Brüder sind (S. 311), eine Verwechslung leicht begreiflich machen würde. Die Identität des Reinald c. 90 und der späteren Partien ist übrigens in der Version I erkannt worden. Reinald heisst nämlich c. 284 (im Acc.) *R. enn meira riddara* MB, während A, das *meira* nicht versteht, *mæta* einsetzt, in c. 334 *R. hinn mæri riddari* MA, (B liest wieder *meiri*); auch in der schwed. Version heisst Reinald zweimal *mere* (*mera*) *riddare* (c. 275. 284). In Cap. 90 nun, wo M Reinold als *maðr þiðreks* bezeichnet (vgl. S *en aff didrikx men som renald heter*), steht statt dieser Worte in A *mæti riddari*, in B *hinn meiri riddari*, offenbar also dasselbe Epitheton wie in den späteren Partien; A wird auch hier wie in c. 284 für *meiri* — *mæti* eingesetzt haben, und *meiri* somit in der Vorlage I gestanden haben. Die Entstellung *meiri* wie die Verbesserung beweist, dass das Wort nicht mehr recht verständlich war; es ist augenscheinlich ein deutsches volksepisches Epitheton, *der mære*, das dem Verfasser bzw. den Schreibern der ThS. allerdings nicht verständlich sein konnte, da das nordische *mǽrr* (nur in der alten Poesie üblich) im damaligen Sprachgebrauch nicht mehr lebendig war. — *Zu S. 321 ff.* (*Dietleibsage*): Schönbachs Abhandlung „Über die Sage von Biterolf und Dietleib" (Sitzungsber. d. Wiener Akademie der Wiss., phil.-hist. Cl., Bd. 136, Abh. IX, 1897) ist erst erschienen (ausgegeben am 30. April), als mein Manuscript bereits in der Druckerei lag; ich habe an meiner Darstellung nichts geändert, um Übereinstimmungen und Abweichungen für sich sprechen zu lassen. Die lehrreiche Untersuchung verfolgt übrigens wesentlich andere Probleme als die in meinem Buche berührten, und gibt daher zu wesentlichen Änderungen des Textes keinen Anlass. Auf Einzelheiten werde ich an anderem Orte (im Anz. f. d. A.) näher eingehen. Hier möchte ich nur den Nachweis Schönbachs hervorheben, dass die Sagengestalt, die der Verfasser des Gedichtes Biterolf kannte, in verschiedenen Punkten näher mit der in ThS. vertretenen Form übereinstimmt, als man bisher erkannt hat, dass ihr namentlich das Motiv der vernachlässigten Jugend Dietleibs nicht fremd war. Damit wird abermals das Alter und die Echtheit dieses Sagenzuges in ThS. von einer neuen Seite her bestätigt. Eine weitere Bestätigung meiner Ansicht, dass die Dietleibsage ursprünglich in Norddeutschland heimisch war und wie verschiedene andere ndd. Sagen ihren Weg nach Oberdeutschland erst finden musste (vgl. S. 182), erblicke ich in der feinsinnigen Beobachtung Schönbachs, dass die Wahl des Pseudonyms, das Biterolf annimmt — er gibt sich für den Recken Fruote *ûz Tenelant* aus —, auf die in ThS. vertretene Sagenlocalisation in Schonen (damals zu Dänemark gehörig) deutet. Die obd. Sage, die der Biterolfdichter bearbeitete, hat also noch in der Fremde die alte Heimat nicht vergessen.

Universitäts-Buchdruckerei von Carl Georgi in Bonn.

FSC
www.fsc.org
MIX
Papier | Fördert
gute Waldnutzung
FSC® C083411

Kolibri 360 GmbH
Ferdinand-Jühlke-Straße 7
99095 Erfurt, Deutschland
produktsicherheit@kolibri360.de